中国科学院院长 白春礼院士题

论仪器并论器件
致广大而尽精微

白春礼
戊戌春月

中国科学院科学出版基金资助出版

低维材料与器件丛书

成会明　总主编

量子点的合成与应用

康振辉　刘　阳　毛宝东　著

科 学 出 版 社

北 京

内 容 简 介

本书为“低维材料与器件丛书”之一。全书主要介绍量子点类材料的概念、合成、主要性质及其应用，除了针对经典半导体材料类的量子点进行介绍外，还对近年来发展的非经典半导体类量子点进行了介绍。在量子点的应用方面，不仅介绍了经典的发光，生物成像、检测、太阳能器件、光电器件等应用，而且针对近年来开展的量子点材料的催化特性进行了详细的介绍。此外，在内容上本书在新型量子点材料的研究进展，新型量子点材料的合成、性质及应用方面进行了比较详尽的讨论。对最近研究成果的举例讨论，是本书的一大特色。

本书力求做到该领域的最新进展与经典概念的融会贯通，应该说是对国内外同类书籍的有益补充，适于从事低维材料科学研究，特别是对量子点感兴趣的科研人员、各大院校相关专业师生及企事业单位专业技术人员参考学习。

图书在版编目(CIP)数据

量子点的合成与应用/康振辉，刘阳，毛宝东著.
—北京：科学出版社，2018.6
(低维材料与器件丛书/成会明总主编)
ISBN 978-7-03-057300-1

Ⅰ. ①量…　Ⅱ. ①康…②刘…③毛…　Ⅲ. ①量子-半导体材料-研究
Ⅳ. ①TB3

中国版本图书馆 CIP 数据核字(2018)第 083420 号

责任编辑：翁靖一/责任校对：樊雅琼
责任印制：赵　博/封面设计：耕者设计工作室

科 学 出 版 社 出版
北京东黄城根北街 16 号
邮政编码：100717
http://www.sciencep.com

北京华宇信诺印刷有限公司印刷
科学出版社发行　各地新华书店经销

*

2018 年 6 月第　一　版　开本：720×1000　1/16
2025 年 1 月第五次印刷　印张：17
字数：322 000

定价：98.00 元

(如有印装质量问题，我社负责调换)

总　序

人类社会的发展水平，多以材料作为主要标志。在我国近年来颁发的《国家创新驱动发展战略纲要》、《国家中长期科学和技术发展规划纲要(2006—2020年)》、《“十三五”国家科技创新规划》和《中国制造2025》中，材料都是重点发展的领域之一。

随着科学技术的不断进步和发展，人们对信息、显示和传感等各类器件的要求越来越高，包括高性能化、小型化、多功能、智能化、节能环保，甚至自驱动、柔性可穿戴、健康全时监/检测等。这些要求对材料和器件提出了巨大的挑战，各种新材料、新器件应运而生。特别是自 20 世纪 80 年代以来，科学家们发现和制备出一系列低维材料(如零维的量子点、一维的纳米管和纳米线、二维的石墨烯和石墨炔等新材料)，它们具有独特的结构和优异的性质，有望满足未来社会对材料和器件多功能化的要求，因而相关基础研究和应用技术的发展受到了全世界各国政府、学术界、工业界的高度重视。其中富勒烯和石墨烯这两种低维碳材料的发现者还分别获得了 1996 年诺贝尔化学奖和 2010 年诺贝尔物理学奖。由此可见，在新材料中，低维材料占据了非常重要的地位，是当前材料科学的研究前沿，也是材料科学、软物质科学、物理、化学、工程等领域的重要交叉，其覆盖面广，包含了很多基础科学问题和关键技术问题，尤其在结构上的多样性、加工上的多尺度性、应用上的广泛性等使该领域具有很强的生命力，其研究和应用前景极为广阔。

我国是富勒烯、量子点、碳纳米管、石墨烯、纳米线、二维原子晶体等低维材料研究、生产和应用开发的大国，科研工作者众多，每年在这些领域发表的学术论文和授权专利的数量已经位居世界第一，相关器件应用的研究与开发也方兴未艾。在这种大背景和环境下，及时总结并编撰出版一套高水平、全面、系统地反映低维材料与器件这一国际学科前沿领域的基础科学原理、最新研究进展及未来发展和应用趋势的系列学术著作，对于形成新的完整知识体系，推动我国低维材料与器件的发展，实现优秀科技成果的传承与传播，推动其在新能源、信息、光电、生命健康、环保、航空航天等战略新兴领域的应用开发具有划时代的意义。

为此，我接受科学出版社的邀请，组织活跃在科研第一线的三十多位优秀科学家积极撰写“低维材料与器件丛书”，内容涵盖了量子点、纳米管、纳米线、石墨烯、石墨炔、二维原子晶体、拓扑绝缘体等低维材料的结构、物性及其制备方法，并全面探讨了低维材料在信息、光电、传感、生物医用、健康、新能源、环境保护等领域的应用，具有学术水平高、系统性强、涵盖面广、时效性高和引领性强等特点。本套丛书的特色鲜明，不仅全面、系统地总结和归纳了国内外在低维材料与器件领域的优秀科研成果，展示了该领域研究的主流和发展趋势，而且反映了编著者在各自研究领域多年形成的大量原始创新研究成果，将有利于提升我国在这一前沿领域的学术水平和国际地位、创造战略新兴产业，并为我国产业升级、提升国家核心竞争力提供学科基础。同时，这套丛书的成功出版将使更多的年轻研究人员和研究生获取更为系统、更前沿的知识，有利于低维材料与器件领域青年人才的培养。

历经一年半的时间，这套“低维材料与器件丛书”即将问世。在此，我衷心感谢李玉良院士、谢毅院士、俞书宏教授、谢素原教授、张跃教授、康飞宇教授、张锦教授等诸位专家学者积极热心的参与，正是在大家认真负责、无私奉献、齐心协力下才顺利完成了丛书各分册的撰写工作。最后，也要感谢科学出版社各级领导和编辑，特别是翁靖一编辑，为这套丛书的策划和出版所做出的一切努力。

材料科学创造了众多奇迹，并仍然在创造奇迹。相比于常见的基础材料，低维材料是高新技术产业和先进制造业的基础。我衷心地希望更多的科学家、工程师、企业家、研究生投身于低维材料与器件的研究、开发及应用行列，共同推动人类科技文明的进步！

成会明

中国科学院院士，发展中国家科学院院士

清华大学，清华-伯克利深圳学院，低维材料与器件实验室主任

中国科学院金属研究所，沈阳材料科学国家研究中心先进炭材料研究部主任

Energy Storage Materials 主编

SCIENCE CHINA Materials 副主编

前　言

作为低维材料中零维材料的典型代表，量子点是20世纪80～90年代较为明确提出来的一个概念，其中载流子运动在三维空间都受到了限制，连续的能带结构变成具有分子特性的分立能级结构，展现出许多不同于宏观体相材料的物理化学性质。纳米科学技术发展中的多个里程碑式工作也来自于量子点相关研究，如量子限域效应的发现、尺寸可控合成、生物和器件应用等，对于纳米领域基本概念和规律的建立起到了至关重要的作用。目前，基于量子点的多种物理效应（例如，量子尺寸效应、表面效应、介电限域效应、量子隧穿效应、库仑阻塞效应等），量子点在太阳能转换、发光和显示器件、光电探测、催化、分子和细胞标记以及超灵敏检测等领域有许多独特的优势。甚至部分量子点产品已开始推向市场，如量子点电视。

经过30多年的发展，量子点从最开始的单一结构发展到现在的不同组分、不同结构等复杂体系量子点，其中起到关键作用的还是化学合成方法的不断发展优化以及对量子点生长机理的深入理解，针对其器件和生物应用的相关动力学机理和化学设计研究也日益深入和清晰。除了传统的镉基Ⅱ-Ⅵ和铅基Ⅳ-Ⅵ族量子点外，环境友好的Ⅲ-Ⅴ、Ⅰ-Ⅲ-Ⅵ和Ⅳ族半导体量子点逐渐引起人们的注意。类似地，碳以及其他二维材料量子点也被大量研究。而其中的新奇性质和机理、合成化学等都不同于传统半导体量子点，对于本领域的发展也提出了新的挑战。

作者过去十余年来一直从事量子点材料制备、光谱和应用研究，有幸与诸多同仁一起经历着纳米科技的高速发展期。本书试图较全面地梳理和总结量子点领域的最新研究成果，特别关注近几十年来发展起来的经典理论、生长机理、器件应用中的光谱理解和化学设计等。突出基本概念和发展脉络、强调机理研究和化学原理、关注新兴领域的进展和挑战，是本书的一个主要特点。本书力求做到该领域的最新进展与经典概念的融会贯通，较多地介绍了合成和应用中相关的化学原理，应该说是对国内外同类书籍的有益补充。

本书按照量子点材料制备、基础光电性质、器件和生物应用的次序展开，试图对量子点材料基础科学问题和关键技术问题进行全面覆盖。其中第1章为量子点的简介，包括量子点相关基本概念、历史沿革、发展现状和应用等；第2章介绍了量子点的制备，包括量子点生长的物理化学原理、常见合成技术、合成过程的化学机理研究等；第3章介绍了量子点的结构调控，包括量子点的表面、量子点的掺杂及合金化、量子点复合结构，除量子点材料的结构和设计原理外，进一步介绍了相关的调控策略和化学原理；第 4 章介绍了量子点的自组装，总结了量子点自组装的相关原理、表征、结构缺陷，以及量子点超晶格结构独特的光、电等特性和应用；第 5 章介绍了量子点的光学性质，包括量子点电子结构、基本光学性质和超快光谱学研究等；第 6 章介绍了量子点的电学和电化学性质，包括基本的电学和电化学性质，也对量子点的光谱电化学和电化学发光的原理和性质做了简要介绍；第 7 章介绍了量子点器件，包括量子点光伏器件、场效应晶体管、光电探测器件、发光和显示器件以及量子点激光等其他新兴器件；第 8 章介绍了量子点的催化性质，主要围绕半导体量子点的催化特性、复合催化剂设计中的独特优势、超快光谱动力学展开，也对新兴的碳量子点在催化剂设计中的“多面手”应用做了简介；第 9 章介绍了量子点的生物学应用，包括超分辨显微成像与单粒子追踪、 体外成像、组织成像、体内成像、生物与环境安全性等；第 10 章介绍了量子点的检测应用，包括荧光传感器和电化学传感器，也简要涉及了新兴的碳、硅量子点检测；第 11 章尝试给出本领域的现状、挑战和展望。

本书由苏州大学康振辉、刘阳教授和江苏大学毛宝东研究员编著。还特别感谢刘艳红助理研究员以及在读研究生在本书编著过程中所做的大量的图片处理、文献查找和文字校对等工作！

本书基本素材主要取自国内外量子点材料和器件研究的论文和专著，在撰写过程中得到了许多国内同行的鼓励和大力支持，尤其是成会明院士及“低维材料与器件丛书”编委会专家为本书提出的诸多宝贵的意见和建议，在此衷心表示感谢！最后，还要感谢科学出版社相关领导和编辑对本书出版的支持和帮助！

本书适于从事低维纳米材料科学研究，如纳米材料化学、纳米光电器件、纳米催化以及其他相关领域，特别是对量子点感兴趣的科研人员、各大学校相关专业师生及企事业专业技术人员等阅读，也适合作为化学、材料、能源等相关专业研究生和本科生的教材。

需要特别指出的是，量子点材料和应用涉及的体系和知识非常广泛，本书由于篇幅所限，尝试更多地从基础化学原理来阐述一些共性问题，仅仅选择了低维量子点体系中一些常见的经典体系进行了总结和讨论，部分最新的量子点体系和应用成果可能覆盖不全，包括作者在碳点方面的工作仅做了一些初步介绍。此外，限于作者水平和精力，书中难免存在不足和疏漏，恳请广大读者和同行专家批评指正。

康振辉　刘阳　毛宝东

2018 年 3 月

目　录

第1章 量子点简介

1.1 历史沿革

在针对量子点(quantum dot, QD)的讨论开始之前，我们尝试给出一些简要的介绍。简单来讲，量子点是把导带电子、价带空穴及激子(电子-空穴对)在三个空间维度上束缚住的半导体纳米结构(关于导带、价带、激子等基本概念，读者可以在本系列丛书中的其他分册查看更为详尽的介绍)。在量子点中，载流子运动在三维空间都受到了限制，因此有时量子点也被称为“人造原子”、“超晶格”、“超原子”或“量子点原子”[1,2]，它是20世纪80～90年代较为明确提出来的一个概念。

现代量子点技术可以追溯到20世纪70年代，是为了解决全球能源危机而发展起来的。初期研究始于20世纪80年代早期两个实验室的科学家：美国贝尔实验室的Louis Brus和苏联Yoffe研究所的Alexander Efros。Brus与同事发现不同大小的CdS颗粒可产生不同的颜色，并据此提出了“量子限域效应”理论[3]，随后有关CdS胶体量子点发光特性及机理的研究逐渐在国际上成为热门课题。这个工作对了解量子限域效应很有帮助，不仅解释了量子点大小和颜色之间的相互关系，同时也为量子点的应用铺平了道路。

量子点的粒径一般为1～10 nm，由于电子和空穴被量子限域，连续的能带结构变为具有分子特性的分立能级结构，受激后可以发射荧光。经过30多年的发展，从最开始的单一结构发展到现在的不同组分、不同结构等复杂体系量子点[4]，其中起到关键作用的还是化学合成方法的不断发展优化及对量子点生长机理的深入理解[5-9]，因此到目前为止，在该领域还是化学家和材料学家起主导作用。自从1993年有机热注入法发展以来[5]，随着量子点制备技术的不断提高和成熟，量子点已越来越可能应用于生物学和电子器件研究[10-13]。1998年，Alivisatos和Nie两个研究小组分别在*Science*上发表有关量子点作为生物探针的论文[14,15]，首次将量子点作为荧光标记物，并应用于活细胞体系。他们解决了如何将量子点溶于水溶液及量子点如何通过表面活性基团与生物大分子偶联的问题，由此掀起了量子点生物医学应用的研究热潮。基于量子点的多种物理效应(如量子尺寸效应、表面效应、介电限域效应、量子隧穿效应、库仑阻塞效应等)，量子点在太阳能转换、发光和显示器件、光电探测、催化、分子和细胞标记及超灵敏检测等领域有许多潜在的应用[16-19]。科学家还预期量子点在纳米电子学上有极大的应用潜力，甚至部分量子点产品已开始推向市场，如量子点电视等[20]。

考虑到量子点和广义上纳米晶研究的相关性，我们希望讨论的视角不再局限于狭义的量子点本身，力图扩展到相应的更广泛的胶体纳米晶领域。因此，在本书中，将从更为宽泛的视角来回顾量子点领域的研究历史与进展。

1.2 量子点的定义与分类

量子点是准零维的纳米材料，也是一类由少量原子组成的半导体纳米粒子，其粒径小于或接近相应半导体材料的激子玻尔半径[3,21]。量子点的三个维度尺寸均在纳米量级，其内部电子在各方向上的运动都受到局限，量子限域效应显著。由于电子和空穴的运动被限制，连续的能带结构变为具有分子特性的分立能级结构，带隙随尺寸的减小而增大，受激后可以发射荧光[22,23]。

量子点一般为球形或类球形，通常由Ⅱ-Ⅵ族、Ⅳ-Ⅵ族或Ⅲ-Ⅴ族半导体制成。常见的量子点材料主要包括硫化镉(CdS)、硒化镉(CdSe)、碲化镉(CdTe)、硫化锌(ZnS)等Ⅱ-Ⅵ族半导体量子点，硫化铅(PbS)、硒化铅(PbSe)等Ⅳ-Ⅵ族半导体量子点，以及磷化铟(InP)、砷化铟(InAs)等Ⅲ-Ⅴ族半导体量子点。近年来，不含镉或铅等重金属元素的半导体量子点吸引了越来越多的研究投入，如Ⅰ-Ⅲ-Ⅵ族和Ⅲ-Ⅴ族量子点[9]。最近关于Ⅳ族(碳、硅)量子点和铅卤钙钛矿(perovskite)量子点的研究也是一大热点[24]。量子点是在纳米尺度上的原子和分子的集合体，既可由一种半导体材料组成，如上述Ⅱ-Ⅵ族、Ⅳ-Ⅵ族或Ⅲ-Ⅴ族化合物半导体，也可以由两种或两种以上的半导体材料组成核壳或异质结量子点[10]。

量子点按几何形状，可分为球形量子点、四面体量子点、柱形量子点、立方体量子点、盘形量子点等类型[4]；按材料组成，量子点又可分为元素半导体量子点、化合物半导体量子点和异质结量子点；其中异质结量子点按其电子与空穴的量子封闭作用，可分为Ⅰ型量子点和Ⅱ型量子点。此外，原子及分子团簇、超微粒子、小尺寸的碳纳米粒子和多孔硅等从性质考虑也可以归属于量子点结构范畴[25]。

1.3　量子点的结构与性质

量子点可以被认为是小分子和大晶体之间的桥梁，显示出类似于孤立原子和分子的离散的电子跃迁态，也具有结晶材料的性能[3,21,26,27]。量子点作为微小的半导体晶体，往往表现出尺寸依赖的电子性能，展现出许多不同于宏观体相材料的物理化学性质。调整量子点尺寸是调整带隙能量的主要方法，量子点性质的尺寸依赖特性主要是由纳米晶的内部结构决定的。随着晶体变小，表面上的原子数目增加，表面上的原子不完全结合在晶体晶格内，因此会破坏结晶周期性并留下一个或多个“悬空轨道”。如果这些表面能态在半导体带隙内，它们可以在表面形成载流子捕获中心，从而增加非辐射衰减概率。量子点的熔点随着尺寸减小而降低，不同晶相之间的表面能差异也被用于解释高比表面积的量子点中应力诱导的相变性质的改变。量子点独特的性质源于它自身的量子效应，当颗粒尺寸进入纳米量级时，将引起量子限域效应、宏观量子隧穿效应和表面效应等，从而派生出纳米体系所具有的与宏观和微观体系不同的特性[1,2]。下面简要介绍量子点的这些独特“效应”。

(1) 量子限域效应。量子限域效应是指当粒子尺寸下降到某一数值时，费米能级附近的电子能级由准连续变为离散能级及带隙变宽的现象。通过控制量子点的形状、结构和尺寸，就可以方便地调节其带隙宽度、激子束缚能的大小及激子的能量蓝移等。随着量子点尺寸的逐渐减小，量子点的吸收和发射光谱出现蓝移现象，尺寸越小，光谱蓝移现象也越显著。量子限域效应最重要的结果是半导体量子点带隙的尺寸依赖性，通过限制半导体的激子，带隙可以根据维度和尺寸调节到精确的能量。形貌上各向异性的半导体纳米晶在各个方向上具有不同的量子限域效应，可将带隙变化分别在三维(量子点)、二维(纳米片)或一维(纳米棒)进行限制。

(2) 表面效应。表面效应是指随着量子点粒径的减小，大部分原子位于量子点的表面，量子点的比表面积随粒径减小而增大。纳米颗粒大的比表面积、表面原子数增多，导致表面原子的配位不足、不饱和键及悬键增多，使这些表面原子具有高的活性，不稳定，很容易与其他原子或分子结合。表面原子的活性变化不但引起纳米粒子表面原子构型的变化，同时也导致表面电子自旋构象和电子能谱的变化。表面缺陷导致电子或空穴的捕获态，它们反过来会影响量子点的吸收和发光性质，引起非线性光学效应。

(3) 介电限域效应。介电限域效应是纳米微粒分散在异质介质中由于界面引起的体系介电增强的现象，主要来源于微粒表面和内部局域场的增强。当介质的折射率与微粒的折射率相差很大时，就产生了折射率边界，导致微粒表面和内部的场强比入射场强明显增加，这种局域场强的增强称为介电限域效应。一般来说，过渡金属氧化物和半导体量子点都可能产生介电限域效应，介电限域对光吸收、光化学等性质都有重要影响。

(4)量子隧穿效应。电子在纳米尺度空间中运动，载流子的输运过程呈现明显的电子波动性，出现量子隧穿效应。器件中要实现量子隧穿效应，要求在微小区域内形成纳米导电域，电子被“锁”在纳米导电域内，在纳米空间中显现出的波动性也就产生了量子限域效应。纳米导电域之间形成薄薄的量子势垒，当电压很低时，电子被限制在纳米尺度范围运动，升高电压可以使电子越过纳米势垒形成自由电子费米海，使体系变为导电。这种绝缘到导电的临界效应也是纳米有序阵列体系的特点之一。

(5)库仑阻塞效应。当一个量子点与周围外界之间的电容足够小的时候，只要有一个电子进入量子点(也称为孤立的库仑岛)，系统增加的静电能就会远大于电子热运动能力，这个静电能将阻止随后的第二个电子进入同一个量子点，这就是库仑阻塞效应。利用库仑阻塞效应就有可能使电子逐个隧穿进出库仑岛，实现单电子隧穿过程。

需要指出的是，除了尺寸调控外，大量设计合成量子点结构的新方法如核-壳结构、合金化、掺杂、梯度组分调控、应力调谐和带边翘曲等将可能在进一步发展这些粒子用于光电子和生物医学领域中起到关键作用[28-30]。深入理解量子点的结构，对于其带隙调控和电子波函数工程具有决定性意义。

1.4 新型量子点简介

通常来讲，传统的量子点主要包括镉基Ⅱ-Ⅵ族和铅基Ⅳ-Ⅵ族量子点，它们具有强吸收、尺寸依赖的光致发光、高量子产率和高的稳定性，在太阳能电池、光电子器件和生物荧光标记等领域表现出巨大的应用潜力。然而，传统量子点含有重金属元素，如对生物系统有毒的镉、铅等元素。它们的环境和生物安全性阻碍了其发展，尤其是与医学和环境相关的应用。环境友好的Ⅲ-Ⅴ族、Ⅰ-Ⅲ-Ⅵ族和Ⅳ族半导体量子点逐渐引起人们的注意[31]。其中Ⅳ族碳和硅元素在地球上储量丰富，生物相容性良好，并且广泛应用于微电子工业。类似地，在过去的十几年里，碳及其他二维材料(包括石墨烯、六方氮化硼、过渡金属硫化物等)量子点也逐渐引起人们的注意[32,33]。这些二维材料转变为零维时(如横向尺寸小于20 nm)，由于边缘和量子限域效应，出现了一些新性质；同时，它们仍保留了二维材料本身固有的一些优点。总体来说，碳、硅及二维材料的量子点研究还处于初始阶段。值得一提的是，量子效应概念的使用需谨慎，新型量子点体系中所观察到的光谱移动并不一定代表尺寸依赖的量子限域效应。这里我们仅借用“量子点”的概念来开展讨论。

参考文献

[1] Gaponenko S V. Optical Properties of Semiconductor Nanoparticles. Cambridge: Cambridge University Press, 1998.
[2] Klimov V I. Nanocrystal Quantum Dots. Second Edition. Boca Raton: CRC Press, 2010.
[3] Brus L E. Electron-electron and electron-hole interactions in small semiconductor crystallites: The size dependence of the lowest excited electronic state. J. Chem. Phys., 1984, 80: 4403.
[4] Burda C, Chen X, Narayanan R, et al. Chemistry and properties of nanocrystals of different shapes. Chem. Rev., 2005, 105: 1025.
[5] Murray C B, Norris D J, Bawendi M G. Synthesis and characterization of nearly monodisperse CdE (E = sulfur, selenium, tellurium) semiconductor nanocrystallites. J. Am. Chem. Soc., 1993, 115: 8706.
[6] Peng Z A, Peng X G. Formation of high-quality CdTe, CdSe, and CdS nanocrystals using CdO as precursor. J. Am. Chem. Soc., 2001, 123: 183.
[7] Owen J. The coordination chemistry of nanocrystal surfaces. Science, 2015, 347: 615.
[8] Sowers K L, Swartz B, Krauss T D. Chemical mechanisms of semiconductor nanocrystal synthesis. Chem. Mater., 2013, 25: 1351.
[9] Reiss P, Carrière M, Lincheneau C, et al. Synthesis of semiconductor nanocrystals, focusing on nontoxic and earth-abundant materials. Chem. Rev., 2016, 116: 10731.
[10] Pietryga J M, Park Y S, Lim J, et al. Spectroscopic and device aspects of nanocrystal quantum dots. Chem. Rev., 2016, 116: 10513.
[11] Wegner K D, Hildebrandt N. Quantum dots: Bright and versatile *in vitro* and *in vivo* fluorescence imaging biosensors. Chem. Soc. Rev., 2015, 44: 4792.
[12] Howes P D, Chandrawati R, Stevens M M. Colloidal nanoparticles as advanced biological sensors. Science, 2014, 346: 1247390.
[13] Kagan C R, Lifshitz E, Sargent E H, et al. Building devices from colloidal quantum dots. Science, 2016, 353: 885.
[14] Bruchez M, Moronne M, Gin P, et al. Semiconductor nanocrystals as fluorescent biological labels. Science, 1998, 281: 2013.
[15] Chan W C W, Nie S. Quantum dot bioconjugates for ultrasensitive nonisotopic detection. Science, 1998, 281: 2016.
[16] Talapin D V, Lee J S, Kovalenko M V, et al. Prospects of colloidal nanocrystals for electronic and optoelectronic applications. Chem. Rev., 2010, 110: 389.
[17] Hildebrandt N, Spillmann C M, Algar W R, et al. Energy transfer with semiconductor quantum dot bioconjugates: A versatile platform for biosensing, energy harvesting, and other developing applications. Chem. Rev., 2017, 117: 536.
[18] Silvi S, Credi A. Luminescent sensors based on quantum dot-molecule conjugates. Chem. Soc. Rev., 2015, 44: 4275.
[19] Wu Y, Wang D, Li Y. Nanocrystals from solutions: catalysts. Chem. Soc. Rev., 2014, 43: 2112.
[20] 康永印, 宋志成, 乔培胜, 等. 光致发光胶体量子点研究及应用. 化学进展, 2017, 29: 467.
[21] Alivisatos A P. Semiconductor clusters, nanocrystals, and quantum dots. Science, 1996, 271: 933.
[22] Nirmal M, Brus L. Luminescence photophysics in semiconductor nanocrystals. Acc. Chem. Res., 1999, 32: 407.
[23] El-Sayed M A. Small is different: Shape-, size-, and composition-dependent properties of some colloidal semiconductor nanocrystals. Acc. Chem. Res., 2004, 37: 326.
[24] Lim S Y, Shen W, Gao Z. Carbon quantum dots and their applications. Chem. Soc. Rev., 2015, 44: 362.
[25] Kovalenko M V, Manna L, Cabot A, et al. Prospects of nanoscience with nanocrystals. ACS Nano, 2015, 9: 1012.
[26] Chuang C H, Burda C. Contribution of femtosecond laser spectroscopy to the development of advanced optoelectronic nanomaterials. J. Phys. Chem. Lett., 2012, 3: 1921.

[27] Wheeler D A, Zhang J Z. Exciton dynamics in semiconductor nanocrystals. Adv. Mater., 2013, 25: 2878.
[28] Regulacio M D, Han M Y. Composition-tunable alloyed semiconductor nanocrystals. Acc. Chem. Res., 2010, 43: 621.
[29] Smith A M, Nie S. Semiconductor nanocrystals: Structure, properties, and band gap engineering. Acc. Chem. Res., 2010, 43: 190.
[30] Peng X G. Band gap and composition engineering on a nanocrystal(BCEN)in solution. Acc. Chem. Res., 2010, 43: 1387.
[31] Xu G, Zeng S, Zhang B, et al. New generation cadmium-free quantum dots for biophotonics and nanomedicine. Chem. Rev., 2016, 116: 12234.
[32] Nasilowski M, Mahler B, Lhuillier E, et al. Two-dimensional colloidal nanocrystals. Chem. Rev., 2016, 116: 10934.
[33] Wang X, Sun G, Li N, et al. Quantum dots derived from two-dimensional materials and their applications for catalysis and energy. Chem. Soc. Rev., 2016, 45: 2239.

第2章 量子点的制备

量子点的制备在量子点研究发展中起到决定性的作用，只有获得稳定可靠的量子点材料才能做好进一步的量子点性能研究和产业应用。在本章，我们希望讨论量子点制备过程中一些共性的物理化学问题[1-5]，而不是合成文献的简单罗列，希望以此可以激发读者进一步的思考和广泛讨论。

2.1 量子点的制备方法简介

在 20 世纪 80 年代量子点发展的早期，合成都是基于传统的制备胶体粒子的化学方法，如共沉淀、微乳液、胶束等。该类方法一般以水溶性盐类作为前驱体，加入一定量的配体稳定剂(如巯基醇、巯基酸、巯基胺和巯基氨基酸等)，通过加热回流制备量子点[6]。以巯基乙酸、巯基丙酸及胺类、醇类的巯基化合物作为配体，可以合成出 CdSe、CdTe、CdS、PbS、ZnS、ZnTe 等不同种类量子点[7-10]。此外，通过在高频电磁辐射和高温下，使具有较高偶极矩的物质相互反应来分解化学物质的微波辅助法和超声辅助法，可进一步优化水相合成方法。但是，水相法合成的量子点荧光效率较低、粒径分布较宽、光谱拖尾。此外，简单巯基化合物配体稳定性差，易从量子点表面脱落，导致量子点团聚。当然，如果能够找到提高水相量子点品质的可靠方法，以水为溶剂的绿色合成方法仍然是一个非常有前景的路线。

有机相合成主要是通过筛选高沸点的有机溶剂和前驱体，能够得到结晶质量和发光效率较好的量子点。1993 年美国麻省理工学院的 Murray 和 Bawendi 等在氩气环境下，控制反应温度在 300～360℃，用三辛基氧膦(TOPO)作配位溶剂，将二甲基镉($CdMe_2$)和硒–三辛基膦(Se-TOP)混合溶液作前驱体注入高温溶剂中反应得到 CdSe 量子点，该反应根据快速成核、慢速生长的原理高温分解金属有机物，并结合尺寸分离技术制备出了单分散的 CdS、CdSe、CdTe 量子点。该方法即我们通常所说的“金属有机–配位溶剂–高温”合成路线，是胶体化学法合成半导体量子点的里程碑式工作[11]。美国劳伦斯伯克利国家实验室的 Alivisatos 等也做出了重大贡献，改进该方法制备了不同形状的量子点。但是，该合成路线选用了毒性很大、成本高且室温不稳定的二甲基镉，导致在后来近十年间这个领域发展并不快[12]。2001 年，Peng Z A 和 Peng X G 发现该方法的机理主要是二甲基镉与工业级 TOPO 中的有机膦酸杂质反应生成有机膦酸镉，再和 Se 反应生成 CdSe，真正的前驱体是有机膦酸镉盐。基于此发现，对传统方法进行改进，选用 CdO 代替二甲基镉作为 Cd 的前驱体一步合成出高质量的 CdS、CdSe、CdTe 量子点[13,14]。2002 年，Peng Z A 和 Peng X G 又提出了非配位溶剂方法，同时引入了目前最常用的非配位溶剂——十八烯(ODE)[15]。由于不采用有机镉作为原料，不需要苛刻的无水无氧条件，且反应温和，成核速度快，实验重现性好，Peng 的方法被誉为“绿色合成路线”。该合成路线的出现，极大地促进了量子点的发展和推广。近年来，量子点的合成工艺不断被改进。2005 年，Mulvaney 等用 Se 粉与 ODE 反应作为 Se 源，提高了反应活性和转化率。这种方法简单，在合成复杂结构量子点中具有独特优势[16]。

目前世界知名的几家量子点公司如美国的 Nanosys、美国的 QD Vision、英国的 Nanoco 和中国的纳晶科技都是在该“绿色合成路线”推出后成立的，并最终促成了量子点器件在商业化产品中的应用[17]。其中美国 QD Vision 公司因为利用该“绿色合成路线”制造出一种可用于高能效显示器和照明产品的量子点，被授予“2014 年美国总统绿色反应条件奖”[17,18]。

2.2 量子点合成的物理化学原理

2.2.1 成核和生长模型

量子点的尺寸分布很大程度上取决于在成核过程中核的均匀性，是胶体量子点形成的基础[19]。然而，核初始的形成过程和随后生长过程的机理解释是一个非常具有挑战性的任务。量子点的生长通常用 LaMer 模型的热力学原理来解释[20]。模型背后的基本思想是金属和硫族元素前驱体反应形成单体，这些单体聚结成较大的核，然后核通过单体“加成”生长成量子点，即

$$\text{前驱体} \longrightarrow \text{单体} \rightleftharpoons \text{量子点}$$

由于通过单体“加成”引起的生长速率是量子点半径 R 的倒数，因此小粒子比大粒子长得快。随着单体消耗，无法继续通过单体加成得到更大的量子点。实验中也发现了量子点光谱和这些模型预测结果之间良好的一致性。最近关于量子点晶体生长的讨论主要集中在更简单的速率方程模型、关于各种初始浓度的化学前体大小和尺寸分布的演变[21,22]。

LaMer 模型是描述量子点生长最广泛应用的模型。它的一个主要不足是不考

虑在生长阶段的粒度分布变化。图 2.1 给出了 LaMer 模型中高反应活性前驱体(黑色)和低反应活性前驱体(灰色)的生长过程示意图。前驱体反应活性高时，大量种子的快速成核导致最终尺寸小的颗粒；反之，前驱体反应活性低时，导致最终尺寸更大的颗粒。一般来说，反应可分为三个阶段[23]：第一阶段，溶质/单体浓度的改变或过饱和的建立是通过加入前驱体或改变反应参数实现的；第二阶段，当单体过饱和达到开始成核的临界浓度 c^*，成核过程继续进行，直到单体浓度低于成核临界浓度(该阶段终止)；第三阶段，在随后的生长阶段，理想情况下单体的消耗和产生保持平衡，并维持一定的单体过饱和度。如果不是这种情况，则溶液生长可能伴随奥斯特瓦尔德熟化过程，这种现象是由整个体系中小粒子的溶解度较大引起的(Kelvin 效应)，并会导致宽的尺寸分布[24]。因此，添加稳定剂分子(配体和表面活性剂，如三辛基氧膦、油酸根、油胺等)可以提高量子点的胶体稳定性。值得指出的是，目前量子点成核和生长的研究主要集中于 CdSe 量子点。阐述的原理一般也适用于合成具有类似化学键的其他Ⅱ-Ⅵ族和Ⅳ-Ⅵ族化合物量子点(如硫化镉、碲化镉、硫化铅和硒化铅)，而Ⅲ-Ⅴ族和Ⅳ族半导体量子点一般不遵循这些规律。

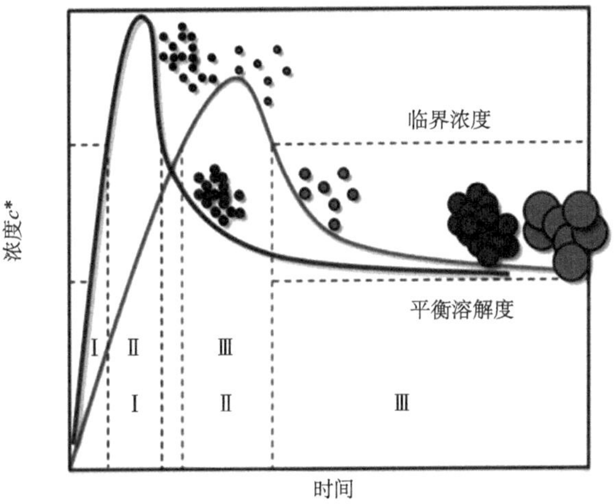

图 2.1　LaMer 模型示意图：单体累积(Ⅰ)、成核(Ⅱ)和生长(Ⅲ)阶段作为反应时间的函数[20, 25]

2.2.2　晶核的表征

对于量子点合成过程中成核和生长阶段的原位表征研究可以了解反应动力学，获得不同反应时间的晶体结构和特性[26,27]。然而，由于涉及的量子点化学合成过程的可观察性和苛刻条件(如高温、惰性气氛、快速动力学等要求)，合适的原位方法并不多[28]。此外，原位方法的一个关键问题是测量必须不干扰所观察的反应，而用高能电子束或X射线时很难满足这个标准。对于原位(扫描)透射电子显微镜研究，需要设计特制的样品池，使用氮化硅或石墨烯作为基底材料[29,30]，样品池溶液中的前驱体成核可以通过电镜观察，也被称为液相透射电子显微镜(LTEM)。该技术适用于依靠升温策略的合成体系，它允许成核和生长阶段的直接实时观测[31]。相比于金属纳米粒子，半导体量子点具有尺寸依赖的光学特性，在原位研究中有独特的优势。特别是，该类量子点的吸收光谱随着反应时间的增加(即量子点尺寸增加)逐渐移动到长波长，从而可以用原位紫外-可见吸收光谱来研究生长动力学[32]。该技术快速测量的时间分辨率可以低至微秒[33]。

反应动力学和结构特性还可以用原位X射线衍射实时评估。小角X射线散射(SAXS)可以在成核阶段前期研究前驱体或单体的有序“组织结构”，并且在成核后的阶段研究平均粒径及量子点的自组装。广角X射线散射(WAXS)可以研究所形成的晶体结构及其演化过程。X射线吸收精细结构谱(XAFS)可以实现原子的局部环境探测，如配位环境和氧化态等。该技术的另一个优点是可以研究非晶态的样品，如经部分氧化形成的量子点无定形表面层。XAFS光谱可以分为两个区域：一个是在主吸收边之上50 eV内[X射线近边吸收谱(XANES)]，另一个在主吸收边之上50～1000 eV[X射线外延吸收精细结构谱(EXAFS)]。这些高能同步辐射技术可以获得足够强的信号，来开展动力学研究和结构解析[34,35]。

2.2.3 配体的作用

通常来讲，配体在量子点合成中具有以下几个关键作用：①在络合步骤中，它们将起始化学原料转化为分子前驱体，并进一步演变为“单体”；②防止溶液中形成的单体和核的不受控聚集，但允许在高温下的量子点生长；③调节成核和生长动力学，控制量子点尺寸和形状；④反应完成后，提供足够的空间或静电排斥力来稳定量子点；⑤钝化表面，防止形成有害的陷阱态。显然，很难找到同时满足所有这些要求的单个分子，因此在大多数合成路线中往往同时使用两种或多种配体。稳定配体通常是表面活性剂类的分子，包含极性头(如羧酸或膦酸、硫醇、胺等)和非极性尾(如烷基链等)。合成中也可以使用不结合量子点表面，但影响反应机理的共配体。此外，部分溶剂也可以起配体的作用，即配位溶剂。三辛基氧膦是这种类型中最熟知的代表[36]，油胺[37]或二辛醚[38]也是常用的配位溶剂。在水相合成中，通常使用双极性头的稳定配体(二者通过烃链间隔开来)，其中一个锚定量子点表面(如巯基等)，另一个亲水基团(如羧酸根、氨基等)指向水溶液，常见的如巯基丙酸。最近，中性受体、共轭离子对等也被用作表面配体。

2.2.4 表面态

应该注意到，在合成中反应物和反应介质(前驱体、稳定配体、添加剂、溶剂)的化学转化和量子点表面状态的变化对于优化和开发合成方法至关重要。核磁共振(NMR)和傅里叶变换红外(FTIR)光谱技术是研究量子点合成中有机化合物转化的有效方法，这些技术对于获得量子点表面状态的信息也非常有用。有机配体壳可以控制量子点的物理化学性质(如给定溶剂中的胶体稳定性、反应活性)，并通过表面电子态的钝化影响其光电性质。例如，Hens 和 Capek 所指出的，氢和碳的 NMR 研究可以区分量子点表面结合配体与游离配体，以及用于分析竞争性配体的结合强度[39]。这些技术当然也可以用于确定配体交换量。在这方面，Owen 等研究了羧酸根封端的金属硫属化物量子点[ME(M=Cd，Pb；E=S，Se)]与各种路易斯碱(如烷基胺或膦)中的协同络合与可逆配体交换[40]。Knittel 等提出了另一种用于量子点配体覆盖的定量方法，使用氚标记的油酸和闪烁计数法(放射性测试)。将替代配体加入氚代油酸包覆的量子点，并使用闪烁计数来测量量子点所携带放射性的降低，进而评估各种竞争性配体的表面结合强度[41]。在机理理解方面[42]，^{1}H NMR、^{13}C NMR 和 ^{31}P NMR 谱[43]可以研究在 Zn-和 Cd-硫属元素化物量子点的合成中前驱体演化的分子机制[44-46]。获得的关于反应路径的实验结果和限速步骤对于合成方法的精细调控和开发是非常有价值的。

2.2.5　量子点的纯化

如前所述，配体具有多种作用，包括前驱体的溶解及量子点尺寸、形状和分散性的控制。然而，过量的配体通常会不可预测地影响量子点的表面化学组成[47]、光学和电学性质[48-52]、功能性和可加工性[53,54]。因此，纯化步骤对于胶体量子点的合成来说就显得非常重要，这一点也是通常容易被忽略的。常用的纯化方法是离心分离技术。通常，将过量的极性溶剂(如甲醇、乙醇、丙酮、乙腈等)加入分散在非极性溶剂中的胶体量子点中，将其沉淀出来。离心后，量子点在管的底部，而游离配体则保留在溶液中。该方法的效率主要取决于游离配体(或其他杂质)在溶剂中的溶解度。例如，对于 InAs 量子点来讲，通常的离心纯化方法并不能有效地去除过量的铟前驱体(溶解性差)[55]。分散性差的量子点需要较多次数的纯化循环，但是缺乏针对这种现象的定量描述和讨论。离心纯化技术的另一个主要缺点是表面配体覆盖度和表面性质的控制相当困难[47, 49]。例如，用于纯化的短链醇(如甲醇和乙醇)通常会诱导配体(如油酸根配体)[56]从量子点表面的解离和释放，同时还伴随着荧光量子效率的降低。显然在量子点的纯化过程中，我们必须考虑纯化方法对表面状态和光学性质的影响。其他可选的纯化技术还包括色谱和电泳等。色谱或电泳分离的挑战是找到与非极性溶剂中的量子点相容的合适固定相。

2.3 量子点的合成技术

这里我们简要地总结和讨论一下不同种类量子点的合成技术，希望通过这些比较可以揭示不同种类和不同组分量子点合成之间的差异和共性。

2.3.1 经典热注入法示例

首先以前面提到的经典热注入法的两个里程碑式的工作为例做详细介绍，以便对量子点的合成有一个直观的了解，之后针对量子点制备不同方面的进展进行介绍。在量子点早期的工作中，尽管不同颜色的量子点能够在水溶液中制备出来，但是并没有引起广泛的注意。1993 年，美国麻省理工学院的 Murray 等以“近单分散 CdE(E = S, Se, Te)半导体纳米晶的合成和表征”为题，报道了首例尺寸连续可调(1.2～11.5 nm)并具有优异尺寸依赖光学性质的高质量量子点，具有一致的晶体结构、表面性质和高度的尺寸单分散性[11]。该合成通过注入高温配位溶剂中有机金属试剂的热解，确立了现在仍广泛采用的“有机金属热注入法”的基本思想。以 TOP/TOPO(三辛基膦/三辛基氧膦)封端的 CdSe 量子点为例：将 50 g TOPO 干燥并在反应瓶中脱气，在真空中加热至 200℃保持 20 min，其间用氩气定期换气，然后在氩气下稳定在反应温度为 300℃。溶液 A(Cd 源)通过在手套箱中将 1.0 mL (1.355 mmol)二甲基镉加入 25.0 mL 的 TOP 来制备。TOPSe 是通过将单质 Se 溶解在足量的 TOP 中获得 1.0 mol/L 的 TOPSe 溶液，保存在手套箱中。反应前将 10.0 mL 储备的该 TOPSe 溶液(10.00 mmol)加入 15.0 mL 的 TOP 中来制备溶液 B(Se 源)。将溶液 A 和溶液 B 混合，并在手套箱中装入 50 mL 注射器中。将注射器从手套箱中快速取出，停止加热 TOPO，然后将注射器中的试剂混合物快速注射到剧烈搅拌的反应烧瓶中。试剂混合物的快速注入产生深黄色/橙色溶液，其吸收特征为 440～460 nm。这也伴随着温度突然降低到 180℃，之后恢复加热并将温度升至 230～260℃。以规则的间隔(5～10 min)抽取反应溶液，并通过吸收光谱监测量子点的生长。通过吸收光谱估算尺寸分布的变化并调节生长温度，当观察到需要的吸收特征后，一部分溶液转移并储存在小瓶中。以这种方式，分离后可以得到直径为 1.2～11.5 nm 的一系列尺寸量子点。CdTe 量子点的制备是以 TOPTe(三辛基膦碲)为前驱体，注射温度为 240℃，生长温度为 190～220℃。通过插管抽取反应溶液的 10 mL 等分试样并冷却至 60℃，略高于 TOPO 的熔点。 向等分试样中加入 20 mL 无水甲醇引起量子点的可逆絮凝，通过离心将絮凝物与上清液分离。絮凝物在 25 mL 无水正丁醇中分散，随后进一步离心，得到量子点的光学透明溶液和含有反应副产物的灰色沉淀。进一步通过向量子点的正丁醇分散液中滴加甲醇，可以选择性沉淀分离出具有窄尺寸分布(<5%)的量子点样品。所获得的样品质量

高，产生了尖锐的吸收特征和强的“带边”发射，并可以通过粒径和材料选择进行调节吸收峰位置，如图 2.2 所示。

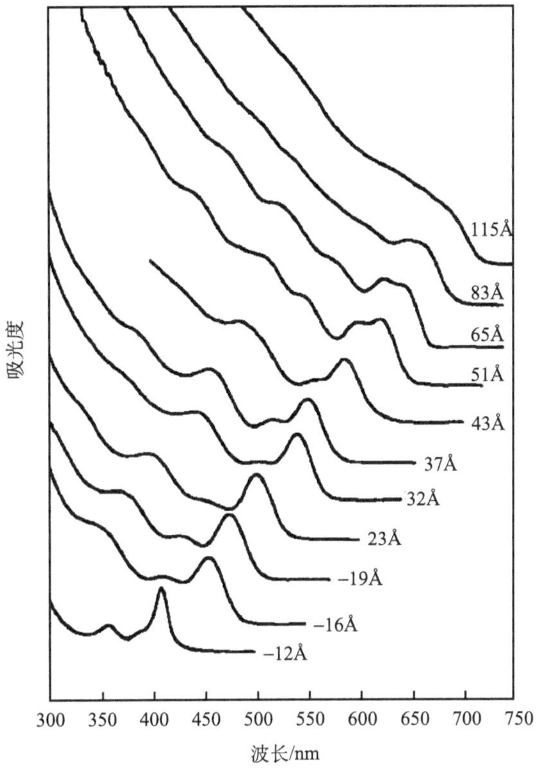

图 2.2　Murray 等采用有机金属热注入法制备的一系列 CdSe 量子点的紫外–可见吸收光谱图[11]

在这个实验中建立的合成思想，如膦基硫属元素前驱体、配体保护的金属前驱体、热注射爆发成核、成核和生长过程分开、量子点的分离和纯化等[11]，在之后的大量工作中一直被采用，包括现在商业化量子点的制备，当然该方法也一直在改进。这个合成工作首次成功地实现了量子点尺寸和光学性质的连续调控，在某种程度上使相关领域的研究者“看到”了量子限域效应的魅力，无论是对于基础研究还是技术应用都具有重要的意义，极大地推动了纳米科技的发展。当然，我们也应该注意到相关实验操作复杂，很多操作要求在无水无氧的手套箱中完成，特别是二甲基镉在室温下具有毒性大、易自燃、成本高、不稳定、高温下释放大量气体而爆炸等缺点，一般实验室无法实现，限制了其推广。

在此之后，一系列工作对其进行了改进和机理探索。Peng 等发现使用较强的配体，如己基膦酸（HPA）或十四烷基膦酸（TDPA），当 Cd 和 HPA/TDPA 的比例低于 1 时，则 $Cd(CH_3)_2$ 立即转化为镉的 HPA/TDPA 配合物（Cd-HPA/Cd-TDPA）。

配合物形成后，将三丁基膦硒(TBPSe)注入就能够产生高品质的CdSe量子点。这个结果意味着如果可以通过其他方法生成镉配合物，则高危险的 $Cd(CH_3)_2$ 可能不是必需的。他们首先从 $CdCl_2$ 或 $Cd(CH_3)_2$ 出发合成并纯化了Cd-HPA，证明高品质的CdSe量子点确实是从这个复合物产生的。在此基础上他们开发了一锅合成法，不再需要另外制备镉配合物。更重要的是，之后Peng Z A和Peng X G在2001年的工作中证明 $Cd(CH_3)_2$ 可被CdO替代[14]。且这种新的合成方案比 $Cd(CH_3)_2$ 相关的方法更优越。不需要任何尺寸分选，通过新方法形成的所有镉硫族元素的量子点和量子棒的质量与文献中报道的最佳CdSe量子点的质量相当。实验上，将CdO、TOPO和HPA/TDPA装入三口烧瓶中。在约300℃下，红色的CdO粉末溶解，产生无色的均匀溶液。这种新方法的初始成核可以在注射后几十秒内进行调整。缓慢的初始成核是由于Cd-HPA/Cd-TDPA配合物相对较高的稳定性，而在 $Cd(CH_3)_2$ 方法中，瞬时初始成核是由于 $Cd(CH_3)_2$ 的反应性极高。初始成核速度缓慢在实践中具有三个重要优点：①注射温度不需要340～360℃，相反，250～300℃是可以的；②量子点的成核和生长几乎与注射速度无关，因此，量子点的合成是可重复的；③这种初始成核的延迟意味着初始注入可以长达数十秒，从而允许大批量注射前驱体，因此工业规模应用应该是非常有可能的。通过引入碲、硒和硫的储备前驱体溶液可以分别产生高质量的CdTe、CdSe、CdS量子点。样品不再需要尺寸分离。由于不使用二甲基镉，手套箱不再是必备的，该方法迅速成为量子点合成领域最为流行的合成策略之一。

2.3.2 Ⅱ-Ⅵ族量子点

1. 硫属前驱体的制备

在金属硫族化物量子点的合成研究中已经发展了大量的各种硫属阴离子前驱体[25]。最简单的制备通常是施加元素S、Se或Te的粉末“溶解”在合适的有机化合物中。元素硫在其主同素异形体中以 S_8 环出现，而Se和Te由聚合物链组成。为了将它们转化为可溶性分子前驱体，通常将它们与路易斯碱(如油胺或三辛基膦)混合并加热。不饱和有机溶剂，如十八烯(ODE)，也可以将硫属元素转化为反应活性物质甚至饱和溶液，在加热时反应。这里简要概述这些硫族化物前驱体合成的不同反应：①S、Se和Te与叔膦的反应；②S、Se和Te与伯胺反应[57]；③S、Se、Te与ODE和其他类型的烃类溶剂反应[58]；④烷基硫醇；⑤二硫代氨基甲酸盐和黄原酸盐；⑥其他类型的硫属前驱体[59]。图2.3给出的是一些代表性反应。

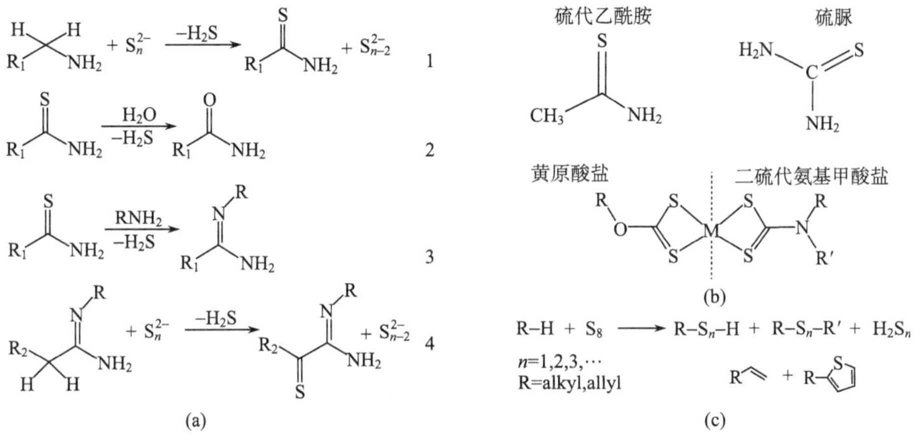

图 2.3　(a) 辛胺和硫在 130℃反应 2 h 的反应路径（R：C_8H_{17}；R_1：C_7H_{15}；R_2：C_6H_{13}）[60]；(b) 使用硫代乙酰胺和硫脲的结构作为硫源，使用黄酸盐和二硫代氨基甲酸盐配位金属离子来合成金属硫化物纳米晶（R, R′＝ 烷基或芳基, R′也可以是 H）[61]；(c) 通过烃类还原元素硫的反应[61]

2. 二元金属硫属化物量子点

二元金属硫属化物可以用通式 M_xE_y（M=Cd、Hg、Pb、Zn、Ag、Cu、Mn、Sn、Ni、Bi、Eu 等，E=S、Se 和 Te）表示，已有这类体系中众多胶体量子点合成的实例报道。直到今天，CdS、CdSe 和 CdTe 量子点仍然是该系列中研究最多的典型代表。它们在制备中相对容易，在表面钝化之后发光量子效率有可能接近 100%。随着基于量子点的应用越来越成熟，对不含 Cd 和 Pb 的无毒化合物的需求正在上升。由于各种过渡金属之间的化学相似性，可以预期，使用与 Cd 和 Pb 化合物量子点类似的合成途径，可以实现其他类型金属硫属化物 M_xE_y 量子点的制备。历史上，由于与 CdE 的相似性，已经对 ZnE 系列量子点的合成进行了深入研究。另一种形成 M_xE_y（如 ZnSe）的方法通过对预合成的一种量子点进行离子交换来实现[62]。由于阴离子构成结构框架，较小的阳离子在许多化合物中显示出足够的流动性以支持这种类型的反应[63]。Manna 等使用这种方法，还从 CdSe 初始粒子出发通过两步阳离子交换（$CdSe \rightarrow Cu_2Se \rightarrow ZnSe$）连续过程合成了一步交换无法获得的晶相可控的 ZnSe 量子点[64]。鉴于 Cd 基量子点在前面已经详细讨论，在这里我们给出了其他非镉量子点体系的合成方法，表 2.1 简要总结了金属硫属元素化物量子点合成所使用的不同方法和实验参数及所获得量子点的平均尺寸和形状[25]。

表 2.1 二元金属硫族化物量子点的化学合成方法一览表

复合物	晶体结构类型	合成方法	反应物及溶剂	反应温度/℃	形貌与尺寸	参考文献
ZnS	ZB	HU	$ZnCl_2$，S，OLA	340	球状：8～11 nm	[65]
	WZ	HU	*n*-$(DDTC)_2$，OA，OLA，ODE	310	球状：7～10 nm	[66]
	H	HU	Zn-(PhDTC)-Phen/Pyr，TOP，HDA	300	球状：9.5 nm	[67]
	ZB	HU	Zn-$(HTC/HDX)_2$，HDA	300	纳米线：300 nm× 4.4 nm	[67]
	—	HI	$ZnCl_2$，S，DDT，OLA/OA	340	球状：9.5 nm	[67]
	ZB+WZ	HI	$Zn(OA)_2$，DDT，ODE	180～220	球状：2.9～3.5 nm	[68]
	ZB	HI	$ZnCl_2$，DDT，ODE	260	球状：4.5 nm	[69]
MnS	WZ	HU	$MnCl_2$，S，OLA	240～280	纳米棒：(20 nm×37 nm)～(20 nm×60 nm)	[65]
CuS	M	HU	$Cu(acac)_2$，S，OLA	200～260	球状：12 nm	[70]
Cu_2S	—	HU	$Cu(OA/acac/OAc)_2$，OLA，DDT	200～230	球状：3～20 nm	[71-74]
Cu_7S_4	M	HU	Cu-(DTTC)，OA	280	球状：26 nm	[67]
Ag_2S	FCC	HU	$Ag(NO_3/OAc)$，DDT	200～260	球状：3～18 nm	[73, 75]
NiS	RH	HU	$Ni(NO_3)$，DDT	150	纳米棒：33 nm×8.1 nm	[73, 76]
Ni_3S_4	—	HU	$Ni(NO_3)$，DDT，OA，OLA	250	无规则：20～50 nm	[73, 77]
Bi_2S_3	O(Bim)	HU	$Bi(OctA)_2$，DDT	150	纳米棒：11 nm×74 nm	[78]
SnS	O	HU	Sn-$(DDTC)_3$，OLA，ODE	300	片状：7000 nm×3000 nm×20 nm	[67]
SnS_2	H	HU	Sn-$(DDTC)_3$，OA，OLA，ODE	280	纳米片：150 nm×6 nm	[67]
EuS	C	HU	Eu(DTC)biPy，OLA，TOP	280	球状：5 nm	[79]
ZnSe	WZ	HU	$Zn(NA)_2$，Se，OctA，OLA	20～160	球状：<2 nm	[80]
	ZB	HU	$Zn(St)_2$，Se，ODE	290	球状：2.9～6.2 nm	[81]
	ZB	HI	$Zn_{10}Se_4(SPh)_{16}$，HDA	220～280	球状：2～5 nm	[82]
	ZB	HI	$Zn(St)_2$，Se，$NaBH_4$，OLA	240	球状：<5 nm	[83]
	WZ	HI	TOP-EDSC-Zn，TOPO	250	球状：3.8～6 nm	[84]
Cu_xSe	C(Berz)	HU	$Cu(St)_2$，OLA，OA Se，ODE	120～200	4.5～18 nm	[85]
Cu_2Se	C	HU	$Cu(NO_3)$，Se，ODA	200	球状：10 nm	[86]
Cu_7Se_4	C	HI	Cu(DPSe)，BH_4，DDT	150	无规则：100～500 nm	[87]
Ag_2Se	O	HU	$Ag(NO_3)$，Se，ODA	200	球状：10 nm	[86]
Ag_2Se-Te	T	HI	TOP-Ag，TOP-Se/Te，ODA，OA，ODE	150～160	球状：6.5 nm	[88]

续表

复合物	晶体结构类型	合成方法	反应物及溶剂	反应温度/℃	形貌与尺寸	参考文献
Co_2Se	O	HU	Co[Se_2PPr_2]，HDA	320	球状	[89]
SnSe	O	HI	$SnCl_2$，OA-Se，OLA，OA，ODE	65～175	球状：4～10 nm	[90]
NiSe	H	HI	Ni(Se_2PR_2)$_2$，TOP，HDA/TOPO	200～330	球状：3.9～6.2 nm	[91]
$NiSe_2$	C	HI	$NiCl_2$($Se_2C_6H_5$)$_2$，TOP，HDA	160	仿球状：10～15 nm	[92]
ZnTe	ZB	HI	Zn(St)$_2$，Te-TOP/TBP，ODE	270～300	纳米花：18～120 nm	[93]
	O	HI	Zn(St)$_2$，Te-TOP，ODE	300～330	纳米棒：25 nm×450 nm	[93]
	WZ	HI	Zn(OAc)$_2$，TOP-Te + SHy，OLA，二苯醚	160～300	球状：3.5～7 nm	[94]
	C	HI	Zn(TePh)$_2$.[TMEDA]，TOP，DDA	180～240	球状：4.2～5.4 nm	[95]
$Cu_{2-x}Te$	H	HI	Cu(acac)$_2$，TOP-Te，OLA	220	多面纳米球：4.4～8.8 nm	[96]
Cu_2Te	H	HI	CuCl，TOP-Te	230～250	纳米正方形：54～104 nm	[97]
Cu_4Te_3	H	HI	CuCl，TOP-Te，OA	230～250	纳米片	[97]
SnTe	RS	HI	$SnBr_2$，TEA，TOP-Se，DM	50～150	球状 2.7～32 nm	[98]
Ag_2Te	M	HU	$AgNO_3$，TOP，Se	160～190	六角片：(20～40 nm)×(5.5～8.1 nm)	[99]
Bi_2Te	R	HI	$Et_2BiTeEt$，DIPB	100	纳米正方形：100～500 nm	[100]
Bi_2Te_3	R	HI	Bi(OAc)$_3$，TOP-Te，OA，DDT	50～150	无定形	[101]
Bi_4Te_3	R	HI	(Et_2Bi)$_2$ Te，DIPB	80	无定形团聚：200 nm	[100]
Sb_2Te_3	H	HI	Sb(OAc)$_3$，TOP-Te，OA，DDT	50～150	无定形	[101]
GeTe	Amorphous	HI	GeI_2，TOP-Te，TOPO，DDT	250	球状：3.5 nm	[102]

注：晶体结构类型：ZB——闪锌矿；WZ——纤锌矿；C——立方；T——四方；H——六方；O——正交；M——单斜；R——斜方；RH——斜方六面体；FCC——面心立方；Amorphous——无定形；Bim——辉铋矿；Berz——硒铜矿；合成方法：HI——热注入；HU——加热。溶剂：OLA——油胺；TEA——三乙醇胺；HDA——十六烷基胺；ODA——十八胺；TOP——三辛基膦；TOPO——三正辛基氧膦；OA——油酸；ODE——十八烯；DDT——1-十二硫醇；St——硬脂酸盐；Ac——乙酸盐；acac——乙酰丙酮；Ph——苯基；DIPB——1,3-二异丙基苯；DM——二甲苯。

3. 三元和多元金属硫族化物量子点

三元和多元硫族化物半导体构成了一大类材料，不仅可以通过改变尺寸，而且可以通过改变组分来调控带隙。最重要的是，它们不依赖于如 Cd、Pb 和 Hg 等有毒重金属，也能够产生在可见和近红外范围响应的窄带隙量子点，如表 2.2 所示。三元金属硫属化物概念上衍生自Ⅱ-Ⅵ族材料，它通过用一个一价和一个三价阳离子取代两个二价金属，也可以通过用一个二价和一个四价阳离子取代两个三价阳离子，四元化合物可以衍生自三元化合物。应当注意，三元和多元半导体当然绝不限于金属硫属化物。由于基本合成概念类似、金属和硫属元素前驱体相似，因此三元和多元量子点的制备方法和生长机理与二元金属硫属元素化合物量子点类似[103,104]。多元量子点合成中的主要额外挑战在于平衡不同金属前驱体的反应活性，这是控制其组成和晶相的前提条件。

表 2.2　三元和多元金属硫化物量子点的化学合成方法一览表[25]

材料	晶体结构类型	前驱体；稳定剂；溶剂	合成方法	形貌与尺寸	参考文献
$CuInS_2$	CH	CuI,In(ac)$_3$, DDT	HU	三角形：3～8 nm	[105]
	WZ	CuI, In(ac)$_3$, ODE, DDT	HU	纳米片：10～20 nm	[106]
	ZB	CuI, In(ac)$_3$, DDT, ODE	HU	金字塔：10 nm	[106]
$CuInSe_2$	CH	CuI, $InCl_3$, Se, ODE, TOOP, TOP, HDA	HU	球状：1～5 nm	[107]
	WZ	CuCl, In(ac)$_3$, 二苯硒醚, OLA	HI	多边形：30 nm	[108]
	ZB	CuCl, $InCl_3$, su, DDT, OLA, ODE, TOP	HU	三角或球形：3～5 nm	[109]
CuInSSe	CH	CuCl, $InCl_3$, S, Se, OLA	HI	三角形：14 nm	[110]
$CuFeS_2$	CH	$Cu[S_2CN(C_2H_5)_2]_2$, $Fe[S_2CN(C_2H_5)_2]_3$, S, TOP, OLA, OA, DCB	HI	球状：12 nm	[111]
$CuFeSe_2$	CH	Cu(acac)$_2$,Fe(acac)$_3$,Ph_2Se_2, OLA, OA	HI	准立方体：18 nm	[112]
$CuGaS_2$	CH	CuCl, Ga, S, 水或苯	HI	35 nm	[113]
$CuGaSe_2$	CH	Cu(ac)$_2$, Ga(ac)$_3$, Se, OLA	HU	11 nm	[114]
Cu_2SnS_3	KS	CuCl, $SnCl_2$, $NaBH_4$ Se 或 Se, TOPO, OLA, DDT 或 OA	HI	球状：3～16 nm	[115]
$Cu_2SnS_xS_{3-x}$	M	CuCl, $SnBr_2$, Se, S, OLA, DDT	HU	—	[116]
Cu_3BiS_3	O	Cu(acac)$_2$, Bi(NO_3)$_3$, S, OLA	HI	8～11 nm	[117]
$Cu_2GeS_{3-x}Se_x$	—	Cu(acac)$_2$, $GeCl_4$, S, Se, OLA	HI	10～20 nm	[118]
Cu_3SbSe_3	O	Cu(acac)$_2$, Sb(ac)$_3$, Se, OLA, DMAB	HI	13～18 nm	[119]
$Cu_xSb_ySe_z$	C	CuCl, $SbCl_3$, OLA, ODE, OA, BTMSS	HI	纳米棒：10～40 nm	[120]
$CuInFe_{1-x}S_2$	—	CuCl, $InCl_3$, $FeCl_3$, tu, OLA, ODE, OA	HU	纳米片：20 nm	[121]
$CuIn_xZn_{1-x}S_2$	CH	CuCl,$InCl_3$,$ZnCl_2$, $(NH_4)_2S$, DDT, OLA	HI	4 nm	[122]

续表

材料	晶体结构类型	前驱体；稳定剂；溶剂	合成方法	形貌与尺寸	参考文献
$CuIn_xGa_{1-x}S_2$	CH	CuCl, $InCl_3$, $GaCl_3$, $(NH_4)_2S$, DDT, OLA	HI	6 nm	[122]
	WZ	CuCl, $InCl_3$, $GaCl_3$, S, OLA, ODE	HU	13～19 nm	[123]
$CuIn_xGa_{1-x}Se_2$	CH	CuCl, $InCl_3$, $GaCl_3$, Se, OLA	HI	球状	[124]
$CuIn_{0.5}B_{0.5}Se_2$	CH	CuCl, $InCl_3$, BO, Se, 二亚乙基三胺	HU	纳米棒：70 nm	[125]
$Cu_2Co_xSn_{1-x}Se_3$	C	$CuCl_2$, $SnCl_4$, $Co(acac)_2$ 或 $Fe(acac)_2$, S, DDT, OLA	HI	3～4 nm	[126]
$AgInS_2$	CH	AgCl, In, S, EDA	HU	10 nm	[127]
	ZB	Ag(ac), $In(ac)_3$, Na_2S, 1-谷胱甘肽，水	HI	团聚：3 nm	[128]
	O	Ag(ac), $In(ac)_3$, S, OLA, DDT, ODE	HI	多边形：4 nm	[129]
$AgInSe_2$	O	$AgNO_3$, $In(st)_3$, Se, OLA, ODE, OA	HI	24 nm	[130]
$AgGaS_2$	CH	AgCl, Ga, S, EDA	HU	6 nm	[127]
	O	$Ag(S_2CNEt_2)$, $Ga(S_2CNEt_2)_3$, DDT 或 HDT 或 OLA 或 HDA	HU	多边形：16 nm	[131]
$AgSbS_2$	M	$AgNO_3$, $SbCl_3$, TMS, OLA, OA	HU	5～20 nm	[132]
$FeCr_2S_4$	C	$Fe(acac)_2$, $Cr(acac)_3$, DDT, OLA	HI	10～15 nm	[133]
$FeCr_2Se_4$	M	$Fe(acac)_2$, $Cr(acac)_3$, Se, OLA	HI	60～70 nm	[133]
$ZnInS_4$	H	$ZnCl_2$, $In(ac)_3$, $C_{18}H_{33}NaO_2$, S 或 tu, OLA, ODE	HI	球状：2～10 nm	[134]
$ZnIn_2Se_4$	ZB	$CuCl_2$(dopent), $InCl_3$, $Zn(st)_2$, Se, DDT, OLA, ODE, OA	HI	2～3 nm	[135]
Cu_2ZnSnS_4	KS	CuI, $SnCl_4$, $Zn(EtXn)_2$, DDT, OA	HU	5～8 nm	[136]
	WZ	$CuCl_2$, $SnCl_4$, $ZnCl_2$, Na(ol), S, DDT, OLA, ODE	HI	球状：10～15 nm	[137]
	ZB	$CuCl_2$, ZnO, $SnCl_4$, DDT, TDM, OLA, ODE, OLA, THF	HU	12 nm	[138]
	O	$CuCl_2$, $ZnCl_2$, $SnCl_2$, TCA, EDA, 水	HU	纳米片：20～50 nm	[139]
$Cu_2ZnSnSe_4$	ST	CuCl, ZnO, $SnCl_4$, SeO_2, ODE, HDA, TDPA	HI	立方体：5～30 nm	[140]
	M	CuCl, $Zn(ac)_2$, $SnCl_2$, SeO_2, OLA, ODE	HI	20～50 nm	[141]
$(Cu_2Sn)_{x/3}Zn_{1-x}S$	ZB	$CuCl_2$, $ZnCl_2$, $SnCl_2$, TCA, OLA, EtOH	HU	3 nm	[142]
Cu_2ZnFeS_4	CH	CuCl, $ZnCl_2$, $Fe(acac)_3$, S, ODE, (OLA, OA) 或 (TDPA, TOPO)	HI	三角形：10～15 nm	[143]

续表

材料	晶体结构类型	前驱体；稳定剂；溶剂	合成方法	形貌与尺寸	参考文献
$Cu_2Zn_xFe_{1-x}SnS_4$	—	Cu(acac)$_2$, Fe(acac)$_2$, Zn(acac)$_2$, $SnCl_2$, S, OLA	HI	10～20 nm	[144]
Cu_2FeSnS_4	ST	Cu(acac)$_2$, Fe(acac)$_2$, $SnCl_2$, S, OLA	HI	三角形或球形：13 nm	[145]
Cu_2ZnGeS_4	T	Cu(acac)$_2$, Zn(acac)$_2$, $GeCl_2$, S, OLA	HU	8～12 nm	[146]
$Cu_2ZnGeSe_4$	ST	CuCl, ZnO, $GeCl_4$, Se, ODE, HDA, TDPA	HI	10～25 nm	[147]
$CuInZnS_3$	ZB	Cu(ac)$_2$,In(ac)$_3$, Zn(ac)$_2$, S, DDT, OLA, OA, Mn(ac)$_2$(dopant)	HU	2～5 nm	[148]
Cu_3InSnS_5	WZ	CuCl, $InCl_3$, tu, OLA, DDT	HU	10～12 nm	[149]
$Cu_2CdSnSe_4$	ST	CuCl, CdO, $SnCl_4$, Se/ODE, HDA, ODPA	HI	正方形：10～20 nm	[140, 150]
$Ag_2ZnSnSe_4$	ST	Ag(ac)$_2$, $SnCl_2$, Zn(ac)$_2$, Se, OLA	HU	65 nm	[151]

注：晶体结构类型：ZB——闪锌矿；WZ——纤锌矿；C——立方；T——四方；ST——黄锡矿；KS——锌黄锡矿；CH——黄铜矿；H——六方；O——正交；M——单斜。合成方法：HI——热注射；HU——加热。溶剂：OLA——油胺；HDA——十六烷基胺；EDA——乙二胺；DMAB——二甲基胺硼烷；TOP——三辛基膦；TOPO——三辛基氯膦；TOOP——亚磷酸三辛酯；OA——油酸；TDPA——十四烷基膦酸；ODPA——十八烷基膦酸；ODE——十八烯；DCB——二氯代苯；DDT——1-十二硫醇；ac——乙酸盐；tu——硫脲；BTMSS——双三甲基硅硫醚；TCA——硫代碳酰胺；TDM——十四烷基硫醇；THF——四氢呋喃；HDT——十六烷基硫醇；TMS——六甲基二硅硫醚；dopant——掺杂剂。

2.3.3 Ⅲ-Ⅴ族半导体量子点

Ⅲ-Ⅴ族半导体是通过来自ⅢA 族的金属元素和来自ⅤA 族的非金属元素结合而形成的晶态二元化合物。由于它们独特的性质，如高电子迁移率、直接带隙、低激子结合能，以及覆盖从紫外到红外区域的宽范围光谱的体相带隙值等，被广泛应用于高性能光电子器件。除了一些氮化物之外，大多数Ⅲ-Ⅴ半导体具有比Ⅱ-Ⅵ族和Ⅳ-Ⅵ族半导体更小的晶格离子性，即更大的共价性。与离子反应相比，更多的共价键形成通常需要更苛刻的反应条件，如高的反应温度、长的反应时间和更高反应活性前驱体[152]。这些条件通常不利于精确控制量子点的尺寸和尺寸分布，前驱体的活性和反应条件需要仔细优化以获得高质量材料。此外，Ⅲ-Ⅴ族半导体(如 InP)量子点比Ⅱ-Ⅵ族量子点(如 CdSe)对空气更敏感，使得大多数合成需要无氧条件。尤其对于金属氮化物量子点，合适的Ⅴ族前驱体是化学合成中的关键挑战。由于Ⅴ族元素相对低的电子亲和力，难以找到处于氧化态-Ⅲ的合适前驱体。由于篇幅有限，在这里简要给出典型Ⅲ-Ⅴ族中具有高量子产率的 InP 半导体量子点的合成方法[153]，如表 2.3 所示[25]。

表 2.3 具有代表性的高荧光量子产率 InP 基量子点的合成方法

合成方法	前驱体	配体/添加剂	反应温度/℃	反应时间/min	壳材料	最大荧光量子产率/%	参考文献
热注入	$P(TMS)_3/In(OAc)_3$	MA/辛胺	178～188	60	ZnS	40	[154]
热注入	$P(TMS)_3/InCl_3$	SA, HDA/十一烯酸锌	220～280	20	ZnS	60	[155]
加热	$P(TMS)_3/In(OAc)_3$	MA/硬脂酸锌	25～300	3～20	ZnS	70	[156]
热注入	$P(TMS)_3/In(OAc)_3$	$PA/Zn(OAc)_2$	230～300	120	GaP/ZnS	85	[157]
热注入	$P(TMS)_3/In(OAc)_3$	MA/辛胺	200	60	ZnSe/ZnS	55	[158]
热注入	$P(TMS)_3/InCl_3$	油酸/油酸锌	280	10	ZnSeS	55	[159]

2.3.4 Ⅳ族元素及新型二维材料量子点[3,25,160-165]

Ⅳ族元素碳、硅和锗的胶体量子点的研究比化合物半导体少得多。相对于更广泛研究的化合物半导体的最大差别之一，是在 Si 和 Ge 中键的共价性质需要高温以形成结晶核。其键离解能分别为 327 kJ/mol 和 274 kJ/mol，并且两种元素易于形成稳定的非晶相。此外，它们具有强烈结合氧的倾向，Si—O 和 Ge—O 的离解能分别为 798 kJ/mol 和 662 kJ/mol。这些因素结合相对于化合物半导体量子点的表面配体化学的显著差异，使碳、硅和锗量子点的化学合成具有挑战性。总体来说，新型量子点的合成方法还不够成熟，主要包括自上而下和自下而上两种策略[3, 25, 160-165]。自上而下策略合成碳量子点包括通过电弧放电、激光烧蚀和电化学氧化的方法来分解较大的碳结构，如纳米金刚石、石墨、碳纳米管、碳烟、活性炭和氧化石墨。制备胶体硅量子点最流行的方法之一是通过硅的蚀刻。此外，三维体材料或者剥落的二维片材也可以用化学、电化学或物理方式分解为二维材料的量子点。例如，石墨烯、MoS_2、WS_2、ReS_2、TaS_2、$MoSe_2$、WSe_2、$NbSe_2$、g-C_3N_4、h-BN、磷烯等量子点已经可以通过化学蚀刻、电化学剪切、水热/溶剂热切割、锂/钾嵌入、超声波处理和球磨等技术合成出来。自下而上合成碳量子点的方法可以通过燃烧/热处理、负载合成、电化学和微波合成路线，从分子前驱体(如柠檬酸盐、碳水化合物等)来实现。硅量子点的自下而上合成方法主要包括以下几个方面：①基于溶液的前驱体还原，如 $SiCl_4$ 和辛基三氯硅烷产生多分散的硅纳米颗粒；②硅锌盐基底方法：通常是用硅锌盐(即 ASi，A＝Na、K、Mg 等)与卤化硅或溴反应；③前驱体分解和再组装方法：通常涉及含硅原子前驱体物质的分解和再组装过程以形成硅量子点。一些二维材料的量子点也可以通过较小结构单元的化学组装或从相当大小的前驱体转化而来。

总体来说，相关制备工作还不能总结出明确的规律和相关原理，更多的细节可以参考最新的综述文章[25,160-165]。但是无论如何可以发现，Ⅳ族元素半导体量子点和新型的二维材料量子点的合成与经典的Ⅱ-Ⅵ族化合物半导体量子点的合成有很大不同。应当注意，尽管相关的研究工作已有大量报道，但是相关量子点材料的尺寸分布、表面结构和光学性质等的调控仍无法与经典化合物半导体量子点媲美，而且深入的合成机理研究仍然缺乏。

2.4 量子点合成的化学机理

前面给出了一些关于量子点合成方法的讨论，但对于量子点合成的化学反应机理的理解和讨论是不足的。这里我们将进一步讨论量子点合成机理，这些机理主要用于合成金属-硫族化物(ME)半导体量子点，特别是CdE和PbE(E＝S、Se、Te)[1]。重点在于最初阶段的金属-硫族元素化学键的形成，也介绍了可用于量子点可控合成的机理。尽管有大量与量子点合成相关的文献，但关于单个化学前驱体分子如何反应以形成量子点的细节很少，而这可能阻碍量子点合成设计和应用的进一步发展[13, 21]。这里，我们主要讨论当前发展的ME半导体量子点形成的模型，特别是由Ⅱ-Ⅵ族和Ⅳ-Ⅵ族半导体材料形成量子点的机理、量子点前驱体分子形成初始量子点“单体”单元的反应化学和化学机理。由于大多数Ⅱ-Ⅵ族和Ⅳ-Ⅵ族量子点合成使用膦、硫族化物基前驱体，我们主要围绕它们的具体化学性质展开讨论，相关机理也可以扩展用于不同的起始前驱体分子、配体和溶剂。

2.4.1 前驱体的制备

在氧化镉(CdO)替代二甲基镉作为镉源来制备CdSe、CdTe和CdS量子点之后，金属羧酸盐已经成为用于量子点合成的主要金属前驱体。通常，CdO在高温(＞200℃)下与摩尔当量为2的羧酸根基团[如油酸(OA)或硬脂酸(SA)]反应[45, 166]，使金属前驱体官能化并产生水，如图2.4所示。水在这些温度下快速沸腾，因此其可能不利于半导体量子点的合成，需要除去。Cd-羧酸盐通常是白色的蜡状固体，并且很容易分离。制备Pb-羧酸盐量子点前驱体的反应类似，只是用氧化铅(PbO)代替CdO[167]。或者，也可以用铅(或镉)的乙酸盐代替PbO(或CdO)，类似反应如图2.4(a)所示，其中乙酸代替水作为副产物[166, 168-171]。叔烷基膦的硫族化物已经成为过去二十年中用于半导体量子点合成的主要硫族元素源。最常使用的叔膦是三辛基膦，其中所形成的量子点前驱体表示为TOP=E(或TOPE)，E代表S、Se或Te[图2.4(b)][11]。合成相当简单，室温下在惰性气氛中将摩尔当量的硫族元素溶解到纯膦中。在几小时的时间内，硫族元素与膦配位并因此溶解，生成量子点前驱体。类似的机理可以使用其他膦，包括其他叔烷基膦(如三丁基膦)[172]、仲烷基或芳基膦[173]、芳基亚磷酸等[174]。

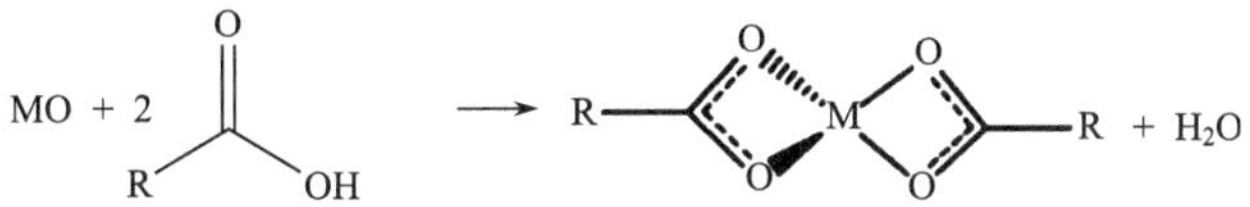

(a)

(b)

图 2.4 (a) 金属氧化物与羧酸合成金属羧酸盐的化学反应式[1]；(b) 叔烷基膦和硫属元素合成硫族前驱体的化学反应式[1]

如前所述，对于量子点的生长过程，普遍的共识是金属前驱体与硫属元素前驱体反应产生单体单元，单体聚结形成核，最后核生长成较大的量子点。 然而，前驱体形成单体的过程仍然存在许多争论。在金属羧酸盐前驱体中，金属通常以+2 价氧化态存在。当前量子点合成机理研究中的关键问题之一，就是在前驱体形成的反应物中是否保持该氧化态；或者说相应的金属前驱体是否必须首先被还原，产生零价金属 (M^0) 作为反应物。这个问题的阐明非常重要，因为基于 M^0 或 M^{2+} 态的反应活性，金属前驱体的氧化态会导致具有特征副产物的特定的量子点合成化学机理，其应当在实验上观察到。例如，对于具有处于 M^{2+}氧化态的金属前驱体，前驱体可以充当直接的反应源。或者，对于依赖于金属单质前驱体(即 M^0 态) 的机制，前驱体的还原必须在量子点形成之前发生。更复杂的情况是，有可能多种金属反应物以 M^0 或 M^{2+}状态存在，导致竞争反应。

2.4.2 络合过渡态

早期提出的Ⅱ-Ⅵ族量子点的合成机制中，量子点分子前驱体(即 Cd 羧酸盐和 TOP-Se) 形成基于路易斯酸碱对的过渡态[45,175,176]，其在被烷基羧酸根攻击后进一步形成 Cd—Se 键[45,175,177]。例如，Liu 等提出 TOP-Se 与金属(Cd 或 Zn) 羧酸盐或膦酸盐的反应分别形成三辛基氧膦、酸酐[45]。^{31}P NMR 和 ^{1}H NMR 谱显示：随着膦硫属化物前驱体消失，氧化膦的相应谱图发生变化。类似的机制也被 Steckel 等用于描述 PbSe 量子点的合成[173]。金属与硫族化物前驱体反应以产生活化的络合物 (图 2.5)，其随后的化学反应形成量子点单体。在该机理中，当形成金属-膦络合物时，膦硫属化物以消除与磷配位的羧酸根离子为代价络合并还原络合物以产生 ME-羧酸根及三辛基膦羧酸酯。类似于所提出的用于形成 CdSe 量子点的方法，通过亲核攻击形成 ME 单体。最后，副产物即 TOP-油酸络合物重排形成酸酐及叔膦氧化物。在所有基于膦的Ⅱ-Ⅵ族和Ⅳ-Ⅵ族量子点合成中，氧化膦和酸酐都是常见的产物。

其他研究进一步探讨了所提出的活化过渡态机理的细节。例如，Garcia-Rodriguez 和 Liu 主要使用 NMR 谱和密度泛函理论(DFT)研究了 P=E 键的断裂[177]。Kloper 等认为涉及 Cd^0 量子点的形成中也包含 Cd^{2+}前驱体的活化过渡态[166]。

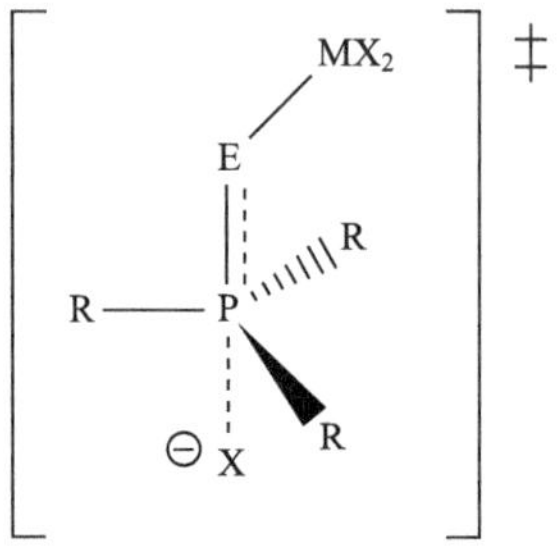

图 2.5 量子点合成中的过渡态

X 代表金属羧酸根或膦酸根；M 代表金属前驱体[45]

2.4.3 金属的还原

有机膦对金属的还原是众所周知的[178,179]，因此在量子点合成时探索金属以还原形式被递送到硫族化物中也是合乎逻辑的。例如，基于在二苯基膦(DPP)存在下增加 PbSe 量子点的反应产率，Steckel 等提出了仲膦(特别是 DPP)的添加会导致金属(即 Pb)羧酸盐的还原[173]，开启第二反应机制(图 2.6)。仲膦通过在还原

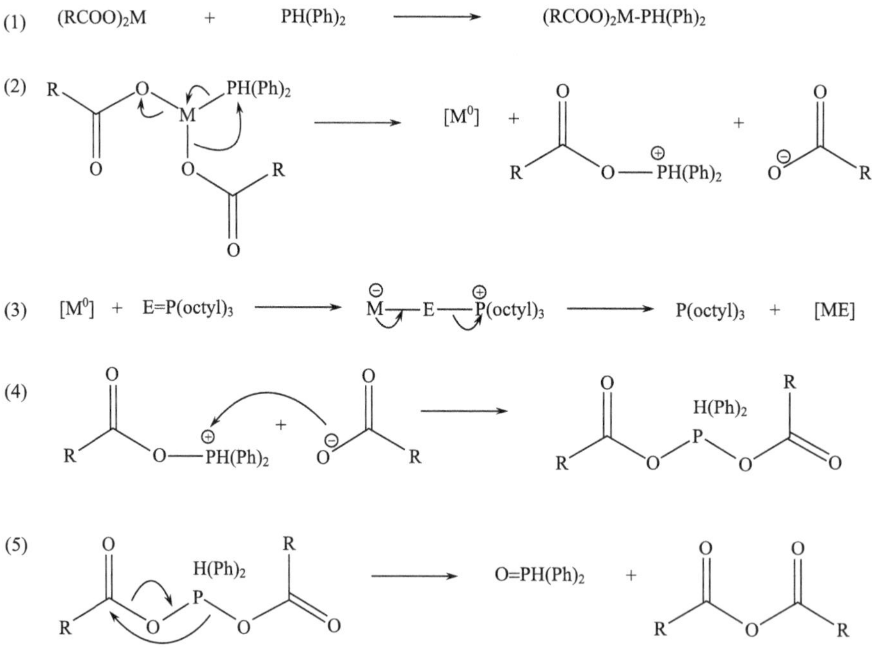

图 2.6 金属-羧酸盐和硫族-三烷基膦合成金属硫族单体[173]

[图 2.6(2)]之前去除羧酸根来络合到金属中心上的可用位点[图 2.6(1)]。金属 M^0 与膦硫属化物反应产生量子点单体和叔膦(如 TOP)[图 2.6(3)]。剩余的副产物[图 2.6(2)]单独反应[图 2.6(4)(5)]以产生仲膦氧化物(二苯基膦氧化物，DPPO)和酸酐。^{31}P NMR 谱图用来表征推测机理中的各个步骤。重要的是，这项工作提出了添加剂对量子点合成反应可能具有显著的机理影响。金属前驱体物质的替代还原剂也已被提出，如 1,2-十六烷基二醇(HDD)[179]。将 HDD 添加到典型的 PbSe 量子点合成中可显著提高化学产率。

2.4.4　前驱体活性

如前面 Lamer 模型中所介绍的，前驱体的反应活性对合成过程有重要影响，越来越多地被探索作为控制最终量子点尺寸、组成和形貌的手段。例如，从高反应活性的二甲基镉换为反应活性较低的金属前驱体，成核和生长速率减慢，从而允许对量子点尺寸的更多控制[13, 180]。单体中的配体效应可以描述为三类：①配体强烈结合单体，减少单体反应活性；②配体体积庞大，通过空间位阻降低反应活性；③配体以高浓度存在，通过空间位阻抑制单体的反应活性[181]。在这一领域最早的研究之一是检测镉前驱体对量子点合成反应活性的作用，使用了膦酸(如十八烷基膦酸 ODPA)与脂肪酸(如硬脂酸或油酸)相比[181]。膦酸盐前驱体中，配体与 Cd 的结合更强，反应活性较低，可以减慢成核和量子点的生长。因此，在“爆发成核”阶段，膦酸盐前驱体中产生较少的核，导致较小数量的较大尺寸量子点，而脂肪酸前驱体反应更快，产生更高的核浓度和最终更多的更小直径量子点[182]。另外，羧酸对次膦酸具有相反的作用。具体来说，比较油酸和 TMPPA[双-(2,2,4-三甲基-三甲基戊基)次膦酸]，油酸较慢成核，而更具反应活性的 TMPPA 快速促进成核，与油酸相比产生更小的量子点。最近的工作进一步扩展了这个认识，通过调节单体形成速率，量子点直径可以通过尺寸分布聚焦来调整[183]。硫族化物前驱体的反应活性对 CdSe 的形成也有重要影响[175]。使用芳基代替配体上烷基链时，Se 前驱体减慢了硒化膦转化的速率，其主要归因于芳基抑制了膦-金属键的形成及亲核攻击镉的能力。

2.4.5　膦、胺配体

最近研究表明，纯的叔膦硒化物并不直接参与合成机制，因为发现它与金属羧酸盐在温度小于 200℃是完全不反应的，因此不负责量子点形成。相反，仲膦硫属化物被发现是主要的反应物种，直接负责量子点核的形成。即使在仅基于 TOP-Se 的量子点合成中，仲膦硫属化物与金属羧酸盐之间的反应副产物也被观察到，支持了仲膦和非叔膦是在这些温度下形成量子点的反应活性物质。实际上，由 ^{31}P NMR 确定，市售的叔膦化合物(如 TOP 和 TOPO)含有仲膦杂质如二辛基膦

(DOP)和二辛基氧膦(DOPO)，它们提供了用于量子点合成的活性物质来源[184,185]。改进膦基 CdSe 量子点合成的尺寸分布和发光效率的常用方法是添加伯胺[82,186,187]。氨基配位到金属羧酸盐前驱体，因此改变了金属前驱体与硫族化物的反应速率。对于涉及镉前驱体的量子点合成，胺能够弱配位到金属中心。在高温下，胺甚至已经发现能够分解镉前驱体[14]。由于胺是弱配位的，单体在溶液中较不稳定，可以防止奥斯特瓦尔德熟化，特别是在实验中胺用作唯一的表面活性剂时[188,189]。比较添加伯、仲和叔胺与纯粹 TOPO/TOP 合成体系，所有类型的胺均显示出生长速率减缓和颗粒尺寸减小[190]。当然，由于空间位阻，这个过程较少使用仲胺。总之，使用叔膦硫属化物和金属盐作为反应活性的Ⅱ-Ⅵ族和Ⅳ-Ⅵ族量子点合成前驱体已经演变了二十多年，能很好地控制量子点尺寸、形状、化学成分和晶体结构。对量子点的物理和化学控制有很多贡献因素，包括对将量子点“核”转化为更大的量子点热力学动力学的更深了解，以及表面配体和其他分子添加剂如何影响量子点合成的经验理解。由单体到量子点成长的扩散描述已经由纯 LaMe 模型发生演变，最近新的模型指出量子点的控制生长还取决于化学活性表面位点的数量。

参考文献

[1] Sowers K L, Swartz B, Krauss T D. Chemical mechanisms of semiconductor nanocrystal synthesis. Chem. Mater., 2013, 25: 1351.

[2] Jing L, Kershaw S V, Li Y, et al. Aqueous based semiconductor nanocrystals. Chem. Rev., 2016, 116: 10623.

[3] Wang X, Sun G, Li N, et al. Quantum dots derived from two-dimensional materials and their applications for catalysis and energy. Chem. Soc. Rev., 2016, 45: 2239.

[4] Owen J. The coordination chemistry of nanocrystal surfaces. Science, 2015, 347: 615.

[5] Kwon S G, Hyeon T. Formation mechanisms of uniform nanocrystals via hot-injection and heat-up methods. Small, 2011, 7: 2685.

[6] Lesnyak V, Gaponik N, Eychmuller A. Colloidal semiconductor nanocrystals: The aqueous approach. Chem. Soc. Rev., 2013, 42: 2905.

[7] Kapitonov A M, Stupak A P, Gaponenko S V, et al. Luminescence properties of thiol-stabilized CdTe nanocrystals. J. Phys. Chem. B, 1999, 103: 10109.

[8] Schäfer H J, Haag-Kerwer A, Rausch T. DNA cloning and expression analysis of genes encoding GSH synthesis in roots of heavy metal accumulator *Brassica juncea* L: Evidence or Cd induction of a putative mitochondrial γ GCS isoform. Plant Mol. Biol., 1998, 37: 87.

[9] Shevchenko E V, Talapin D V, Rogach A L, et al. Colloidal synthesis and self-assembly of $CoPt_3$ nanocrystals. J. Am. Chem. Soc., 2002, 124: 11480.

[10] Negishi Y, Nobusada K, Tsukuda T. Glutathione-protected gold clusters revisited: Bridging the gap between gold(I)-thiolate- complexes and thiolate-protected gold nanocrystals. J. Am. Chem. Soc., 2005, 127: 5261.

[11] Murray C B, Norris D J, Bawendi M G. Synthesis and characterization of nearly monodisperse CdE(E = sulfur, selenium, tellurium) semiconductor nanocrystallites. J. Am. Chem. Soc., 1993, 115: 8706.

[12] Colvin V L, Schlamp M C, Alivisatos A P. Light-emitting diodes made from cadmium selenide nanocrystals and

a semiconducting polymer. Nature, 1994, 370: 354.

[13] Peng Z A, Peng X G. Mechanisms of the shape evolution of CdSe nanocrystals. J. Am. Chem. Soc., 2001, 123: 1389.

[14] Peng Z A, Peng X G. Formation of high-quality CdTe, CdSe, and CdS nanocrystals using CdO as precursor. J. Am. Chem. Soc., 2001, 123: 183.

[15] Peng Z A, Peng X G. Nearly monodisperse and shape-controlled CdSe nanocrystals via alternative routes: Nucleation and growth. J. Am. Chem. Soc., 2002, 124: 3343.

[16] Jasieniak J, Bullen C, Van E J, et al. Phosphine-free synthesis of CdSe nanocrystals. J. Phys. Chem. B, 2005, 109: 20665.

[17] 康永印，宋志成，乔培胜，等. 光致发光胶体量子点研究及应用. 化学进展，2017，29：467.

[18] 付龙，潘一，徐子健，等. 2014 年美国总统绿色化学挑战奖项目介绍. 现代化工，2015，35：9.

[19] Reiss H. The growth of uniform colloidal dispersions. J. Chem. Phys., 2004, 19: 482.

[20] Lamer V K, Dinegar R H. Theory, production and formation of monodispersed hydrosols. J. Am. Chem. Soc., 1950, 72: 2494.

[21] Peng X G, Manna L, Yang W D, et al. Shape control of CdSe nanocrystals. Nature, 2000, 404: 59.

[22] Park J, Joo J, Kwon S G, et al. Synthesis of monodisperse spherical nanocrystals. Angew. Chem. Int. Ed., 2007, 46: 4630.

[23] Luber E J, Mobarok M H, Buriak J M. Solution-processed zinc phosphide (alpha-Zn_3P_2) colloidal semiconducting nanocrystals for thin film photovoltaic applications. ACS Nano, 2013, 7: 8136.

[24] Ostwald W. Studien über die Bildung und Umwandlung fester Körper. Z. Phys. Chem. (Muenchen, Ger.), 2017, 22: 289.

[25] Reiss P, Carriere M, Lincheneau C, et al. Synthesis of semiconductor nanocrystals, focusing on nontoxic and earth-abundant materials. Chem. Rev., 2016, 116: 10731.

[26] Ziegler A, Graafsma H, Zhang X F, et al. *In-situ* Materials Characterization : Across Spatial and Temporal Scales. New York: Springer, 2014.

[27] Sun Y. Watching nanoparticle kinetics in liquid. Mater. Today, 2012, 15: 140.

[28] Kovalenko M V, Manna L, Cabot A, et al. Prospects of nanoscience with nanocrystals. ACS Nano, 2015, 9: 1012.

[29] Yuk J M, Park J, Ercius P, et al. High-resolution EM of colloidal nanocrystal growth using graphene liquid cells. Science, 2012, 336: 61.

[30] Woehl T J, Evans J E, Arslan L, et al. Direct *in situ* determination of the mechanisms controlling nanoparticle nucleation and growth. ACS Nano, 2012, 6: 8599.

[31] Ngo T, Yang H. Towards ending the guessing game: Study of the formation of nanostructures using *in situ* liquid transmission electron microscopy. J. Phys. Chem. Lett., 2015, 6: 5051.

[32] Dagtepe P, Chikan V, Jasinski J, et al. Quantized growth of CdTe quantum dots; Observation of magic-sized CdTe quantum dots. J. Phys. Chem. C, 2007, 111: 14977.

[33] Yu K, Hrdina A, Zhang X, et al. Highly-photoluminescent ZnSe nanocrystals via a non-injection-based approach with precursor reactivity elevated by a secondary phosphine. Chem. Commun., 2011, 47: 8811.

[34] Sun Y, Ren Y. *In situ* synchrotron X-ray techniques for real-time probing of colloidal nanoparticle synthesis. Part. Part. Syst. Charact., 2013, 30: 399.

[35] Liu Q, Li Z, Okasinski J S, et al. *In situ* high-energy synchrotron X-ray diffraction revealing precipitation reaction kinetics of silver ions with mixed halide ions. J. Mater. Chem. C, 2015, 3: 7492.

[36] Peng X, Schlamp M C, Kadavanich A A, et al. Epitaxial growth of highly luminescent. CdSe/Cds core/shell nanocrystals with photostability and electronic accessibility. J. Am. Chem. Soc, 1997, 119.

[37] Song W S, Lee H S, Lee J C, et al. Amine-derived synthetic approach to color-tunable InP/ZnS quantum dots with high fluorescent qualities. Journal of Nanoparticle Research, 2013, 15: 1750.

[38] Buck M R, Sines I T, Schaak R E. Liquid-phase synthesis of uniform cube-shaped GeTe microcrystals. Chem. Mater., 2010, 22: 3236.
[39] Hens Z, Capek R K. Size tuning at full yield in the synthesis of colloidal semiconductor nanocrystals, reaction simulations and experimental verification. Coord. Chem. Rev., 2014, 263: 217.
[40] Anderson N C, Hendricks M P, Choi J J, et al. Ligand exchange and the stoichiometry of metal chalcogenide nanocrystals: Spectroscopic observation of facile metal-carboxylate displacement and binding. J. Am. Chem. Soc., 2013, 135: 18536.
[41] Knittel F, Gravel E, Cassette E, et al. On the characterization of the surface chemistry of quantum dots. Nano Lett., 2013, 13: 5075.
[42] Efros A L, Efros A L. Interband light absorption in semiconductor spheres. Spie Milestone, 1982, 16: 772.
[43] Wadia C, Alivisatos A P, Kammen D M. Materials availability expands the opportunity for large-scale photovoltaics deployment. Environ. Sci. Technol., 2009, 43: 2072.
[44] Ryman-Rasmussen J P, Riviere J E, Monteiro-Riviere N A. Surface coatings determine cytotoxicity and irritation potential of quantum dot nanoparticles in epidermal keratinocytes. J. Invest. Dermatol., 2007, 127: 143.
[45] Liu H, Owen J S, Alivisatos A P. Mechanistic study of precursor evolution in colloidal group Ⅱ-Ⅵ semiconductor nanocrystal synthesis. J. Am. Chem. Soc., 2007, 129: 305.
[46] Yu K, Liu X, Zeng Q, et al. Effect of tertiary and secondary phosphines on low-temperature formation of quantum dots. Angew. Chem. Int. Ed., 2013, 52: 4823.
[47] Morris-Cohen A J, Donakowski M D, Knowles K E, et al. The effect of a common purification procedure on the chemical composition of the surfaces of CdSe quantum dots synthesized with trioctylphosphine oxide. J. Phys. Chem. C, 2010, 114: 897.
[48] King L A, Riley D J. Importance of QD purification procedure on surface adsorbance of QDs and performance of QD sensitized photoanodes. J. Phys. Chem. C, 2012, 116: 3349.
[49] Munro A M, Jen-La Plante I, Ng M S, et al. Quantitative study of the effects of surface ligand concentration on CdSe nanocrystal photoluminescence. J. Phys. Chem. C, 2007, 111: 6220.
[50] Goodwin E D, Diroll B T, Oh S J, et al. Effects of post-synthesis processing on CdSe nanocrystals and their solids: Correlation between surface chemistry and optoelectronic properties. J. Phys. Chem. C, 2014, 118: 27097.
[51] Kalyuzhny G, Murray R W. Ligand effects on optical properties of CdSe nanocrystals. J. Phys. Chem. B, 2005, 109: 7012.
[52] Guijarro N, Lana-Villarreal T, Mora-Sero I, et al. CdSe quantum dot-sensitized TiO_2 electrodes: Effect of quantum dot coverage and mode of attachment. J. Phys. Chem. C, 2009, 113: 4208.
[53] Li G, Shrotriya V, Huang J S, et al. High-efficiency solution processable polymer photovoltaic cells by self-organization of polymer blends. Nat. Mater., 2005, 4: 864.
[54] Shen Y, Gee M Y, Tan R, et al. Purification of quantum dots by gel permeation chromatography and the effect of excess ligands on shell growth and ligand exchange. Chem. Mater., 2013, 25: 2838.
[55] Yu P R, Beard M C, Ellingson R J, et al. Absorption cross-section and related optical properties of colloidal InAs quantum dots. J. Phys. Chem. B, 2005, 109: 7084.
[56] Hassinen A, Moreels I, De Nolf K, et al. Short-chain alcohols strip X-type ligands and quench the luminescence of PbSe and CdSe quantum dots. Acetonitrile does not. J. Am. Chem. Soc., 2012, 134: 20705.
[57] Mourdikoudis S, Liz-Marzan L M. Oleylamine in nanoparticle synthesis. Chem. Mater., 2013, 25: 1465.
[58] Garcia-Rodriguez R, Hendricks M P, Cossairt B M, et al. Conversion reactions of cadmium chalcogenide nanocrystal precursors. Chem. Mater., 2013, 25: 1233.
[59] Zhang H, Hyun B R, Wise F W, et al. A generic method for rational scalable synthesis of monodisperse metal sulfide nanocrystals. Nano Lett., 2012, 12: 5856.
[60] Thomson J W, Nagashima K, Macdonald P M, et al. From sulfur-amine solutions to metal sulfide nanocrystals:

Peering into the oleylamine-sulfur black box. J. Am. Chem. Soc., 2011, 133: 5036.
[61] Garcíarodríguez R, Hendricks M P, Cossairt B M, et al. Conversion reactions of cadmium chalcogenide nanocrystal precursors. Cheminform, 2013, 25: 1233.
[62] Chestnoy N, Hull R, Brus L E. Higher excited electronic states in clusters of ZnSe, CdSe, and ZnS: Spin-orbit, vibronic, and relaxation phenomena. J. Chem. Phys., 1986, 85: 2237.
[63] Moon G D, Ko S, Min Y, et al. Chemical transformations of nanostructured materials. Nano Today, 2011, 6: 186.
[64] Li H, Zanella M, Genovese A, et al. Sequential cation exchange in nanocrystals: Preservation of crystal phase and formation of metastable phases. Nano Lett., 2011, 11: 4964.
[65] Joo J, Na H B, Yu T, et al. Generalized and facile synthesis of semiconducting metal sulfide nanocrystals. J. Am. Chem. Soc., 2003, 125: 11100.
[66] Choi H S, Liu W, Misra P, et al. Renal clearance of quantum dots. Nat. Biotechnol., 2007, 25: 1165.
[67] Shen S, Zhang Y, Peng L, et al. Generalized synthesis of metal sulfide nanocrystals from single-source precursors: Size, shape and chemical composition control and their properties. CrystEngComm, 2011, 13: 4572.
[68] Onwudiwe D C, Strydom C A. The bipyridine adducts of *N*-phenyldithiocarbamato complexes of Zn(Ⅱ) and Cd(Ⅱ); synthesis, spectral, thermal decomposition studies and use as precursors for ZnS and CdS nanoparticles. Spectrochimica Acta Part A, 2015, 135: 1080.
[69] Pradhan N, Katz B, Efrima S. Synthesis of high-quality metal sulfide nanoparticles from alkyl xanthate single precursors in alkylamine solvents. J. Phys. Chem. B, 2003, 107: 13843.
[70] Lotfipour M, Machani T, Rossi D P, et al. α-chalcocite nanoparticle synthesis and stability. Chem. Mater., 2011, 23.
[71] Choi S H, Kim E G, Hyeon T. One-pot synthesis of copper-indium sulfide nanocrystal heterostructures with acorn, bottle, and larva shapes. J. Am. Chem. Soc., 2006, 128: 2520.
[72] Larsen T H, Sigman M, Ghezelbash A, et al. Solventless synthesis of copper sulfide nanorods by thermolysis of a single source thiolate-derived precursor. J. Am. Chem. Soc., 2003, 125: 5638.
[73] Zhuang Z, Lu X, Peng Q, et al. A facile "dispersion-decomposition" route to metal sulfide nanocrystals. Chem. Eur. J., 2011, 17: 10445.
[74] Tang A, Qu S, Li K, et al. One-pot synthesis and self-assembly of colloidal copper(Ⅰ) sulfide nanocrystals. Nanotechnology, 2010, 21: 285602.
[75] Tang A, Wang Y, Ye H, et al. Controllable synthesis of silver and silver sulfide nanocrystals via selective cleavage of chemical bonds. Nanotechnology, 2013, 24: 355602.
[76] Ghezelbash A, Sigman M B, Korgel B A. Solventless synthesis of nickel sulfide nanorods and triangular nanoprisms. Nano Lett., 2004, 4: 537.
[77] Zhuang Z, Peng Q, Wang X, et al. Tetrahedral colloidal crystals of Ag_2S nanocrystals. Angew. Chem., 2007, 46: 8174.
[78] Sigman M B, Korgel B A. Solventless synthesis of Bi_2S_3 (bismuthinite) nanorods, nanowires, and nanofabric. Chem. Mater., 2005, 17: 1655.
[79] Mirkovic T, Hines M A, Nair P S, et al. Single-source precursor route for the synthesis of EuS nanocrystals. Chem. Mater., 2005, 17: 3451.
[80] Zhang Y, Xu H, Wang Q. Ultrathin single crystal ZnS nanowires. Chem. Commun., 2010, 46: 8941.
[81] Banski M, Afzaal M, Malik M A, et al. Special role for zinc stearate and octadecene in the synthesis of luminescent ZnSe nanocrystals. Chem. Mater., 2015, 27: 3797.
[82] Cumberland S L, Hanif K M, Javier A, et al. Inorganic clusters as single-source precursors for preparation of CdSe, ZnSe, and CdSe/ZnS nanomaterials. Chem. Mater., 2002, 14: 1576.
[83] Wei H, Guo W, Sun Y, et al. Hot-injection synthesis and characterization of quaternary $Cu_2ZnSnSe_4$ nanocrystals. Mater. Lett., 2010, 64: 1424.

[84] Malik M A, Zulu M M, O'Brien P, et al. Single-source molecular precursors for the deposition of zinc selenide quantum dots. J. Mater. Chem., 1998, 8: 1885.
[85] Shen H, Wang H, Yuan H, et al. Size-, shape-, and assembly-controlled synthesis of $Cu_{2-x}Se$ nanocrystals via a non-injection phosphine-free colloidal method. CrystEngComm, 2012, 14: 555.
[86] Wang W, Zhang L, Chen G, et al. $Cu_{2-x}Se$ nanooctahedra: Controllable synthesis and optoelectronic properties. CrystEngComm, 2015, 17: 1975.
[87] Sharma R K, Wadawale A, Kedarnath G, et al. Synthesis, structures and DFT calculations of 2-(4, 6-dimethyl pyrimidyl) selenolate complexes of Cu(Ⅰ), Ag(Ⅰ) and Au(Ⅰ) and their conversion into metal selenide nanocrystals. Dalton Trans., 2014, 43: 6525.
[88] Sahu A, Qi L, Kang M S, et al. Facile synthesis of silver chalcogenide (Ag_2E; E = Se, S, Te) semiconductor nanocrystals. J. Am. Chem. Soc., 2011, 133: 6509.
[89] Zhang W, Yang Z, Liu J, et al. A hydrothermal synthesis of orthorhombic nanocrystalline cobalt diselenide $CoSe_2$. Mater. Res. Bull., 2000, 35: 2403.
[90] Baumgardner W J, Choi J J, Lim Y F, et al. SnSe nanocrystals: Synthesis, structure, optical properties, and surface chemistry. J. Am. Chem. Soc., 2010, 132: 9519.
[91] Maneeprakorn W, Nguyen C Q, Malik M A, et al. Synthesis of the nickel selenophosphinates $Ni(Se_2PR_2)$ (2) (R = Pr-*i*, Bu-*t* and Ph) and their use as single source precursors for the deposition of nickel phosphide or nickel selenide nanoparticles. Dalton Trans., 2009, 12: 2103.
[92] Moloto N, Moloto M J, Coville N J, et al. Optical and structural characterization of nickel selenide nanoparticles synthesized by simple methods. J. Cryst. Growth, 2009, 311: 3924.
[93] Lee S H, Kim Y J, Park J. Shape evolution of ZnTe nanocrystals: Nanoflowers, nanodots, and nanorods. Chem. Mater., 2007, 19: 4670.
[94] Zhang J, Jin S, Fry H C, et al. Synthesis and characterization of wurtzite ZnTe nanorods with controllable aspect ratios. J. Am. Chem. Soc., 2011, 133: 15324.
[95] Jun Y W, Choi C S, Cheon J. Size and shape controlled ZnTe nanocrystals with quantum confinement effect. Chem. Commun., 2001, 32: 101.
[96] Yang H J, Chen C Y, Yuan F W, et al. Designed synthesis of solid and hollow $Cu_{2-x}Te$ nanocrystals with tunable near-infrared localized surface plasmon resonance. J. Phys. Chem. C, 2013, 117: 21955.
[97] Han C, Li Z, Li W, et al. Controlled synthesis of copper telluride nanostructures for long-cycling anodes in lithium ion batteries. J. Mate. Chem. A, 2014, 2: 11683.
[98] Xu Y, Al-Salim N, Hodgkiss J M, et al. Solution synthesis and optical properties of SnTe nanocrystals. Cryst. Growth Des., 2011, 11: 2721.
[99] Chen S, Lee S. TOP as ligand and solvent to synthesize silver telluride nanosheets. Mater. Res. Bull., 2015, 71: 30.
[100] Bendt G, Weber A, Heimann S, et al. Wet-chemical synthesis of different bismuth telluride nanoparticles using metal organic precursors-single source *vs*. dual source approach. Dalton Trans., 2015, 44: 14272.
[101] Kim H, Lee K J, Kim S J, et al. A simple and quick chemical synthesis of nanostructured Bi_2Te_3, Sb_2Te_3, and $Bi_xSb_{2-x}Te_3$. Bull. Korean Chem. Soc., 2010, 31: 1123.
[102] Caldwell M A, Raoux S, Wang R Y, et al. Synthesis and size-dependent crystallization of colloidal germanium telluride nanoparticles. J. Mater. Chem., 2010, 20: 1285.
[103] Zhong H, Bai Z, Zou B. Tuning the luminescence properties of colloidal Ⅰ-Ⅲ-Ⅵ semiconductor nanocrystals for optoelectronics and biotechnology applications. J. Phys. Chem. Lett., 2012, 3: 3167.
[104] Kolny-Olesiak J, Weller H. Synthesis and application of colloidal $CuInS_2$ semiconductor nanocrystals. ACS Appl. Mater. Interfaces, 2013, 5: 12221.
[105] Li L, Pandey A, Werder D J, et al. Efficient synthesis of highly luminescent copper indium sulfide-based core/shell nanocrystals with surprisingly long-lived emission. J. Am. Chem. Soc., 2011, 133: 1176.
[106] Chang J, Waclawik E R. Controlled synthesis of $CuInS_2$, Cu_2SnS_3 and Cu_2ZnSnS_4 nano-structures: Insight into

the universal phase-selectivity mechanism. CrystEngComm, 2013, 15: 5612.

[107] Nose K, Soma Y, Omata T, et al. Synthesis of ternary $CuInS_2$ nanocrystals; phase determination by complex ligand species. Chem. Mater., 2009, 21: 2607.

[108] Norako M E, Brutchey R L. Synthesis of metastable wurtzite $CuInSe_2$ nanocrystals. Chem. Mater., 2010, 22: 1613.

[109] Cassette E, Pons T, Bouet C, et al. Synthesis and characterization of near-infrared Cu-In-Se/ZnS core/shell quantum dots for in vivo imaging. Chem. Mater., 2010, 22: 6117.

[110] Zou Y, Li D, Yang D. Colloidal synthesis of monodisperse quaternary CuInSSe nanocrystals. Mater. Chem. Phys., 2012, 132: 865.

[111] Wang Y, Hu Y, Zhang Q, et al. One-pot synthesis and optical property of copper(Ⅰ) sulfide nanodisks. Inorg. Chem., 2010, 49: 6601.

[112] Wang W, Jiang J, Ding T, et al. Alternative synthesis of $CuFeSe_2$ nanocrystals with magnetic and photoelectric properties. ACS Appl. Mater. Interfaces, 2015, 7: 2235.

[113] Lu Q Y, Hu J Q, Tang K B, et al. Synthesis of nanocrystalline $CuMS_2$ (M = In or Ga) through a solvothermal process. Inorg. Chem., 2000, 39: 1606.

[114] Tang J, Hinds S, Kelley S O, et al. Synthesis of colloidal $CuGaSe_2$, $CuInSe_2$, and $Cu(InGa)Se_2$ nanoparticles. Chem. Mater., 2008, 20: 6906.

[115] Wang X, Liu X, Yin D, et al. Size-, shape-, and composition-controlled synthesis and localized surface plasmon resonance of copper tin selenide nanocrystals. Chem. Mater., 2015, 27: 3378.

[116] Liang Q, Han L, Deng X, et al. Compositionally tunable $Cu_2Sn(S_xSe_{1-x})_3$ nanocrystals: Facile direct solution-phase synthesis, characterization, and scalable procedure. CrystEngComm, 2014, 16: 4001.

[117] Yan C, Gu E, Liu F, et al. Colloidal synthesis and characterizations of wittichenite copper bismuth sulphide nanocrystals. Nanoscale, 2013, 5: 1789.

[118] Yang C, Zhou B, Miao S, et al. $Cu_2Ge(S_{3-x}Se_x)$ colloidal nanocrystals: Synthesis, characterization, and composition-dependent band gap engineering. J. Am. Chem. Soc., 2013, 135: 5958.

[119] Liu Y, Yang J, Gu E, et al. Colloidal synthesis and characterisation of Cu_3SbSe_3 nanocrystals. J. Mate. Chem. A, 2014, 2: 6363.

[120] Van Embden J, Latham K, Duffy N W, et al. Near-infrared absorbing $Cu_{12}Sb_4S_{13}$ and Cu_3SbS_4 nanocrystals: Synthesis, characterization, and photoelectrochemistry. J. Am. Chem. Soc., 2013, 135: 11562.

[121] Vahidshad Y, Tahir M N, Zad A I, et al. Structural and optical properties of Fe and Zn substituted $CuInS_2$ nanoparticles synthesized by a one-pot facile method. J. Mater. Chem. C, 2015, 3: 889.

[122] Perera S D, Zhang H, Ding X, et al. Nanocluster seed-mediated synthesis of $CuInS_2$ quantum dots, nanodisks, nanorods, and doped Zn-$CuInGaS_2$ quantum dots. J. Mater. Chem. C, 2015, 3: 1044.

[123] Dilena E, Xie Y, Brescia R, et al. $CuIn_xGa_{1-x}S_2$ nanocrystals with tunable composition and band gap synthesized via a phosphine-free and scalable procedure. Chem. Mater., 2013, 25: 3180.

[124] Panthani M G, Akhavan V, Goodfellow B, et al. Synthesis of $CuInS_2$, $CuInSe_2$, and $Cu(In_xGa_{1-x})Se_2$ (CIGS) Nanocrystal "Inks" for Printable Photovoltaics. J. Am. Chem. Soc., 2008, 130: 16770.

[125] Chen L J, Liao J D, Chuang Y J, et al. Synthesis and characterization of $Cu(In_xB_{1-x})Se_2$ nanocrystals for low-cost thin film photovoltaics. J. Am. Chem. Soc., 2011, 133: 3704.

[126] Liu Y, Yao D, Yao S, et al. Phosphine-free synthesis of heavy Co^{2+}- and Fe^{2+}-doped Cu_2SnSe_3 nanocrystals by virtue of alkylthiol-assistant Se powder dissolution. J. Mater. Chem. A, 2013, 1: 2748.

[127] Hu J Q, Lu Q Y, Tang K B, et al. Solvothermal reaction route to nanocrystalline semiconductors $AgMS_2$ (M = Ga, In). Chem. Commun., 1999, 12: 1093.

[128] Luo Z, Zhang H, Huang J, et al. One-step synthesis of water-soluble $AgInS_2$ and ZnS-$AgInS_2$ composite nanocrystals and their photocatalytic activities. J. Colloid Interface Sci., 2012, 377: 27.

[129] Peng S, Zhang S, Mhaisalkar S G, et al. Synthesis of $AgInS_2$ nanocrystal ink and its photoelectrical application.

Phys. Chem. Chem. Phys., 2012, 14: 8523.
[130] Bai T, Li C, Li F, et al. A simple solution-phase approach to synthesize high quality ternary $AgInSe_2$ and band gap tunable quaternary $AgIn(S_{1-x}Se_x)_2$ nanocrystals. Nanoscale, 2014, 6: 6782.
[131] Fan C M, Regulacio M D, Ye C, et al. Colloidal synthesis and photocatalytic properties of orthorhombic $AgGaS_2$ nanocrystals. Chem. Commun., 2014, 50: 7128.
[132] Zhou B, Li M, Wu Y, et al. Monodisperse $AgSbS_2$ nanocrystals: Size-control strategy, large-scale synthesis, and photoelectrochemistry. Chem. Eur. J., 2015, 21: 11143.
[133] Mao X, Lee J. Facile synthesis of phase-pure $FeCr_2Se_4$ and $FeCr_2S_4$ nanocrystals via a wet chemistry method. J. Mater. Chem. C, 2014, 2: 3744.
[134] Peng S, Li L, Wu Y, et al. Size- and shape-controlled synthesis of $ZnIn_2S_4$ nanocrystals with high photocatalytic performance. CrystEngComm, 2013, 15: 1922.
[135] Ke J, Li X, Zhao Q, et al. A novel approach to synthesize ultrasmall Cu doped Zn-In-Se nanocrystal emitters in a colloidal system. Nanoscale, 2014, 6: 3403.
[136] Chesman A S R, Duffy N W, Peacock S, et al. Non-injection synthesis of Cu_2ZnSnS_4 nanocrystals using a binary precursor and ligand approach. RSC Adv., 2013, 3: 1017.
[137] Zhang X, Guo G, Ji C, et al. Efficient thermolysis route to monodisperse Cu_2ZnSnS_4 nanocrystals with controlled shape and structure. Scientific Reports, 2014, 4: 5086.
[138] Yu X, Shavel A, An X, et al. Cu_2ZnSnS_4-Pt and Cu_2ZnSnS_4-Au heterostructured nanoparticles for photocatalytic water splitting and pollutant degradation. J. Am. Chem. Soc., 2014, 136: 9236.
[139] Jiang H, Dai P, Feng Z, et al. Phase selective synthesis of metastable orthorhombic Cu_2ZnSnS_4. J. Mater. Chem., 2012, 22: 7502.
[140] Ibanez M, Zamani R, Li W, et al. Extending the nanocrystal synthesis control to quaternary compositions. Cryst. Growth Des., 2012, 12: 1085.
[141] Chen D, Zhao Y, Chen Y, et al. Hot-Injection synthesis of Cu-doped $Cu_2ZnSnSe_4$ nanocrystals to reach thermoelectric zT of 0.70 at 450 degrees C. ACS Appl. Mater. Interfaces, 2015, 7: 24403.
[142] Dai P, Shen X, Lin Z, et al. Band-gap tunable $(Cu_2Sn)_{x/3}Zn_{1-x}S$ nanoparticles for solar cells. Chem. Commun., 2010, 46: 5749.
[143] Dalui A, Khan A H, Pradhan B, et al. Facile synthesis of composition and morphology modulated quaternary CuZnFeS colloidal nanocrystals for photovoltaic application. RSC Adv., 2015, 5: 97485.
[144] Huang C, Chan Y, Liu F, et al. Synthesis and characterization of multicomponent $Cu_2(Fe_xZn_{1-x})SnS_4$ nanocrystals with tunable band gap and structure. J. Mate. Chem. A, 2013, 1: 5402.
[145] Yan C, Huang C, Yang J, et al. Synthesis and characterizations of quaternary Cu_2FeSnS_4 nanocrystals. Chem. Commun., 2012, 48: 2603.
[146] Shi L, Yin P. Phosphate-free synthesis, optical absorption and photoelectric properties of Cu_2ZnGeS_4 and $Cu_2ZnGeSe_4$ uniform nanocrystals. Dalton Trans., 2013, 42: 13607.
[147] Ibanez M, Zamani R, LaLonde A, et al. $Cu_2ZnGeSe_4$ nanocrystals: Synthesis and thermoelectric properties. J. Am. Chem. Soc., 2012, 134: 4060.
[148] Peng L, Li D, Zhang Z, et al. Large-scale synthesis of single-source, thermally stable, and dual-emissive Mn-doped Zn-Cu-In-S nanocrystals for bright white light-emitting diodes. Nano Res., 2015, 8: 3316.
[149] Cui Y, Wang G, Pan D. Colloidal synthesis and optical properties of metastable wurtzite I_3-III-IV-VI_5 (Cu_3InSnS_5) nanocrystals. CrystEngComm, 2013, 15: 10459.
[150] Ibanez M, Cadavid D, Zamani R, et al. Composition control and thermoelectric properties of quaternary chalcogenide nanocrystals: The case of stannite $Cu_2CdSnSe_4$. Chem. Mater., 2012, 24: 562.
[151] Wei K, Nolas G S. Synthesis and characterization of nanostructured stannite $Cu_2ZnSnSe_4$ and $Ag_2ZnSnSe_4$ for thermoelectric applications. ACS Appl. Mater. Interfaces, 2015, 7: 9752.
[152] Choi J J, Lim Y F, Santiago-Berrios M E B, et al. PbSe nanocrystal excitonic solar cells. Nano Lett., 2009, 9: 3749.

[153]Guo Q, Kato O, Yoshida A. Thermal stability of indium nitride single crystal films. J. Appl. Phys., 1993, 73: 7969.

[154]Xie R, Battaglia D, Peng X. Colloidal InP nanocrystals as efficient emitters covering blue to near-infrared. J. Am. Chem. Soc., 2007, 129: 15432.

[155]Xu S, Ziegler J, Nann T. Rapid synthesis of highly luminescent InP and InP/ZnS nanocrystals. J. Mater. Chem., 2008, 18: 2653.

[156]Li L, Reiss P. One-pot synthesis of highly luminescent InP/ZnS nanocrystals without precursor injection. J. Am. Chem. Soc., 2008, 130: 11588.

[157]Kim S, Kim T, Kang M, et al. Highly luminescent InP/GaP/ZnS nanocrystals and their application to white light-emitting diodes. J. Am. Chem. Soc., 2012, 134: 3804.

[158]Lim J, Park M, Bae W K, et al. Highly efficient cadmium-free quantum dot light-emitting diodes enabled by the direct formation of excitons within InP@ZnSeS quantum dots. ACS Nano, 2013, 7: 9019.

[159]Lim J, Bae W K, Lee D, et al. InP@ZnSeS, core@composition gradient shell quantum dots with enhanced stability. Chem. Mater., 2011, 23: 4459.

[160]Lim S Y, Shen W, Gao Z. Carbon quantum dots and their applications. Chem. Soc. Rev., 2015, 44: 362.

[161]Nasilowski M, Mahler B, Lhuillier E, et al. Two-dimensional colloidal nanocrystals. Chem. Rev., 2016, 116: 10934.

[162]Cheng X, Lowe S B, Reece P J, et al. Colloidal silicon quantum dots: From preparation to the modification of self-assembled monolayers (SAMs) for bio-applications. Chem. Soc. Rev., 2014, 43: 2680.

[163]Montalti M, Cantelli A, Battistelli G. Nanodiamonds and silicon quantum dots: Ultrastable and biocompatible luminescent nanoprobes for long-term bioimaging. Chem. Soc. Rev., 2015, 44: 4853.

[164]Kang Z H, Liu Y, Lee S T. Small-sized silicon nanoparticles: New nanolights and nanocatalysts. Nanoscale, 2011, 3: 777.

[165]Li H T, Kang Z H, Liu Y, et al. Carbon nanodots: Synthesis, properties and applications. J. Mater. Chem., 2012, 22: 24230.

[166]Kloper V, Osovsky R, Kolny-Olesiak J, et al. The growth of colloidal cadmium telluride nanocrystal quantum dots in the presence of Cd^0 nanoparticles. J. Phys. Chem. C, 2007, 111: 10336.

[167]Murphy J E, Beard M C, Norman A G, et al. PbTe colloidal nanocrystals: Synthesis, characterization, and multiple exciton generation. J. Am. Chem. Soc., 2006, 128: 3241.

[168]Hines M A, Scholes G D. Colloidal PbS nanocrystals with size-tunable near-infrared emission: Observation of post-synthesis self-narrowing of the particle size distribution. Adv. Mater., 2003, 15: 1844.

[169]Du H, Chen C L, Krishnan R, et al. Optical properties of colloidal PbSe nanocrystals. Nano Lett., 2002, 2: 1321.

[170]Houtepen A J, Koole R, Vanmaekelbergh D, et al. The hidden role of acetate in the PbSe nanocrystal synthesis. J. Am. Chem. Soc., 2006, 128: 6792.

[171]Murray C B, Sun S H, Gaschler W, et al. Colloidal synthesis of nanocrystals and nanocrystal superlattices. IBM Journal of Research and Development, 2001, 45: 47.

[172]Ruberu T P A, Albright H R, Callis B, et al. Molecular control of the nanoscale: Effect of phosphine-chalcogenide reactivity on CdS-CdSe nanocrystal composition and morphology. ACS Nano, 2012, 6: 5348.

[173]Steckel J S, Yen B K H, Oertel D C, et al. On the mechanism of lead chalcogenide nanocrystal formation. J. Am. Chem. Soc., 2006, 128: 13032.

[174]Koh W, Yoon Y, Murray C B. Investigating the phosphine chemistry of Se precursors for the synthesis of PbSe nanorods. Chem. Mater., 2011, 23: 1825.

[175]Owen J S, Chan E M, Liu H, et al. Precursor conversion kinetics and the nucleation of cadmium selenide nanocrystals. J. Am. Chem. Soc., 2010, 132: 18206.

[176] Owen J S, Park J, Trudeau P E, et al. Reaction chemistry and ligand exchange at cadmium-selenide nanocrystal surfaces. J. Am. Chem. Soc., 2008, 130: 12279.
[177] Garcia-Rodriguez R, Liu H. Mechanistic study of the synthesis of CdSe nanocrystals: Release of selenium. J. Am. Chem. Soc., 2012, 134: 1400.
[178] Amatore C, Jutand A, M'Barki M A. Evidence of the formation of zerovalent palladium from $Pd(OAc)_2$ and triphenylphosphine. Organometallics, 1992, 11: 3009.
[179] Joo J, Pietryga J M, McGuire J A, et al. A reduction pathway in the synthesis of PbSe nanocrystal quantum dots. J. Am. Chem. Soc., 2009, 131: 10620.
[180] Qu L H, Peng Z A, Peng X G. Alternative routes toward high quality CdSe nanocrystals. Nano Lett., 2001, 1: 333.
[181] Yu W W, Wang Y A, Peng X G. Formation and stability of size-, shape-, and structure-controlled CdTe nanocrystals: Ligand effects on monomers and nanocrystals. Chem. Mater., 2003, 15: 4300.
[182] van Embden J, Mulvaney P. Nucleation and growth of CdSe nanocrystals in a binary ligand system. Langmuir, 2005, 21: 10226.
[183] Abe S, Capek R K, De Geyter B, et al. Tuning the postfocused size of colloidal nanocrystals by the reaction rate: From theory to application. ACS Nano, 2012, 6: 42.
[184] Wang F, Buhro W E. Morphology control of cadmium selenide nanocrystals: Insights into the roles of Di-n-octylphosphine oxide (DOPO) and Di-n-octylphosphinic acid (DOPA). J. Am. Chem. Soc., 2012, 134: 5369.
[185] Wang F, Tang R, Buhro W E. The trouble with TOPO; identification of adventitious impurities beneficial to the growth of cadmium selenide quantum dots, rods, and wires. Nano Lett., 2008, 8: 3521.
[186] Talapin D V, Rogach A L, Kornowski A, et al. Highly luminescent monodisperse CdSe and CdSe/ZnS nanocrystals synthesized in a hexadecylamine-trioctylphosphine oxide-trioctylphospine mixture. Nano Lett., 2001, 1: 207.
[187] Cordero S R, Carson P J, Estabrook R A, et al. Photo-activated luminescence of CdSe quantum dot monolayers. J. Phys. Chem. B, 2000, 104: 12137.
[188] Talapin D V, Rogach A L, Haase M, et al. Evolution of an ensemble of nanoparticles in a colloidal solution: Theoretical study. J. Phys. Chem. B, 2001, 105: 12278.
[189] Zhong X, Feng Y, Zhang Y. Facile and reproducible synthesis of red-emitting CdSe nanocrystals in amine with long-term fixation of particle size and size distribution. J. Phys. Chem. C, 2007, 111: 526.
[190] Foos E E, Wilkinson J, Makinen A J, et al. Synthesis and surface composition study of CdSe nanoclusters prepared using solvent systems containing primary, secondary, and tertiary amines. Chem. Mater., 2006, 18: 2886.

第3章 量子点的结构调控

量子点具有大的比表面积，其表面在许多物理和化学过程中占主导地位。表面配体(即结合到表面的分子)在量子点合成、加工和应用中具有重要作用。除了尺寸和形状控制之外，已有大量研究致力于量子点异质结构设计、合金化、掺杂、晶格应力调谐和带边翘曲等结构调控策略，来调整其带隙及光学性质。带隙工程是半导体量子点领域的特征概念，特别是在尺寸效应之外开发的“结构依赖的性质”和“组成依赖的性质”已经开始在实际应用中扮演重要角色。本章主要从量子点的表面、掺杂、合金、复合结构等方面来讨论量子点材料的结构设计原理和调控策略。

3.1 量子点的表面

理解纳米尺度表面的结构和性质需要从表面科学和配位化学中借鉴相关概念。这里我们主要讨论量子点表面的键合、电子结构和化学转化，并关注表面配体在量子点功能调节和量子点器件设计中的作用。

3.1.1 量子点表面及表征

近年来，纳米尺度的表面已经从“黑盒子”转变为活跃的表面科学研究领域。新的实验和计算技术的发展，使我们对量子点界面的化学键合和电子结构的理解逐步加深。表面配体能够控制量子点的胶体分散稳定性和量子点的聚集[1]。当暴露于给定类型表面配体的良溶剂时，量子点在溶液中分散良好。对于空间稳定型的颗粒，如表面包覆有烃链的量子点，意味着链-溶剂混合的自由能为负[2]。这导致烃链彼此排斥，实现量子点的稳定分散。当浸入具有正的链-溶剂混合自由能的不良溶剂中时，将诱导配体链的收缩和量子点的聚集。例如，用于烃封端量子点的良溶剂是非极性液体(如己烷、甲苯、氯仿)，而不良溶剂是极性的(如乙醇、丙酮、乙腈)。此外，量子点也可以将带电物质吸附到其表面而通过静电作用稳定。在这种情况下，量子点表面电荷通过位于颗粒周围扩散区域中的带相反电荷的抗衡离子来平衡。用于静电稳定量子点的良溶剂通常具有高介电常数 ε(如甲酰胺，$\varepsilon \approx 110$)，以有效屏蔽反荷离子之间的静电引力。相反，加入低介电常数的溶剂(如甲苯，$\varepsilon \approx 2$)会导致量子点的絮凝(图 3.1)。

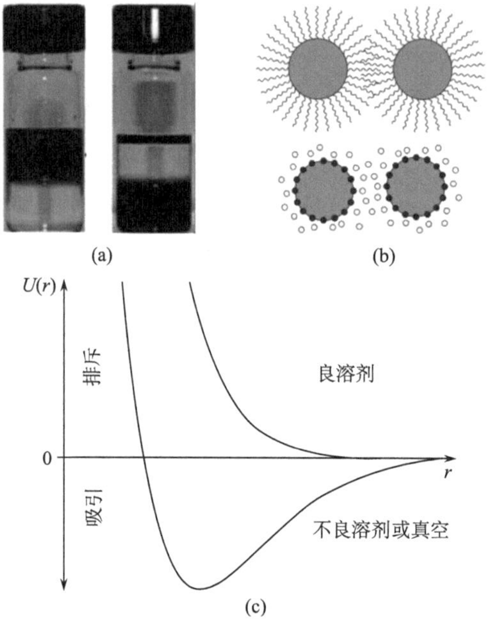

图 3.1 (a)根据表面配体，量子点可以在极性或非极性溶剂中形成胶态分散体。油酸修饰的 CdSe 分散在非极性相中(甲苯；左侧小瓶所显示的上层)，而将油酸配体与硫化钾交换导致量子点相转移到极性溶剂中(甲酰胺；右侧瓶中显示的底层)；(b)基于烃链和离子表面配体的量子点相互作用示意图；(c)在良溶剂和不良溶剂中量子点的相互作用势 U 与粒子间距的关系[3]

一些常用的表征方法可以提供关于量子点界面的信息(图 3.2)，例如：①量子点核和表面配体之间的化学键；②配体分子的组成和结构；③ 整个覆盖层的有效厚度、密度和介电常数。在常用的表征技术中， FTIR 是探测量子点表面的简单、可靠方法，可以提供关于配体分子的结构信息。红外共振的宽度和位置可用于研究覆盖层的链构象、顺序； FTIR 还可以给出烃链配体的置换信息。拉曼光谱法特别适用于表征含在低频振动的重原子的无机配体。NMR 可以用来表征晶体量子点的覆盖层。表面束缚配体的 NMR 峰显示出由偶极偶联效应引起的增宽。重核 NMR(如 ^{119}Sn)可用于具有无机配体的量子点(如 SnS_4^{4-})的结构研究。小角 X 射线散射(SAXS)和动态光散射(DLS)已被用于研究量子点包覆层的有效厚度及其对颗粒流体力学半径的影响。利用透射电子显微镜(TEM)和扫描探针显微镜(如 STM 和 AFM)可以开展量子点的表面结构观察；在一些情况下，我们还可以了解到表面配体的一些结构和构象信息。显微技术的一个关键优势在于可以开展针对单粒子水平上的结构表征和性质研究。密度泛函理论(DFT)和分子动力学(MD)计算可以在一定程度上弥补量子点表面实验探测上的困难。密度泛函可用于模拟不同量子点晶面与结合的配体分子之间的电子相互作用。

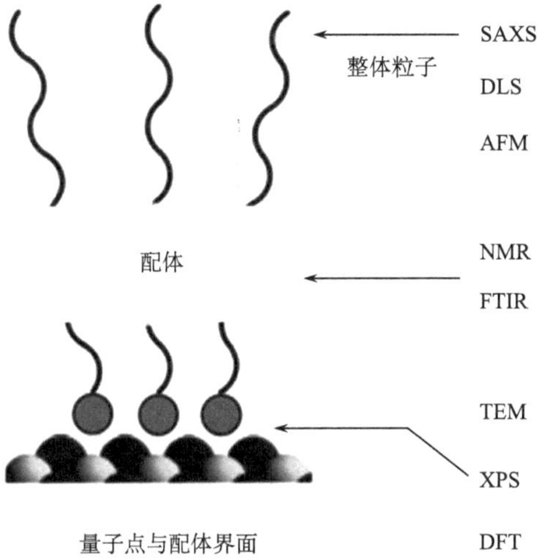

图 3.2　用不同表征技术分析量子点与配体界面[4]

3.1.2　晶核-配体界面的结构

量子点通常在含有表面配体的溶液中合成。如果表面配体选择性地与生长中的量子点的某些晶面结合，配体层也可以阻止新的试剂传递到量子点的特定晶面，从而实现择优生长。这些热力学和动力学因素被广泛用于量子点的形貌控制，如棒和薄片等[5,6]。保护量子点晶面的“封端”层可以看成微小化的单层自组装(SAM)结构。例如，正烷基硫醇在 Au 的(111)和(001)面上的结合模式[7]，可以用于产生一个保护立方八面体金量子点的近似“封端”层。金和硫原子之间强的相互作用可以驱动游离的表面活性剂紧紧地结合到金属表面[8]。与平坦表面相比，量子点晶体表面被顶点和边缘环绕，提供了更多的连接位点。例如，3 nm Au 量子点可以支持表面密度为 6nm^{-2} 的正十二烷基硫醇，远高于普通 Au(111)面 3 nm^{-2} 的表面密度。量子点“封端”层的开放空间允许溶剂分子的渗透或邻近晶体的配体连接。这种额外的空间还为分子的旋转构象提供了空间，导致结构无序[9]。虽然目前还没有实验技术来实现原子级量子点“封端”层的重建，但是一系列实验方法可以获得关于量子点配体键合、“封端”层结构、表面配体和周围环境相互作用的信息[10,11]。

量子点的核与配体头基之间的相互作用可以参考共价键的分类[12]，最初为金属配合物提出，并由 Owen 等应用于量子点体系[13,14]。根据介入的电子数目及电子给体和受体基团，目前配体可主要分为以下三类：①L 型配体是具有孤对电子的中性双电子给体，此孤对电子可与表面金属原子配位，胺(RNH_2)、膦(R_3P)和氧化膦(R_3PO)是 L 型配体的实例。②X 型配体是中性形式时具有奇数个价电子的物质，需要夺取一个量子点表面位点的电子形成双电子共价键。实际上，M—X 键通常表现为异质解离，形成离子性的封闭壳片段。因此，X 型配体可以是结合中性表面位点(具有不成对电子)的中性自由基，更常见的，也可以是与量子点表面位点带相反电荷的单价离子。X 型配体的实例包括羧酸根($RCOO^-$)、硫醇(RS^-)和膦酸根[$RPO(OH)O^-$]、简单无机离子(如 Cl^-等)或结合在非极性溶剂中的离子对(如 $NEt_4^+I^-$)。亲核(富电子)的 L 型和 X 型配体通常与具有显著路易斯酸性的缺电子(亲电)表面位点结合，这些位点一般是量子点表面配位不饱和的金属离子。③金属硫属化合物、氧化物和其他复合量子点的表面也暴露富电子的路易斯碱性位点，这些位点可以与 Z 型配体[如 $Pb(OOCR)_2$ 或 $CdCl_2$]相互作用，通过金属原子作为双电子受体来结合[13]。此外，氧化物量子点表面可结合质子(H^+)，代表了一种特殊的带正电的亲电 X 型配体[15]。

根据这种分类，量子点的组成和表面化学可以用一种简便的方式表示(图 3.3)。例如，通过 L 型和 X 型配体结合包覆的硒化镉量子点，可以描述为 $(CdSe)_m(Cd_nX_pL_q)$，其中 m 涉及量子点核的大小，n、p 和 q 描述了配体壳的组成。根据暴露的量子点表面性质(极性或非极性)，可以决定 L 型还是 X 型连接占主导地位。金属与硫族元素比值的测量提供了一种简单的方法来得到这种信息。X 型配体存在情况下合成的 CdSe 和 PbSe 量子点，金属/硒的原子比超过 1[16,17]。一方面，在非极性溶剂如己烷或甲苯中，对电荷分离的阻碍需要 L 型和 X 型配体的比值满足电中性，并符合表达式 $(CdSe)_m(CdX_2)_nL_q$。另一方面，在极性溶剂，如水或二甲基甲酰胺中，量子点可以携带电荷：$[(CdSe)_m(Cd_nX_{2n+s}L_q)]^{s-}$或 $[(CdSe)_m(Cd_nX_{2n-s}L_q)]^{s+}$。这种量子点可以支持每平方纳米表面约一个元电荷，或每个颗粒几十个电荷[2,3]，这在量子点的静电稳定中起重要作用。

3.1.3 配体交换反应

具有 L 型或 X 型头基和烃链尾基的表面配体可以控制量子点成核和生长的动力学。然而，在很多情况下，针对不同的用途，这些配体必须用其他合适的配体替换。量子点表面配体的交换类似于配合物中的取代反应。溶剂极性和配位能力可影响量子点表面配体交换反应的动力学和反应机制。通常，分子在“封端”层的空间拥挤有利于解离反应发生。在非极性溶剂中，所有参与交换反应的物质都应该呈电中性，因此 L 型配体(如 CdSe 上的辛胺)在室温下迅速从量子点表面吸附和脱附[18]；但是 X 型配体(如在 CdSe 上的油酸根[19]和膦酸根[20])由于静电阻

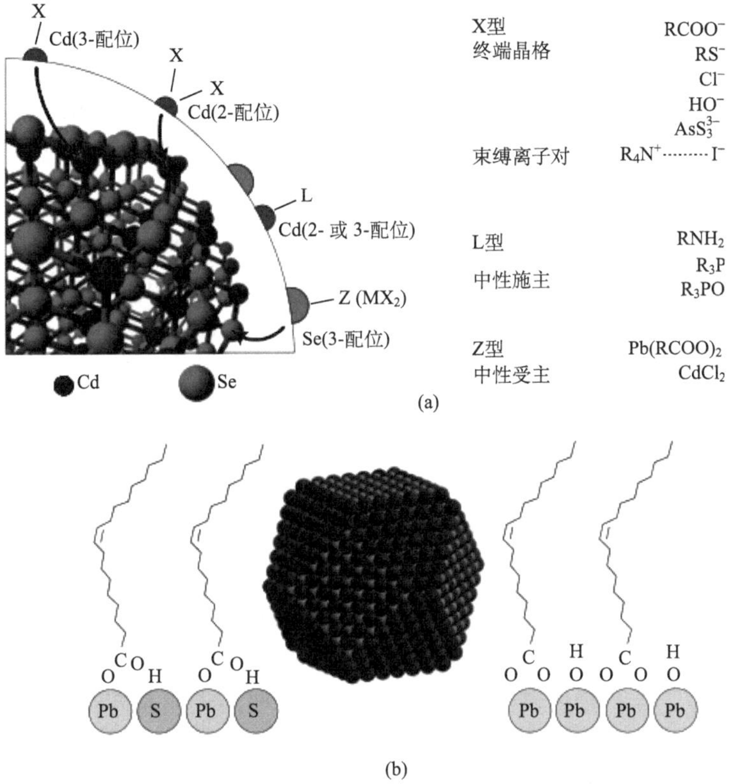

图 3.3　量子点配体结合化学[4]

(a) 在 CdSe 量子点表面配体结合基序分类，对于富含金属的量子点表面的阴离子 X 型配体与阳离子结合，显示电中性，中性 L 型电子给体配体在化学计量的量子点面上与亲电金属位结合，中性 Z 型电子受体配体与富电子的未配位硒原子结合。箭头突出了这种原子在 CdSe 量子点表面的模型例子；(b) 以 5nm 八面体 PbS 量子点(中间)为例，以油酸作为 L 型配体与(100)面结合(左)以及油酸根作为 X 型配体在 Pb 末端(111)面(右侧)结合的简化示意图

碍而不易解离。中性 Z 型配体(如油酸镉)可以被其他金属络合物取代[21]。另外，在非极性溶剂中紧密结合的 X 型配体的交换也可能通过缔合途径发生[22]，这些带电配体的替换可以伴随阳离子转移发生。中性的 L 型和带电的 X 型配体的直接交换会扰乱量子点的电中性，因此在非极性环境中这种直接交换是非常不利的。所观察到的这种反应(如 X 型羧酸根或膦酸根配体与 L 型吡啶的交换)可以被认为是配体促进的 Z 型取代过程[23,24]，其中，进入的 L 型配体能够在量子点表面与金属位点配位，并伴随作为 Z 型金属-配体络合物“过渡态”中的 X 型配体的离去。氧化物量子点可以与中性羧酸配体结合，相当于带负电的和带正电的 X 型配体对($RCOO^-$和 H^+)，从而提供了 L 型和 X 型配体之间的交换途径[15]。沿着这种思路，由于量子点配体的 L 型、X 型、Z 型分类主要由 CdSe 体系发展而来，进一步的工作对深入理解配体交换反应及量子

点表面化学非常重要。极性溶剂的使用允许其他的配体交换途径。在极性溶剂中，带电的 X 型配体可以通过解离途径完成脱附和交换[25]。此外，通过表面配体的质子化和烷基化，一些特殊试剂(HBF_4或Et_3OBF_4)可以选择性地进攻和断裂量子点-配体键[3, 26]。在弱亲核阴离子(如 BF_4^-或 PF_6^-)存在下，X 型配体的解离留下未补偿的表面正电荷，从而允许实现量子点表面的进一步官能化。

配体交换的完成度部分取决于配体/表面间亲和能的差异及进攻和离去配体间的相对含量。虽然质量作用定律原则上有利于过量存在的配体的结合，但头基特异性的表面亲和能可以阻止强结合物质的置换(如在大量油酸根存在下强结合的膦酸根封端的 CdSe 量子点)。配体亲和能与电子、熵和空间效应有关。第一种情况可以通过软硬酸碱理论(HSAB)来预测量子点-配体结合的强度。将路易斯酸和碱分类为“硬”和“软”类别，HSAB 预期通过硬路易斯酸碱对之间的静电相互作用(硬亲硬)和软路易斯酸碱对之间的共价相互作用形成强键(软亲软)，而相反则为弱的缔合作用(如硬酸-软碱或硬碱-软酸)。金-硫键，是在软酸软碱之间强缔合的经典实例，广泛用于锚定配体到 Au 量子点的表面[27]。相反，硬碱(如羧酸根)对具有软表面位点的 Au 量子点显示出差的亲和力,但是与具有更多离子性晶格和更硬的表面位点的量子点(如 ZnSe 和 CdSe)表现为强结合。值得注意的是，对于化合物量子点，金属表面位点的硬度取决于阴离子亚晶格的硬度。例如，尽管游离的 In^{3+}本身是硬的路易斯酸，但 InAs 量子点表面上的铟位点与几个软的砷原子结合，因此呈现相当软的路易斯酸特性。这在分子化学中被称为“共生效应”。螯合效应可以显著增加“封端”层结合的有效强度。与单齿配体相比，含有两个或更多结合基团的配体有更强的亲和力。螯合配体包括含有羧酸根、多巴胺和二硫醇等锚固基团的分子[28]。空间效应也在“封端”层结合中起重要作用。例如，在 CdSe 量子点表面上正烷基硫醇配体密度为 4 nm^{-2}，而大体积的叔丁基硫醇配体完全覆盖的密度为 2 nm^{-2}[29]。可以发现，尽管金属配位络合物是理解量子点-配体相互作用的基础，但是从分子到量子点系统的跨越，相关概念并不能直接简单借用。

3.1.4 表面配体与量子点电子结构

表面配体可以直接影响量子点的光学、电学、磁性和催化性质。在一个量子点中，价带和导带被分为离散的量子限域能态，产生尺寸可调的发光颜色。然而，具有悬键的欠配位表面原子通常另外贡献一组电子能态，其能量位于量子点的最高占据和最低未占据的量子限域轨道之间[图 3.4(a)]。这些局域化的能态表现为电子或空穴陷阱，会猝灭发光并影响量子点基器件的性能。量子点表面原子和配体前线轨道之间的键合产生具有成键(σ)和反键(σ^*)特性的一组新的分子轨道，其中成键轨道稳定而反键轨道不稳定[图 3.4(a)]。表面原子和配体之间的强共价键的形成将带隙外的 σ-和 σ^*-轨道的能级移位，并清除导致快速非辐射复合的陷阱态。这种分子轨道图像与 DFT 计算一致，显示配体钝化的量子点带内能态的消失[29]。保持量子点发光需要消除带内捕获态，但是配体结合时的表面钝化作用并不是完全一致的，一些配体甚至会引入新的带内电子能态并增加非辐射弛豫的速率，例如，烷基硫醇配体能通过快速捕获空穴引起 CdSe 量子点的发光猝灭。目前表面位点的配位饱和度和量子点电子结构之间的关系还不清楚，建立量子点表面结构和光学性质之间的联系仍然是本领域中一个关键的待解决问题。

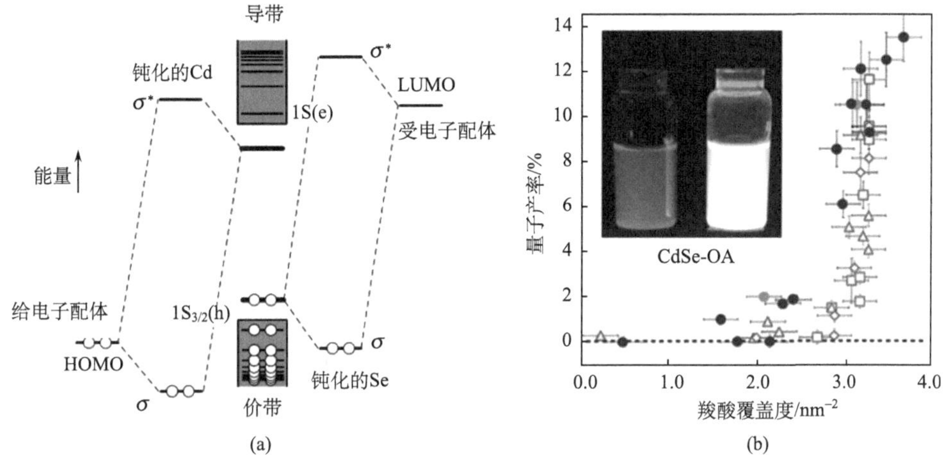

图 3.4　配体对量子点表面状态的影响[13]

(a) CdSe 量子点的简化分子轨道图表明配体结合后 Cd 和 Se 表面电子态的带隙被拉伸至带隙之外；HOMO：最高占据分子轨道；LUMO：最低未占据分子轨道；(b) 实验所测得的不同油酸镉表面覆盖量的 CdSe 量子点样品的光致发光量子产率

配体也可以影响量子点电子态的绝对能级。图 3.5 (a) 给出了不同的表面配体覆盖时，通过紫外光电子能谱 (UPS) 测量的 PbS 量子点 (直径 3.5 nm) 的 1S (h) 和 1S (e) 能态的能级。在若干配体选择中，观察到带能级变化 (0.9 eV) 大到足以与这些量子点的带隙 (1.2 eV) 相当。这种效应源于静电作用：表面结合的配体分子产生电偶极子。如果偶极子指向量子点中心，则所有能级均向下移动，反之亦然 [图 3.5 (b)][30]。表面偶极子的取向和大小取决于以下两个竞争性因素：在表面原子和配体头基之间形成的界面偶极子及与配体分子结构相关的固有偶极子。对于路易斯碱配体，界面偶极子从配体指向金属 ($L^{\delta-}\rightarrow M^{\delta+}$)，而配体的内在偶极取决于其化学结构和结合模式。对于卤离子配体，可观察到最大的配体诱导的电子能级下移。但是，因为所有能级都产生相同的位移，不改变带隙，所以这种效应在吸收或发光光谱中无法观察到。一般通过无机核内的电子跃迁来设定量子点吸收光谱，并且忽略表面配体对跃迁能量和振荡强度的影响。典型的脂肪族配体 (如烷基羧酸根、膦酸根、胺) 符合这种情况，一方面，因为配体前线轨道能量远离量子点核的能态，即使结合到量子点表面时也仍保持强的配体特性。另一方面，与量子点能级匹配的配体可以促进配体和无机核之间的能态杂化。例如，苯二硫代氨基甲酸酯(PTC)配体通过与价带边缘附近的量子点能态混合，使激子空穴离域而将 CdSe 量子点的光学带隙减小 0.2 eV[图 3.5(c)和(d)，顶部]。类似地，油酸根对 SnS_4^{4-}或 AsS_3^{3-}的配体交换导致 PbS 量子点的激子吸收峰红移[图 3.5(d)，底部]。这些实例表明，实际上半导体量子点的每种物理性质(带隙、电离电势、电子亲和能、发光效率等)都可以通过表面配体来调节。

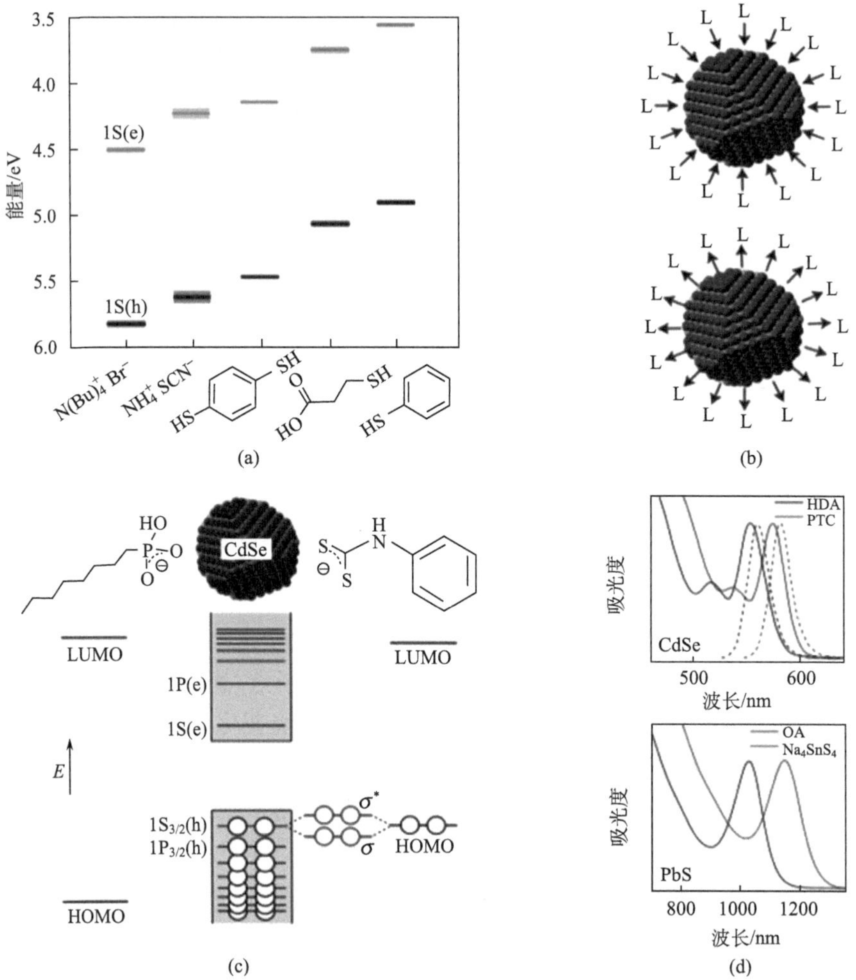

图 3.5 表面配体对量子点无机核电子态的影响[31]

(a)表面配体影响最高占据态 1S(h)和最低未占据态 1S(e)的能级；用紫外光电子能谱分别测量 PbS 量子点，含有机和无机配体：溴离子、硫氰酸根、二硫酚、3-巯基丙酸、苯硫酚；(b)1S(h)和 1S(e)态的移位是由表面原子和配体分子之间的表面偶极子所引起的；(c)定性说明“非清白”配体的苯(基)硫脲与 CdSe $1S_{3/2}$空穴态(右)混合，给出核-配体的混合特点。典型烃配体的 HOMO 和 LUMO 能级排除与量子点限域态的混合(左)；(d)电子态混合的量子点-配体性质的发展使量子限域效应松弛，PTC 配体修饰的 CdSe 量子点和 SnS_4^{4-}配体修饰的 PbS 量子点吸收红移

3.1.5 表面配体设计

如前所述，配体对于前驱体转化、量子点的尺寸和形状控制比较重要。这些“天然”封端配体非常适合量子点的自组装[1,32]，以及量子点在非极性溶剂或脂肪族聚合物中的分散[33]。然而，进一步的功能化需求，如在水中的溶解度、导电性、生物相容性等，需要进行配体交换和设计。这里，我们主要以生物医学和器件的应用为例来简要讨论[34]。

1. 生物相容的配体设计

表面配体是建立量子点核与生物环境之间的桥梁，在靶向识别、检测和药物递送中发挥重要作用(图 3.6)。除了提供胶体稳定性，已经将多种不同的分子(染料、聚合物、肽/蛋白质、DNA、糖类等)作为配体连接到量子点表面。对于生物医学应用，配体设计依赖于三个方面：亲水分子在量子点表面的稳固锚定、对血液和细胞质中蛋白质的有效排斥、靶向生物功能单元的可控连接。水分散性量子点是通过在天然疏水性配体上涂覆或直接替代来制备的。在第一种方法中，两亲性分子，如磷脂、烷基糖或嵌段共聚物[35-37]，将有机封端的量子点包封在胶束的疏水性核中。这种技术能最小化表面悬键的引入及量子点性能的变化。但封装会留下非功能性内部碳氢化合物壳，增加有效粒度，影响量子点进入小的受限区域(如神经元突触)，并可能阻碍量子点的肾清除[38]。对紧密包覆层的需求促进了使用亲水配体直接共价连接的方法。例如，使用一端具有巯基而另一端具有羧基的小分子[如巯基乙酸、巯基丙酸、二氢硫辛酸(DHLA)和二巯基琥珀酸]将亲水性分子连接到金属或半导体量子点的表面金属原子上[38-41]。螯合效应在配体锚定强度和所得量子点在生物环境中的胶体稳定性中起关键作用，可以对抗 pH 变化、高浓度电解质和竞争性金属配位物质，如使用一个或两个二齿 DHLA 锚接的分子[42-46]。螯合也可以使用低聚膦和多巴胺、结合几个末端组氨酸或半胱氨酸残基的多肽、基于咪唑的共聚物等[47-51]。通过减缓肾清除率并保留量子点原始界面的功能(如靶向或传感)，可以防止蛋白质附着于量子点封端层(“非特异性吸附”)，延长颗粒的体内循环。对此，聚乙二醇(PEG)已被证明是非常有用的。PEG 与其他分子的共价连接(“聚乙二醇化”)最初被开发用于辅助多肽药物递送[52]，是目前使用的大多数生物相容性表面配体的常见结构特征。PEG 作为惰性保护包覆层归因于其与水的强相互作用，产生紧密关联的水合壳，有效地抵消了 PEG 封端的量子点水护套作用。对 PEG 封端量子点的蛋白质吸附研究表明，PEG 接枝密度和链长度影响蛋白质吸附和细胞摄取，其具有的长而致密的包覆层能使两者最小化。与水分子相互作用比 PEG 更强的两性离子(ZW)表面活性剂能够进一步减小包覆层厚度，同时保持有效的吸附物排斥作用[46, 53]。PEG 或 ZW 配体与多齿配体的组合提供了与生物系统相容的高度稳定和紧凑的量子点，并且适合于长期生物成像、病毒追踪等[44, 54-56]。将次级分子附着在 PEG 或 ZW 配体旁边或上面，使其能够产生具有可调节生物功能的“不结垢”胶体纳米材料。这可以通过共价结合实现，例如，在碳二亚胺介导的胺和羧酸基团的缩合中形成酰胺键[37, 43, 44, 57]。上述的锚定、稳定和束缚单元可以共价连接，产生具有所有三种功能的单个分子，并且在与配体交换后具有生物功能化。“串联”连接是将功能单元以每次一个的方式与量子点表面末端结合(如酰胺连接的 DHLA-PEG-胺)，或者功能单元可以平行地接枝到聚合物支架上以获得同时具有锚接、稳定化和束缚模块(如沿聚乙烯主链的咪唑、PEG 和胺单元)的共聚物[58]。在这种情况下，聚合物缠绕在量子点周围，锚定基团指向接枝表面，亲水/衍生化基团延伸到溶剂中。

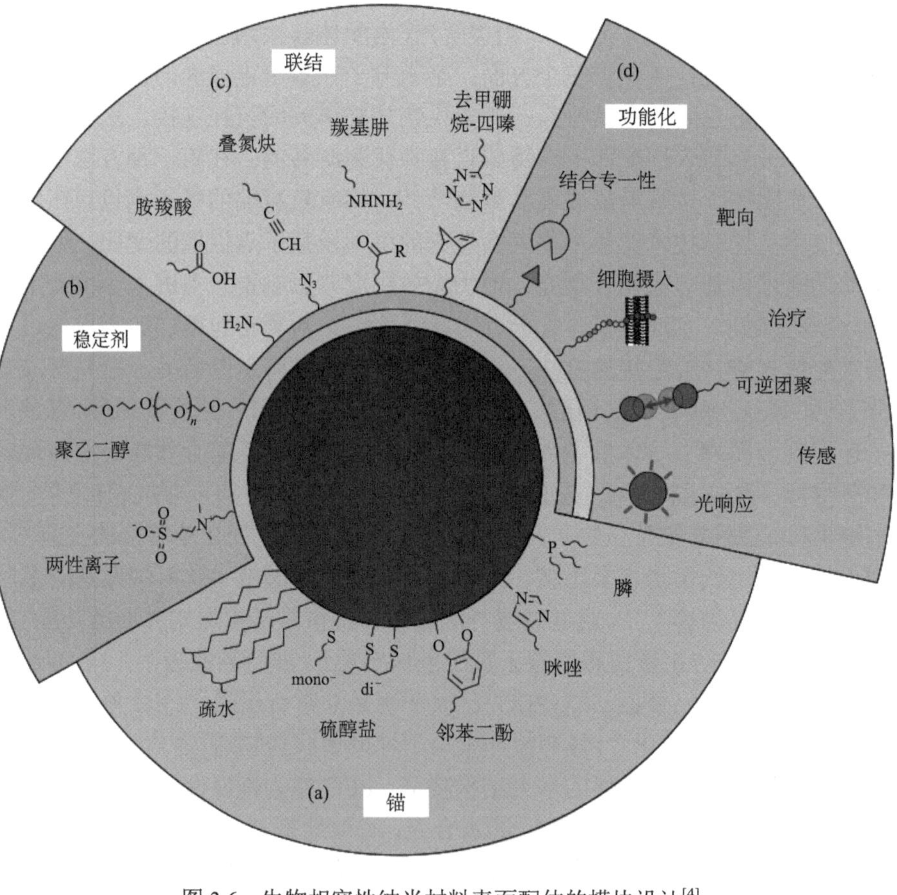

图 3.6 生物相容性纳米材料表面配体的模块设计[4]

(a)通过将天然配体的疏水间相互作用或者通过直接与量子点表面的原子锚定螯合分子；(b)稳定剂与聚乙二醇(PEG)或两性离子链结合，这种与水分子的结合具有亲水性，并防止非特异性吸附；(c)封端分子可包含特定反应活性基团，作为配体交换后共价结合生物功能分子的连接位点；(d)具有靶向、治疗或传感双功能

2. 量子点器件的配体设计

量子点基器件研究[如薄膜场效应晶体管、太阳能电池、光电检测器、电致变色、发光二极管(LED)等]希望提高量子点之间电荷载流子的有效传输效率[59-61]，这也为量子点表面配体研究提出了新的要求(图 3.7)。具有长(C_8～C_{18})烃链的典型初始配体不允许有效的电子传输，对于量子点基电子器件通常是不利的。用小分子或特别设计的导电物质交换绝缘有机配体是关键的一步，常用的方法有两种：①溶液交换，其中配体交换的量子点保持胶体稳定性；②固态交换，用分子物质处理量子点膜置换天然配体但不将量子点分散在溶剂中。固态交换允许宽范围的量子点表面处理，但是经常导致量子点层中有裂纹，这是由于用较小的分子替换大的初始配体而引起的体积收缩。这个问题可以通过逐层的重复沉积和配体交换步骤来解决。因此，既有利于电荷传输又能使胶体稳定的小分子配体更有吸引力。在这方面，一些无机配体如金属硫属化物离子(如 $Sn_2S_6^{4-}$、$In_2Se_4^{2-}$、$CdTe_2^{2-}$)[62-64]、卤代金属盐($PbCl_3^-$、$InCl_4^-$)[65,66]、硫族离子(S^{2-})[3]，卤离子(Cl^-、I^-)和拟卤离子(SCN^-、N_3^-)等是典型的代表[30, 66, 67]，既可以结合量子点表面，又可以通过静电作用提高量子点在极性溶剂(如 H_2O、*N*-甲基甲酰胺或二甲基亚砜)中的稳定性。

载流子迁移率(μ)是材料质量与器件性能相关联的关键参数之一。有机小分子配体(如 1,2-乙二硫醇或 3-巯基丙酸)处理 PbS 和 PbSe 量子点可以有效地提高其电子和空穴迁移率。无机配体(如 $In_2Se_4^{2-}$和 SCN^-)可以使量子点产生更高的迁移率，如用 NH_4SCN 封端的 PbSe 和 CdSe 量子点，分别为 7 $cm^2/(V \cdot s)$ 和 25～30 $cm^2/(V \cdot s)$[68,69]。另外，器件设计中需要阐明并控制载流子复合和捕获的动力学。在量子点太阳能器件中，收集的载流子由量子点吸收层厚度和载流子扩散长度之间的相互作用确定。因此，消除导致带内能态的悬键，有利于量子点太阳能电池性能和效率的改进。将量子点与其他材料组合可以产生各种复合材料，其中表面配体被用作界面层。一方面，有机配体使无机量子点核能够与有机基质无缝接合。另一方面，无机表面配体是将量子点与无机基质结合所需要的。这里还须指出的是，表面配体对量子点烧结行为具有很大的影响。挥发性 L 型配体(如吡啶)有助于烧结，使其能够产生没有有机污染物的纯无机相。利用量子点-配体化学反应可产生新相，例如，通过热退火 Cu_2Se 和 ZnSe 量子点的混合膜可以产生纯 $Cu_2ZnSnSe_4$ 相[70]。具有无机配体的量子点也可以用作“胶水”来固定微米尺寸晶粒或“焊接”无机半导体单晶[64,71]。

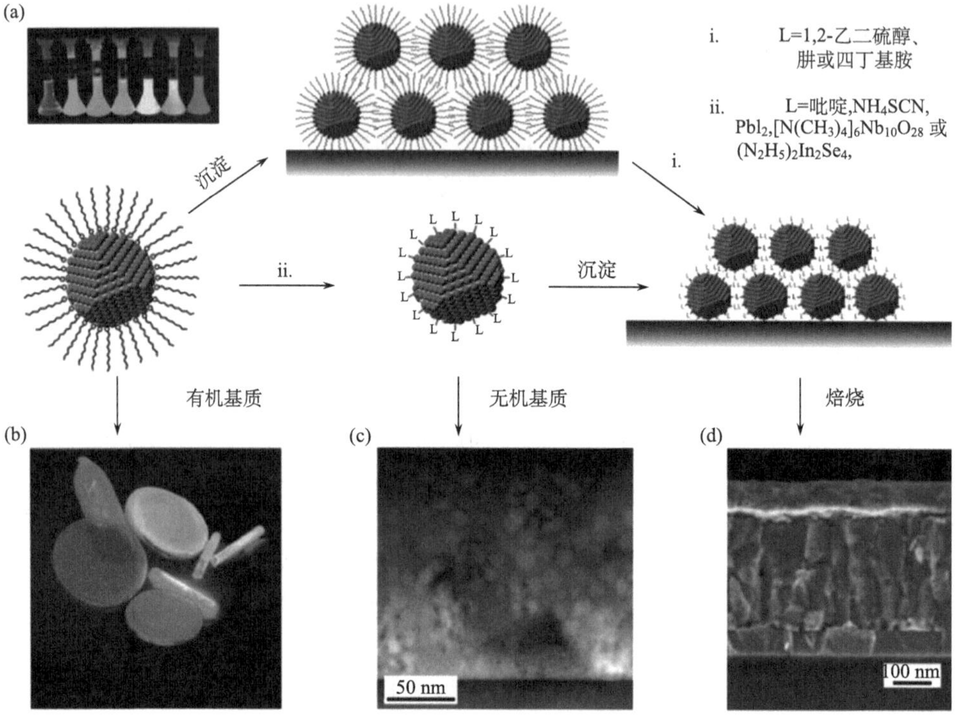

图 3.7 量子点的表面配体与器件应用

(a)胶体量子点的照片(左上)和示意图(左下方)：该量子点具有天然烃配体并分散在非极性溶剂中，这种量子点的沉积产生一个被双层天然有机配体分离的量子点绝缘膜与(上中)，固体膜处理(i)与紧凑的配体产生一个新型的、可导电的量子点阵列，或者，特别设计的紧凑型有机配体覆盖的量子点可以在溶液中进行交换(ii)，随后将这种量子点沉积到导电的量子点膜中；(b)整合有机包覆的发光量子点和聚(甲基丙烯酸甲酯)基质产生发光复合材料；(c)ITO 上量子点通过$[N(CH_3)_4]_6Nb_{10}O_{28}$配体分散到无定形的 NbO_x 中产生电致变色性能的复合膜，这里展示的是复合材料横截面的扫描透射电子显微照片；(d)将量子点烧结成连续的薄膜，可以制备具有大的结晶区域的功能性固体，这里展示的是一个 12.3%有效太阳能电池截面的 SEM 图，该太阳能电池利用在 350℃ 煅烧的吡啶包覆的 CdTe 量子点[72]

3.2 量子点的掺杂及合金化

3.2.1 量子点的掺杂

半导体量子点带隙工程中一个广泛使用的策略是掺杂[73]。它是与合金化相关的工艺，但一般具有较低的掺杂剂浓度。如果严格区分的话，一个区别是合金化通过将两种组分混合在一起来改变带隙，而掺杂不改变主体带隙，但增加新的电子能级。过渡金属和镧系金属已被广泛研究用作半导体量子点中的掺杂剂。通常来讲，掺杂量子点主要指的是在半导体晶格中引入其他杂质或缺陷，一般为少量的过渡金属离子或稀土离子，形成具有全新性能的半导体量子点。掺杂可以显著地改变本征态量子点的光学、电学等多种物理性能。高质量的掺杂量子点不仅具有宿主量子点本征的发光性质，而且还可能产生其他的一些独特性质，例如：①掺杂量子点激发波长取决于宿主材料，但发光波长主要取决于掺杂离子的本身性质；②大的斯托克斯位移；③高温下的发光稳定性和优良的光化学稳定性；④适当的选择宿主材料和杂质能获得特定波长发光的掺杂量子点；⑤掺杂量子点可以采用环境友好的锌基化合物等以避开高毒性镉的使用。

掺杂量子点可以通过常用的热注射方法(将阴离子前体注入混合的阳离子前体)合成，实现尺寸、形状、组成及随之而来的光学性质的调控。掺杂剂(如 Mn^{2+} 或 Cu^{+})可以在合成期间原位掺杂或在形成宿主量子点之后掺杂。在掺杂量子点的合成方面，虽然已经成功合成了大量不同的掺杂体系，但并不是任意的宿主材料和杂质离子都能成功匹配，对于掺杂的理解还需要进一步的深入研究。早期的观点认为，杂质在量子点中的溶解度与在体材料中类似，但是这种模型无法解释 Mn^{2+}在Ⅱ-Ⅵ族半导体材料中的高含量。另一种观点是“自清洁理论”[74]，相对于体材料，Mn^{2+}在量子点中的含量较少，当处于热平衡时，杂质离子很容易被排出，以保持量子点晶格的完整性。Erwin 和 Norris 等提出杂质离子的成功掺杂可分为吸附与生长两个过程，杂质离子首先吸附到宿主材料表面[75]，之后生长新的壳层，以使杂质离子处于宿主材料内部，并根据这种模型成功合成了 Mn:CdSe 量子点。这三种模型均有其适用范围，但是都不能完全解释大量掺杂量子点的实验结果。2005 年，Pradhan 和 Peng 等提出了“成核掺杂”的合成路线[76,77]，将量子点的成核过程和生长过程分离，成功地获得了一系列高质量的掺杂量子点[78,79]。目前溶液化学合成法制备掺杂量子点主要使用的方法有两种，即成核掺杂和生长掺杂。图 3.8 给出了两种掺杂策略的基本过程。成核掺杂是指在半导体宿主量子点材料生长成核时引入杂质离子，使其主要掺杂在宿主材料的中心位置。生长掺杂是让宿主材料先成核，再加入杂质离子吸附在宿主材料表面，并在其表面继续生长宿主材料的掺杂方法。

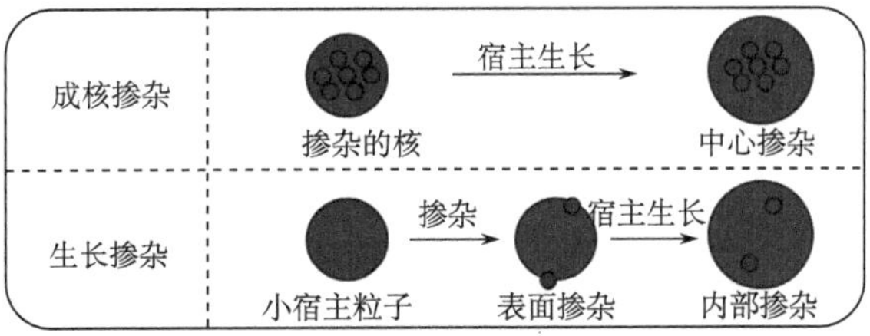

图 3.8　成核掺杂与生长掺杂过程示意图[80]

3.2.2 量子点的合金化

调控半导体带隙的另一种手段是改变颗粒的化学组成，可以通过制备具有不同带隙两种半导体的固溶体(即合金)来实现[81]。合金量子点的带隙通常随着较宽带隙半导体含量的增加而增加，这种技术不应与掺杂(即有意将杂质原子引入半导体)混淆。如前所述，尽管杂质掺杂是与合金化相关的过程，但它并不真正改变主体半导体的带隙，而是通过在带内产生允许较低能量发射的电子能级(掺杂态)来改变能带结构。纳米尺度的两种半导体合金产生的量子点材料，除了具有量子限域效应产生的性质之外，还显示了重要的组成依赖的光学性质。研究通过控制量子点组成实现的带隙调节，虽仍然处于起步阶段，但表现出新的组成可调谐特性。所产生的独特光学性能，使其可用于光电器件、生物医学和传感等领域。

合金量子点的带隙可以通过改变两种半导体的含量来调节。根据 Vegard 定律：$E_{合金}=xE_{A}+(1-x)E_{B}$ [82]，这种合金的带隙能量与组分具有线性关系。通常在许多合金量子点如 $Zn_xCd_{1-x}S$ 中，由于 ZnS 的带隙较宽，当增加锌含量时观察到带隙增加，可通过吸收和荧光光谱的蓝移确定。根据组成元素的数量，可以分为三元(三种元素)或四元(四种元素)合金量子点。当母体是具有共同阴离子或共同阳离子的两个二元体系时，形成三元合金。例如，M′A 和 M″A 的合金化产生 $(M'A)_x(M''A)_{1-x}$ 或简单地表述为 $M'_xM''_{1-x}A$，其中 M′和 M″是不同的阳离子，A 是共同的阴离子。$Zn_xCd_{1-x}Se$ 是这种合金量子点的典型例子[81]。通过合金化 MA′ 和 MA″ 形成共同的合金组合物 $MA'_xA''_{1-x}$，其中 M 是共同的阳离子，而 A′ 和 A″是两种不同的阴离子。其中一个实例是 CdS 和 CdSe 的合金 CdS_xSe_{1-x}。没有共同元素的两种二元体系的合金会产生 $M'_xM''_{1-x}A'_yA''_{1-y}$ 的四元合金[81]。一个例子是 $Zn_xCd_{1-x}S_ySe_{1-y}$ 量子点[81]。其他的四元合金量子点，更多是三元Ⅰ-Ⅲ-Ⅵ族半导体与 ZnS 或 CdS 合金化衍生得到的，由于优异的光学性质而引起了广泛的兴趣。除了组分调控外，进一步的带隙工程还允许核/壳形成两种半导体材料的梯度分布固溶体，而不是简单的核壳界面或均一的合金。图 3.9 显示了均匀合金和梯度合金的结构示意图。当然，目前更多的研究仍集中于直接制造均匀的合金量子点(在颗粒内没有组成变化)。

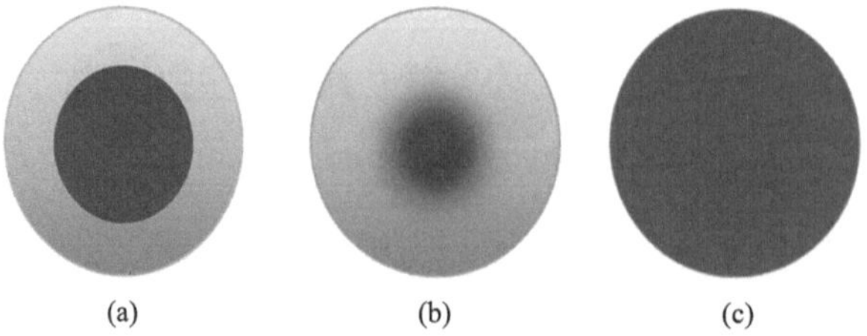

图 3.9 (a)传统核/壳；(b)梯度合金；(c)均质合金量子点

合金半导体纳米结构可以通过固态反应/分解、热蒸发和气相沉积的合成方法制备。广泛使用的高温热注射法仍是使用最广泛的。例如，在制备高质量均质 $Zn_xCd_{1-x}Se$ 量子点中[83]，将 $ZnEt_2$ 和 TOP-Se 溶液连续快速注入预先制备的分散在配位溶剂中 CdSe 量子点的热溶液中。通过改变 Zn 和 Cd 前体的摩尔比来调节组成。Ⅰ-Ⅲ-Ⅵ族基多元量子点的合成设计对于其他高质量合金量子点的制备具有重要的借鉴意义，其中最重要的设计是使前驱体之间的反应活性差异最小化，从而促进组分均匀内部结构的形成。合金化机理的深入理解是开发这些合金纳米材料合成策略的必要条件。在研究 $Zn_xCd_{1-x}Se$ 量子点的合金过程机制时，观察到温度在合金化过程中起着重要的作用[83]。在从预先制备的 CdSe 量子点生长的合成策略中，最初形成 CdSe-ZnSe 核/壳结构，但是高的反应温度迅速将其转变为合金结构。核/壳结构保持在 270℃以下，但是在 270～290℃其迅速演变为合金，因此 270℃被认为是“合金化点”。在快速成核和生长条件下，Te 比 Se 对 Cd 具有更强的反应性，因此 CdTe 生长速率大约是 CdSe 的两倍。如果硫属元素前驱体的量大大超过 Cd 的浓度(Cd 为限制条件)，则硫属元素反应活性差异的影响将被最小化，从而可以产生具有均匀内部结构的合金量子点。而在富 Cd 条件下，较快的 CdTe 生长速率导致从核到表面具有 Te 含量逐步降低的梯度合金结构(即富含 CdTe 的核)[84,85]。

3.3 量子点异质结构

对于量子点异质结构，即包含两个或多个不同材料区域紧密接触的量子点，为实现新颖性质或载流子行为提供了更大的可能性。异质结构量子点研究的主要动机是探索量子限域效应之外的新颖电子和光学性质[86]。

胶体粒子中核/壳异质结构的研究几乎与单组分水性半导体胶体粒子同时开始，原本是在寻求增强的催化剂作用，如通常的 CdS 和 ZnS 的核/壳组合[87-89]。随着该领域进入高温有机金属合成时代，实现了核/壳异质结构尺寸和形状可控的生长，材料组合的种类最终也远远超过了早期通过低温方法生长的异质结构。在核壳结构的制备中，关键是如何将壳前驱体添加到核粒子溶液中，从而避免其自身在溶液中均相成核。将阳离子和阴离子前驱体溶液交替分开添加用于有机金属合成，称为“连续离子层吸附和反应”方法[90,91]。基于镉硫属化物开发的方法也启发了基于其他常见半导体系统的核/壳异质结构的合成，包括锌硫属化物[92-94]、银硫属化物[95]、Ⅲ-Ⅴ族[96,97]、Ⅱ-Ⅴ族和Ⅰ-Ⅲ-Ⅵ族[98-100]等半导体材料。异构结构的另一个典型方法是利用阳离子交换反应。对于过量的新阳离子前驱体，反应是与纳米晶格表面和近表面阳离子的取代反应(阴离子亚晶格保持完整)。之前在溶液中的阳离子现在处于量子点固体中，形成异质结构，被取代的阳离子进入溶液中。为了发生显著的阳离子交换，需要一定的热力学驱动力，主要取决于两个主要能量贡献的总和：离子固相的稳定性和溶剂化离子的稳定性[101,102]。

由于相应的载流子空间定位受构成核/壳量子点材料的价带和导带相对位置的影响很大，所以使用这些能带位置对主要类型的异质结进行分类(图 3.10)。Ⅰ型和Ⅱ型结构本身是用于描述半导体异质结的惯例，但是当它们应用于异质结量子点时会出现额外的细微差别，因为小尺寸意味着整个材料的性质被限域。主要类别和子类别及其属性如图 3.10 所示。其中，Ⅰ型量子点具有嵌套排列，导致电子和空穴主要位于核或壳中；在Ⅱ型量子点中，导带和价带的交错排列将带边电子和空穴分别拉入量子点的核或壳部分；在准Ⅱ型量子点中，一种载流子限域在异质结的某个组分中，而另一种载流子则在整个异质结中离域。

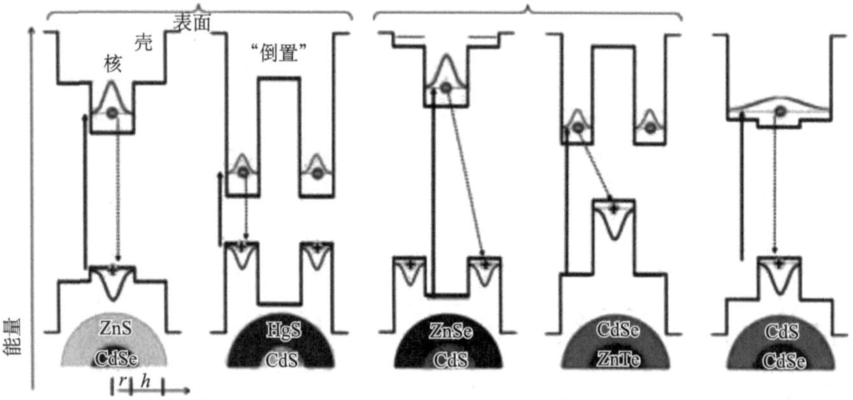

(a) Ⅰ型 (b) Ⅱ型 (c) 准Ⅱ型

图 3.10 核/壳量子点材料之间的能级排列导致三种主要的载流子限域方式：Ⅰ型、Ⅱ型和准Ⅱ型[86]

3.3.1 Ⅰ型异质结

Ⅰ型异质结构[图 3.10(a)通常由明显不同带隙的两个半导体材料构成，其中能带位置“嵌套”排列，即一种材料比另一种材料的价带高而导带低。结果，两种激发的载流子(电子和空穴)共同被限制在窄带隙的材料内。CdSe/ZnS 量子点代表了Ⅰ型异质结构最流行的形式，其中窄带隙材料是核[图 3.10(a)左]。这种布置通常也被称为“无机钝化”。较窄的带隙材料用作壳体[图 3.10(a)右]的“倒置”布置不能提供与表面相同的载流子隔离，称为反Ⅰ型。有趣的是，在反Ⅰ型结构的基础上外推，当核材料以另外的壳层生长到壳材料上时，例如，从 CdS/HgS 反Ⅰ型量子点开始，结果是 CdS/HgS/CdS 所谓的“量子阱型量子点”[103,104]，其中载流子被限制在由 CdS 制成的内核和外壳之间厚度可控的中空球形 HgS 夹层区域[图 3.10(a)]。

3.3.2　Ⅱ型异质结

Ⅱ型异质结构倾向于由具有至少中等带隙(>1.3 eV)的材料组成[86]。这是因为根据其特性，即一种材料的导带和价带比另一种材料的导带和价带都高[图 3.10(b)]，而适中的带隙更容易实现这种能级排列。这种能级结构最重要的结果是激发的两种载流子被分别传输到两个单独区域。具体来说，电子将被限域在导带较低的材料中(无论是核还是壳)，而空穴将处于价带较高的材料中，从而实现载流子的有效分离。这对于太阳能电池、光电探测器或光催化等应用具有重要意义。Ⅱ型量子点的构建和表征比其他类型的异质结更具挑战性，特别是量子限域效应对两个区域的影响，因此对于核和壳尺寸的精细控制提出了非常高的要求，以确保适当的能级排列。实际上，区分Ⅱ型与Ⅰ型及反Ⅰ型结构通常需要依赖于时间分辨光谱与计算分析相结合。因此，与其他类别异质结构不同的是，在有机金属合成方法出现之前，没有明显的Ⅱ型量子点研究的历史。

3.3.3　准Ⅱ型异质结

在载流子共限域(Ⅰ型)和载流子完全分离(Ⅱ型)的异质结之外，另一种重要结构是一种载流子被限制在单一材料内，而另一种载流子在多种材料之间整体离域，即准Ⅱ型异质结。这通常要求核/壳异质结构的材料具有能级相似的导带或价带[图 3.10(c)]。很少有体材料能够满足这种条件，但是在少数已知的异质结量子点实例中[105-108]，广泛研究的有 CdSe/ZnSe[109]、CdSe/ZnS、CdSe/CdS 等核/壳异质结构[105,110]。第二个突出的准Ⅱ型量子点是 PbSe/CdSe。PbSe 上的 CdSe 壳的形成导致量子效率的增加，与Ⅰ型量子点一样。此外，大的带隙差(体材料差异约 1.5 eV)会进一步导致期望的能带位置嵌套排列。

3.3.4　核/壳界面：应力与合金化

量子点在 Stranski-Krastanov 生长模式中自发生长，导致固体基质的晶格失配，引起应力。例如，(CdSe)ZnS(核)壳之间的键长有很大的不匹配度(12%)[111,112]。最近的研究阐明了胶体(核)壳量子点异质结构中独特的应力作用。对于小于特定尺寸的量子点核，壳的临界厚度理论上是无限的，即允许生长任何厚度的壳而不引入晶格弛豫缺陷。例如，CdTe(6.482 Å)和 CdS(5.818 Å)键长之间的差异为 11.4%，但是小于 4 nm 的 CdTe 核可以允许任何厚度 CdS 壳的生长，而不产生缺陷。因此，如果构成异质结构的材料是可变形的，则可以允许应力作用于整个纳米粒子而不是在界面处生成猝灭缺陷。在核/壳胶体量子点中，高度弯曲的表面进一步使晶格失配的影响变得复杂。减轻异质结构(如 CdSe/ZnS)中应力问题的另一种方法是借用一个额外的中间晶格参数层(如 CdS 或 ZnSe)来减轻应力。此外，最近研究已经发现合金化可以简单地通过在生长期间或之后长时间加热异质结构而产生梯度合金区域，从而产生梯度变化的晶格常数。精细且不断变化的组合可以提供对由晶格失配引起的缺陷最全面的抑制。常用的方法是使用不同反应活性前驱体的混合物。例如，单次注入反应快的硒前驱体和反应慢的硫前驱体到过量的镉前驱体中，可用于制备 CdSe/CdS 梯度核/壳结构等。

参考文献

[1] Murray C B, Kagan C R, Bawendi M G. Synthesis and characterization of monodisperse nanocrystals and close-packed nanocrystal assemblies. Annual Review of Materials Science, 2000, 30: 545.

[2] Israelachvili J N, Intermolecular and Surface Forces. Amsterdam: Elsevier, 2011.

[3] Nag A, Kovalenko M V, Lee J S, et al. Metal-free inorganic ligands for colloidal nanocrystals: S^{2-}, HS^-, Se^{2-}, HSe^-, Te^{2-}, HTe^-, TeS_3^{2-}, OH^-, and NH_2^- as surface ligands. J. Am. Chem. Soc., 2011, 133: 10612.

[4] Boles M A, Ling D, Hyeon T, et al. The surface science of nanocrystals. Nat. Mater., 2016, 15: 141.

[5] Peng X G, Manna L, Yang W D, et al. Shape control of CdSe nanocrystals. Nature, 2000, 404: 59.

[6] Ithurria S, Tessier M D, Mahler B, et al. Colloidal nanoplatelets with two-dimensional electronic structure. Nat. Mater., 2011, 10: 936.

[7] Dubois L H, Zegarski B R, Nuzzo R G. Molecular ordering of organosulfur compounds on Au(111) and Au(100): Adsorption from solution and in ultrahigh vacuum. J. Chem. Phys., 1993, 98: 678.

[8] Dubois L H, Nuzzo R G. Synthesis, structure, and properties of model organic surfaces. Annu. Rev. Phys. Chem., 1992, 43: 437.

[9] Badia A, Cuccia L, Demers L, et al. Structure and dynamics in alkanethiolate monolayers self-assembled on gold nanoparticles: A DSC, FTIR, and deuterium NMR study. J. Am. Chem. Soc., 1997, 119: 2682.

[10] Morriscohen A J, Malicki M, Peterson M D, et al. Chemical, structural, and quantitative analysis of the ligand shells of colloidal quantum dots. Chem. Mater., 2013, 25: 1155.

[11] Protesescu L, Nachtegaal M, Voznyy O, et al. Atomistic description of thiostannate-capped CdSe nanocrystals: Retention of four-coordinate SnS_4 motif and preservation of Cd-rich stoichiometry. J. Am. Chem. Soc., 2015, 137: 1862.

[12] Green M L H. A new approach to the formal classifcation of covalent compounds of the elements. J. Organomet. Chem., 1995, 500: 127.

[13] Anderson N C, Hendricks M P, Choi J J, et al. Ligand exchange and the stoichiometry of metal chalcogenide nanocrystals: Spectroscopic observation of facile metal-carboxylate displacement and binding. J. Am. Chem. Soc., 2013, 135: 18536.

[14] Owen J. The coordination chemistry of nanocrystal surfaces. Science, 2015, 347: 615.

[15] De R J, Justo Y, De K K, et al. Carboxylic-Acid-passivated metal oxide nanocrystals: Ligand exchange characteristics of a new binding motif. Angew. Chem. Int. Ed., 2015, 54: 6488.

[16] Moreels I, Lambert K, Muynck D D, et al. Composition and size-dependent extinction coefficient of colloidal PbSe quantum dots. Chem. Mater., 2007, 19: 6101.

[17] Luther J M, Pietryga J M. Stoichiometry control in quantum dots: A viable analog to impurity doping of bulk materials. ACS Nano, 2013, 7: 1845.

[18] Fritzinger B, Moreels I, Lommens P, et al. In situ observation of rapid ligand exchange in colloidal nanocrystal suspensions using transfer NOE nuclear magnetic resonance spectroscopy. J. Am. Chem. Soc., 2009, 131:

3024.
[19] Fritzinger B, Capek R K, Lambert K, et al. Utilizing self-exchange to address the binding of carboxylic acid ligands to CdSe quantum dots. J. Am. Chem. Soc., 2010, 132: 10195.
[20] Gomes R, Hassinen A, Szczygiel A, et al. Binding of phosphonic acids to CdSe quantum dots: A solution NMR study. J. Phys. Chem. Lett., 2011, 2: 145.
[21] Lingley Z, Lu S, Madhukar A. A high quantum efficiency preserving approach to ligand exchange on lead sulfide quantum dots and interdot resonant energy transfer. Nano Lett., 2011, 11: 2887.
[22] Hostetler M J, Templeton A C, Murray R W. Dynamics of place-exchange reactions on monolayer-protected gold cluster molecules. Langmuir, 1999, 15: 3782.
[23] Murray C B, Norris D J, Bawendi M G. Synthesis and characterization of nearly monodisperse CdE (E = sulfur, selenium, tellurium) semiconductor nanocrystallites. J. Am. Chem. Soc, 1993, 115: 8706.
[24] Gur I, Fromer N A, Geier M L, et al. Air-stable all-inorganic nanocrystal solar cells processed from solution. Science, 2005, 310: 462.
[25] Fedin I, Talapin D V. Probing the surface of colloidal nanomaterials with potentiometry in situ. J. Am. Chem. Soc., 2014, 136: 11228.
[26] Rosen E L, Buonsanti R, Llordes A, et al. Exceptionally mild reactive stripping of native ligands from nanocrystal surfaces by using meerwein's salt. Angew. Chem. Int. Ed., 2012, 51: 684.
[27] Pearson R G. Absolute electronegativity and hardness: Application to inorganic chemistry. J. Org. Chem., 1988, 27: 734.
[28] Xu C J, Xu K M, Gu H W, et al. Dopamine as a robust anchor to immobilize functional molecules on the iron oxide shell of magnetic nanoparticles. J. Am. Chem. Soc., 2004, 126: 9938.
[29] Webber D H, Brutchey R L. Ligand exchange on colloidal CdSe nanocrystals using thermally labile tert-butylthiol for improved photocurrent in nanocrystal films. J. Am. Chem. Soc., 2012, 134: 1085.
[30] Brown P R, Kim D, Lunt R R, et al. Energy level modification in lead sulfide quantum dot thin films through ligand exchange. ACS Nano, 2014, 8: 5863.
[31] Frederick M T, Weiss E A. Relaxation of exciton confinement in CdSe quantum dots by modification with a conjugated dithiocarbamate ligand. ACS Nano, 2010, 4: 3195.
[32] Shevchenko E V, Talapin D V, Kotov N A, et al. Structural diversity in binary nanoparticle superlattices. Nature, 2006, 439: 55.
[33] Lee J, Sundar V C, Heine J R, et al. Full color emission from Ⅱ-Ⅵ semiconductor quantum dot-polymer composites. Adv. Mater., 2000, 12: 1102.
[34] Howes P D, Chandrawati R, Stevens M M. Colloidal nanoparticles as advanced biological sensors. Science, 2014, 346: 53.
[35] Dubertret B, Skourides P, Norris D J, et al. In vivo imaging of quantum dots encapsulated in phospholipid micelles. Science, 2002, 298: 1759.
[36] Osaki F, Kanamori T, Sando S, et al. A quantum dot conjugated sugar ball and its cellular uptake on the size effects of endocytosis in the subviral region. J. Am. Chem. Soc., 2004, 126: 6520.
[37] Gao X H, Cui Y Y, Levenson R M, et al. In vivo cancer targeting and imaging with semiconductor quantum dots. Nat. Biotechnol., 2004, 22: 969.
[38] Cichos F, Borczyskowski C V, Orrit M. Power-law intermittency of single emitters. Curr. Opin. Colloid Interface Sci., 2007, 12: 272.
[39] Chan W C, Nie S. Quantum dot bioconjugates for ultrasensitive nonisotopic detection. Science, 1998, 281: 2016.
[40] Mitchell G P, Mirkin C A, Letsinger R L. Programmed assembly of DNA functionalized quantum dots. J. Am. Chem. Soc., 1999, 121: 8122.
[41] Mattoussi H, Mauro J M, Goldman E R, et al. Self-assembly of CdSe-ZnS quantum dot bioconjugates using an

engineered recombinant protein. J. Am. Chem. Soc., 2000, 122: 12142.
[42] Uyeda H T, Medintz I L, Jaiswal J K, et al. Synthesis of compact multidentate ligands to prepare stable hydrophilic quantum dot fluorophores. J. Am. Chem. Soc., 2005, 127: 3870.
[43] Susumu K, Uyeda H T, Medintz I L, et al. Enhancing the stability and biological functionalities of quantum dots via compact multifunctional ligands. J. Am. Chem. Soc., 2007, 129: 13987.
[44] Liu W, Howarth M, Greytak A B, et al. Compact biocompatible quantum dots functionalized for cellular imaging. J. Am. Chem. Soc., 2008, 130: 1274.
[45] Stewart M H, Susumu K, Mei B C, et al. Multidentate poly(ethylene glycol) ligands provide colloidal stability to semiconductor and metallic nanocrystals in extreme conditions. J. Am. Chem. Soc., 2010, 132: 9804.
[46] Zhan N, Palui G, Safi M, et al. Multidentate zwitterionic ligands provide compact and highly biocompatible quantum dots. J. Am. Chem. Soc., 2013, 135: 13786.
[47] Kim S, Fisher B, Eisler H J, et al. Type-Ⅱ quantum dots: CdTe/CdSe(core/shell) and CdSe/ZinTe (core/shell) heterostructures. J. Am. Chem. Soc., 2003, 125: 11466.
[48] Na H B, Palui G, Rosenberg J T, et al. Multidentate catechol-based polyethylene glycol oligomers provide enhanced stability and biocompatibility to iron oxide nanoparticles. ACS Nano, 2012, 6: 389.
[49] Medintz I L, Clapp A R, Mattoussi H, et al. Self-assembled nanoscale biosensors based on quantum dot FRET donors. Nat. Mater., 2003, 2: 630.
[50] Pinaud F, King D, Moore H P, et al. Bioactivation and cell targeting of semiconductor CdSe/ZnS nanocrystals with phytochelatin-related peptides. J. Am. Chem. Soc., 2004, 126: 6115.
[51] Chen B, Pradhan N, Zhong H. From large-scale synthesis to lighting device applications of ternary I-III-VI semiconductor nanocrystals: inspiring greener material emitters. J. Phys. Chem. Lett., 2018, 9: 435.
[52] Harris J M, Chess R B. Effect of pegylation on pharmaceuticals. Nat. Rev. Drug Discovery, 2003, 2: 214.
[53] Moyano D F, Saha K, Prakash G, et al. Fabrication of corona-free nanoparticles with tunable hydrophobicity. ACS Nano, 2014, 8: 6748.
[54] Yildiz I, Deniz E, Mccaughan B, et al. Hydrophilic CdSe-ZnS core-shell quantum dots with reactive functional groups on their surface. Langmuir, 2010, 26: 11503.
[55] Ling D, Hackett M J, Hyeon T. Surface ligands in synthesis, modification, assembly and biomedical applications of nanoparticles. Nano Today, 2014, 9: 457.
[56] Zhang P, Liu S, Gao D, et al. Click-functionalized compact quantum dots protected by multidentate-imidazole ligands: Conjugation-ready nanotags for living-virus labeling and imaging. J. Am. Chem. Soc., 2012, 134: 8388.
[57] Kim S, Bawendi M G. Oligomeric ligands for iuminescent and stable nanocrystal quantum dots. J. Am. Chem. Soc., 2003, 125: 14652.
[58] Liu W, Greytak A B, Lee J, et al. Compact biocompatible quantum dots via RAFT-mediated synthesis of imidazole-based random copolymer ligand. J. Am. Chem. Soc., 2010, 132: 472.
[59] Llordes A, Garcia G, Gazquez J, et al. Tunable near-infrared and visible-light transmittance in nanocrystal-in-glass composites. Nature, 2013, 500: 323.
[60] Talapin D V, Lee J S, Kovalenko M V, et al. Prospects of colloidal nanocrystals for electronic and optoelectronic applications. Chem. Rev., 2010, 110: 389.
[61] Talapin D V, Steckel J. Quantum dot light-emitting devices. Mrs Bulletin, 2013, 38: 685.
[62] Kovalenko M V, Scheele M, Talapin D V. Colloidal nanocrystals with molecular metal chalcogenide surface ligands. Science, 2009, 324: 1417.
[63] Kovalenko M V, Bodnarchuk M I, Zaumseil J, et al. Expanding the chemical versatility of colloidal nanocrystals capped with molecular metal chalcogenide ligands. J. Am. Chem. Soc., 2010, 132: 10085.
[64] Dolzhnikov D S, Zhang H, Jang J, et al. Composition-matched molecular "solders" for semiconductors. Science, 2015, 347: 425.

[65] Dirin D N, Dreyfuss S, Bodnarchuk M I, et al. Lead halide perovskites and other metal halide complexes as inorganic capping ligands for colloidal nanocrystals. J. Am. Chem. Soc., 2014, 136: 6550.
[66] Zhang H, Jang J, Liu W, et al. Colloidal nanocrystals with inorganic halide, pseudohalide, and halometallate ligands. ACS Nano, 2014, 8: 7359.
[67] Fafarman A T, Koh W, Diroll B T, et al. Thiocyanate-capped nanocrystal colloids: Vibrational reporter of surface chemistry and solution-based route to enhanced coupling in nanocrystal solids. J. Am. Chem. Soc., 2011, 133: 15753.
[68] Choi J H, Fafarman A T, Oh S J, et al. Bandlike transport in strongly coupled and doped quantum dot solids: A route to high-performance thin-film electronics. Nano Lett., 2012, 12: 2631.
[69] Lee J S, Kovalenko M V, Huang J, et al. Band-like transport, high electron mobility and high photoconductivity in all-inorganic nanocrystal arrays. Nat. Nanotechnol., 2011, 6: 348.
[70] Jiang C, Lee J S, Talapin D V. Soluble precursors for $CuInSe_2$, $CuIn_{1-x}Ga_xSe_2$, and $Cu_2ZnSn(S, Se)_4$ based on colloidal nanocrystals and molecular metal chalcogenide surface ligands. J. Am. Chem. Soc., 2012, 134: 5010.
[71] Son J S, Zhang H, Jang J, et al. All-inorganic nanocrystals as a glue for biSbTe grains: Design of interfaces in mesostructured thermoelectric materials. Angew. Chem. Int. Ed., 2014, 53: 7466.
[72] Panthani M G, Kurley J M, Crisp R W, et al. High efficiency solution processed sintered CdTe nanocrystal solar cells: The role of interfaces. Nano Lett., 2014, 14: 670.
[73] Pradhan N, Adhikari S D, Nag A, et al. Luminescence, plasmonic, and magnetic properties of doped semiconductor nanocrystals. Angew. Chem. Int. Ed., 2017, 56: 7038.
[74] Pradhan N, Battaglia D M, Liu Y, et al. Efficient, stable, small, and water-soluble doped ZnSe nanocrystal emitters as non-cadmium biomedical labels. Nano Lett., 2007, 7: 312.
[75] Erwin S C, Zu L J, Haftel M I, et al. Doping semiconductor nanocrystals. Nature, 2005, 436: 91.
[76] Zhang W, Lou Q, Ji W, et al. Color-tunable highly bright photoluminescence of cadmium-free Cu-doped Zn-In-S nanocrystals and electroluminescence. Chem. Mater., 2013, 26(2): 1204.
[77] Shen R, Zeng R, Yin Y, et al. Facile synthesis of Mn-doped ZnS nanocrystals and determination of critical temperature for lattice diffusion process. J. Nanosci. Nanotechnol., 2012, 12(11): 8356.
[78] Pradhan N, Peng X. Efficient and color-tunable Mn-doped ZnSe nanocrystal emitters: Control of optical performance via greener synthetic chemistry. J. Am. Chem. Soc., 2007, 129(11): 3339.
[79] Zeng R, Rutherford M, Xie R, et al. Synthesis of highly emissive Mn-doped ZnSe nanocrystals without pyrophoric reagents. Chemi. Mater., 2010, 22(6): 2107.
[80] 孙智国. 掺杂量子点的合成及光学性质研究. 贵阳: 贵州师范大学硕士学位论文, 2016.
[81] Regulacio M D, Han M Y. Composition-tunable alloyed semiconductor nanocrystals. Acc. Chem. Res., 2010, 43: 621.
[82] Vegard L. Die konstitution der mischkristalle und die raumfüllung der atome. Zeitschrift für Physik, 1921, 5: 17.
[83] Wadia C, Alivisatos A P, Kammen D M. Materials availability expands the opportunity for large-scale photovoltaics deployment. Environ. Sci. Technol., 2009, 43: 2072.
[84] Chuang C H, Doane T L, Lo S S, et al. Measuring electron and hole transfer in core/shell nanoheterostructures. ACS Nano, 2011, 5: 6016.
[85] Chuang C H, Lo S S, Scholes G D, et al. Charge separation and recombination in CdTe/CdSe core/shell nanocrystals as a function of shell coverage: Probing the onset of the quasi type-Ⅱ regime. J. Phys. Chem. Lett., 2010, 1: 2530.
[86] Pietryga J M, Park Y S, Lim J, et al. Spectroscopic and device aspects of nanocrystal quantum dots. Chem. Rev., 2016, 116: 10513.
[87] Henglein A, Gutiérrez M. Photochemistry of colloidal metal sulfides 5. Fluorescence and chemical reactions of ZnS and ZnS/CdS co-colloids. Ber. Bunsen. Phys. Chem, 1983, 87: 852.
[88] Ueno A, Kakuta N, Park K H, et al. Silica-supported ZnS-CdS mixed semiconductor catalysts for

photogeneration of hydrogen. J. Phys. Chem., 1985, 89: 3828.

[89] Youn H C, Baral S, Fendler J H. Dihexadecyl phosphate, vesicle-stabilized and *in situ* generated mixed cadmium sulfide and zinc sulfide semiconductor particles: Preparation and utilization for photosensitized charge separation and hydrogen generation. J. Phys. Chembiochem, 1988, 92: 6230.

[90] Kortan A R, Hull R, Opila R L, et al. Nucleation and growth of cadmium selendie on zinc sulfide quantum crystallite seeds, and vice versa, in inverse micelle media. J. Am. Chem. Soc, 1990, 112: 1327.

[91] Li J J, Wang Y A, Guo W Z, et al. Large-scale synthesis of nearly monodisperse CdSe/CdS core/shell nanocrystals using air-stable reagents via successive ion layer adsorption and reaction. J. Am. Chem. Soc., 2003, 125: 12567.

[92] Ivanov S A, Nanda J, Piryatinski A, et al. Light amplification using inverted core/shell nanocrystals: Towards lasing in the single-exciton regime. J. Phys. Chem. B, 2004, 108: 10625.

[93] Xie R G, Zhong X H, Basche T. Synthesis, characterization, and spectroscopy of type-Ⅱ core/shell semiconductor nanocrystals with ZnTe cores. Adv. Mater., 2005, 17: 2741.

[94] Lincheneau C, Amelia M, Oszajca M, et al. Synthesis and properties of ZnTe and ZnTe/ZnS core/shell semiconductor nanocrystals. J. Mater. Chem. C, 2014, 2: 2877.

[95] Sahu A, Qi L, Kang M S, et al. Facile synthesis of silver chalcogenide (Ag_2E; E = Se, S, Te) semiconductor nanocrystals. J. Am. Chem. Soc., 2011, 133: 6509.

[96] Cao Y W, Banin U. Growth and properties of semiconductor core/shell nanocrystals with InAs cores. J. Am. Chem. Soc., 2000, 122: 9692.

[97] Cao Y W, Banin U. Synthesis and characterization of InAs/InP and InAs/CdSe core/shell nanocrystals. Angew. Chem. Int. Ed., 1999, 38: 3692.

[98] Li L, Pandey A, Werder D J, et al. Efficient synthesis of highly luminescent copper indium sulfide-based core/shell nanocrystals with surprisingly long-lived emission. J. Am. Chem. Soc., 2011, 133: 1176.

[99] Li L, Daou T J, Texier I, et al. Highly luminescent $CuInS_2$/ZnS core/shell nanocrystals: Cadmium-free quantum dots for *in vivo* imaging. Chem. Mater., 2009, 21: 2422.

[100] Xie R, Rutherford M, Peng X. Formation of high-quality Ⅰ-Ⅲ-Ⅵ semiconductor nanocrystals by tuning relative reactivity of cationic precursors. J. Am. Chem. Soc., 2009, 131: 5691.

[101] Li H, Zanella M, Genovese A, et al. Sequential cation exchange in nanocrystals: Preservation of crystal phase and formation of metastable phases. Nano Lett., 2011, 11: 4964.

[102] Son D H, Hughes S M, Yin Y D, et al. Cation exchange reactions-in ionic nanocrystals. Science, 2004, 306: 1009.

[103] Eychmüller A, Mews A, Weller H. A quantum dot quantum well: CdS/HgS/CdS. Chem. Phys. Lett., 1993, 208: 509.

[104] Mews A, Eychmueller A, Giersig M, et al. Preparation, characterization, and photophysics of the quantum dot quantum well system cadmium sulfide/mercury sulfide/cadmium sulfide. J. Phys. Chem., 1994, 98: 934.

[105] Peng X, Schlamp M C, Kadavanich A A, et al. Epitaxial growth of highly luminescent CdSe/CdS core/shell nanocrystals with photostability and electronic accessibility. J. Am. Chem. Soc., 1997, 119: 7019.

[106] Pietryga J M, Werder D J, Williams D J, et al. Utilizing the lability of lead selenide to produce heterostructured nanocrystals with bright, stable infrared emission. J. Am. Chem. Soc., 2008, 130: 4879.

[107] Geyter B, Justo J, Moreels I, et al. The different nature of band edge absorption and emission in colloidal PbSe/CdSe core/shell quantum dots. ACS Nano, 2011, 5: 58.

[108] Wu K, Song N, Liu Z, et al. Interfacial charge separation and recombination in InP and quasi-type Ⅱ InP/CdS core/shell quantum dot-molecular acceptor complexes. J. Phys. Chem. A, 2013, 117: 7561.

[109] Danek M, Jensen K F, Chris B, et al. Synthesis of luminescent thin-film CdSe/ZnSe quantum dot composites using CdSe quantum dots passivated with an overlayer of ZnSe. Chem. Mater, 1996, 5: 58.

[110] Dabbousi B O, Rodriguez J, Mikulec F V, et al. M. G. (CdSe) ZnS core-shell quantum dots: Synthesis and

characterization of a size series of highly luminescent nanocrystallites. J. Phys. Chem., 1997, 104: 9463.
[111] Eicke H F. Aggregation in surfactant solutions: Formation and properties of micelles and microemulsions. Pure Appl. Chem, 1980, 132: 2.
[112] Hines M A, Guyot S P. Synthesis and characterization of strongly luminescing ZnS-capped CdSe nanocrystals. J. Phys. Chem., 1996, 100: 4.

第4章 量子点的组装

通过化学方法可以制备尺寸和形状均一的量子点，正如预期的那样，这些量子点颗粒(有时被称为“人造原子”)可以很容易地排列成超晶格结构。1989 年，Bentzon 等发表了氧化铁纳米颗粒有序阵列的电子显微镜图像，可以说是人造量子点超晶格的第一个例子[1]。从那时起，量子点形状、尺寸、组装等迅速发展，一大批新颖、多样化的组装结构脱颖而出，如二元和三元量子点超晶格、纳米棒和纳米片的液晶相、多面体量子点的致密晶格、分支纳米结构的互锁及分级有序结构等。这里，我们尝试总结量子点自组装的相关原理、量子点组装过程中的相互作用力、超晶格结构的表征、多种典型形状量子点构成的超晶格及其结构缺陷等[2]。此外，我们还会讨论有序量子点超晶格结构独特的光、电等特性。值得一提的是，本章主要讨论量子点作为“人造原子”构筑超晶格材料，所涉及的晶面、成核、生长等概念均是针对量子点的自组装过程，借助了原子和分子晶体模型的说法，但应注意与第 2 章、第 3 章中量子点本身制备(前驱体分子到量子点)的成核和生长概念的区分。

4.1 量子点超晶格结构的合成与表征

4.1.1 组装方法简介

胶体量子点有序阵列通常可以通过量子点溶液的蒸发或去稳定化来制备。基于溶液蒸发的组装通常发生在溶液浓缩的后期，并导致超晶格薄膜形成[3]。通常，加入过量的表面活性剂可以通过重新钝化裸露的量子点表面，并诱导形成长程有序的超晶格[4]。通过溶剂蒸发制备量子点超晶格有以下几种方法(图 4.1，左)。一种方法是简单地将小体积(约 10 μL)的稀释量子点溶液滴到固体支持物上并使其在几分钟内干燥。对于烃封端的量子点，己烷和辛烷(体积比 9∶1)的混合物对于产生长程有序超晶格是有效的[5]。类似地，当量子点溶液的液滴在基底表面上温和沉积，可以通过在气-液界面处的颗粒捕集来实现颗粒的组装，并进一步形成扩展的二维超晶格薄膜[6]。基于蒸发的自组装也可以在小瓶中进行，使得瓶内基底可以倾斜，并且可以实现对弯液面运动方向的控制[7]。通过刮涂法可以促进量子点溶液在大基板区域上的铺展[8]。基于类似思路，与非极性溶剂不混溶的极性液体(如二甘醇)也已经用于量子点组装，在两相界面处可以形成扩展的超晶格薄膜，并能够转移到其他固体基底用于表征。这种方法可以与 Langmuir-Blodgett 装置组合，通过施加侧向表面压力，能够可控地在晶圆级区域上实现有序排列的量子点单层组装[9]。这些实例展示了用于实现量子点有序排列的策略和技术的多样性，包括改变量子点核的几何形状、表面配体的化学性质及组装条件和环境[10]。

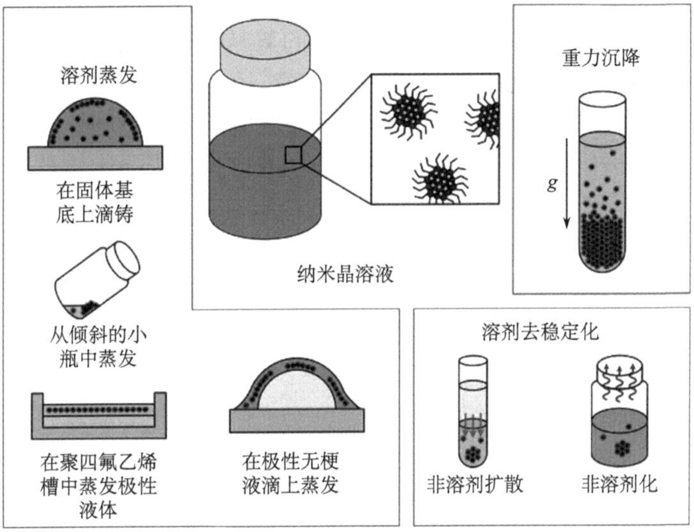

图 4.1　制备量子点超晶格的实验方法[2]

包括产生薄膜超晶格的各种蒸发技术(左)及导致三维超晶格的去稳定化或沉淀技术(右)

基于溶剂去稳定化的组装(图 4.1，右下)是利用量子点之间相互吸引作用实现的。当量子点分散在封端层分子的不良溶剂中时，相邻量子点之间配体链的重叠在热力学上变得更为有利，这样将大大促进量子点在溶液中的逐渐聚集。对于烃链封端的量子点，通过非溶剂的受控扩散来缓慢增加溶液的极性，能够有效地诱导絮凝。在实践中，可以通过将非溶剂层置于包含在试管中的量子点溶液上(如乙醇在甲苯上方)，同时避免两种液体在转移期间的显著混合来实现[11,12]。利用两种互溶液体在几天时间内的缓慢互混来诱导多面体纳米晶超晶格的受控沉淀，并最终从管底收集沉淀物。或者，可通过加热预混合的溶剂/非溶剂(如辛烷和 1-辛醇)混合物以富集高沸点非溶剂组分来进行缓慢地去稳定化组装[3]。

组装量子点超晶格的一种不太常见的方法是利用重力沉降(图 4.1，右上)。由于重力可偏置接近 1 μm 直径的颗粒或高密度金属量子点的热运动，因此可以通过量子点的沉降在溶剂底部实现拥挤诱导的自组装。在重力影响下颗粒积聚在溶液底部的倾向，可以通过比较热能 k_BT 和将质量 m 的颗粒提升其自身直径 d 所需的重力势能 mgd 的相对比值来评估[13]。k_BT 与 mgd 的比值为 d^{-4}，其中对于 10 nm 量子点的比值约为 10^6，而对于微米尺寸颗粒的比值为 1 以下。因此，即使存在排斥性颗粒间相互作用的情况下，除了最稠密的液体之外，预计大的纳米物体（100～1000 nm）会在重力作用下沉降[14]。事实上，在这里讨论的大多数量子点都落在该极限以下并且显示基本不受重力影响的组装行为。

类似于蛋白质结晶的技术，除了起始材料的结构外，量子点自组装对于组装条件的几个因素也非常敏感，如溶剂、温度和基底的选择等[15]。在通过蒸发或去稳定化引发组装之前，颗粒在溶液中不期望的絮凝会抑制其有序排列。因此，对于脂肪族封端配体，使用良溶剂（主要是液态烃，如己烷、辛烷或甲苯；氯代烃如氯仿、四氯乙烯、氯苯等）提高量子点的胶体分散性，是确保组装实验的良好起点。组装溶液的温和加热有助于超晶格中量子点的有序排列，是因为量子点经历热力学驱动以降低表面积，而材料的热分解温度决定了自组装过程的温度上限[7]。此外，溶剂蒸气压是蒸发自组装实验的重要参数。因为有序组装过程需要颗粒通过溶液扩散到样品的各种位置，所以使用高挥发性溶剂可能会使颗粒过于浓缩而无法自组装。此外，基底（即固体或液体下相）的选择也会影响组装结果，包括量子点超晶格的尺寸和取向。

在固体或液体相上蒸发量子点溶液通常会产生二维超晶格薄膜。根据量子点溶液的初始浓度及其扩散的面积，这样的膜可以以亚单层覆盖度沉积并且达到几个单位晶胞厚度。典型的单个晶粒尺寸可达到几百微米[16]。为实现超晶格晶畴尺寸的最大化，需要满足自组装期间使量子点和载体之间的相互作用最小化的条件。沿着这条思路，通过分散在甲苯中量子点液滴的蒸发，实现了长程有序十二烷基硫醇封端 Au 量子点的六边形单层组装。在这种方法中，早期蒸发过程会在气-液界面捕获颗粒，随后组装体在二维界面进行成核和生长。另一种技术采用一对互不混溶的液体。例如，在极性二甘醇亚相顶部支撑的量子点的非极性己烷溶液。

球形量子点溶液的去稳定化组装产生的不是薄膜而是片状、多面体或球形的封闭超晶格。在这种情况下，分散量子点之间的相互吸引作用诱导溶液中颗粒的缓慢聚集。例如，在量子点溶液上方加入非溶剂层［图 4.2（a）］导致量子点自组装成平整的片［图 4.2（b）～（d）］或多重双面多面体［图 4.2（e）～（g）］，其主要取决于粒度[11]。这种方法已经用于组装纳米棒和纳米片超晶格。沿着这条思路，用光触发的分子开关官能化量子点表面能够实现触发胶体去稳定化，获得类似的多面体超晶格[17-19]。另一种用于基于去稳定化实现三维超晶格的技术是通过破坏表面活性剂双层来诱导疏溶剂相互作用[20]。在该方法中，十二烷基三甲基溴化铵（DTAB）表面活性剂用于使有机封端的量子点亲水化，通过烷烃链之间的范德瓦耳斯力形成表面活性剂双层［图 4.2（h）］。随后在 80℃暴露于含聚合物的乙二醇溶液中分解表面活性剂双层结构，导致形成具有面心立方(fcc)内部堆积结构的球形超晶格[图 4.2(i)～(l)]。这种方法也已经用于制造纳米棒的球形和针状超晶格[21]。可以使用热力学原理对基于去稳定化自组装产生的超晶格多面体的形状(或形态)进行合理设计[12]。量子点在密堆积超晶格的内部有 12 个近邻量子点，而位于表面的量子点的相邻粒子减少，如在(100)面有 8 个、(110)面有 7 个、(111)面有 9 个最近的相邻量子点。通过简单计算断裂键的数量，可以预测这些面的表面能随 $E_{111}<E_{100}<E_{110}$ 而增加。具有 fcc 或 hcp 内部结构的固体表面能最小化的多面体(称为 Wulff 多面体)具有增加的表面积，如 $A_{111}>A_{100}>A_{110}$。或者，通过在内部并入低能量双平面缺陷，多面体超晶格可具有仅呈现(111)面的二十面体形状[11]。

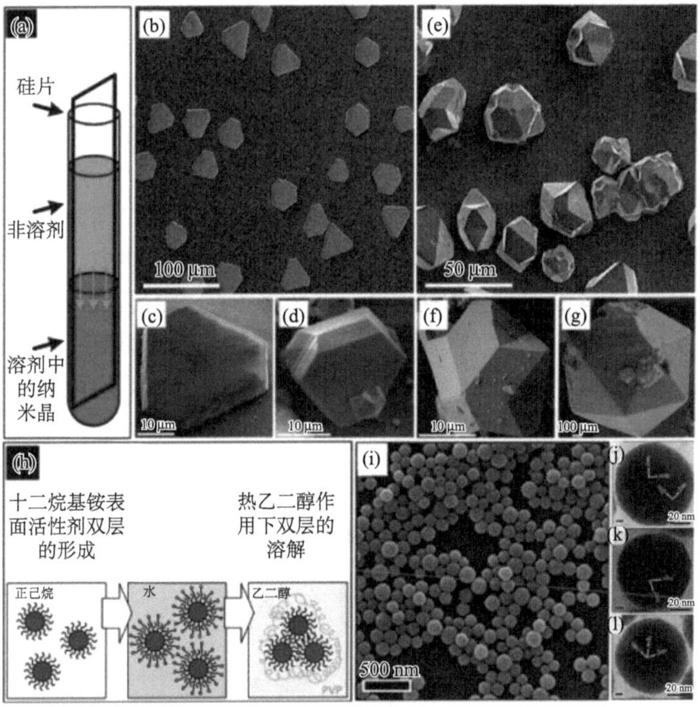

图 4.2　基于去稳定化的球形量子点的组装

(a)通过非溶剂缓慢扩散到分散的量子点胶体中的自组装示意图；(b)由 3 nm PbS 量子点的甲苯溶液去稳定化形成的片状超晶格的 SEM；(c)、(d)单个片状超晶格的 SEM 放大图；(e)由 8 nm PbS 量子点的甲苯溶液去稳定化形成的具有二十面体或五边形(5 重)对称性的多重孪晶超晶格的 SEM；(f)、(g)单个多面体超晶格的 SEM 放大图[11]；(h)通过表面活性剂双层的分解进行自组装的示意图；(i)如(h)中所示制备的球形超粒子的 SEM；(j)～(l)具有内部 fcc 晶体学指认特征的单个超颗粒的放大 TEM[20]

量子点到超晶格的聚集平衡(或近平衡)是通过成核和生长进行的相变。因为成核对系统中的杂质敏感，所以区分均匀成核和异相成核是重要的。均匀成核发生在溶液中并且需要克服成核势垒。降低溶剂品质(变为不良溶剂)或通过蒸发增加颗粒体积分数能够降低成核势垒来增加成核速率。溶剂快速蒸发或去稳定化可通过亚稳态分解为量子点富集和量子点贫乏的区域实现无障碍聚集，类似于将两种流体冷却至低于混溶临界温度时观察到的分层[22]。然而，这种远离平衡的过程通常产生无序的量子点固体。在界面(或器壁)附近的非均相(模板)成核比均匀成核明显快得多，这是因为表面的存在能够自然地预排列胶体粒子。在成核后，继续生长是通过将单个量子点或量子点团组添加到生长的晶种来进行。生长速率受限于溶液中量子点的可获取性和表面缺陷的形成能。表面缺陷形成的简单模型是平台-边缘-扭结模型，其预测量子点结合到生长的超晶格中受到附着时形成的键数量的影响。一方面，在粒子间相互吸引作用下，有的生长在空位和扭结处快速进行，这形成了许多新的纳米晶-纳米晶接触。另一方面，由于在量子点吸附时形成的接触较少，台阶和台面相对稳定。为了最小化总表面能，在缺乏良溶剂的情况下，量子点倾向于聚集成单个的 Wulff 多面体。然而，在实践中，溶剂去稳定化过程允许多个位点成核，并产生大量超晶格晶畴。与所有颗粒结合成一整块超晶格相比，这将留下更多的表面和断裂键。同时较大的聚集体在溶液中比单个量子点或小聚集体的移动更慢，会抑制超晶格晶畴之间的聚结。然而，它们的质量较大能促进大的超晶格在容器底部沉积，帮助其致密化[23]。因此，通过溶剂去稳定化形成超晶格的成核障碍足够低，而晶畴合并的势垒足够高，使大量的核形成但不会完全聚结(图 4.3，左)。相比之下，基于蒸发的自组装过程中，超晶格的成核通常在薄膜约束下，如在空气-液体界面处，并且在没有颗粒间相互作用的情况下会产生二维膜(图 4.3，右)[6]。这些膜通常开始为多晶，但是可以在足够慢的蒸发中，通过给定足够时间的缺陷修复和内部界面的愈合来改善结晶度[24]。

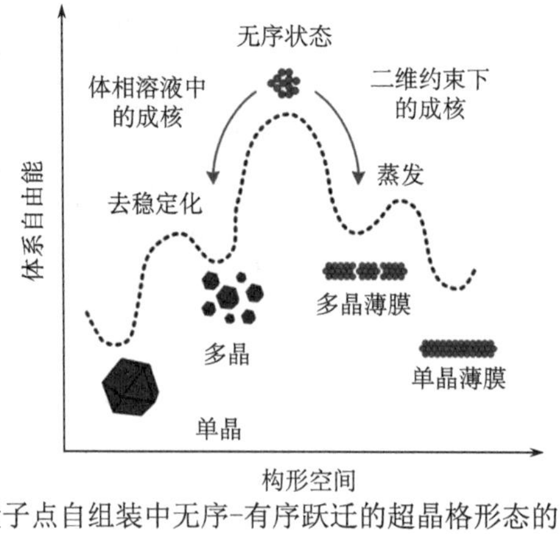

图 4.3　在量子点自组装中无序-有序跃迁的超晶格形态的自由能变化[6]

量子点集合从具有高自由能的无序状态(顶部)转变为具有较低自由能的有序状态；如果在没有边界条件限制(左)时发生成核，则形成多面体超晶格，而在几何限制(右)下形成薄膜超晶格；注意，系统自由能的一部分与表面积或组装后留下的断裂键的数量一起变化

4.1.2　超晶格的表征

超晶格的表征包括确定超晶格内量子点的位置和取向、超晶格晶畴的尺寸和取向、晶体缺陷的存在和二级结构的存在等。成像技术（实空间）和散射（倒易空间）技术代表了用于收集超晶格局部和整体结构信息的一组互补方法。虽然超晶格的制备通常仅需要溶剂、移液管和固体基底（如碳或硅）等基本的实验用品，但超晶格表征通常需要复杂技术如电子显微镜或同步加速器设备来进行。

透射电子显微镜（TEM）是探测超晶格结构的常用方法。该技术发送电子束穿过薄的样品试样，放大并将透射的电子聚焦到检测器屏幕上，随后作为数字图像显示在计算机上。TEM 图像表示的是三维结构的二维投影。因为电子散射随原子数的增加而增加，所以样品和载体之间高的原子序数对比度（如碳载体上的 PbS 量子点）对于提高 TEM 图像质量是最好的。正是由于这个原因，对量子点封端层成像是一个挑战性的任务；然而，近年来使用超薄石墨烯或多孔微栅载体（即样品搁置在石墨烯上或悬浮在孔上）实现了表面结合分子的部分可视化［图 4.4(a) 和 (b)］[25,26]。超晶格表征中 TEM 的一个关键优势是沿着各个结晶方向对量子点组装体进行成像的能力。在该方法中，通过倾斜样品台来改变其相对于入射电子束的角度，从而收集单个组装体的一系列图像，并提供单独正常投影无法明确的超晶格结构的系统表征［图 4.4(c)］[27]。此外，这种倾斜序列可以被馈送到迭代断层成像重建软件中以获得超晶格的三维渲染图像［图 4.4(d)］，包括垂直于载体平面的切片重建[28-32]。或者，这样的切片成像也可以通过用聚焦离子束物理切割超晶格的方法在 TEM 中直接获得［图 4.4(e)］。

因为 TEM 需要将样品引入真空室中，所以超晶格的表征通常是在干样品上非原位进行。这样的表征对于在蒸发之后建立的量子点阵列是有用的，但无法原位研究自组装过程。在过去几年中，已经开发了液体池 TEM 技术，能够将湿样品引入仪器真空室中[33]。该方法中，在氮化硅或石墨烯层之间封装小体积（微升）的量子点溶液，从而允许溶液中的单个量子点可视化。最近，通过追踪溶液中单个量子点或数个成组量子点的运动，液体池 TEM 已经揭示了关于颗粒间相互作用和晶体原子结构的重要信息，也可以原位观察量子点超晶格的形成过程[34-36]。

对 TEM 技术的一个有用补充是扫描电子显微镜（SEM），其可以探测样品表面，对太厚的不允许电子透过的超晶格进行成像。例如，SEM 已经用于溶剂去稳定化产生的三维多面体超晶格的成像。此外，SEM 也是用于探测超晶格薄膜表面结构的方便工具。类似地，扫描探针显微技术，如原子力显微镜（AFM），也是表征量子点超晶格表面的有力工具，探针尖端还可以栅格化扫描样品表面，提供定量形貌信息[37]。

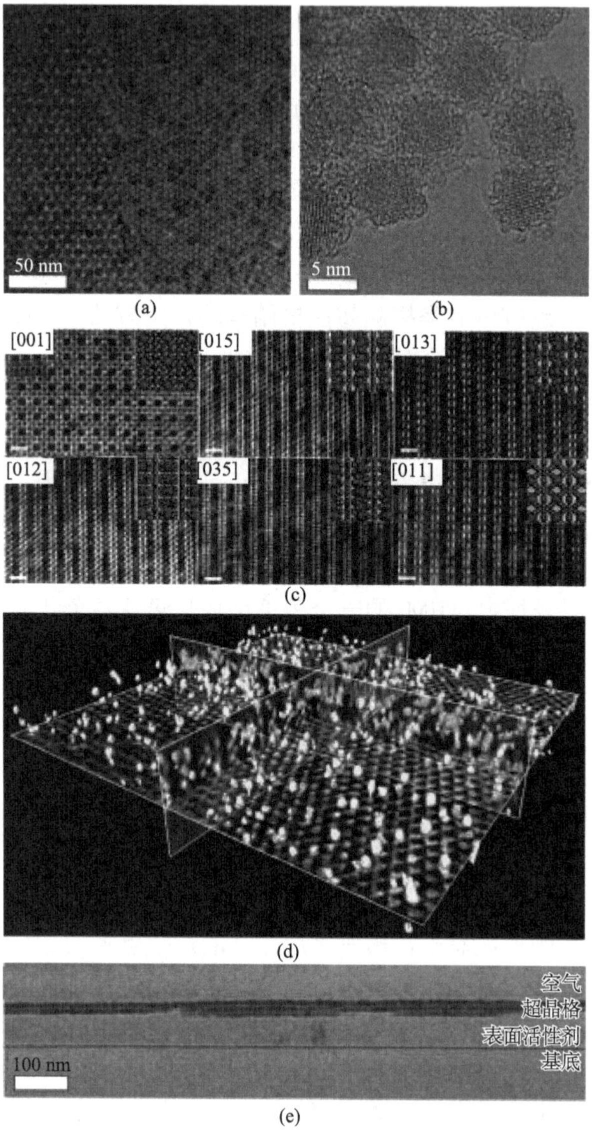

图 4.4　量子点、表面配体和自组装超晶格的 TEM 表征

(a) 用油酸表面配体封端 7 nm PbS 量子点的 hcp 和 fcc 堆积的 TEM 图像[25]；(b) TEM 图像显示悬浮在石墨烯载体上孔上方的 Si 量子点表面的十二烯配体[26]；(c) 两种尺寸 Fe_3O_4 量子点的 $NaZn_{13}$ 二元超晶格的六个不同投影（比例尺，20 nm）[27]；(d) 包含 Au 量子点的 CdSe 超晶格层析重建，Au 作为整个结构中的替代掺杂剂随机分布[32]；(e) 通过聚焦离子束切片二氧化硅封装的量子点薄膜获得的 11 nm $CoFe_2O_4$ 量子点超晶格的横截面 TEM 图像[8]

为了获得大样品体积上的结构信息，在倒易空间中检测结构对于分析复杂的量子点超晶格是有帮助的。一种实现方式是对实空间图像执行快速傅里叶变换(FFT)。傅里叶变换是周期性图像中空间频率的曲线，其中倒易空间中的每个点

对应于实空间图像中的点阵间距。类似地，TEM 获得的量子点超晶格电子衍射图也能用于区分实空间图像中过于类似的结构排列。除了以小角散射表征超晶格内量子点的位置之外，广角 FFT 或电子衍射数据还能提供关于量子点原子平面的取向信息，这样的分析有助于识别各向异性的量子点样品。小角 X 射线散射(SAXS)是另一种用于表征溶液中的量子点和量子点超晶格的强大工具[38]。SAXS 测量涉及在二维检测器收集的 X 射线(亚纳米波长的光子)的弹性散射信号。从量子点组装体散射的 X 射线强度由两个参数确定：由颗粒形状和尺寸决定的形状因子及取决于颗粒空间排列的结构因子。形状因子支配在溶液中分散的量子点 SAXS 信号，能够用来估计平均尺寸、形状及其分布[39,40]。当量子点组装成有序阵列时，SAXS 图显示的是对应于来自超晶格晶面的布拉格反射的衍射点。结构数据可以在透射模式(TSAXS)或反射模式(掠入射或 GISAXS)下收集。类似于 FFT 或电子衍射，广角反射模式可以探测超晶格内量子点的取向。此外，在常压下进行测量能够原位监测自组装过程，包括溶剂蒸发或浓缩时量子点在分散态、胶态晶体和干燥状态之间的逆变过程等[41,42]。

4.1.3　组装体中量子点间相互作用

自组装是将一组颗粒从稀释状态变为每个颗粒与其最近邻颗粒紧密接触的状态。因此，在整个自组装过程中考虑量子点/量子点间各种相互作用的贡献尤为重要。这些相互作用包括无机核之间和表面配体之间的范德瓦耳斯力、渗透、静电作用等。相互作用的组合通常是通过有效颗粒间成对相互作用来描述。只要排斥作用占主导地位，胶体量子点溶液就保持分散状态[图 4.5(a)，最深的线]。将分子链(如烃链表面活性剂或中性聚合物)束缚到量子点表面能够实现量子点空间位阻稳定，而带电物质的吸附则导致胶体的静电稳定[图 4.5(b)和(c)]。这些情况形成两种不同的胶体稳定机制，并分别提供了在非极性(空间位阻稳定)和极性(静电稳定)溶剂中分散量子点的方法。具有可电离基团的链使两个量子点在通过聚电解质配体的电化学稳定作用的特殊情况下组合在一起，这种机制不需要量子点间相互排斥[43]。量子点的聚集可以通过除去溶剂、降低有效溶剂品质(添加不良溶剂或冷却溶液)、解吸附或交联封端配体等方法来诱导。在这个过程中，有效的颗粒间相互作用从排斥变为吸引。在干燥状态下，量子点通过由表面配体组成的颗粒间基质牢固地连接在一起。溶剂的完全去除会将量子点冻结成超晶格，其中颗粒间距通过配体间的弹性斥力和范德瓦耳斯引力之间的平衡来决定。然后，相关量子点落在远远超过系统特征热能(k_BT)的深势阱中[图 4.5(a)，最浅迹线]，即处于热力学稳定状态。快速去稳定化会导致无序量子点聚集体的不可控、失衡生长，产生枝晶或凝胶网络[44,45]。另外，多面体超晶格可通过近平衡条件下组装获得，其中颗粒间吸引力保持与 k_BT 相当，能够给出足够长的时间以允许量子点在不可逆附接之前对超晶格表面上的多个位点进行动态尝试，获得热力学上最有利的组装结构[11]。量子点无机核之间的范德瓦耳斯力相互作用源于电子分布的瞬时波动，它通常是引力并且有利于胶体的絮凝。一般来说，在纳米尺度的原子间范德瓦耳斯引力是相当复杂的，这里不再展开讨论[46]。而更多情况下，量子点核之间的范德瓦耳斯力相互作用会被配体间相互作用屏蔽掉。良溶剂中链之间的渗透和弹性排斥作用形成烃链和聚合物封端量子点的空间位阻稳定作用的基础，类似于表面活性剂、树枝状大分子和聚合物胶束溶液等体系。在这种情况下，一方面，良溶剂意味着链-溶剂的混合自由能为负。另一方面，量子点的聚集在不良溶剂中是热力学上有利的。关于其他影响因素，如表面曲率和量子点尺寸等的作用，在这里就不做讨论了。

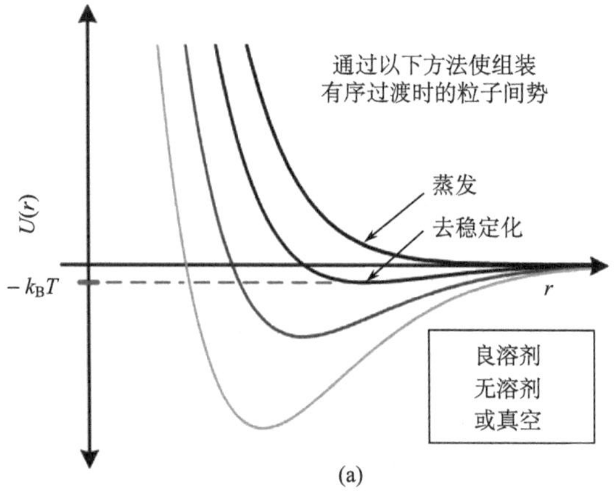

(a)

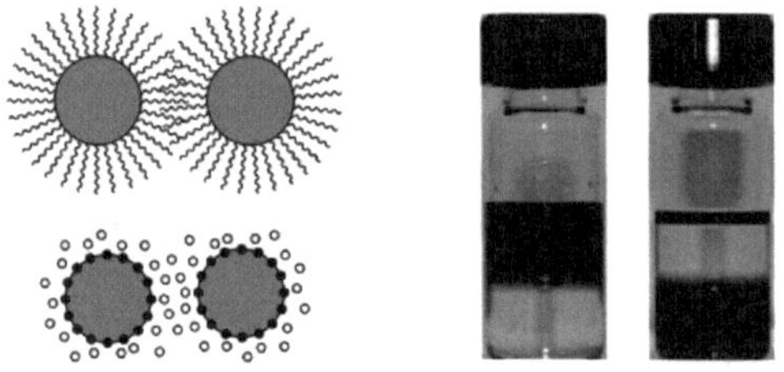

(b)　　　　(c)

图 4.5　量子点在分散状态和组装状态下的配对相互作用

(a)在自组装实验期间量子点从开始(最黑迹线，分散状态)到终点(最浅迹线，紧密堆积状态)的粒子间分隔距离 r 处的有效粒子对相互作用势 U 的演变；该图使用幂律电势构建并且仅用作量子点对相互作用的定性表示；(b)具有烃(顶部)和离子(底部)表面配体的一对相互作用的量子点示意图；(c)油酸根封端的 CdSe 在非极性甲苯相中的空间稳定溶液(左侧照片，上层)；油酸根配体到硫化钾的交换导致量子点向极性甲酰胺相(右图，底层)的相转移[47]

4.1.4　硬、软颗粒：量子点组装的两个极端模型

在量子点组装结构的理解和预测方面，一般来说，考虑系统中存在的所有能量或熵的贡献是不可能的，通常需要近似估计。硬颗粒模型非常适合于具有排斥相互作用或在短距离上仅具有弱吸引力量子点的研究和近似处理。然而，量子点通常被烃链表面配体层封端。这种半柔性“毛发”配体冠的存在具有两个效果：软化无机核间相互作用，并且在假设均匀封端的情况下，导致有效的量子点形状更接近球形。

软粒子模型是用于研究量子点自组装硬粒子模型的补充方法。硬颗粒的自组装通过在高压极限中填充密度的最大化来驱动，软颗粒致力于在低温极限内使颗粒之间的接触面积最小化。对于近球形量子点，实验观察到的一些相不能仅通过硬球堆积理论来解释。例如，bcc(体心立方)相并不是最优堆积，但是在蒸发准球形量子点溶液时却经常能观察到[48]。

量子点的“柔软度”可以用 L/R 表示，其中，L 是封端配体的分子长度，R 是无机核的半径。柔软度在选择密堆积和非密堆积的球体排列中起关键作用。例如，烷基硫醇封端的金属量子点在 $L/R>0.7$ 时经历 fcc(面心立方)至 bcc 的转变[49,50]。基于

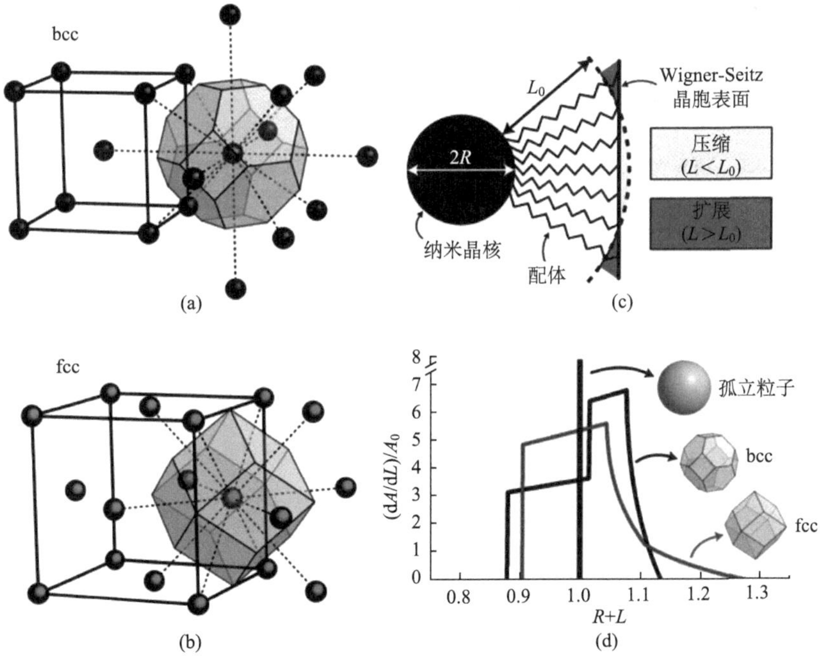

图 4.6　球形堆积的 Wigner-Seitz 评估[51]

bcc 结构比 fcc 排列需要更少的配体冠变形；(a) fcc 晶胞和相应的 Wigner-Seitz 多面体；(b) bcc 晶胞和相应的 Wigner-Seitz 多面体；(c) 占据整个 Wigner-Seitz 晶格所需烃链的压缩和扩展图；(d) 两个 Wigner-Seitz 晶格的非球面性；bcc Wigner-Seitz 多面体中心到表面距离的扩展比 fcc Wigner-Seitz 多面体中心到表面距离的扩展更窄，因此需要较小封端配体的变形

此，已经尝试在面积最小化原理的基础上评估了超晶格配体填料来合理设计量子点超晶格的相变行为。假设烃链在溶剂蒸发后必须填充颗粒间基质，则为 fcc 或 bcc 排列[图 4.6(a)和(b)]。填充的每个颗粒(Voronoi 晶胞或 Wigner-Seitz 多面体)的空间形状决定了配体被强制压缩或膨胀以填充空间的程度[图 4.6(c)]。绘制多面体中心和其表面上所有点的距离揭示了菱形十面体(fcc 晶胞)比立方八面体(bcc 晶胞)中的配体展开更宽，这意味着 fcc 堆积的烃链封端配体牺牲了更多的弹性[图 4.6(d)]。因此，对于由表面束缚烃链配体支配的具有显著软颗粒特征的量子点，其相行为反映了球堆积和表面积最小化的共同贡献。

4.2 不同形状纳米晶的自组装

接下来将简要介绍由不同形状量子点及其混合物所形成的超晶格组装体。在表 4.1 中给出对于各种形状量子点获得的自组装结构的概述。由于高曲率表面的高化学势，各向异性量子点通常具有圆形或截顶的角，而不是尖锐的角。因此，表 4.1 中的无机核心形状如立方体、八面体和四面体的描述应理解为边缘形状略微截顶/圆形的形式。此外，本书其他部分对于量子点和纳米晶的说法未做专门的区分，一般直接使用“量子点”，但本节内容因为牵涉大量不同形状的纳米晶，所以在此沿用纳米领域一般习惯上 “纳米晶” 的说法。

表 4.1 将单分散的烃链包覆量子点自组装成三维超晶格的先前工作的实例

核形状	核组分	表面配体	核尺寸/nm	自组装结构	文献例子
球形	CdSe	C_4、C_8、C_{16}	3～10	fcc、hcp	[3]
	Au	C_{12}	2～7	fcc、hcp、bcc	[49]
	Pb(S，Se，Te)	C_{18}	3～10	fcc、hcp、bcc	[2, 11]
立方体	Pt	C_7、C_8、C_{12}、C_{16}、C_{18}	2～10	sc、bct	[52, 53]
	Fe_2O_3	C_6	8.5	bct	[54]
	Pb(S，Se，Te)	C_{18}	10	sc、bct、rh	[53, 55]
	Pd	C_{12}	10	sc、rh	[56]
八面体	Pt_3Ni	C_{18}	10	bcc	[57]
	InCdO	C_{18}	50	Minkowski	[58]
四面体	CdSe	C_9、C_{14}、C_{18}	10	bco	[59]
octapod	CdSe/CdS	C_{18}	100	bct	[60]
棒	CdS、CdSe/CdS	C_{18}	30×5	N、S、hcp	[17, 61]
平板	GdF_3	C_{18}	20×2	C、L	[62]

注：自组装结构：fcc——面心立方；hcp——六方密堆积；bcc——体心立方；sc——简单立方；bct——体心四方；rh——单斜；bco——底心正交；N——向列；S——近晶；C——柱状；L——层状。

4.2.1　准球形量子点

通过溶剂蒸发近球形量子点(如立方八面体、菱形八面体或多重孪晶二十面体[63])，通常自组装形成 fcc 或 hcp 超晶格薄膜。因为超晶格晶畴通常沿着与载体接触的密堆积平面而取向，所以通常观察到沿平行于薄膜法线的三重轴组装的 fcc 和 hcp 相。这些相由具有 ABCA 型或 ABAB 型重叠图案的六边形有序单层构成[图 4.7(a)，左和右插图]。与硬球相模型预期的一致，对于较“硬”的颗粒(L/R 软度值小)，fcc 和 hcp 相是最常见的。硬球模型预测的 fcc 与 hcp 相之间小的自由能差异在量子点自组装中似乎是可忽略的，两相通常都会产生[64]。当然，fcc 和 hcp 并不总是以相同的概率被观察到。烷基硫醇封端的 5 nm Ag 纳米晶自组装实验表明，使用较高沸点溶剂(如辛烷)的蒸发组装有利于 hcp 结构，而在较低沸点的溶剂(如己烷)中通常产生 fcc 超晶格[65]。此外，球形量子点之间的偶极-偶极相互作用有利于偶极矩的反铁电有序排列，并有利于偶极能最大的相形成。结果，这种粒子沿着头尾相接的偶极-偶极取向排列可以使 hcp 组装相稳定[66]。

准球形金属量子点形状的细微差异可以影响自组装超晶格中量子点的取向配准。例如，Au 量子点的典型合成方案通常得到的是单晶(立方八面体)和多晶(多重孪晶二十面体)量子点的混合物。这种混合胶体粒子的慢速去稳定化会导致两个组分的相分离：多晶二十面体量子点组装成转动对称简并的 fcc 超晶格(不存在 Au 量子点核之间的取向配准)，而单晶立方八面体量子点的较大晶面导致直接形成具有 Au 量子点核之间取向配准的 fcc 超晶格[67]。量子点核之间的配准并不一定需要相同的量子点取向。例如，PbS 量子点的 fcc 超晶格详细结构分析表明，占据晶胞角部位的粒子取向可以不同于占据面心位置的粒子[68]。具有显著软颗粒特征的量子点在软粒子模型的预测中经常组装成 bcc 超晶格。例如，烷基硫醇封端 Au 量子点的良好相行为显示 $L/R \approx 0.7$，它是区分 Au 量子点形成 fcc 与 bcc 相的临界软度值[49]。沿着这条思路，在 2.2 nm Au 量子点球上引入十八烷基(C_{18})硫醇链($L/R \approx 1$)会产生 bcc 超晶格[图 4.7(b)]，而含相同配体 4.5 nm 直径的球形 Au 量子点($L/R \approx 0.5$)产生 hcp 结构[图 4.7(c)]。 这可能是由于 fcc/hcp 结构中颗粒可用空间的几何形状使表面烃链相对于 bcc 晶格中变形更显著，使软颗粒的 fcc/hcp 排列不稳定。

4.2.2　棒状和盘状纳米晶

胶体化学技术已经用于制备大量尺寸均匀的纳米棒、纳米线、纳米盘等，其可以组装成多种有序结构，用于探索各向异性颗粒的自组装行为。除了各向同性的液体相(随机位置、随机取向)和结晶固体(固定位置、固定取向)之外，还有两类兼具固相和液相特征的中间相(图 4.8，顶部)，其中纳米棒可以采用向列型(随

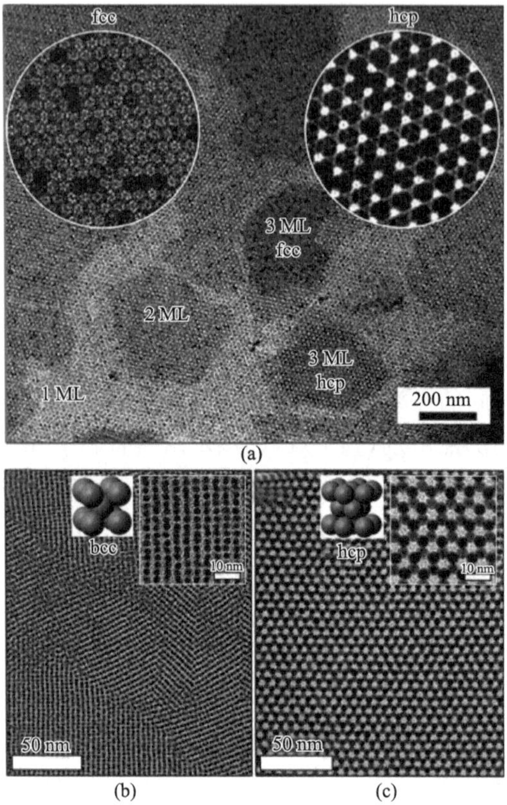

图 4.7 将准球形量子点组装到 fcc、bcc 和 hcp 超晶格中

(a)蒸发用油酸表面配体封端的 11 nm $CoFe_2O_4$ 量子点的稀溶液通常产生具有三个或更多个 fcc(左插图)和 hcp(右插图)堆积排列的单层(ML)薄膜[8]；(b)、(c) Au 量子点超晶格的组装取决于软度参数 L/R，这里显示：[110]取向的 bcc 填充用十八烷基硫醇配体($L/R\approx1$)覆盖的 2.2 nm Au 量子点和具有相同配体的 4.5 nm Au 量子点[100]取向的 hcp($L/R\approx 0.5$)[31]

机位置、固定取向)和近晶型(位置仅在平面中固定、取向固定)方式填充。类似地，盘型颗粒可组装成向列型和盘型柱状(位置仅沿一个轴固定、取向固定)的中间相(图 4.8，底部)。例如，蒸发胶体纳米棒溶液产生的超晶格，其中的棒高度有序排列，但棒的中心位置显示稍微的无序。取向类似的纳米棒组装层(薄板)通常包含六方密堆积的棒(近晶 B 相)。纳米棒液晶相的光学显微照片显示了与常规有机分子液晶共有的纹理结构和向错[69]。

通过非溶剂添加、去除剂添加或胶束分解引起胶体粒子溶液的去稳定化策略为获得新颖的纳米棒组装形态提供了新的选择[17, 21, 70,71]。例如， ODPA 表面配体封端并通过用十二烷基三甲基溴化铵(DTAB)表面活性剂配体涂覆后溶于水的 CdSe-CdS 纳米棒能够可控地在乙二醇中聚集成近球形微米胶体超晶格颗粒，由密堆积棒的中心圆柱形结构区域覆盖两个圆顶组成。

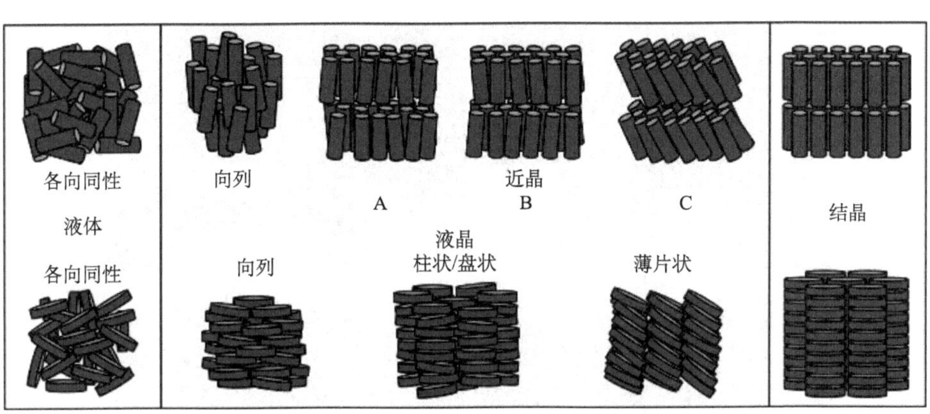

图 4.8　纳米棒和纳米盘自组装的液晶相

棒(顶部)和盘(底部)分别采用粒子位置和取向均随机、仅粒子取向有序、粒子位置和取向均有序的排列方式(从左到右)；在近晶 B 相中，棒保持自由绕其长轴旋转；晶相的特征在于所有棒轴的取向配准[2]

4.2.3　片状纳米晶

前驱体在配位溶剂中的热分解方法已经被用于制备镉的硫族化物和稀土卤化物的二维纳米晶(即纳米片)。一方面，对于横向尺寸不均匀的胶体纳米片，溶剂蒸发和去稳定化方法产生面对面堆叠的带状一维超结构[19, 72-75]。另一方面，具有均匀尺寸和形状(包括圆形、六边形、菱形、椭圆形和三角形)的纳米片可以组装成二维和三维超晶格。在液-气界面处纳米片稀释溶液的缓慢蒸发能诱导其自组装成区域平铺(类似于铺瓷砖过程)的超晶格。通过模拟和实验证实[图 4.9(a)～(d)]，纳米片的印迹形状决定了最密平铺的排列方式，所以变化纳米平板形状可以产生各种二维图案，包括六边形、正方形和菱形[73,76]。

4.2.4　多面体量子点

一些理论模拟认为溶剂蒸发后溶液中平移熵和颗粒间内聚力的最大化要求都倾向于形成致密的多面体堆积，且优先选择面对面接触。另外，转动熵倾向于能够在多个方向上组装，但留出用于粒子重定向空间的多面体结构。Yang 等证明，在重力作用下，含聚(乙烯吡咯烷酮)(PVP)配体的 500 nm Ag 多面体从甲基甲酰胺(PVP 的良溶剂)中沉淀，可以形成对于立方体、立方八面体和八面体等已知的最密堆积结构。类似地，尺寸 10 nm 的半导体、金属和金属氧化物材料的立方体纳米晶形成具有面对面接触和立方超晶格对称性的密堆积结构[79-83]。金属氧化物八面体(边长约 35 nm)可采用最密堆积来组装，而具有类似边长的金属氧化物四面体易于形成面对面接触方式的组装[58, 84]。然而，熵最大化原理不足以预测较小颗粒的自组装行为。通过考虑在蒸发自组装期间纳米晶的表面曲率对配体-配体排

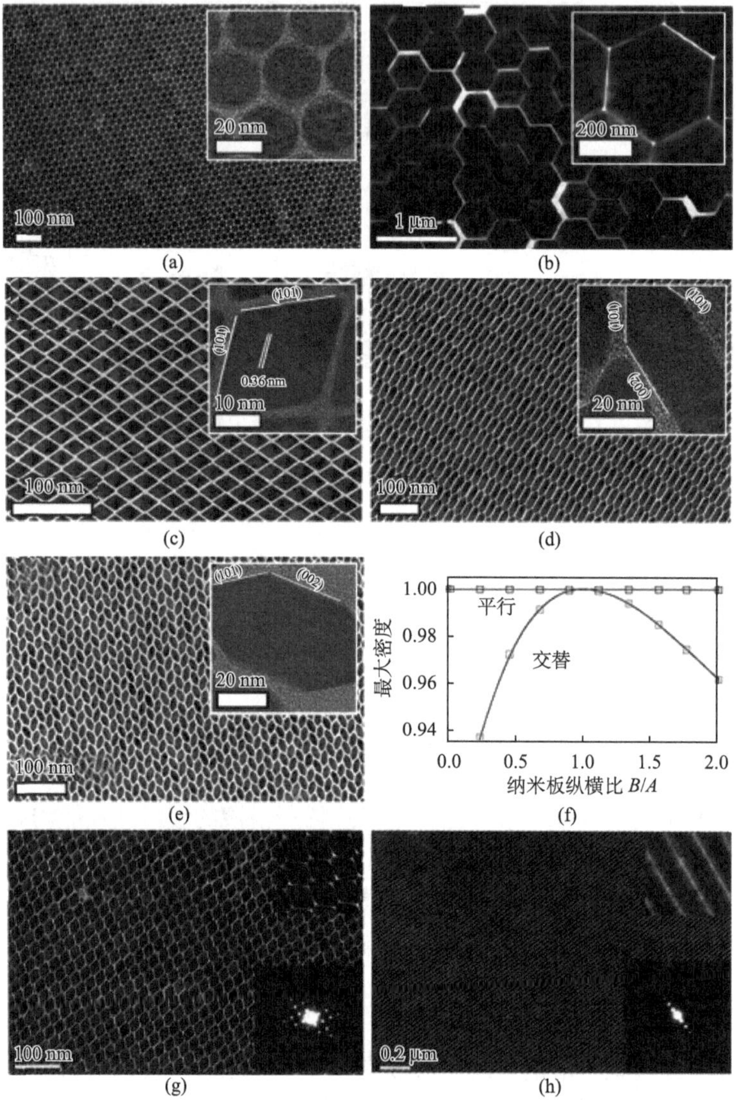

图 4.9　二维和三维纳米板超晶格

(a) 由 20 nm 直径的圆形 LiF_3 纳米板组成的二维六边形超晶格 TEM 图像[77]，其中插图：放大图像；(b) 六边形 $NaYF_4$ 纳米板的六方超晶格 TEM 图像[73]；(c)、(d) 菱面体 DyF_3（斜方六面体）和不规则六边形 EuF_3 纳米板的斜方超晶格 TEM 图像；(e) DyF_3 纳米板交替二维排列的 TEM。(101) 和 (002) 面（分别为 A 和 B 边缘）的相对长度决定了板的纵横比 B/A；(f) 用于各种纵横比的平行和交替板布置的面积平铺分数[78]；(g)、(h) 柱状和层状三维纳米板超晶格的 TEM 图像，其中插图：右上方为缩放的 TEM 图像，小角电子衍射图在右下角[62]

斥相互作用的影响，可以合理解释小尺寸多面体量子点的超晶格自组装。例如，具有 10 nm 量级相对短边缘长度的八面体和四面体显示出与通过硬颗粒模型研究预期不一致的相行为，并且与观察到的尺寸为 100 nm 量级的类似颗粒的超晶格也不同。在该尺寸范围中的 CdSe 四面体和 Pt_3Ni 八面体形成具有尖对尖接触的超晶格[57, 59]。这种尖对尖接触在晶格中保留了密堆积中本可避免的空隙。这可能是因为当量子点浓缩到小体积的溶剂时，配体冠的重叠导致其中烃链的不利堆积。所产生的排斥能取决于纳米晶接触的几何形状。纳米晶表面的平面部分结合的配体重叠会导致链段更强的空间集中，超过弯曲的量子点表面配体的重叠。因此，热力学上不利的与排除良溶剂相关的渗透压会导致面结合配体和顶点结合配体之间排斥能的显著差异，有利于在拥挤的组装溶液中形成量子点顶角之间的尖对尖接触。因此，能量和熵的作用使得能够形成硬多面体堆积模拟中未被预期的超晶格结构。

与纳米棒的情况类似，通过去稳定化方法来组装立方体、长方体、菱形十二面体、八面体和截顶八面体等形状的多面体量子点，可以导致一系列非常有趣的超晶格形状[82, 85, 86]。

4.2.5 支化结构和多组分异质结纳米晶

支化结构是胶体量子点可实现的一种特殊形状。例如，CdSe-CdS 四脚架结构可通过从闪锌矿相 CdSe 晶种延伸生长四个 CdS 臂来制备[87]。尽管根据预测可组装形成稳定的四角架液晶相，但是目前仅报道了无序网络，一方面，可能是因为这些纳米结构的自组装容易在高浓度下受到干扰[88,89]。另一方面，CdSe-CdS 八脚架(八臂)分支结构在基于蒸发和去稳定化的自组装条件下易于形成超晶格。这种独特形状的纳米晶是由阳离子交换将 $Cu_{2-x}Se$ 种子转化为 CdSe，之后通过 CdS 臂的生长而实现[90]。八脚架纳米晶[中心到尖端距离 60 nm，图 4.10(a)]可以良好地分散在氯仿中，但会缓慢地形成互锁的线形低聚物，其中相邻的八脚架在甲苯中相互旋转 45°[图 4.10(b)]。加入乙腈后，八脚架纳米晶形成长链，随后堆积成四方相结构的三维超晶格[图 4.10(c)和(d)][60]。相比之下，在固体基底上蒸发八脚架纳米晶溶液产生二维组装体。在这种情况下，八个脚中的四个与正方形网格中的基底接触[91]。当引入 1%的聚合物[聚甲基丙烯酸甲酯(PMMA)，120 kDa]进行滴铸时，八个脚中仅有一个与基底接触，产生了部分嵌入聚合物熔体中的六方有序单层[92]。

上面介绍的 CdSe-CdS 支化量子点及其他充分研究的核/壳结构是纳米异质结构的典型实例，纳米异质结的特征在于在单个颗粒内有两种或多种连接的化学组分[93,94]。通过外延生长或部分阳离子交换可以获得的这种混合组分纳米晶，为量子点组装提供了新的方法[95,96]。例如，半导体纳米棒和四角架可以通过位于其 Au 末端的聚结而组装在一起[97]。改进起始材料的尺寸和形状的均一性，利用不同化学组分间相互作用，甚至可能在每个组分上包裹不同的配体壳，未来可以允许构建更复杂的量子点自组装阵列。

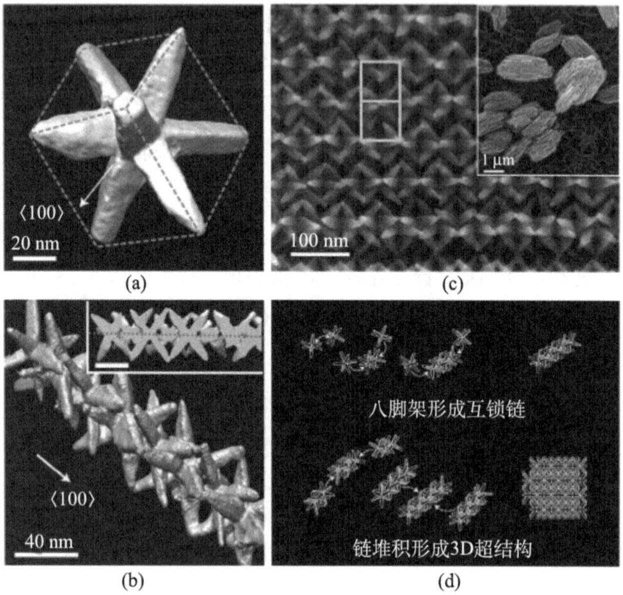

图 4.10　CdSe/Cd 八脚架分支结构通过胶体去稳定化组装成三维超晶格[60]

(a)单个分支量子点(八足)的 STEM 重建；(b)重建的八脚架链，显示沿着 4 重对称轴方向的互锁；(c)具有半单元晶格的链聚集体的 SEM 图像；插图，微米尺度聚集的大面积 SEM 图像；(d)八脚架组装的机制，在甲苯中形成链并且在添加非溶剂时聚集

4.2.6　不同类型球形量子点混合物

除了由尺寸和形状均匀的量子点自组装形成的超晶格之外，两种类型量子点的共结晶组装也是可能的[98]。已经发现微米尺寸的球形胶体粒子根据尺寸比例可组装成基于球堆积原理预测的几种三维和二维二元超晶格相[99-102]。然而，在八面体的情况下，由微米尺寸颗粒观察到的简单硬球模型相行为在亚 20 nm 尺度上却显示复杂的多种超晶格结构。沿着这条思路，Murray 等通过蒸发两种尺寸准球形量子点溶液观察到超过 15 种独特的二元量子点超晶格(BNSL)[103]。从那时起，独特的二元结构数量不断增长。最近增加的包括一个准晶 BNSL 结构，一个与 $C_{60}K_6$(也称为 bcc-AB_6)同构的结构，一个具有 A_6B_{19} 化学计量的结构，以及 Li_3Bi 结构[29,104-107]。这一领域最近的进展包括三元纳米晶超晶格、二维 BNSL、聚苯乙烯包覆量子点组装的 BNSL、掺入多金属氧酸盐簇的 BNSL[108]。这种多样性甚至能在单个样品中观察到，它可以呈现几种具有相分离域的不同二元结构(如 AB_m+AB_n+ fcc_A+fcc_B)。在图 4.11 中，列出了从烃链包覆准球形量子点组装的 16 个独特的 BNSL 结构。

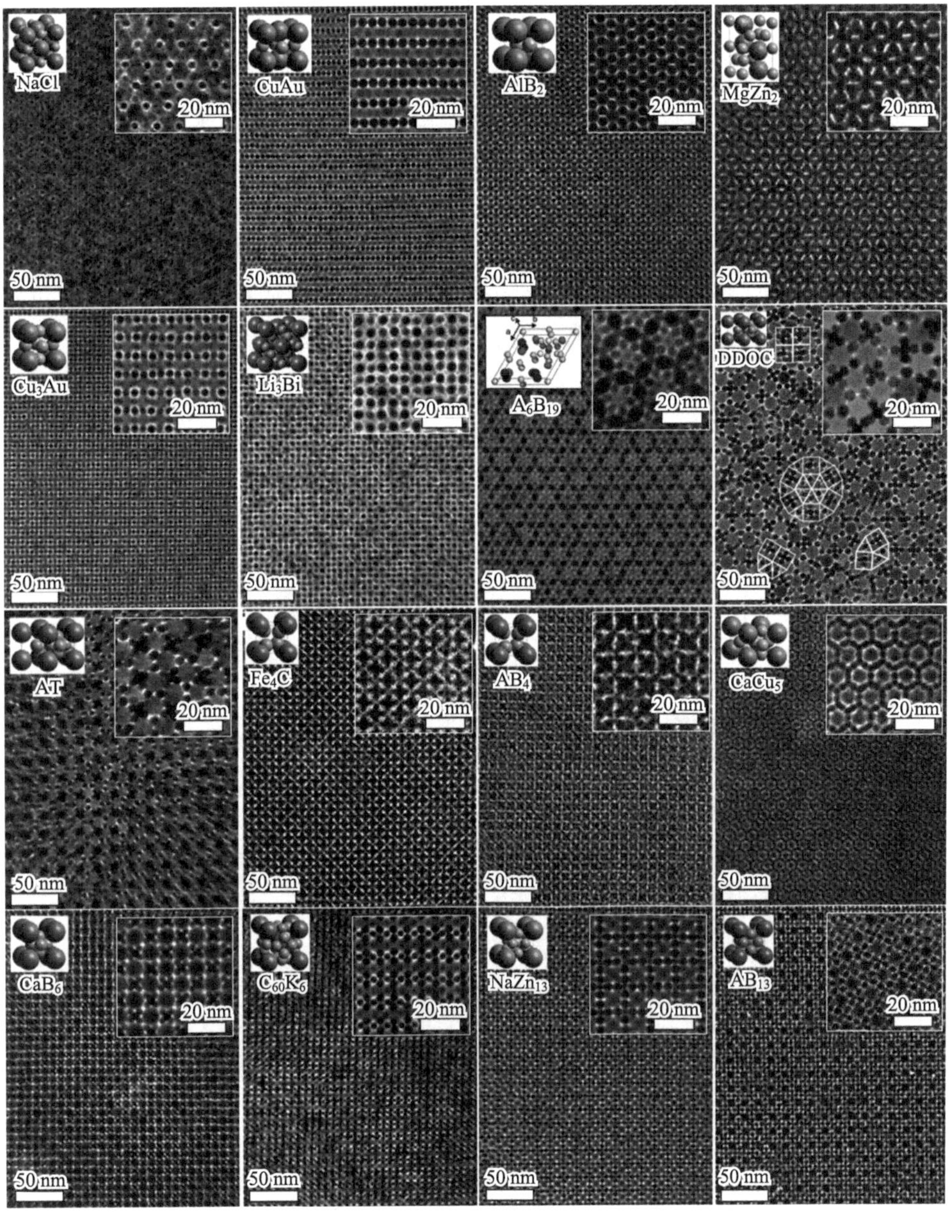

图 4.11　组装具有两种尺寸球形量子点的混合物产生的多种二元超晶格结构[7, 29, 31, 98, 104, 109,110]

每个图像显示结构的大面积 TEM 图，其中插图：晶胞结构(左)和 TEM 放大图(右)

4.3 量子点超晶格的缺陷

对于量子点超晶格中缺陷的描述，我们可以借助原子和分子晶体的模型来理解。基于这个类比，超晶格的结晶缺陷根据缺陷区域维度分为四类：点缺陷（零维）、线缺陷（一维）、平面缺陷（二维）和体缺陷（三维）。

零维缺陷：点缺陷覆盖了在一点处发生的一系列缺陷，包括缺位、填隙和取代位点。它们是目前在 BNSL 中观察到的最常见的缺陷。缺位描述一个缺失的量子点[图 4.12(b)，“1”]，填隙缺陷是量子点插入通常不被晶格填充的位置[图 4.12(b)，“2”]，取代缺陷是晶格位点被其他类型量子点占据[图 4.12(b)，“3”和“4”]。

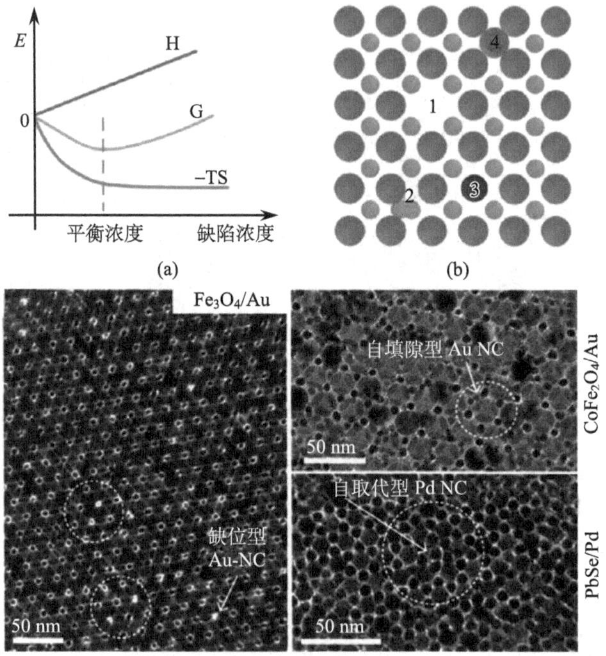

图 4.12 二维量子点超晶格中的零维缺陷[111]

(a) 晶体自由能对点缺陷浓度的依赖性；(b) 二元超晶格中典型点缺陷的图示：1 为缺位；2 为填隙；3 为杂质取代；4 为自取代缺陷；(c) 包含几个八面体位置空位的 NaCl 型二元超晶格的 TEM 图像；(d) 量子点在大颗粒 fcc 子晶格正常未占据四面体位置中的填隙插入的 TEM 图像

一维缺陷：线缺陷属于位错或向错类型，包括位错、向错和旋错。它们是破坏晶体平移对称（位错）或旋转对称（向错）的拓扑缺陷。图 4.13 中所示的线缺陷垂直于成像平面延伸，并因此在这些二维投影中表现为点。位错的大小和方向由 Burgers 向量唯一且明确地表示，其对应于完成围绕位错线的回路[红色箭头，图 4.13(a)和(b)]所需的附加平移量。根据 Burgers 矢量的方向和位错线之间的取向关系，可以区分刃形位错(垂直于位错线的 Burgers 矢量)和螺旋位错(平行于位错线的 Burgers 矢量)。刃形位错实际上是将半平面插入晶格中[图 4.13(b)]。在 TEM 中难以观察到螺旋位错，但在 SEM 中可以将其看作自身掩埋在光滑表面中的附着层[图 4.13(c)，底部]。向错涉及楔入晶格中(或从晶格中移除)，向错强度是沿着一个结晶方向排列的矢量在围绕旋错闭合路径上平行传送时旋转的程度[图 4.13(d)和(e)]。此外，由各向异性量子点构成的超晶格可以包含由颗粒取向产生的额外缺陷。例如，在液晶和胶体纳米棒[图 4.13(f)]中观察到的旋错缺陷结构[61,112,113]。

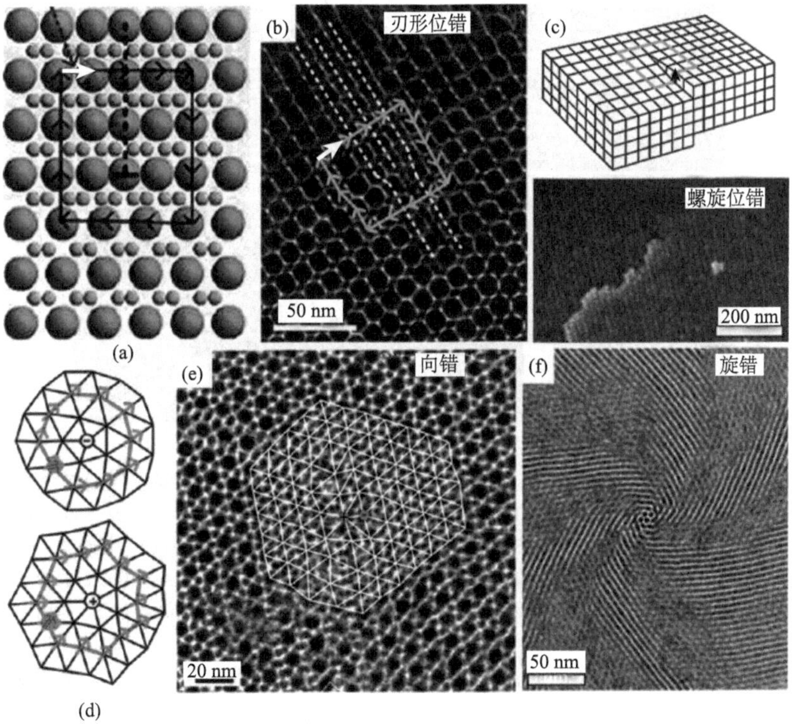

图 4.13　量子点超晶格中的一维缺陷[61]

(a)刃形位错的建模结构，展示出插入的半平面(虚线)、Burgers 回路(实线箭头)和闭合回路所需的 Burgers 向量(加粗实线箭头)；(b)使用(a)中描述参数的 AlB_2 二进制结构中边缘位错的示例；(c)螺旋位错的模型结构(顶部)，展示了通过平行于位错线的 Burgers 矢量(深色)关闭的 Burgers 回路(浅色线)；(d)向错缺陷的两个模型示例，展示出了楔入六边形格子中的移除(顶部，“－”)和插入(底部，“+”)；(e) AlB_2 二元超晶格中的紧密结合+/–对旋错缺陷[111]；(f) CdSe/CdS 棒的垂直取向近晶 B 相超晶格中的旋错缺陷；杆导向器在围绕缺陷中心连续变化的方向上远离垂直方向倾斜二维缺陷：包括堆垛层错和晶粒边界。外部表面和内部表面代表了纳米晶超晶格中两种类型的二维缺陷。由于没有真正无限大的晶体，所有材料都表现出表面终止，因此我们只讨论内部表面。内部表面被细分为堆垛层错和几种类型的边界。当界面垂直于成像平面时，容易观察到这些二维缺陷(图 4.14)。它们也可以平行于成像平面延伸，并且因此掩埋在晶体内部。堆垛层错是被破坏的原子平面序列，来源于跨度小于晶格整个周期的晶面插入或缺失。这些缺陷主要包括堆叠缺陷[图 4.14(a)]、孪晶边界[图 4.14(b)]、反相边界[图 4.14(c)]、倾斜边界[图 4.14(d)]、扭曲边界[在图 4.14(e)中用 AlB_2 BNSL 示出]及外延相变等[图 4.14(f)]。

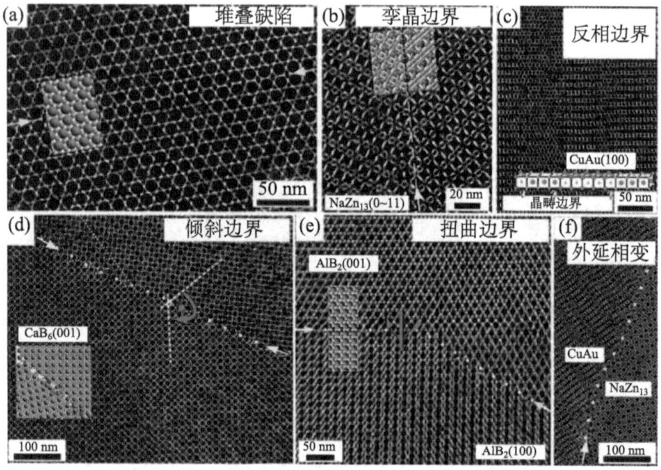

图 4.14　二元量子点超晶格中的二维缺陷[111]

(a) AlB_2 BNSL 中堆垛层错的 TEM 图像，其中模型化的缺陷结构和箭头突出显示缺陷面；(b)显示通过双平面对应结合的不同晶格取向 $NaZn_{13}$ BNSL 的 TEM 图像；(c) CuAu 型 BNSL 中反相边界的 TEM 图像，覆盖显示量子点物种跨越缺陷平面的交换；(d) CaB_6 BNSL 的两个结构域之间倾斜边界的 TEM 图像，与晶粒相关的旋转轴包含在缺陷平面(箭头和点)内，覆盖图：倾斜边界的模拟结构显示沿着界面的无序；(e) AlB_2 BNSL 的两个畴之间扭曲边界的 TEM 图像，旋转轴(线和箭头)穿透缺陷平面；(f)分离 CuAu 和 $NaZn_{13}$ BNSL 的相边界

三维缺陷：它也被称为体缺陷，包括空洞、裂纹和沉淀，涉及大量断裂键，因此是能量最高的一类晶体缺陷。空洞是从本应连贯的超晶格晶畴中缺失的三维材料片段[图 4.15(a)]。空洞可以通过杂质来模板化，例如，过量有机配体的累积或通过蒸气泡的成核，都会阻止量子点在超晶格生长期间进入该空间。裂纹是在一个方向上延伸的空洞[图 4.15(b)]。裂纹的形成是量子点组装中常见的应力释放机制，在溶液干燥的后期阶段将晶畴边缘钉扎到基底表面，以抵抗在溶剂蒸发时超晶格尺寸的连续收缩[114]。第三种类型的体缺陷是沉淀，不涉及在晶畴内材料的缺失，而是包裹住具有不同相或晶体取向的固体[图 4.15(c)]。如果生长的超晶格捕获到已经有序或无序堆积中的一组量子点，则会产生这种生长特征。

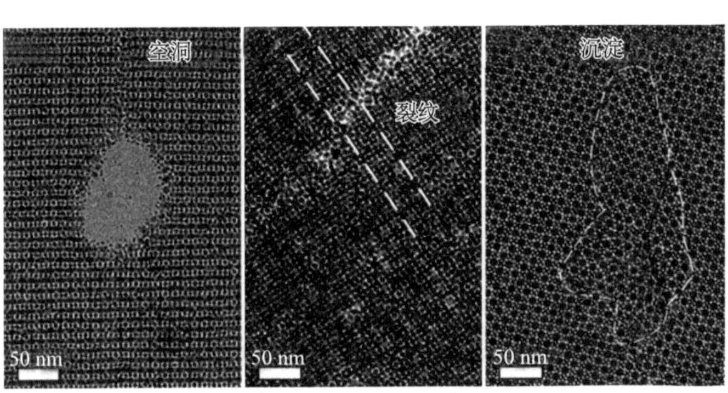

(a) (b) (c)

图 4.15 二元量子点超晶格中的体缺陷[111]

(a)具有由几个缺失单元晶胞组成的 CuAu 型二元超晶格空洞的 TEM 图像；(b)具有在后期溶剂干燥期间由晶格收缩产生的 $NaZn_{13}$ 二元超晶格裂纹的 TEM 图像，虚线突出了跨越超晶格裂纹的相干性；(c) CaB_6 二元超晶格的 TEM 图像，其具有以 CaB_6 和准晶结构为特征的沉淀包含物

4.4 量子点表面化学过程驱动的自组装

如前所述，针对量子点合成而优化的有机表面活性剂(通常具有路易斯碱型锚定头基的 C_8～C_{18} 长度的脂肪族链)也非常适合于将量子点排列为超晶格。这些烃链配体在自组装中的作用是有效地控制量子点组装体的尺寸和形状。而在合成后修饰量子点表面还可以实现显著不同的相行为。

4.4.1 初始烃链配体的部分脱附

通常在量子点合成之后进行的洗涤和尺寸选择性沉淀步骤，会有意或无意地实现初始烃配体的部分去除。量子点封端层对配体去除的敏感性可以通过锚接基团的化学性质来确定[115]。例如，在非极性溶剂中 X 型配体(如羧酸根、硫醇、膦酸根)的脱附由于静电作用是不利的，导致封端层的紧密结合，其对于经由重复沉淀和再分散步骤的配体去除是相对稳定的。另外，L 型配体(如胺、膦、羧酸)是中性物质，与量子点表面的结合更宽松，并且在每次再分散时更易于建立新的分布平衡，部分转移到溶液中。

在一种表面活性剂存在下合成的量子点可以产生具有两个完全不同结合形式的表面配体。例如，在油酸存在下制备的 PbS 和 PbSe 量子点，(111)型表面是 Pb-终止的，并且通过紧密结合的 X 型油酸根配体钝化，而(100)型表面具有 Pb 和 S/Se 表面原子并由弱结合的 L 型油酸配体封端[116]。因此，重复洗涤和再分散准球形(即立方八面体)PbS 或 PbSe 量子点导致几乎无配体的[100]晶面。这种各向异性的表面保护行为将导致平面相互作用和新的超晶格相的出现。例如，洗涤由较少油酸表面配体封端的 7nm PbS 量子点时会自组装成 fcc/hcp 结构的取向随机(塑性/旋转)相，而多次的沉淀和再分散循环导致相同的量子点自组装成具有量子点无机核之间取向配准的 bcc 超晶格(图 4.16)。

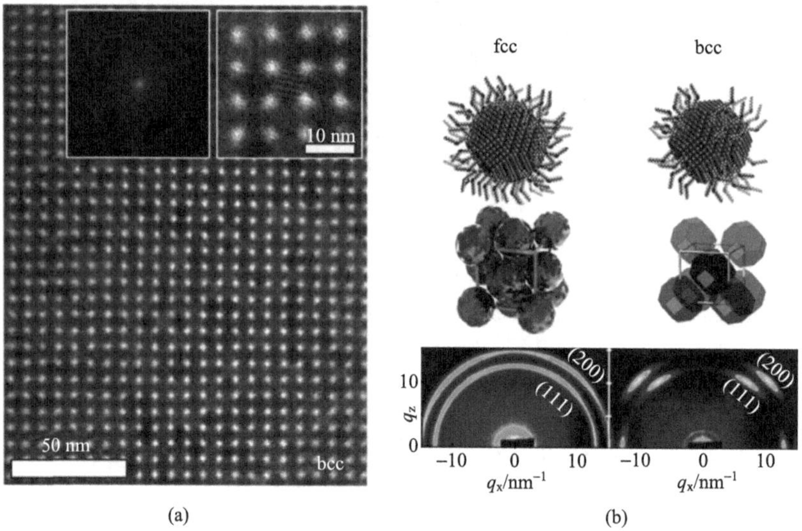

图 4.16 烃配体表面钝化对油酸表面配体封端的 7 nm PbS 量子点相行为的影响

(a)充分洗涤的 PbS 组装成 bcc 超晶格的 TEM 图像，沿着 bcc 的[100]投影该 TEM 图像显示来自原子晶格条纹(右插图)干涉的莫尔图案，FFT 中的相应广角波瓣在左插图中显示[117]；(b)良好钝化的 7 nm PbS 量子点组装成 fcc 结构，广角 X 射线散射(WAXS)显示在超晶格内核的取向偏好(左)，而具有不完全钝化层的量子点组装成在 PbS 无机核之间具有强取向对齐的 bcc 超晶格(右)[118]

4.4.2 聚合物表面配体

末端官能化的聚合物可以束缚到量子点表面以调节有效的建筑块单元柔软度、密堆积阵列的颗粒间距及杂化材料结构[119]。例如，分子质量从 1 kDa 至大于 50 kDa 的硫醇和羧酸末端官能化的聚苯乙烯链等。量子点暴露于过量的此类物质中，可以导致原来的封端配体与聚合物的交换，这种交换是由二者数量比和头基结合亲和力的差异驱动的。用聚苯乙烯配体封端的量子点可分散在甲苯和四氢呋喃中，但不能分散在己烷中[120]。通常，增加聚合物链长度可以导致表面接枝密度降低。这是因为，虽然链长度不改变聚合物锚定到量子点表面的结合焓，但它对于接枝刷中的熵损失影响显著[121]。结果，接枝长的聚合物导致更不利的构型熵，只能通过向链提供更多空间来缓解限制。虽然聚合物配体长度的增加可伴随颗粒间有序排列的减少，但仍可获得聚合物封端的量子点长程有序超晶格。令人惊讶的是，用更长的末端接枝聚合物链替代原来的配体并不会导致准球形纳米晶自组装相图的显著变化[122]。例如，非常软的($L/R\approx5$)聚苯乙烯封端的 Au 纳米晶的单组分阵列采用 bcc 堆积，完全类似于较软的($L/R>0.7$)烷基硫醇封端 Au 量子点的组合。聚苯乙烯封端 Fe_3O_4 和 Au 纳米晶自组装产生 10 类 BNSL，所有这些在用常规烃链配体封端的量子点中都已经被报道(图 4.17)。显然，主导典型的原始烃配体(如油酸)封端的中等柔软度量子点相行为的原理也适用于控制软的聚合物封端量子点的组装。

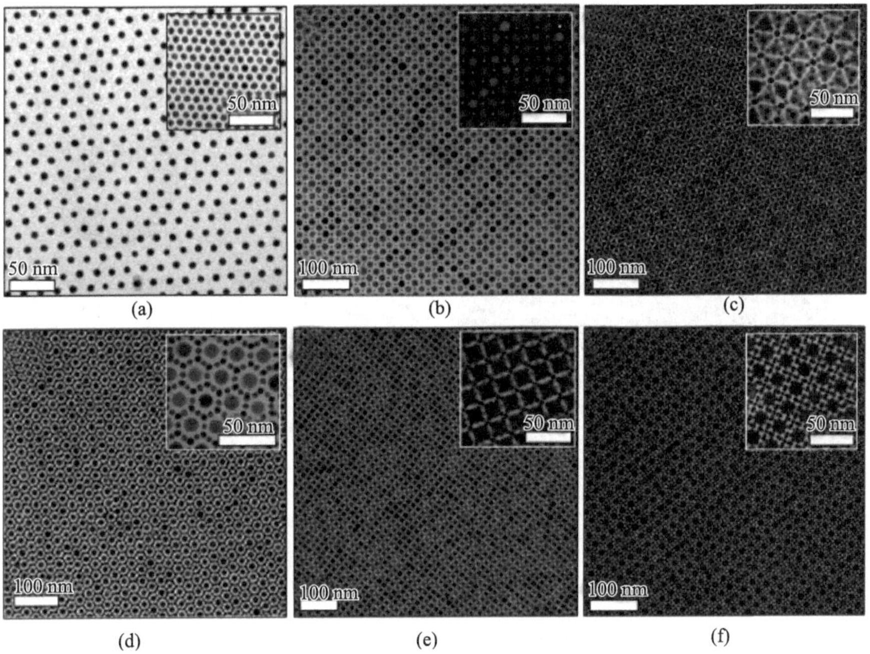

图 4.17　具有由表面接枝的末端官能化聚苯乙烯(PS)配体组成的量子点基于蒸发组装形成的二维和三维量子点阵列

(a)用 11.5 kDa PS 包覆的 7.6 nm Au 量子点的 TEM 图像，其中插图为在配体交换之前用油胺封端的相同纳米晶核；(b)由 PS 封端的 Au 和 Fe_3O_4 量子点组成的 AB 型二维 BNSL 的 TEM 图像，其中插图：暗场同一结构的 STEM 放大图；(c)～(f)由 PS 包覆的 Au 和 Fe_3O_4 量子点与 $MgZn_2$(c)、$CaCu_5$(d)、$C_{60}K_6$(e)和 $NaZn_{13}$(f)结构组成的三维 BNSL 的 TEM 概观和放大图(插图)[123]

其他的纳米晶自组装相可以通过将量子点与嵌段共聚物结合而获得，其中嵌段共聚物具有单独的纳米尺寸化学不相容链段[124,125]。例如，添加由疏水(聚苯乙烯)和亲水(聚(丙烯酸))嵌段(PS-b-PAA)组成的共聚物能够包裹和分散聚苯乙烯封端的 Au 纳米晶自组装簇[126]。或者，将末端巯基化的聚苯乙烯-嵌段-聚环氧乙烷(PS-b-PEO)共聚物直接接枝到 14 nm Au 纳米晶的表面产生可溶于四氢呋喃(THF)的颗粒，该溶剂与两种嵌段都相容[127]。蒸发这些嵌段共聚物封端纳米晶的

THF 溶液可以产生具有独特性质的密堆积超晶格：将固体暴露于水会使片材弯曲成球形囊泡[图 4.18(a)]。这些囊泡的壁由通过在配体冠内部中的疏水性聚苯乙烯片段黏合在一起的六边形密堆积 Au 量子点组成[图 4.18(b)和(c)]，并且可以通过打开和关闭以控制释放[128]。这些量子点也可以自组装成串，并且将未巯基化的(游离)嵌段共聚物与嵌段共聚物封端的量子点混合产生量子点仅位于球体表面一侧的囊泡[129，130]。进一步的嵌段共聚物结构设计和开发也有望产生更复杂的组装结构[131]。

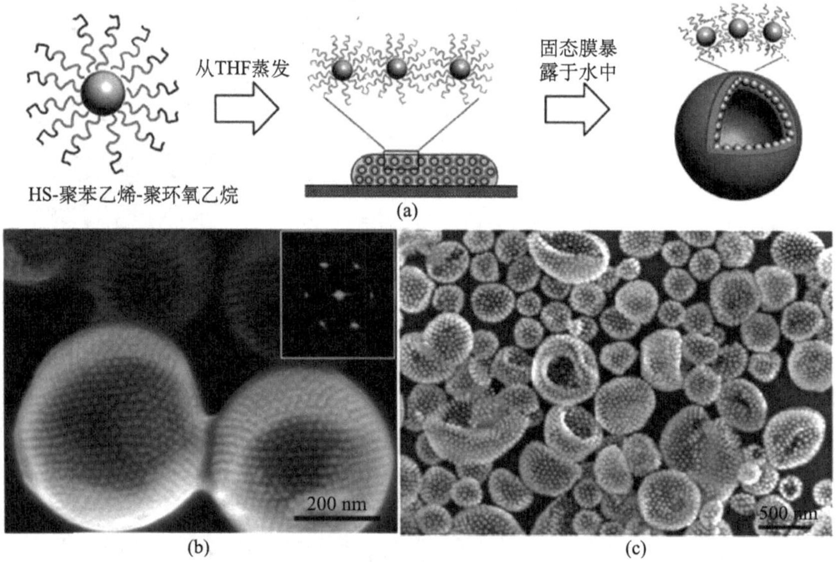

图 4.18　用嵌段共聚物配体封端的 Au 量子点自组装成球形囊泡

(a)囊泡制备的示意图，具有末端接枝的疏水-亲水嵌段共聚物链的 Au 量子点(左)可溶于四氢呋喃中，并在溶剂蒸发(中间)时组装成紧密排列的阵列，在暴露于水时，量子点单层被弯曲成接近球形囊泡的弯曲片(右)；(b)具有由封闭的Au量子点与嵌段共聚物配体组成壁的一对球形囊泡的SEM放大图[127]；(c)球形和塌缩囊泡的SEM图[132]

4.4.3　带电的表面配体

静电相互作用非常适合辅助量子点的组装[133]。Kotov 等研究了当用带负电荷(去质子化)的巯基乙酸官能化时组装成长链的 2.5 nm CdTe 量子点，但当用带正电荷的(质子化的)2-(二甲基氨基)乙硫醇官能化时形成大面积的自由浮动片[134,135]。这个系统的模拟证实电荷和偶极方向的符号分别负责不同的自组装行为[136]。如果偶极-偶极和范德瓦耳斯力吸引相互作用克服了静电排斥力，则导致自发链形成，这个过程已经原位可视化[35]。静电力的范围及其与其他作用力的竞争取决于量子点尺寸和周围介质。例如，排斥静电相互作用会削弱平面之间的强范德瓦耳斯力相互作用，并促进 Au 纳米三角形自组装成超晶格[137]。另外，将负责胶体稳定化的排斥力从长程静电作用转变为短程空间位阻作用，可以增加溶解度，并改善自组装，如硫族金属络合物封端的量子点[138,139]。应该说，在量子点表面上带电配体的引入提供了形成新型量子点超晶格结构的策略。例如，涂覆有 ω-官能化烷基硫醇的尺寸均一的 Au 和 Ag 八面体纳米晶可自组装成微米尺寸的金刚石型多面体晶体[140,141]。如果调节条件使得颗粒间静电排斥被吸引性氢键相互作用部分抵消，则即使带相同电荷的颗粒也可以自组装成超晶格[142]。此外，值得注意的是，多分散性和静电相互作用的相互影响对于量子点的组装同样具有重要意义。

4.4.4　基于 DNA 的表面配体

上面的介绍主要集中在具有一种或两种类型易于形成有序结构的建筑块单元的相对简单体系。一个显著不同的自组装方法是通过 DNA 链接具有高度特异性、正交相互作用的颗粒。DNA 封端的量子点可以通过用末端官能化的寡核苷酸交换原始表面配体来制备。通常，将这种量子点暴露于 DNA 接头链，其含有一个与量子点结合的 DNA 互补的区域和一个具有未杂化悬空端的第二区域，因此可以改变悬空端区域来控制量子点之间的相互作用[图 4.19(a)]。DNA 封端量子点的一个特殊性质是在超晶格组装/溶解过程中仅几摄氏度范围内的颗粒间键形成/断裂的急剧熔融转变，这种独特的熵因素发挥重要作用的转变，提供了新的机会来控制组装过程[143-147]。通过链置换反应，在该系统中可能获得一系列新的行为，包括可重入熔化、任意宽度的气-固共存和可逆的晶体转变，这些行为在原子系统中是不常见的[148,149]。

一方面，通过设计具有自互补黏性末端的链接序列颗粒可以将最近邻粒子的数目最大化，有利于形成 fcc 或 hcp 相[图 4.19(b)，左]。另一方面，使用非自互补连接体需要第二类型的连接体以实现量子点组装。在这种情况下，准二元系统不允许 A-A 型或 B-B 型接触而使 A-B 型接触的数量最大化，即 bcc 或 CsCl 型堆积[图 4.19(b)，右][150,151]。最近，由相同 DNA 链的两个区域杂化形成的发夹环可用于将黏性末端隐藏在量子点配体冠内部[图 4.19(c)，左][152]。当暴露于可以结合发夹区结构的核苷酸序列时，这些黏性末端被推向配体冠外部，使其能够进行量子点-量子点结合。使用这种方法，自互补或非自互补黏性末端的选择性暴露能够实现在 fcc 和 bcc 排列之间切换[图 4.19(c)，右]。类似地，已有报道通过在几摄氏度范围内改变温度来实现具有双组分 DNA 壳的聚合物微球在 CsCl 型和 CuAu 型堆积之间的无扩散转化[153]。

DNA 功能化量子点超晶格的生长与传统配体量子点类似。除了 fcc 和 bcc 超晶格之外，通过组合具有不同流体动力学半径或 DNA 移植密度的量子点，获得了包括具有 AB、AB_2、AB_3 和 AB_6 化学计量的二元超晶格结构[图 4.19(d)][154]。

此外，将 DNA 封端的量子点与通过短切片段(DNA 折纸[155, 156])制成的刚性未结合的 DNA 链结合，将量子点放置在预设的 DNA 支架内，例如，将 Au 量子点引导成管状螺旋，形成独立的片，呈平面形状和周期性弧形[157-165]。最近这个想法走到极致的一个例子是三维有序的纳米颗粒-DNA 框架，应用 DNA 折纸证明内部空腔的形成，其充当用于 Au 量子点的形状控制合成的模板[166,167]。DNA 官能化也已经开始用于组装各向异性胶体粒子。例如，与 DNA 键结合的形状和大小互补的纳米棒、立方体、盘或球通过形状诱导的定向结合有可能共结晶成 bcc 和简单立方晶格[168-170]。

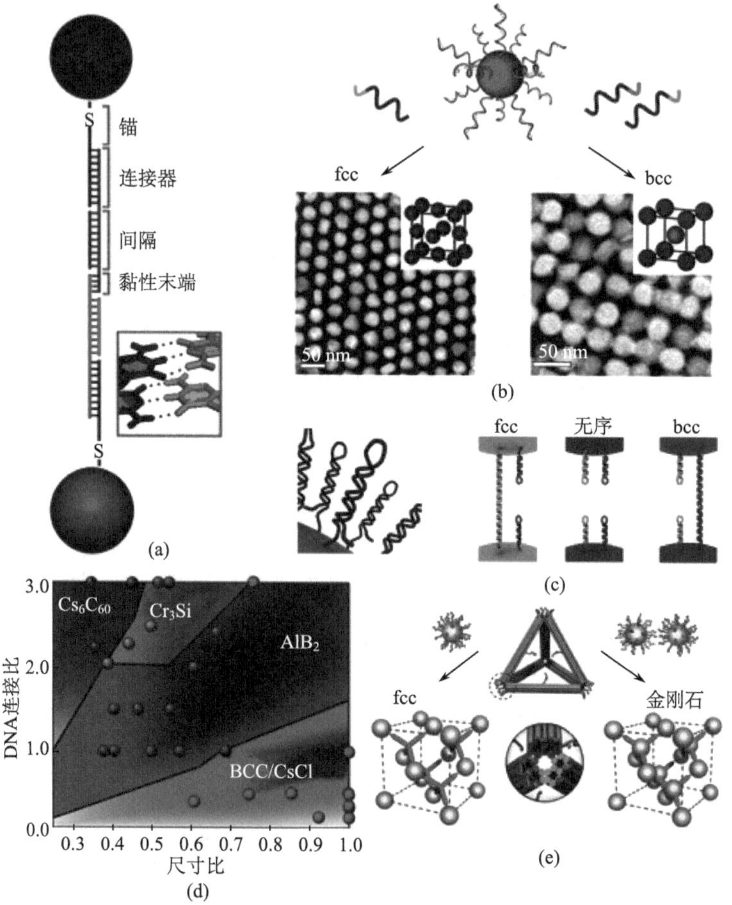

图 4.19 用 DNA 表面配体官能化量子点的可编程自组装

(a)基于 DNA 的配体结构单元图示，包括烷硫醇锚定基团和碱基非结合区域，结合 DNA 接头的识别序列，控制键长度的间隔序列和驱动量子点的黏性末端通过杂化组装，其中插图为 G-C 碱基对相互作用的棒模型[154,168]；(b)结构方向与 DNA 的原型实例，自互补连接器链驱动 fcc 结构的组装(左)，同时混合两组含互补链的量子点迫使 A-B 接触的形成，导致 bcc 结构(右)，以下显示相应结构的 TEM 图像[154, 155, 171]；(c) DNA 发夹环隐藏黏性末端(左)，使得能够选择性暴露自互补和非自身互补的寡核苷酸序列，有利于形成 fcc 和 bcc 晶格(右)[152]；(d) DNA 驱动的二元超晶格的相图[154]；(e)将 DNA 折纸与 DNA 封端的量子点结合通过结构导向作用将量子点结合到预设的 DNA 支架中。具有四面体顶点的量子点杂化导致 fcc 结构的形成(左)，而添加位于四面体内部的第二量子点物质产生金刚石型超晶格[172]

上述实例突出了DNA官能化量子点表面作为可定制结构导向剂的巨大潜力。尽管仍存在几个障碍，包括在缺少颗粒间填充物(即水或树脂)的情况下这种结构的破裂，但是 DNA 可编程自组装能够通过将期望的靶向结构信息编码到自组装结构中，允许从观察超晶格的形成(被动)向建筑单元(主动)设计的转变。特别是，DNA 配体含有信息足够丰富的相互作用类型，可以满足复杂结构自组装的需要。所得到的量子点具有足够的信息容量[173-175]。

4.4.5 分子开关型表面配体

除了上面提到的各种表面化学调控外，分子开关是另一类有前途的诱导量子点自组装的非传统配体。尽管它们不提供精确的结构控制(如 DNA 链的互配)，但是分子开关(如偶氮苯、螺吡喃等)通过在光照下的结构异构化而允许可逆、远程控制量子点聚集行为[176,177]。例如，偶氮苯(C_6H_5—N═N—C_6H_5)在反式异构体中最稳定，但是用紫外光照射能将分子翻转为顺式形式[图 4.20(a)]。亚稳态顺式结构在室温下缓慢地转化为反式，而通过加热或蓝光照射可以加速该过程[图 4.20(b)]。至关重要的是，这种光诱导的结构变化伴随着从位于氮原子上的局

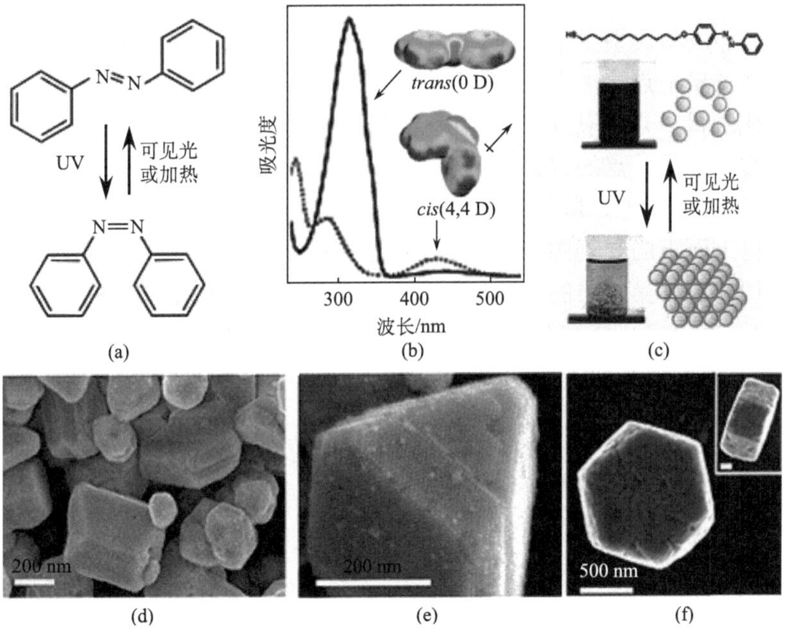

图 4.20 用具有偶氮苯端基表面配体覆盖的量子点的可逆光触发自组装

(a)偶氮苯光异构化方法的路易斯结构；(b)具有计算的电子密度图的反式(实线迹)和顺式(点线)偶氮苯异构体的吸收光谱[178]；(c)连接到烷硫醇量子点表面结合部分的偶氮苯开关的分子结构(顶部)和用这种配体改性的 Au 量子点絮凝行为的照片[18]；(d)～(f)通过照射开关功能化的 Au 量子点获得的多面多面体超晶格的 SEM 图像[18,179]

域化电子密度变化引起的显著偶极矩的出现和消失[图 4.20(b)，插图]。当偶氮苯部分连接到量子点表面结合基团(如用于Au量子点的硫醇或用于氧化铁量子点的邻苯二酚)时，它们附着在量子点表面能够远程触发量子点的组装和再分散。例如，含反式偶氮苯结构的烷基硫醇配体修饰的量子点可溶于甲苯。然而，在紫外照射下，结构转变为顺式，它们之间的偶极-偶极相互作用能够促进配体冠的混合，导致量子点从溶液中沉淀[图 4.20(c)]。值得注意的是，这种光诱导的去稳定化过程可以温和地进行，从而形成规则的多面体超晶格[图 4.20(d)～(f)]。

4.5 环境在导引量子点自组装中的作用

除了尺寸、形状和表面化学等量子点自身性质外，外部条件和环境也在量子点的组装方面发挥重要作用[180,181]。本节主要讨论这些外部环境因素如何导引量子点的自组装，包括含第二种量子点的溶液、基底表面结构、结构导向基质的包埋等。

4.5.1 在平整表面的自组装

在平整表面上，表面张力有利于不混溶液体之间界面的平滑，并且固体基底的原子级粗糙度与典型量子点的直径相比较小。而在具有量子点粒径级尺寸纹理的表面上蒸发量子点溶液提供了结构控制的另一种策略。例如，毛细管作用力可以将溶剂化的量子点捕获在光刻图案化模板的凹陷区域中[182-184]。这种图案能够控制自组装簇内量子点的位置和数量，并选择性地引导不同形状的量子点之间接触的形成[185,186]。此外，量子点层的顺序沉积(量子点外延)使得能够模板化组装，而不需要自上而下的光刻图案[187]。在该方法中，通过等离子体处理固定量子点的基底层可用于引导第二层的组装[图 4.21(a)]。吸附层与底层图案的配准由晶格失配[图 4.21(b)]决定，反润湿对于强相互作用的颗粒[图 4.21(c)]是有利的，而稀疏的量子点阵列可以通过使用弯曲[图 4.21(d)]或非密堆积的基底量子点层[图 4.21(e)]来图案化。

4.5.2 弯曲表面辅助的自组装

胶体粒子在球形表面上的组装方式是多样的，如使用乳液液滴的界面及许多其他模板技术[188]。通过改变量子点的尺寸、体积分数和配体化学，超晶格可以在非平面界面处形成，通过焓或熵控制所得到的几何形状[189]。在 Pickering 乳液中，可以通过纳米颗粒稳定液滴并根据其形状排列[190]。单层量子点可以通过超声产生的声压在几毫秒内从液滴中机械解吸，并且纳米流体有助于液滴的产生[191,192]。通过限制双层疏水性富勒烯能够获得金量子点的高度稳定囊泡[193]。胶体也可以形成其他形状，例如，可以仅部分填充，并且可以用作超晶格生长的微反应器(或“胶

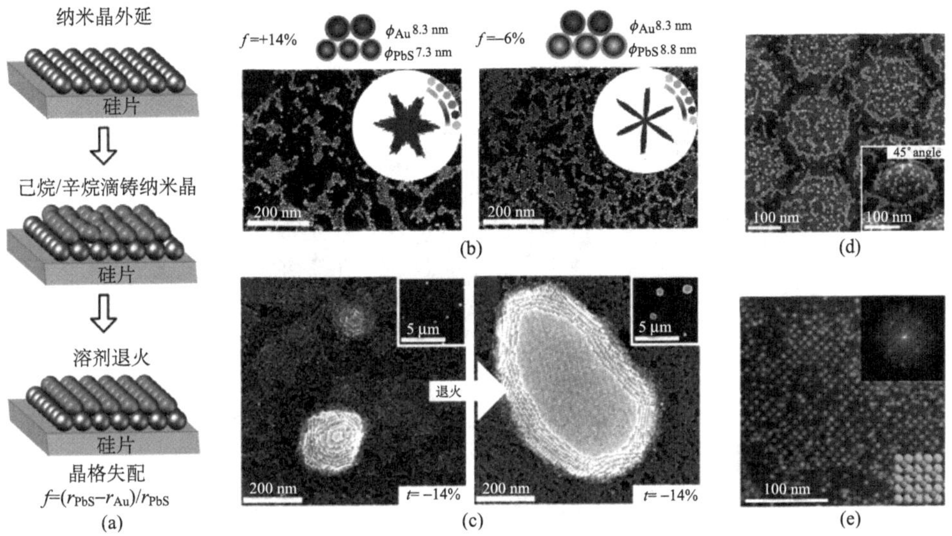

图 4.21　量子点外延：在图案化基底上的组装

(a) 展示出了基本晶格(PbS 量子点，浅色球体)之后是附加层(Au 量子点，深色球体)的沉积和通过溶剂退火的弛豫示意图，基底层和吸附层的尺寸差异决定了外延生长模式；(b) 跟踪的 SEM 图像和键角图(插图)揭示小的晶格失配和较小的吸附层量子点有利于改善层间配准；(c) 大的晶格失配有利于在亚单层覆盖层上的岛状生长；(d) 在 230 nm 聚苯乙烯珠上覆盖的 PbS 量子点层形成弯曲的基底层，在低覆盖度下，Au 吸附层量子点局限在珠周围环中具有零曲率的区域附近；(e) Au 量子点在方形基础晶格上的沉积产生表面重建的非紧密贴合层[187]

体蛋”)[194]。类似的蛋黄/壳组装可以通过不同尺寸 Au 量子点(尺寸比在 1∶2 和 1∶6 之间)的二元混合物的分离组装来获得，在该结构中大的 Au 颗粒被包含在小的 Au 颗粒组装壳内[195]。此外，颗粒所浸入的三维体积影响量子点簇和超晶格的组装[196,197]。通过在乳液液滴、微流体毛细管内或蒸发液滴内的纳升液滴的限制，可以模板化三维超晶格[198,199]。通过在表面活性剂稳定剂的存在下机械剪切水和量子点溶液来实现乳化，加热乳液除去低沸点非极性相，从而可以通过增加液滴内的量子点体积分数诱导超晶格组装[200]。利用这种方法，量子点的熵驱动组装通常有利于在扩展超晶格中形成 fcc 阵列，产生在三维约束下具有二十面体对称性的多重孪晶超晶格[201]。例如，使用 6 nm $CoFe_2O_4$ 量子点作为模型系统来研究在球形约束下的熵驱动自组装，发现约束空间内每簇量子点的数量对堆积结构有很大的影响。二十面体是发现的最小簇，是由 20 个(111)面终止的 fcc 结构晶畴，四面体轻微地几何形状扭曲以共享晶面填充二十面体内部[图 4.22(a)]，而中等大小的簇是菱形二十面体，通过表面重构添加五边形和矩形面[图 4.22(b)]。因为这两种形状比立方八面体(等周商分别为 0.83、0.94 和 0.74)更近球形，所以当以多重孪生的二十面体簇为结构时，硬球体可以获得更多的内部球体。然而，当簇内包含大量颗粒时，与固体角缺位相关的晶格应力使二十面体堆积不稳定，从而驱动其转变到在非限制性扩展超晶格中发现的 fcc 结构[图 4.22(c)]。图 4.22(d)给出了通过球形约束条件下的硬球体模拟获得的上述相行为示意图[202]。

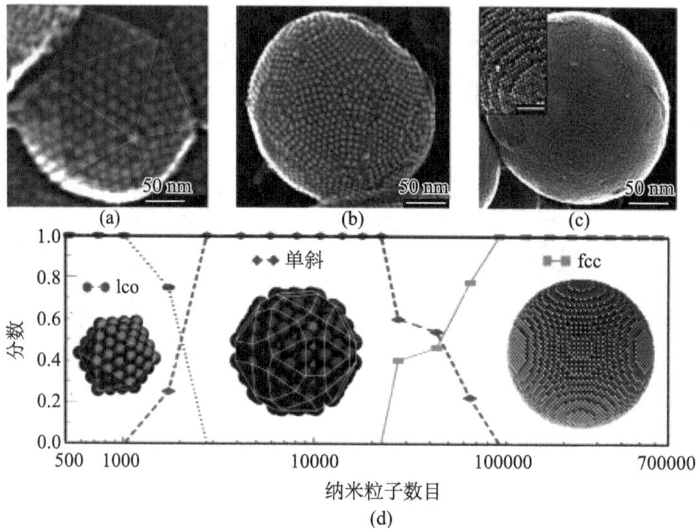

图 4.22 通过球形约束的多面体超晶格簇自组装[201]

(a)包含少于 10^3 个 $CoFe_2O_4$ 量子点的多重孪晶二十面体簇的 STEM 图像；(b)包含大约 10^4 个量子点的多双孪晶正十二面体簇的 STEM 图像；(c)包含超过 10^5 个量子点的单晶 fcc 簇的 STEM 图像；(d)通过在约束下的硬球的模拟获得的簇结构的尺寸依赖性

4.5.3 结构导向介质中的自组装

使用含有对量子点配体有亲和力链段的(共)聚合物或共聚肽，使无机粒子与有机结构导引基质通过非共价方式结合起来成为可能[203-206]。理想情况下，得到这样的复合材料并不需要去除原始配体，可以使用含有长的烃链嵌段共聚物分子，例如，通过醇和胺单元之间的氢键连接的 3-十五烷基酚(PDP)和聚苯乙烯-嵌段-聚(4-乙烯基吡啶)(PS-b-P4VP)[图 4.23(a)][207]。将该超分子与氯仿中的烃封端量子点混合，滴铸溶液并在 100℃下退火，产生有序嵌段共聚物阵列，量子点在 P4VP-PDP 纳米域的中心组装[图 4.23(b)和(c)]。该嵌段共聚物系统也已经用于将烃封端纳米棒以端对端形式限制在圆柱形 P4VP-PDP 结构域内[208]。量子点以极限稀释比例掺入可以作为嵌段共聚物热力学组装的小扰动处理，但较高的粒子负载(体积比＞10％)会干扰聚合物基质组装成纯共聚物熔体所预期的相[图 4.23(d)][209]。利用嵌段共聚物引导量子点自组装的其他方法也可以通过仅用对聚合物嵌段之一有亲和性的定制分子交换原始量子点表面配体，或通过使用含有能与裸露量子点表面结合的亲核链段的嵌段共聚物来剥离配体和共组装[210-213]。此外，液晶(如向列相 4-氰基-4′-戊基联苯)也是一类量子点自组装的结构导向基质，能够控制板状纳米晶的位置、取向和聚集行为[214]。

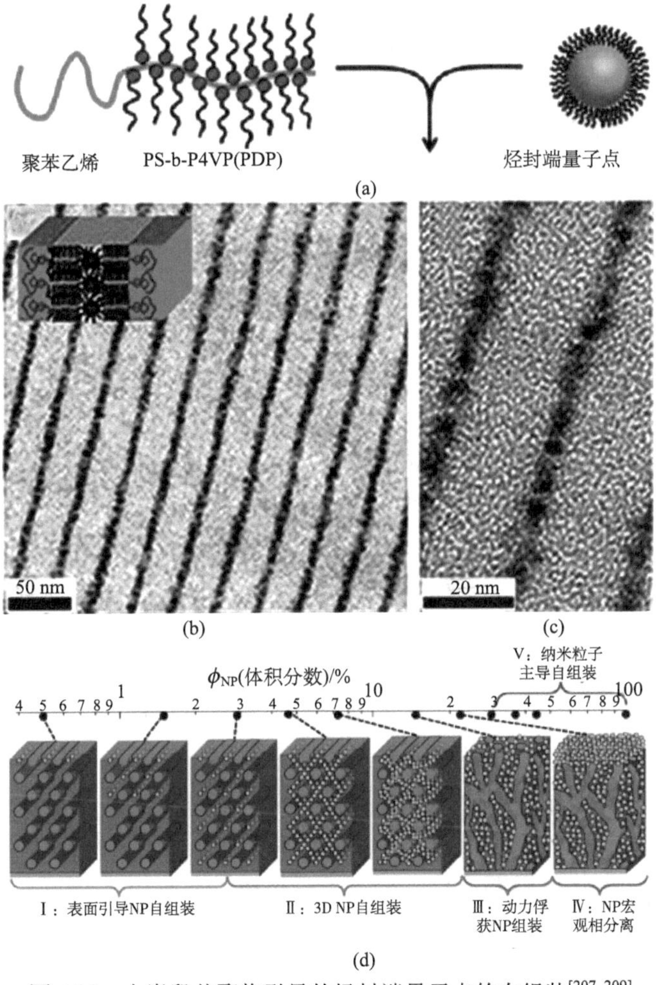

图 4.23　由嵌段共聚物引导的烃封端量子点的自组装[207, 209]

(a) PS-b-P4VP (PDP) 超分子(左)的示意图，其特征在于与量子点表面的原始烃配体相容的十五烷基刷形段(右)；(b)通过在氯仿中旋涂浇铸嵌段共聚物和 CdSe 量子点的溶液并随后对沉积的固体进行溶剂退火制备的量子点-嵌段共聚物复合物的 TEM 图和结构模型(插图)；(c) TEM 放大显示限制在 P4VP-PDP 片层中心内的量子点；(d)复合相行为的浓度依赖性：量子点微扰嵌段共聚物纳米域在低体积分数(左)的发展，而较高的负载阻止嵌段共聚物的组装(右)

除了上面介绍的环境导引自组装外，还有耗尽作用、组装温度、外部电场或磁场等因素被用于辅助或驱动量子点的自组装，大大丰富了胶体量子点组装的相行为的控制策略。在此不再做详细介绍，感兴趣的读者可参考最近的综述文章[2]。

在本章的最后，我们希望进一步指出，量子点超晶格结构和组成的可调性为这些材料提供了新的电子、光学、机械和催化特性，这也是纳米科技发展的主要目标之一。组装体可以用来调控量子点的电子态。然而，在传统烃链稳定的量子点超晶格中，配体双层将量子点分离得太远，并且导致相邻颗粒彼此绝缘，对相邻量子点之间的电荷传输产生高的隧穿势垒。超晶格的电子和光学性质通常类似于隔离的结构单元。弱耦合作用有助于带内电子陷阱态的存在。预测量子点之间的强电子耦合能通过抑制晶畴限域来改善载流子迁移率，并且可以揭示量子点器件中的新现象。量子点的自组装还提供了沿公共晶轴定向排列量子点的能力，这对于量子点器件发展来说也非常重要。在量子点组装体中，电磁场与超晶格的耦合取决于量子点的形状和排列，并且对组装体中局部手性的存在非常敏感。通过改变量子点的尺寸、组成和晶格对称性可以实现近场等离子体耦合的强度与响应光谱的可调谐性。此外，在组装结构中，还可以观察到不同量子点之间的协同效应。通过表面配体的钝化形成钝化层，屏蔽外部环境影响。通过精确的颗粒间距、化学计量和晶格对称性控制来形成各种超晶格，探索化学组分上不同的量子点之间的相互作用提供了一个重要的研究平台。在半导体-金属体系中，发光半导体量子点和附近的金属等离子体纳米结构之间的相互作用可以导致显著的荧光增强或猝灭，这取决于组分的空间排列及激子和等离激元模式的相对能量。将磁性量子点自组装成有序超晶格，其中单个量子点对室温下的自发磁化反转稳定，是增加磁性数据存储密度的一个有前途的方法。通过各种纳米组分共结晶的混合也为量子点固体电学性质的调整提供了独特的可能性。量子点超晶格的结构和组成可以通过改变载流子数目或载流子迁移率强烈地影响其电学性质。非均相催化领域也可以极大地受益于不同组成的异质量子点超晶格自组装。例如，与金属氧化物表面接触使惰性 Au 量子点对于一氧化碳的氧化具有高催化活性。通过量子点自组装的深入理解和策略开发来形成量子点规则排列的完美 “晶相材料”，可能带来其光学、电子和催化性能的飞跃，将量子点材料推向实用化。

参考文献

[1] Bentzon M D, van Wonterghem J, Mørup S, et al. Ordered aggregates of ultrafine iron oxide particles: Super crystals. Philosophical Magazine Part B, 1989, 60: 169.

[2] Boles M A, Engel M, Talapin D V. Self-assembly of colloidal nanocrystals: From intricate structures to functional materials. Chem. Rev., 2016, 116: 11220.

[3] Murray C B, Kagan C R, Bawendi M G. Self-organization of CdSe nanocrystallites into three-dimensional quantum dot superlattices. Science, 1995, 270: 1335.

[4] Lin X M, Jaeger H M, Sorensen C M, et al. Formation of long-range-ordered nanocrystal superlattices on silicon nitride substrates. J. Phys. Chem. B, 2001, 105: 3353.

[5] Talapin D V, Murray C B. PbSe nanocrystal solids for n- and p-channel thin film field-effect transistors. Science, 2005, 310: 86.
[6] Bigioni T P, Lin X M, Nguyen T T, et al. Kinetically driven self assembly of highly ordered nanoparticle monolayers. Nat. Mater., 2006, 5: 265.
[7] Bodnarchuk M I, Kovalenko M V, Heiss W, et al. Energetic and entropic contributions to self-assembly of binary nanocrystal superlattices: Temperature as the structure-directing factor. J. Am. Chem. Soc., 2010, 132: 11967.
[8] Bodnarchuk M I, Kovalenko M V, Pichler S, et al. Large-area ordered superlattices from magnetic wustite/cobalt ferrite core/shell nanocrystals by doctor blade casting. ACS Nano, 2010, 4: 423.
[9] Dong A, Chen J, Vora P M, et al. Binary nanocrystal superlattice membranes self-assembled at the liquid-air interface. Nature, 2010, 466: 474.
[10] Aleksandrovic V, Greshnykh D, Randjelovic I, et al. Preparation and electrical properties of cobalt-platinum nanoparticle monolayers deposited by the Langmuir-Blodgett technique. ACS Nano, 2008, 2: 1123.
[11] Rupich S M, Shevchenko E V, Bodnarchuk M I, et al. Size-dependent multiple twinning in nanocrystal superlattices. J. Am. Chem. Soc., 2010, 132: 289.
[12] Talapin D V, Shevchenko E V, Kornowski A, et al. Cheminform abstract: A new approach to crystallization of CdSe nanoparticles into ordered threedimensional superlattices. Cheminform, 2002, 33.
[13] Jaeger H M, Nagel S R, Behringer R P. Granular solids, liquids, and gases. Mod. Phys, 2008: 187.
[14] Henzie J, Grünwald M, Widmer cooper A, et al. Self-assembly of uniform polyhedral silver nanocrystals into densest packings and exotic superlattices. Nat. Mater., 2011, 11: 131.
[15] Chayen N E. Turning protein crystallisation from an art into a science. Curr. Opin. Struct. Biol., 2004, 14: 577.
[16] Mueggenburg K E, Lin X M, Goldsmith R H, et al. Elastic membranes of close-packed nanoparticle arrays. Nat. Mater., 2007, 6: 656.
[17] Talapin D V, Shevchenko E V, Murray C B, et al. CdSe and CdSe/CdS nanorod solids. J. Am. Chem. Soc., 2004, 126: 12984.
[18] Klajn R, Bishop K J M, Grzybowski B A. Light-controlled self-assembly of reversible and irreversible nanoparticle suprastructures. Proc. Natl. Acad. Sci. U. S. A., 2007, 104: 10305.
[19] Abécassis B, Tessier M D, Davidson P, et al. Self-assembly of CdSe nanoplatelets into giant micrometer-scale needles emitting polarized light. Nano Lett., 2014, 14: 710.
[20] Zhuang J, Wu H, Yang Y, et al. Supercrystalline colloidal particles from artificial atoms. J. Am. Chem. Soc., 2007, 129: 14166.
[21] Wang T, Zhuang J, Lynch J, et al. Self-assembled colloidal superparticles from nanorods. Science, 2012, 338: 358.
[22] And G G, Brus L. Evidence for spinodal phase separation in two-dimensional nanocrystal self-assembly. J. Phys. Chem. B, 2000, 104: 9573.
[23] Haubold D, Reichhelm A, Weiz A, et al. The formation and morphology of nanoparticle supracrystals. Adv. Funct. Mater., 2016, 26: 4890.
[24] Rabani E, Reichman D R, Geissler P L, et al. Drying-mediated self-assembly of nanoparticles. Nature, 2003, 426: 271.
[25] Boles M A. Self-assembly of colloidal nanocrystals: Surface ligands promote the formation of unexpected superlattices. 2016.
[26] Panthani M G, Hessel C M, Reid D, et al. Graphene-supported high-resolution TEM and STEM imaging of silicon nanocrystals and their capping ligands. J. Phys. Chem. C, 2015, 116: 22463.
[27] Chen J, Ye X, Murray C B. Systematic electron crystallographic studies of self-assembled binary nanocrystal superlattices. ACS Nano, 2010, 4: 2374.
[28] Midgley P A, Weyland M. 3D electron microscopy in the physical sciences: The development of Z-contrast and

EFTEM tomography. Ultramicroscopy, 2003, 96: 413.

[29] Friedrich H, Gommes C J, Overgaag K, et al. Quantitative structural analysis of binary nanocrystal superlattices by electron tomography. Nano Lett., 2009, 9: 2719.

[30] Evers W H, Friedrich H, Filion L, et al. Observation of a ternary nanocrystal superlattice and its structural characterization by electron tomography. Angew. Chem. Int. Ed., 2009, 48: 9655.

[31] Boneschanscher M P, Evers W H, Qi W, et al. Electron tomography resolves a novel crystal structure in a binary nanocrystal superlattice. Nano Lett., 2013, 13: 1312.

[32] Cargnello M, Johnstonpeck A C, Diroll B T, et al. Substitutional doping in nanocrystal superlattices. Nature, 2015, 524: 450.

[33] Ross F M. Opportunities and challenges in liquid cell electron microscopy. Science, 2015, 350: 9886.

[34] Park J, Zheng H, Lee W C, et al. Direct observation of nanoparticle superlattice formation by using liquid cell transmission electron microscopy. ACS Nano, 2012, 6: 2078.

[35] Liu Y, Lin X M, Sun Y, et al. In situ visualization of self-assembly of charged gold nanoparticles. J. Am. Chem. Soc., 2013, 135: 3764.

[36] Eli S, Peter S, Tkachenko A V, et al. In situmicroscopy of the self-assembly of branched nanocrystals in solution. Nat. Commun., 2016, 7: 11213.

[37] Swart I, Liljeroth P, Vanmaekelbergh D. Scanning probe microscopy and spectroscopy of colloidal semiconductor nanocrystals and assembled structures. Chem. Rev., 2016, 116.

[38] Li T, Senesi A J, Lee B. Small angle X-ray scattering for nanoparticle research. Chem. Rev., 2016, 116: 11128.

[39] Senesi A, Lee B. Scattering functions of polyhedra. J. Appl. Crystallogr., 2015, 48: 565.

[40] Yager K G, Zhang Y, Lu F, et al. Periodic lattices of arbitrary nano-objects: Modeling and applications for self-assembled systems. J. Appl. Crystallogr., 2014, 47: 118.

[41] Bian K, Choi J J, Kaushik A, et al. Shape-anisotropy driven symmetry transformations in nanocrystal superlattice polymorphs. ACS Nano, 2011, 5: 2815.

[42] Weidman M C, Smilgies D, Tisdale W A. Kinetics of the self-assembly of nanocrystal superlattices measured by real-time *in situ* X-ray scattering. Nat. Mater., 2016, 15: 775.

[43] Fritz G, Schädler V, Willenbacher N, et al. Electrosteric stabilization of colloidal dispersions. Langmuir, 2002, 18: 6381.

[44] Sander L M. Diffusion-limited aggregation: A kinetic critical phenomenon? Contemporary Physics, 2000, 41: 203.

[45] Lu P J, Zaccarelli E, Ciulla F, et al. Gelation of particles with short-range attraction. Nature, 2008, 453: 499.

[46] Ambrosetti A, Ferri N, Distasio R A, et al. Wavelike charge density fluctuations and van der Waals interactions at the nanoscale. Science, 2016, 351: 1171.

[47] Nag A, Kovalenko M V, Lee J S, et al. Metal-free inorganic ligands for colloidal nanocrystals: S^{2-}, HS^-, Se^{2-}, HSe^-, Te^{2-}, HTe^-, TeS_3^{2-}, OH^-, and NH_2^- as surface ligands. J. Am. Chem. Soc., 2011, 133: 10612.

[48] Wang Z, Schliehe C, Bian K, et al. Correlating superlattice polymorphs to internanoparticle distance, packing density, and surface lattice in assemblies of PbS nanoparticles. Nano Lett., 2013, 13: 1303.

[49] Whetten R L, Shafigullin M N, Khoury J T, et al. Crystal structures of molecular gold nanocrystal arrays. Acc. Chem. Res., 1999, 32.

[50] Goodfellow B W, Korgel B A. Reversible solvent vapor-mediated phase changes in nanocrystal superlattices. ACS Nano, 2011, 5: 2419.

[51] Goodfellow B W, Yu Y, Bosoy C A, et al. The role of ligand packing frustration in body-centered cubic (bcc) superlattices of colloidal nanocrystals. J. Phys. Chem. Lett., 2015, 6: 2406.

[52] Demortière A, Launois P, Goubet N, et al. Shape-controlled platinum nanocubes and their assembly into two-dimensional and three-dimensional superlattices. J. Phys. Chem. B, 2008, 112: 14583.

[53] Quan Z, Xu H, Wang C, et al. Solvent-mediated self-assembly of nanocube superlattices. J. Am. Chem. Soc., 2014, 136: 1352.
[54] Disch S, Wetterskog E, Hermann R P, et al. Shape induced symmetry in self-assembled mesocrystals of iron oxide nanocubes. Nano Lett., 2011, 11: 1651.
[55] Choi J J, Bian K, Baumgardner W J, et al. Interface-induced nucleation, orientational alignment and symmetry transformations in nanocube superlattices. Nano Lett., 2012, 12: 4791.
[56] Zhang Y, Lu F, Der Lelie D V, et al. Continuous phase transformation in nanocube assemblies. Phys. Rev. Lett., 2011, 107: 135701.
[57] Zhang J, Luo Z, Quan Z, et al. Low packing density self-assembled superstructure of octahedral Pt_3Ni nanocrystals. Nano Lett., 2011, 11: 2912.
[58] Gordon T R, Paik T, Klein D R, et al. Shape-dependent plasmonic response and directed self-assembly in a new semiconductor building block, indium-doped cadmium oxide (ICO). Nano Lett., 2013, 13: 2857.
[59] Boles M A, Talapin D V. Self-assembly of tetrahedral CdSe nanocrystals: Effective "patchiness" via anisotropic steric interaction. J. Am. Chem. Soc., 2014, 136: 5868.
[60] Miszta K, De Graaf J, Bertoni G, et al. Hierarchical self-assembly of suspended branched colloidal nanocrystals into superlattice structures. Nat. Mater., 2011, 10: 872.
[61] Diroll B T, Greybush N J, Kagan C R, et al. Smectic nanorod superlattices assembled on liquid subphases: Structure, orientation, defects, and optical polarization. Chem. Mater., 2015, 27: 2998.
[62] Paik T, Ko D K, Gordon T R, et al. Studies of liquid crystalline self-assembly of GdF_3 nanoplates by in-plane, out-of-plane SAXS. ACS Nano, 2011, 5: 8322.
[63] Peng S, Lee Y, Wang C, et al. A facile synthesis of monodisperse Au nanoparticles and their catalysis of CO oxidation. Nano Res., 2008, 1: 229.
[64] Bolhuis P G, Frenkel D, Mau S C, et al. Entropy difference between crystal phases. Nature, 1997, 388: 236.
[65] Courty A, Richardi J, Albouy P A, et al. How to control the crystalline structure of supracrystals of 5 nm silver nanocrystals. Chem. Mater., 2011, 23: 4186.
[66] Talapin D V, Shevchenko E V, Murray C B, et al. Dipole-dipole interactions in nanoparticle superlattices. Nano Lett., 2007, 7: 1213.
[67] Portalès H, Goubet N, Sirotkin S, et al. Crystallinity segregation upon selective self-assembling of gold colloidal single nanocrystals. Nano Lett., 2012, 12: 5292.
[68] Li R, Bian K, Hanrath T, et al. Decoding the superlattice and interface structure of truncate PbS nanocrystal-assembled supercrystal and associated interaction forces. J. Am. Chem. Soc., 2014, 136: 12047.
[69] Li L, Walda J, Liberato Manna A, et al. Semiconductor nanorod liquid crystals. Office of Scientific and Technical Information Technical Reports, 2002, 2: 557.
[70] Baranov D, Fiore A, Van H M, et al. Assembly of colloidal semiconductor nanorods in solution by depletion attraction. Nano Lett., 2010, 10: 743.
[71] Zhuang J, Shaller A D, Lynch J, et al. Cylindrical superparticles from semiconductor nanorods. J. Am. Chem. Soc., 2009, 131: 6084.
[72] Huo Z, Tsung C K, Huang W, et al. Self-organized ultrathin oxide nanocrystals. Nano Lett., 2010, 9: 1260.
[73] Ye X, Brus L E. Morphologically controlled synthesis of colloidal upconversion nanophosphors and their shape-directed self-assembly. Proc. Natl. Acad. Sci. U. S. A., 2010, 107: 22430.
[74] Ithurria S, Tessier M D, Mahler B, et al. Colloidal nanoplatelets with two-dimensional electronic structure. Nat. Mater., 2011, 10: 936.
[75] Rowland C E, Fedin I, Zhang H, et al. Picosecond energy transfer and multiexciton transfer outpaces Auger recombination in binary CdSe nanoplatelet solids. Nat. Mater., 2015, 14: 484.
[76] Millan J A, Ortiz D, Van Anders G, et al. Self-assembly of archimedean tilings with enthalpically and entropically patchy polygons. ACS Nano, 2014, 8: 2918.

[77] Paik T, Diroll B T, Kagan C R, et al. Binary and ternary superlattices self-assembled from colloidal nanodisks and nanorods. J. Am. Chem. Soc., 2015, 137: 6662.
[78] Ye X, Chen J, Engel M, et al. Competition of shape and interaction patchiness for self-assembling nanoplates. Nat. Chem., 2013, 5: 466.
[79] Singh G, Chan H, Baskin A, et al. ChemInform abstract: Self-assembly of magnetite nanocubes into helical superstructures. Science, 2014, 345: 1149.
[80] Dumestre F, Chaudret B, Amiens C, et al. Superlattices of iron nanocubes synthesized from $Fe[N(SiMe_3)_2]_2$. Cheminform, 2004, 35: 821.
[81] Ren J, Tilley R D. Preparation, self-assembly, and mechanistic study of highly monodispersed nanocubes. J. Am. Chem. Soc., 2007, 129: 3287.
[82] Wang T, Wang X, Lamontagne D, et al. Shape-controlled synthesis of colloidal superparticles from nanocubes. J. Am. Chem. Soc., 2012, 134: 18225.
[83] Zhang H, Yang J, Hanrath T, et al. Sub-10 nm monodisperse PbS cubes by post-synthesis shape engineering. Phys. Chem. Chem. Phys., 2014, 16: 14640.
[84] Javon E, Gaceur M, Dachraoui W, et al. Competing forces in the self-assembly of coupled ZnO nanopyramids. ACS Nano, 2015, 9: 3685.
[85] Nakagawa Y, Kageyama H, Oaki Y, et al. Direction control of oriented self-assembly for 1D, 2D, and 3D microarrays of anisotropic rectangular nanoblocks. J. Am. Chem. Soc., 2014, 136: 3716.
[86] Huang M H, Thoka S. Formation of supercrystals through self-assembly of polyhedral nanocrystals. Nano Today, 2015, 10: 81.
[87] Talapin D V, Nelson J H, Shevchenko E V, et al. Seeded growth of highly luminescent CdSe/CdS nanoheterostructures with rod and tetrapod morphologies. Nano Lett., 2007, 7: 2951.
[88] Blaak R, Mulder B M, Frenkel D. Cubatic phase for tetrapods. J. Chem. Phys., 2004, 120: 5486.
[89] Goodman M D, Zhao L, Derocher K A, et al. Self-assembly of CdTe tetrapods into network monolayers at the air/water interface. ACS Nano, 2010, 4: 2043.
[90] Deka S, Miszta K, Dorfs D, et al. Octapod-shaped colloidal nanocrystals of cadmium chalcogenides via "one-pot" cation exchange and seeded growth. Nano Lett., 2010, 10: 3770.
[91] Qi W, De Graaf J, Qiao F, et al. Ordered two-dimensional superstructures of colloidal octapod-shaped nanocrystals on flat substrates. Nano Lett., 2012, 12: 5299.
[92] Arciniegas M P, Kim M R, Joost D G, et al. Self-assembly of octapod-shaped colloidal nanocrystals into a hexagonal ballerina network embedded in a thin polymer film. Nano Lett., 2014, 14: 1056.
[93] Costi R, Saunders A E, Banin U. Colloidal hybrid nanostructures: A new type of functional materials. Angew. Chem. Int. Ed. Engl., 2010, 49: 4878.
[94] Carbone L, Cozzoli P D. Colloidal heterostructured nanocrystals: Synthesis and growth mechanisms. Nano Today, 2010, 5: 449.
[95] Reiss P, Protiere M, Li L. Core/shell semiconductor nanocrystals. Small, 2009, 5: 154.
[96] De Trizio L, Manna L. Forging colloidal nanostructures via cation exchange reactions. Chem. Rev., 2016, 116: 10852.
[97] Figuerola A, Franchini I R, Fiore A, et al. End-to-end assembly of shape-controlled nanocrystals via a nanowelding approach mediated by gold domains. Adv. Mater., 2009, 21: 550.
[98] Tan R, Zhu H, Cao C, et al. Multi-component superstructures self-assembled from nanocrystal building blocks. Nanoscale, 2016, 8: 9944.
[99] Sanders J V. Close-packed structures of spheres of two different sizes Ⅰ. Observations on natural opal. Philosophical Magazine, 1980, 42: 705.
[100] Bartlett P, Ottewill R H, Pusey P N. Superlattice formation in binary mixtures of hard-sphere colloids. Phys. Rev. Lett., 1992, 68: 3801.

[101] Vogel N, Viguerie L D, Jonas U, et al. Wafer-scale fabrication of ordered binary colloidal monolayers with adjustable stoichiometries. Adv. Funct. Mater., 2011, 21: 3064.
[102] Vogel N, Weiss C K, Landfester K. From soft to hard: The generation of functional and complex colloidal monolayers for nanolithography. Soft Matter, 2012, 8: 4044.
[103] Shevchenko E V, Talapin D V, Kotov N A, et al. Structural diversity in binary nanoparticle superlattices. Nature, 2006, 439: 55.
[104] Talapin D V, Shevchenko E V, Bodnarchuk M I, et al. Quasicrystalline order in self-assembled binary nanoparticle superlattices. Nature, 2009, 461: 964.
[105] Ye X, Chen J, Murray C B. Polymorphism in self-assembled AB_6 binary nanocrystal superlattices. J. Am. Chem. Soc., 2011, 133: 2613.
[106] Boles M A, Talapin D V. Many-body effects in nanocrystal superlattices: Departure from sphere packing explains stability of binary phases. J. Am. Chem. Soc., 2015, 137: 4494.
[107] Yang Z, Wei J, Bonville P, et al. Beyond entropy: Magnetic forces induce formation of quasicrystalline structure in binary nanocrystal superlattices. J. Am. Chem. Soc., 2015, 137: 4487.
[108] Bodnarchuk M I, Erni R, Krumeich F, et al. Binary superlattices from colloidal nanocrystals and giant polyoxometalate clusters. Nano Lett., 2013, 13: 1699.
[109] Shevchenko E V, Talapin D V, Murray C B, et al. Structural characterization of self-assembled multifunctional binary nanoparticle superlattices. J. Am. Chem. Soc., 2006, 128: 3620.
[110] Shevchenko E V, Talapin D V, O'Brien S, et al. Polymorphism in AB_{13} nanoparticle superlattices: An example of semiconductor-metal metamaterials. J. Am. Chem. Soc., 2005, 127: 8741.
[111] Bodnarchuk M I, Shevchenko E V, Talapin D V. Structural defects in periodic and quasicrystalline binary nanocrystal superlattices. J. Am. Chem. Soc., 2011, 133: 20837.
[112] Alexander G P, Chen B G, Matsumoto E A, et al. Colloquium: Disclination loops, point defects, and all that in nematic liquid crystals. Review of Modern Physics, 2012, 84: 497.
[113] Petitgarrido N, Trivedi R P, Sagués F, et al. Topological defects in cholesteric liquid crystals induced by monolayer domains with orientational chirality. Soft Matter, 2014, 10: 8163.
[114] Pileni M P. Cheminform abstract: Supracrystals of inorganic nanocrystals: An open challenge for new physical properties. Acc. Chem. Res., 2008, 40: 1799.
[115] Boles M A, Ling D, Hyeon T, et al. The surface science of nanocrystals. Nat. Mater., 2016, 15: 141.
[116] Zherebetskyy D, Scheele M, Zhang Y, et al. Hydroxylation of the surface of PbS nanocrystals passivated with oleic acid. Science, 2014, 344: 1380.
[117] Boles M A. Self-assembly of colloidal nanocrystals: Surface ligands promote the formation of unexpected superlattices. Chicago: The University of Chicago, 2016.
[118] Choi J J, Bealing C R, Bian K, et al. Controlling nanocrystal superlattice symmetry and shape-anisotropic interactions through variable ligand surface coverage. J. Am. Chem. Soc., 2011, 133: 3131.
[119] Hui C M, Pietrasik J, Schmitt M, et al. Surface-initiated polymerization as an enabling tool for multifunctional (nano-) engineered hybrid materials. Chem. Mater., 2013, 26: 745.
[120] Fischer S, Salcher A, Kornowski A, et al. Completely miscible nanocomposites. Angew. Chem., 2011, 50: 7811.
[121] Rubinstein M, Colby R H. Polymer Physics. New York: Oxford University Press, 2003.
[122] Choi J, Hui C M, Schmitt M, et al. Effect of polymer-graft modification on the order formation in particle assembly structures. Langmuir, 2013, 29: 6452.
[123] Ye X, Zhu C, Ercius P, et al. Structural diversity in binary superlattices self-assembled from polymer-grafted nanocrystals. Nat. Commun., 2015, 6.
[124] Nikolic M S, Olsson C, Salcher A, et al. Micelle and vesicle formation of amphiphilic nanoparticles. Angew. Chem., 2009, 48: 2752.

[125] Liu Y, Liu Y J, Yin J J, et al. Self-assembly of amphiphilic block copolymer-tethered nanoparticles: A new approach to nanoscale design of functional materials. Macromol. Rapid Commun., 2015, 36: 711.
[126] Sáncheziglesias A, Grzelczak M, Altantzis T, et al. Hydrophobic interactions modulate self-assembly of nanoparticles. ACS Nano, 2012, 6: 11059.
[127] He J, Liu Y, Babu T, et al. Self-assembly of inorganic nanoparticle vesicles and tubules driven by tethered linear block copolymers. J. Am. Chem. Soc., 2012, 134: 11342.
[128] He J, Wei Z, Wang L, et al. Hydrodynamically driven self-assembly of giant vesicles of metal nanoparticles for remote-controlled release. Angew. Chem., 2013, 52: 2463.
[129] Liu Y, He J, Yang K, et al. Folding up of gold nanoparticle strings into plasmonic vesicles for enhanced photoacoustic imaging. Angew. Chem., 2015, 54: 15809.
[130] Liu Y, Li Y, He J, et al. Entropy-driven pattern formation of hybrid vesicular assemblies made from molecular and nanoparticle amphiphiles. J. Am. Chem. Soc., 2014, 136: 2602.
[131] Liu Y, Liu B, Nie Z. Concurrent self-assembly of amphiphiles into nanoarchitectures with increasing complexity. Nano Today, 2015, 10: 278.
[132] He J, Huang X, Li Y C, et al. Self-assembly of amphiphilic plasmonic micelle-like nanoparticles in selective solvents. J. Am. Chem. Soc., 2013, 135: 7974.
[133] Walker D A, Kowalczyk B, Mo D L C, et al. Electrostatics at the nanoscale. Nanoscale, 2011, 3: 1316.
[134] Tang Z, Kotov N A, Giersig M. Spontaneous organization of single CdTe nanoparticles into luminescent nanowires. Science, 2002, 297: 237.
[135] Tang Z, Zhang Z, Wang Y, et al. Self-assembly of CdTe nanocrystals into free-floating sheets. Science, 2006, 314: 274.
[136] Zhang Z, Tang Z, Kotov N A, et al. Simulations and analysis of self-assembly of CdTe nanoparticles into wires and sheets. Nano Lett., 2007, 7: 1670.
[137] Walker D A, Browne K P, Kowalczyk B, et al. Self-assembly of nanotriangle superlattices facilitated by repulsive electrostatic interactions. Angew. Chem., 2010, 49: 6760.
[138] Kovalenko M V, Bodnarchuk M I, Talapin D V. Nanocrystal superlattices with thermally degradable hybrid inorganic-organic capping ligands. J. Am. Chem. Soc., 2010, 132: 15124.
[139] Bodnarchuk M I, Yakunin S, Piveteau L, et al. Host-guest chemistry for tuning colloidal solubility, self-organization and photoconductivity of inorganic-capped nanocrystals. Nat. Commun., 2015, 6: 10142.
[140] Kalsin A M, Kowalczyk B, Smoukov S K, et al. Ionic-like behavior of oppositely charged nanoparticles. J. Am. Chem. Soc., 2006, 128: 15046.
[141] Kalsin A M, Fialkowski M, Paszewski M, et al. Electrostatic self-assembly of binary nanoparticle crystals with a diamond-like lattice. Science, 2006, 312: 420.
[142] Pillai P P, Kowalczyk B, Grzybowski B A. Self-assembly of like-charged nanoparticles into microscopic crystals. Nanoscale, 2015, 8: 157.
[143] Varilly P, Angioletti-Uberti S, Mognetti B M, et al. A general theory of DNA-mediated and other valence-limited colloidal interactions. J. Chem. Phys., 2012, 137: 094108.
[144] Jin R, Wu G, Li Z, et al. What controls the melting properties of DNA-linked gold nanoparticle assemblies? J. Am. Chem. Soc., 2003, 125: 1643.
[145] Dreyfus R, Leunissen M E, Sha R, et al. Simple quantitative model for the reversible association of DNA coated colloids. Phys. Rev. Lett., 2009, 102: 048301.
[146] Estephan Z G, Qian Z, Lee D, et al. Responsive multidomain free-standing films of gold nanoparticles assembled by DNA-directed layer-by-layer approach. Nano Lett., 2013, 13: 4449.
[147] O'Brien M N, Brown K A, Mirkin C A. Critical undercooling in DNA-mediated nanoparticle crystallization. ACS Nano, 2016, 10: 1363.
[148] Angioletti-Uberti S, Mognetti B M, Frenkel D. Re-entrant melting as a design principle for DNA-coated colloids.

Nat. Mater., 2012, 11: 518.
[149] Rogers W, Manoharan V. Programming colloidal phase transitions with DNA strand displacement. 14 Aiche Meeting, 2015: 639.
[150] Xiong H, Lelie D V D, Gang O. Phase behavior of nanoparticles assembled by DNA linkers. Phys. Rev. Lett., 2009, 102: 015504.
[151] Seo S E, Wang M X, Shade C M, et al. Modulating the bond strength of DNA-nanoparticle superlattices. ACS Nano, 2016, 10: 1771.
[152] Kim Y, Macfarlane R J, Jones M R, et al. Transmutable nanoparticles with reconfigurable surface ligands. Science, 2016, 351: 579.
[153] Casey M T, Scarlett R T, Rogers W B, et al. Driving diffusionless transformations in colloidal crystals using DNA handshaking. Nat. Commun., 2012, 3: 1209.
[154] Macfarlane R J, Lee B, Jones M R, et al. Nanoparticle superlattice engineering with DNA. Science, 2011, 334: 204.
[155] Jones M R, Seeman N C, Mirkin C A. Nanomaterials. Programmable materials and the nature of the DNA bond. Science, 2015, 347: 1260901.
[156] Rothemund P W. Folding DNA to create nanoscale shapes and patterns. Nature, 2006, 440: 297.
[157] Weizmann Y, Braunschweig A B, Wilner O I, et al. A polycatenated DNA scaffold for the one-step assembly of hierarchical nanostructures. Proc. Natl. Acad. Sci. U. S. A., 2008, 105: 5289.
[158] Cheng W, Campolongo M J, Cha J J, et al. Free-standing nanoparticle superlattice sheets controlled by DNA. Nat. Mater., 2009, 8: 519.
[159] Sharma J, Chhabra R, Cheng A, et al. Control of self-assembly of DNA tubules through integration of gold nanoparticles. Science, 2009, 323: 112.
[160] Endo M, Yang Y, Emura T, et al. Programmed placement of gold nanoparticles onto a slit-type DNA origami scaffold. Chem. Commun., 2011, 47: 10743.
[161] Pilopais M, Goldberg S, Samano E, et al. Connecting the nanodots: Programmable nanofabrication of fused metal shapes on DNA templates. Nano Lett., 2011, 11: 3489.
[162] Kuzyk A, Schreiber R, Fan Z, et al. DNA-based self-assembly of chiral plasmonic nanostructures with tailored optical response. Nature, 2012, 483: 311.
[163] Schreiber R, Do J, Roller E M, et al. Hierarchical assembly of metal nanoparticles, quantum dots and organic dyes using DNA origami scaffolds. Nat. Nanotechnol., 2014, 9: 74.
[164] Tian Y, Wang T, Liu W, et al. Prescribed nanoparticle cluster architectures and low-dimensional arrays built using octahedral DNA origami frames. Nat. Nanotechnol., 2015, 10: 637.
[165] Liu W, Halverson J, Tian Y, et al. Self-organized architectures from assorted DNA-framed nanoparticles. Nat. Chem., 2016, 8: 867.
[166] Helmi S, Ziegler C, Kauert D J, et al. Shape-controlled synthesis of gold nanostructures using DNA origami molds. Nano Lett., 2014, 14: 6693.
[167] Tian Y, Zhang Y, Wang T, et al. Lattice engineering through nanoparticle-DNA frameworks. Nat. Mater., 2016, 15: 654.
[168] O'Brien M N, Jones M R, Lee B, et al. Anisotropic nanoparticle complementarity in DNA-mediated co-crystallization. Nat. Mater., 2015, 14: 833.
[169] Vial S, Nykypanchuk D, Yager K G, et al. Linear mesostructures in DNA-nanorod self-assembly. ACS Nano, 2013, 7: 5437.
[170] Lu F, Yager K G, Zhang Y, et al. Superlattices assembled through shape-induced directional binding. Nat. Commun., 2015, 6: 6912.
[171] Park S Y, Lytton-jean A K, Lee B, et al. DNA-programmable nanoparticle crystallization. Nature, 2008, 451: 553.

[172] Liu W, Tagawa M, Xin H, et al. Diamond family of nanoparticle superlattices. Science, 2016, 351: 582.
[173] Wu K T, Feng L, Sha R, et al. Polygamous particles. Proc. Natl. Acad. Sci. U. S. A., 2012, 109: 18731.
[174] Cademartiri L, Bishop K J M. Programmable self-assembly. Nat. Mater., 2015, 14: 2.
[175] Huntley M H, Murugan A, Brenner M P. The information capacity of specific interactions. Proc. Natl. Acad. Sci. U. S. A., 2016, 113: 5841.
[176] Klajn R. Nanoparticles functionalised with reversible molecular and supramolecular switches. Chem. Soc. Rev., 2010, 39: 2203.
[177] Klajn R. Spiropyran-based dynamic materials. Chem. Soc. Rev., 2014, 43: 148.
[178] Beharry A A, Woolley G A. Azobenzene photoswitches for biomolecules. Chem. Soc. Rev., 2011, 40: 4422.
[179] Zhao H, Sen S, Udayabhaskararao T, et al. Reversible trapping and reaction acceleration within dynamically self-assembling nanoflasks. Nat. Nanotechnol., 2016, 11: 82.
[180] Frankamp B, Benjamin L. Directed self-assembly of nanoparticles. ACS Nano, 2005, 4: 3591.
[181] Jones M R, Osberg K D, Macfarlane R J, et al. Templated techniques for the synthesis and assembly of plasmonic nanostructures. Chem. Rev., 2011, 111: 3736.
[182] Cui Y, Mikael T B, Liddle J A, et al. Integration of colloidal nanocrystals into lithographically patterned devices. Nano Lett., 2004, 4: 1093.
[183] Jiang L, Chen X, Lu N, et al. Spatially confined assembly of nanoparticles. Acc. Chem. Res., 2014, 47: 3009.
[184] Zhou Y, Zhou X, Park D J, et al. Shape-selective deposition and assembly of anisotropic nanoparticles. Nano Lett., 2014, 14: 2157.
[185] Fan J A, Bao K, Sun L, et al. Plasmonic mode engineering with templated self-assembled nanoclusters. Nano Lett., 2012, 12: 5318.
[186] Greybush N J, Marjan S, Xingchen Y, et al. Plasmon-enhanced upconversion luminescence in single nanophosphor-nanorod heterodimers formed through template-assisted self-assembly. ACS Nano, 2014, 8: 9482.
[187] Rupich S M, Castro F C, Irvine W T, et al. Soft epitaxy of nanocrystal superlattices. Nat. Commun., 2014, 5: 5045.
[188] Wang X, Feng J, Bai Y, et al. Synthesis, properties, and applications of hollow micro-/nanostructures. Chem. Rev., 2016, 116: 10983.
[189] Böker A, He J, Emrick T, et al. Self-assembly of nanoparticles at interfaces. Soft Matter, 2007, 3: 1231.
[190] De Folter J W, Hutter E M, Castillo S I, et al. Particle shape anisotropy in pickering emulsions: cubes and peanuts. Langmuir, 2014, 30: 955.
[191] Park J I, Nie Z, Kumachev A, et al. A microfluidic approach to chemically driven assembly of colloidal particles at gas-liquid interfaces. Angew. Chem., 2009, 48: 5300.
[192] Poulichet V, Garbin V. Ultrafast desorption of colloidal particles from fluid interfaces. Proc. Natl. Acad. Sci. U. S. A., 2015, 112: 5932.
[193] Gorgoll R M, Tsubota T, Harano K, et al. Cooperative self-assembly of gold nanoparticles on the hydrophobic surface of vesicles in water. J. Am. Chem. Soc., 2015, 137: 7568.
[194] Yang Z, Altantzis T, Zanaga D, et al. Supracrystalline colloidal eggs: Epitaxial growth and freestanding three-dimensional supracrystals in nanoscaled colloidosomes. J. Am. Chem. Soc., 2016, 138.
[195] Wei J, Niikura K, Higuchi T, et al. Yolk/shell assembly of gold nanoparticles by size segregation in solution. J. Am. Chem. Soc., 2016, 138.
[196] Lu Z, Yin Y. Cheminform abstract: Colloidal nanoparticle clusters: Functional materials by design. Chem. Soc. Rev., 2012, 41: 6874.
[197] Wang T, Lamontagne D, Lynch J, et al. Colloidal superparticles from nanoparticle assembly. Chem. Soc. Rev., 2013, 42: 2804.
[198] Bai F, Wang D, Huo Z, et al. A versatile bottom-up assembly approach to colloidal spheres from nanocrystals.

Angew. Chem., 2007, 46: 6650.
[199] Bodnarchuk M I, Li L, Fok A, et al. Three-dimensional nanocrystal superlattices grown in nanoliter microfluidic plugs. J. Am. Chem. Soc., 2011, 133: 8956.
[200] Lacava J, Born P, Kraus T. Nanoparticle clusters with lennard-jones geometries. Nano Lett., 2012, 12: 3279.
[201] Nijs B D, Dussi S, Smallenburg F, et al. Entropy-driven formation of large icosahedral colloidal clusters by spherical confinement. Nat. Mater., 2015, 14: 56.
[202] Zanaga D, Bleichrodt F, Altantzis T, et al. Quantitative 3D analysis of huge nanoparticle assemblies. Nanoscale, 2016, 8: 292.
[203] Euliss L E, Grancharov S G, O' Brien S, et al. Cooperative assembly of magnetic nanoparticles and block copolypeptides in aqueous media. Nano Lett., 2003, 3: 1489.
[204] Lin Y, Böker A, He J, et al. Self-directed self-assembly of nanoparticle/copolymer mixtures. Nature, 2005, 434: 55.
[205] Balazs A C, Emrick T, Russell T P. Nanoparticle polymer composites: Where two small worlds meet. Science, 2006, 314: 1107.
[206] Shenhar R, Norsten T B, Rotello V M. Polymer-mediated nanoparticle assembly: Structural control and applications. Adv. Mater., 2010, 17: 657.
[207] Zhao Y, Thorkelsson K, Mastroianni A J, et al. Small-molecule-directed nanoparticle assembly towards stimuli-responsive nanocomposites. Nat. Mater., 2009, 8: 979.
[208] Thorkelsson K, Nelson J H, Alivisatos A P, et al. End-to-end alignment of nanorods in thin films. Nano Lett., 2013, 13: 4908.
[209] Kao J, Xu T. Nanoparticle assemblies in supramolecular nanocomposite thin films: Concentration dependence. J. Am. Chem. Soc., 2015, 137: 6356.
[210] Warren S C, Messina L C, Slaughter L S, et al. Ordered mesoporous materials from metal nanoparticle-block copolymer self-assembly. Science, 2008, 320: 1748.
[211] Jang S G, Kramer E J, Hawker C J. Controlled supramolecular assembly of micelle-like gold nanoparticles in PS-*b*-P2VP diblock copolymers via hydrogen bonding. J. Am. Chem. Soc., 2011, 133: 16986.
[212] Buonsanti R, Pick T E, Krins N, et al. Assembly of ligand-stripped nanocrystals into precisely controlled mesoporous architectures. Nano Lett., 2012, 12: 3872.
[213] Ong G K, Williams T E, Ajay S, et al. Ordering in polymer micelle-directed assemblies of colloidal nanocrystals. Nano Lett., 2015, 15: 8240.
[214] Lapointe C P, Mason T G, Smalyukh I I. Shape-controlled colloidal interactions in nematic liquid crystals. Science, 2009, 326: 1083.

第5章 量子点的光学性质

量子点研究发展过程中，一个有意思的现象是理论研究走在了实验合成的前面。量子限域效应模型早在20世纪80年代就已经由Brus等提出，之后，研究者们也开展了一系列的光谱研究，当时所观测的量子点合成局限于玻璃、溶胶凝胶、反相微乳液等方法，在尺寸分布和质量控制方面差强人意。之后，在量子点合成中的一个里程碑式的工作由Murray和Bawendi在1993年报道，首次利用胶体溶液合成的方法实现了单分散 CdSe 量子点的制备，在量子点尺寸依赖的光学性质上实现了突破性进展，为量子点光学和电学性质的深入研究及在各领域的应用打开了一扇宽广的大门。之后，各种半导体量子点的尺寸调控、形状调控、核壳结构、超快光谱观测、生物应用等获得了长足的进步。由于篇幅有限，本章主要围绕量子点的电子结构、基本光学性质及超快光谱研究这几方面，进行基本结论和研究工作的简单介绍。

5.1 量子点的电子结构简介

不同于体相材料的连续能带，量子点的一个显著特征是其电子态的离散结构(图 5.1)。对这些态进行定量描述的常见方法为有效质量近似。量子点带隙(E_g)与本体材料带隙($E_{g,0}$)之间的差异有时被称为限域能 $E_c = E_g - E_{g,0}$，E_c 的值随着量子点尺寸的减小而增加，在小颗粒中，它可以接近体相带隙，甚至在窄带隙材料的情况下可以超过带隙值。在体材料中，e-h 库仑相互作用产生了 e-h 束缚态或激子。在小尺寸胶体量子点中，限域能通常远大于激子结合能。因此，电子激发的空间范围不是由库仑相互作用决定，而是由量子点的边界决定。电子态的单能带模型为许多宽带隙半导体量子点的导带提供了相当准确的描述。然而，由于许多材料的价带存在典型的多子带特性，量子点空穴态的结构受到不同限域诱导的子带之间混合的强烈影响[1-4]。例如，CdSe 量子点价带态已经在许多早期强约束量子点的理论和实验研究中用作模型系统。总体来说，量子限域不仅导致带隙的增加，引起吸收边的蓝移，还使得态密度(DOS)的分布改变。具有尺寸依赖性的 DOS

变化可以解释许多现象，包括纳米结构材料中电子–声子耦合和载流子弛豫的尺寸依赖性[5-7]。例如，CdS 的玻尔半径约为 3.0 nm，对于小于 2.4 nm 的 CdS 颗粒，其光吸收和 PL 光谱相对于体材料发生明显的蓝移[8,9]。对于其他半导体量子点系统，当它们的尺寸接近或小于各自的玻尔半径尺寸时，也是如此，如 CdSe、CdTe、ZnS、ZnSe 和 Si[10-14]。这种行为对于几乎所有半导体量子点都适用。

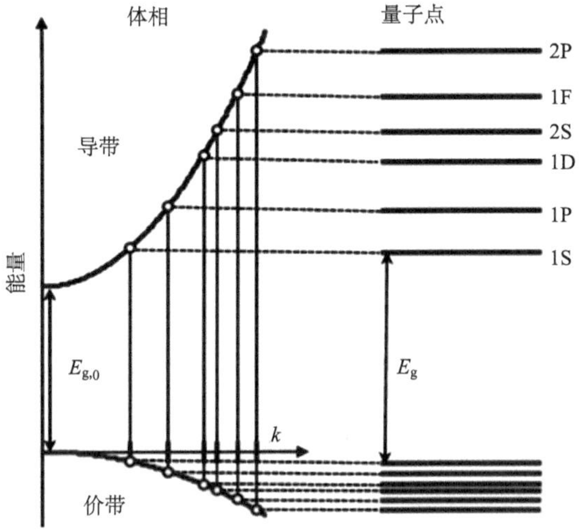

图 5.1　体相半导体(左)和由相同材料制成的球形量子点(右)的电子态的理想化模型[15]

体相半导体中在价带和导带(分别表示为 VB 和 CB)中的载流子动能呈抛物线分布的连续能带转换成离散的类原子能级

5.2　量子点的基本光学性质

量子点最有趣和有用的方面之一是它们的光学性质，包括线性和非线性吸收及光发射，其光学性质也具有对形状和颗粒间相互作用的强依赖性[16-20]。在对低维体系电子态及其微观相互作用的研究中，光学和光谱方法因其独到的优势成为比较常用的研究手段。这些光谱方法包括吸收光谱、光致发光(photoluminescence, PL)光谱、光致发光激发(photoluminescence excitation, PLE)光谱、反射光谱等。与稳态光谱研究相辅的是电荷载流子的瞬态光谱动力学研究，它可以提供更多量子点的基本信息[21]。动力学研究在帮助确定电荷载流子或激子的寿命及其相关的弛豫途径中尤其有用。例如，动力学信息有助于获得对基于内部和表面特性陷阱态影响因素的理解。

与体相材料相比，半导体量子点具有几种独特且可调的参数来调制其带隙，包括尺寸、形状和组成。量子限域可以改变大多数半导体带隙，通过尺寸和形状的调控对单一材料组成的半导体给出了较宽的且连续可调的范围。量子限域结构的使用还允许对材料实施均匀合金化从而通过组分来调控带隙，如 $CdSe_yTe_{1-y}$ 和 $Cd_xZn_{1-x}S$。对量子点进行杂质掺杂是与合金化相关的工艺，能够产生允许较低能量的带内掺杂态发光。掺杂量子点可能具有大的斯托克斯位移、顺磁性质和改进的激光性质。然而，目前由于掺杂剂之间的化学差异及其晶体基质差异，这些掺杂量子点的可控合成仍然具有挑战性。最近，操纵量子点异质结构已经能控制载流子的波函数，导致新的光学性质。下面主要针对基于稳态光谱的量子点基本光学性质展开介绍。

5.2.1 吸收光谱

以光吸收作为波长的函数绘制的 UV-vis 吸收光谱反映了价带(VB)和导带(CB)之间电子跃迁的强度。对于直接带隙跃迁，在(相对于带隙能量)稍微红移的波长位置或光谱的低能量区域可观察到强的激子峰。对于直接带隙跃迁，吸收系数 α 与入射频率有关[22]。通过忽略除 VB 至 CB 吸收之外的其他吸收源，可以估算量子点带隙大小。对于间接带隙跃迁，在光谱中并不出现明显的激子峰。相反，通常观察到随着波长减小而平滑和单调增加的吸收。由于缺乏尖锐或明确的光谱峰而很难观察到量子限域效应，使得难以可靠地确定量子点的尺寸。

量子点吸光度的强度遵循朗伯-比尔定律[23,24]。由于量子点通常包含几百上千个原子，一个量子点的吸收强度与每个量子点中的原子数有关[25]。已经通过实验证实了一些半导体量子点的摩尔吸光系数是量子点尺寸的函数，并且仅通过第一吸收峰的位置和吸收值即可用于量子点尺寸和粒子浓度的计算。Peng 等在 2003 年系统研究了镉系量子点的摩尔消光系数和量子点组分及尺寸的关系[20]，发现高质量 CdTe、CdSe 和 CdS 量子点在第一吸收峰处每摩尔(量子点)的消光系数 ε 依赖于粒子的尺寸，介于平方和立方依赖性之间。并通过与 TEM、元素分析结果结合给出了尺寸与第一激子峰、摩尔吸光率与第一激子峰的经验拟合公式，为量子点作为高质量光学材料应用补上了至关重要的一环，也为相关领域提供了很方便的粒径和浓度测试方法，不再依赖于透射电镜等复杂表征方法。下面以该工作为例给出相关的基本介绍。

首先通过 TEM 测量量子点的尺寸，确定其第一吸收峰的位置随尺寸变化曲线[20]。图 5.2 所示的数据都是最初通过 TEM 测量确定的，除了非常小的 CdSe 和 CdS 纳米团簇通过 XRD 测试。图 5.2 所示曲线的经验拟合函数如下：

CdTe：$D=(9.8127\times10^{-7})\lambda^3-(1.7147\times10^{-3})\lambda^2+1.0064\lambda-194.84$ (5.1)

CdSe：$D=(1.6122\times10^{-9})\lambda^4-(2.6575\times10^{-6})\lambda^3+(1.6242\times10^{-3})\lambda-0.4277\lambda+41.57$ (5.2)

CdS：$D=(-6.6521\times10^{-8})\lambda^3+(1.9557\times10^{-4})\lambda^2-(9.2352\times10^{-2})\lambda+13.29$ (5.3)

其中，D 是给定量子点样品的尺寸(nm)；λ 是相应样品的第一激子吸收峰的波长

(nm)。必须指出的是，上面提供的函数只是实验数据的多项式拟合函数，在图 5.2 所示数据未涵盖的范围内可能会变得无效。

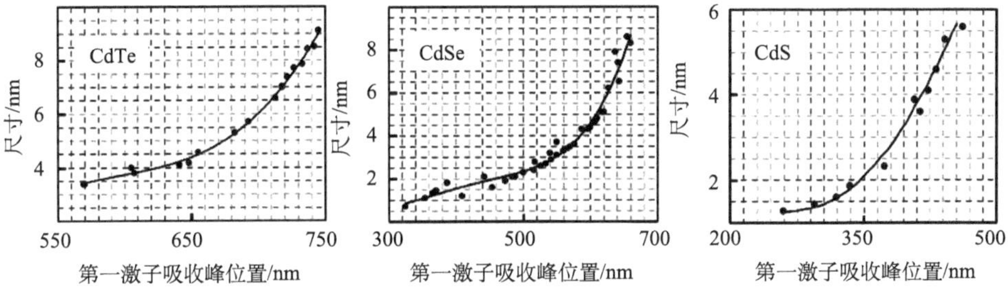

图 5.2　CdTe、CdSe 和 CdS 量子点中第一激子吸收峰位置与量子点尺寸的关系曲线[20]

在确定了粒子尺寸之后，进一步根据吸光度测定颗粒的消光系数。首先使用原子吸收光谱仪测定镉浓度，假设量子点颗粒与其体相材料具有相同的密度，所得到的 Cd 浓度通过将其除以一个量子点中的 Cd 原子数而转化为量子点颗粒浓度[20]。以下描述的每摩尔颗粒消光系数(ε)是第一激子吸收峰位置处的值。通过朗伯-比尔定律进行计算。

$$A=\varepsilon CL \tag{5.4}$$

其中，A 是给定样品第一激子吸收峰的峰值位置处的吸光度；C 是相同样品量子点的摩尔浓度(mol/L)；L 是用于记录吸收光谱的路径长度(cm)，L 固定在 1 cm；ε 是每摩尔量子点的消光系数[L/(mol·cm)]。半导体量子点的消光系数具有很大的实际意义，所以 Peng 等研究的是吸收谱的峰值。当然，整个吸收峰的面积积分值具有更多的物理意义，基于峰值和峰宽度计算面积积分值也是容易实现的。

图 5.3 给出了 CdTe、CdSe 和 CdS 量子点的每摩尔颗粒消光系数。很明显，对于三个体系来说，理论预测是一个大小独立的常数。事实上，每种情况都可以拟合为幂函数，拟合相关系数范围为 0.96～0.98。在图 5.3 中绘制了两组不同的拟合曲线[20]。对于实线，拟合函数表现如下。

$$\text{对于 CdTe：}\varepsilon = 3450\times\Delta E(D)^{2.4} \tag{5.5}$$

$$\text{对于 CdSe：}\varepsilon = 1600\times\Delta E(D)^{3} \tag{5.6}$$

$$\text{对于 CdS：}\varepsilon = 5500\times\Delta E(D)^{2.5} \tag{5.7}$$

其中，ΔE 是与第一吸收峰对应的跃迁能量(eV)；D 是量子点的直径或尺寸。根据 Brus 和 Wang 等讨论的现有方程选择拟合函数的格式。图 5.3 所示的实验 ε 值也可以拟合为量子点尺寸的经验函数，而不考虑吸收峰的能量，相关系数为 0.96～0.98 的虚线。拟合结果如下。

$$\text{CdTe：}\varepsilon=10043\times\Delta E(D)^{2.12} \tag{5.8}$$

$$\text{CdSe：}\varepsilon=5857\times\Delta E(D)^{2.65} \tag{5.9}$$

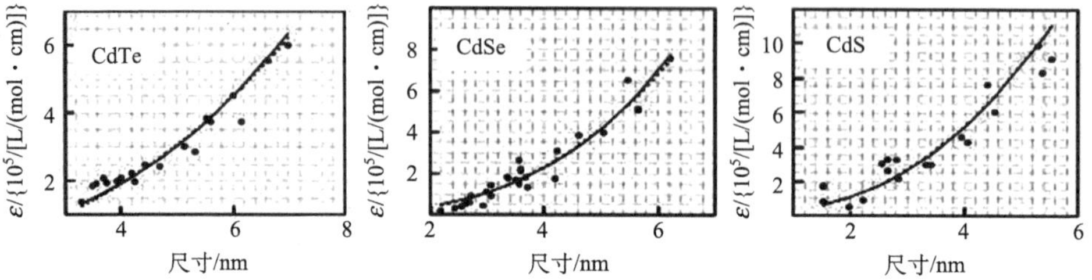

图 5.3　CdTe、CdSe 和 CdS 量子点第一激子吸收峰的每摩尔量子点消光系数 ε 的尺寸依赖[20]

实线是式(5.5)～式(5.7)所示的拟合曲线；虚线是式(5.8)～式(5.10)的拟合结果

$$\text{CdS：}\varepsilon=21536\times\Delta E(D)^{2.3} \tag{5.10}$$

当使用图 5.3 中的那些值来通过方程式(5.2)确定量子点的浓度时，如果量子点的尺寸分布比所使用的标准样品的尺寸分布明显更宽，则有必要校准吸光度，可以通过比较给定样品的吸收或 PL 光谱的峰宽与相应的标准样品来估计。在 Peng 等之后，这些工作也被扩展到 PbS、PbSe、InAs 等量子点中[26-28]。当然，对于新兴的环境友好的Ⅰ-Ⅲ-Ⅵ族、碳、硅、钙钛矿等量子点，由于组分、尺寸或表面态精确调控的困难，还未见到相关报道。

5.2.2　光致发光光谱

与吸收光谱互补，光致发光光谱可以检测当样品被入射光激发后，从激发态到较低能态的发射，发光强度作为波长的函数。半导体量子点光致发光光谱中包含了许多发光强度和能量等信息，成为研究量子点中分立能级结构的重要途径之一。因此光致发光光谱是一种最常用和有效的光学研究方法。基于此，无论是什么方法制备的何种材料的量子点，除了必要的形貌观察外，往往首先要测量并分析其光致发光光谱(这里与荧光光谱并不做严格区分)。利用光致发光光谱研究半导体量子点的原理如图 5.4 所示。当一束适当波长的光激发样品时，由于光子被吸收，电子获得了能量就会向更高能态跃迁，例如，由价带激发到导带当中，这样在导带产生电子，而在价带形成空穴，从而会产生电子-空穴对或者激子。与此同时，根据能量最低原理，位于高能态的非平衡载流子或激子会向具有较低能量的能级弛豫，因此大部分非平衡载流子会以非辐射(nonradiative)的形式(能量损失)弛豫到量子点分立能级的基态或者较低激发态(如导带底和价带顶位置)，同时也可能有一部分电子-空穴对可以直接激发产生于量子点的分立能级上。之后，限域在量子点分立能级上的电子-空穴对(或激子)的辐射复合(radiative recombination)就会发出光子，还有部分电子-空穴对以非辐射复合的形式损失掉。

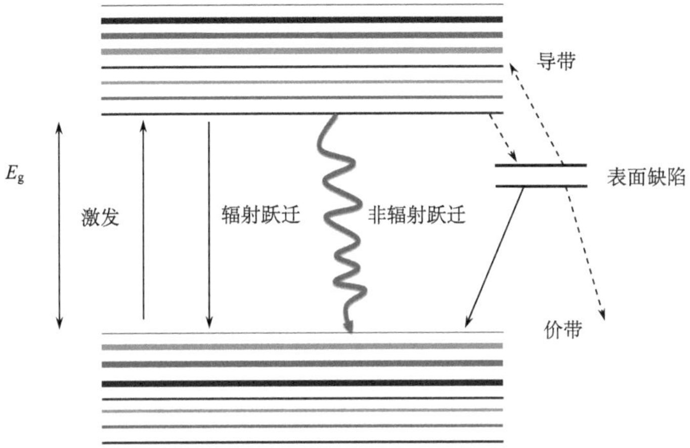

图 5.4　量子点的激发、辐射跃迁、非辐射跃迁、缺陷态捕获等过程

与固态晶体和小分子的发色团和荧光团均不同，量子限域的半导体结构表现出由其结构决定的独特光学性质。最引人注目的特征之一是由单个粒子表现出的随机荧光闪烁现象，尽管对于量子点的发光应用可能是一个阻碍，但是在成像和检测上具有重要的实用意义。此外，在高能量下的光照可能导致单个粒子中产生多个电荷载流子(载流子倍增)，这可能提高光伏和发光器件的效率。

来自单量子点的发射通常是间歇的(闪烁)，类似于荧光标记的染料和蛋白质[29,30]。这意味着可以提供一个“优雅”的方式去识别单个隔离的量子点，尽管这种行为会导致在生物环境中跟踪量子点的运动中重复性信号丢失。一个单独量子点的荧光效率被认为是量化的，在亮态和暗态的零发射下具有接近 100%的荧光效率，而偶尔观察到的中间发光强度被认为是由精确的时间分辨率造成的。在暗态下，量子点仍然以相同的速率吸收光，并且在每个集合内的一些量子点将永久变暗。有几篇研究工作也报道了集合量子产率与暗态颗粒数量之间的相关性[31,32]。闪烁现象被认为是量子点的重复电离引起的，由于俄歇过程或捕获其中一个在颗粒表面或附近的载流子。由这些理论可以推断出，使用难以溶解排出电荷的电介质，或通过硫醇盐和胺配体的吸附中和电荷载流子的表面空穴，可以降低关断时间[33]。此外，在所述量子点周围生长绝缘壳以产生更深和更宽的势阱已经显著减少量子点的关闭时间。事实上，Dubertret 和 Hollingsworth 最近表明，具有厚绝缘壳的 CdSe/CdS 量子点几乎不闪烁，类似于自组装量子点嵌入结晶底物[34,35]。此外，Krauss 和同事们已经证明，闪烁可以通过(核)壳结构的平滑来消除，即从核到壳的梯度组成[36]。关键概念是通过限域能级的逐渐变化阻止俄歇复合，进而促进荧光发射。然而，这些已知结构的不闪烁量子点的光发射机制则需要进一步研究。

另一个有趣的量子点的属性是载流子倍增[37,38]。当量子点被一个能量至少是其带隙能量二倍的光子激发，产生的电子和空穴通过释放过多的动能在碰撞式俄歇过程中产生第二电子，导致双激子和内量子效率大于 100%。因此，不再有过多的动能耗散到晶格振动中，这可以改善光伏器件的效率。与大量其他体系相比，这些俄歇过程在量子点中能有效地抑制声子辅助衰减速率和电子能级之间的能量分离[39]。然而，因为俄歇过程极快，也可以消除过量的激子，使它们没有时间进行辐射复合。事实上，必须采用超快泵浦探针光谱观察多激子的形成和复合状态。载流子倍增对于光电器件具有重要意义，如在量子点太阳能电池中可以实现一个光子产生一个以上的电子，从而打破传统太阳能电池中带隙和太阳光谱能量分布引起的理论效率限制，详细情况将在后续章节展开。目前的挑战是如何利用这些额外载流子，在它们衰减之前最大化它们的稳定性并将它们转化为外部电流，也许可以通过构建弱耦合多层结构来实现，其中激子可以分离，因为通常发生在半导体量子点中的电荷转移比俄歇过程快得多(500 fs)[40]。

5.2.3 量子点自身尺寸和表面的影响

根据量子限域效应，在晶体的限制范围内，激子只有有限的直径，如果半导体量子点的尺寸小于激子的玻尔半径，载流子会被空间限域，导致其能量提高。因此，其光学和电子性能取决于量子点的尺寸[41]。图 5.5 给出了准球形量子点中荧光和吸收可以通过量子点尺寸和组分调节。另外，这些颗粒具有大密度电子态，产生大的消光系数和宽的吸收光谱，这是量子点的独特优势之一。此外，最近量子点经优化后的室温辐射复合量子效率已经接近 100%，远高于从体材料得到的量子效率[42,43]。量子点中光发射的高效率是由于电子和空穴波函数被限制在有限的空间中，而在体相材料中的激子在空间上不受限，可以迅速解离，同时晶体缺

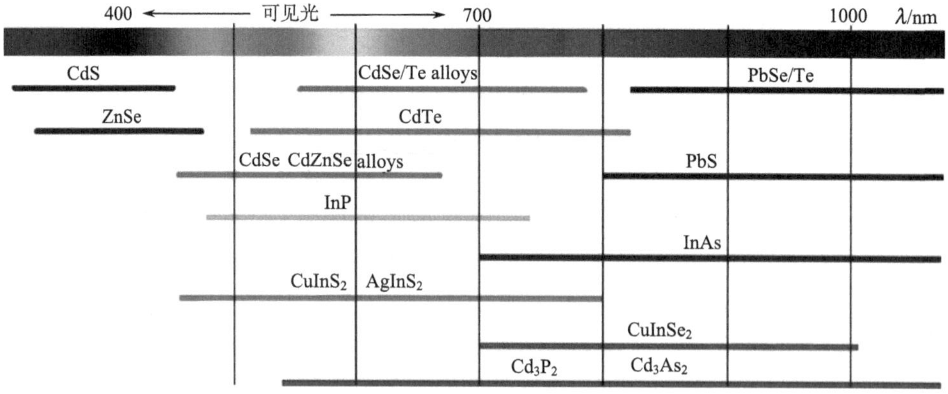

图 5.5 常见半导体量子点中尺寸和组分依赖的光学性质示意图[41]

陷和晶体表面空位也大大增加了载流子非辐射弛豫的概率。

量子点光学性质的尺寸依赖性主要取决于量子点的内部结构。然而，随着晶体变小，表面上的原子数目增加，表面结构对于光学性能的影响越来越大。表面上的原子晶面不完全结合在晶体晶格内，因此会破坏晶体周期性并留下一个或多个“悬空轨道”，从晶体指向外面[44,45]。如果这些表面能态在半导体带隙内，它们可以在表面形成载流子捕获中心，从而增加非辐射衰减的概率。然而，在实际中，半导体量子点并不是在真空中使用，而是嵌入固体基质中或悬浮在溶液中并涂覆有机配体如三辛基氧膦等。因此，暴露晶面的悬键可通过与原子或分子成键钝化，从而最小化带内表面态并减少表面原子重构[46]。荧光发射可通过改变量子点表面来调节。例如，非常小的 CdSe 量子点常显示两个荧光发射带，分别归属于带边发射和较低能量的带内缺陷发射[45]。深的空穴发射产生于富 Se^{2-}晶面，它和大多数基本配体结合很差，使这些量子点中的空穴极易被表面捕获[45]。一方面，添加过量 Cd^{2+}可钝化这些硒原子，产生可强烈结合碱性配体的阳离子表面，并静电屏蔽表面空穴。另一方面，表面修饰也可能在量子点上引入表面缺陷。少量氧化剂如次氯酸或过氧化氢可以刻蚀量子点表面，留下未钝化的轨道和原子空位，只需 10 个次氯酸分子就可以完全猝灭每个量子点的荧光[47]。对于实际的发光应用，更多的是用绝缘无机壳(如 ZnS)包覆半导体量子点，构筑 I 型核壳结构，以稳定和最大化荧光发射。这种包覆能钝化表面悬键，由此核壳结构中的表面缺陷态和缺陷位点将对荧光效率影响较弱[43,48,49]。在胶体溶液中，已经观察到胶体核壳量子点如(CdSe)ZnS 和(CdSe)CdS 有稳定且高效的荧光。较宽带隙的 CdS 和 ZnS 壳不仅使核绝缘，而且 S^{2-}具有比 Se^{2-}低得多的氧化电位，不利于氧化降解和表面缺陷形成。另外，由原子半径较小的硫元素组成的壳对配体结合也是重要的，因为较高有机配体的填充密度可以增强胶体稳定性，并产生不易降解的立体屏障分子层。以上这些因素是核壳结构产生高效稳定发光的主要原因，如图 5.6 所示[50]。

5.2.4　掺杂与合金化量子点

量子点作为发光材料，对于蓝色发射通常需要小直径，而对于红色或近红外(NIR)发射需要大直径[51]。然而，小的量子点(<2 nm)可能不稳定，而大的量子点可能不适合生物应用。因此仍然需要进一步的工作以获得兼具所期望的尺寸和光学性质的半导体量子点。除了尺寸和形状控制之外，目前已有大量研究来开发量子点的结构设计策略，如合金化、掺杂、晶格应力调谐和带边翘曲等以调整带隙及光学性质[41, 51-55]。带隙工程的概念已经是半导体量子点领域的特征之一，特别是与之相关的“结构依赖性质”和“组成依赖性质”的研究备受关注。

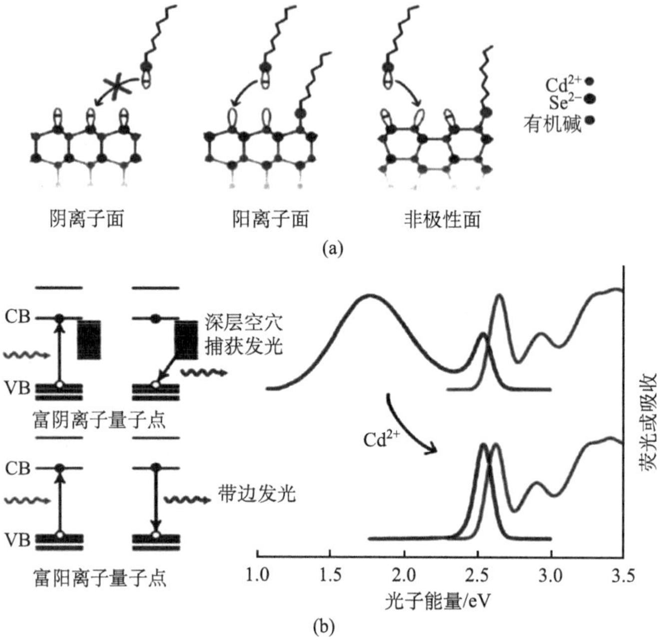

图 5.6 CdSe 量子点的表面性质[50]

在这些原子模型中，通过纤锌矿米勒指数确定其晶体取向和晶面，Cd^{2+}为阳离子面，Se^{2-}为阴离子面， CdSe 为非极性面；图(a)给出了每一面的末端悬键轨道情况；图(b)说明了 2.1 nm 的量子点中表面空穴捕获在光致发光上的作用

掺杂的量子点可以沿用通常使用的热注射方法(将阴离子前驱体注入混合的阳离子前驱体)合成，因此具有受控的尺寸、形状与组成。掺杂剂(如 Mn^{2+}或 Cu^{2+})可以在合成期间原位掺杂或在形成宿主量子点之后掺杂。据报道，Mn 掺杂的硫属化物量子点(如 CdS 和 ZnS)具有橙色至红色发射的高效率发光[56-60]。Cu 掺杂的硫属化物量子点的发光通常来自于掺杂形成的带内能态，Mn 掺杂的量子点的发光来自 Mn 自身的 d-d 跃迁(图 5.7)。而除了优异的光学性能之外，掺杂的量子

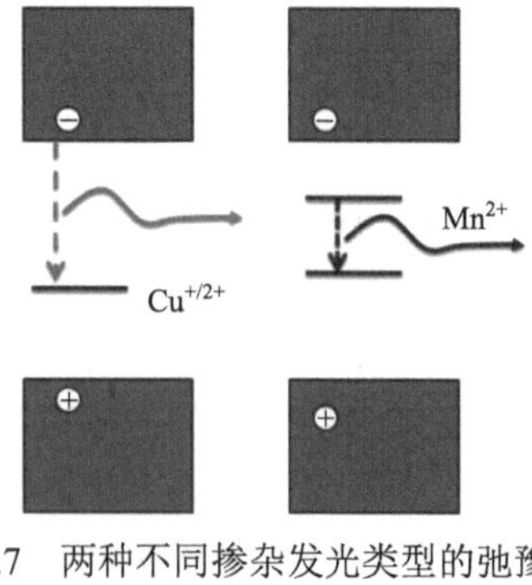

图 5.7 两种不同掺杂发光类型的弛豫过程

一种是使用掺杂剂之后宿主量子点的 Cu 掺杂发光；另一种是 Mn 掺杂的量子点，依赖于 Mn 自身的 d-d 跃迁[51]

点已经用于量子点敏化太阳能电池等领域。Mocatta 等使用光学光谱、扫描隧道光谱和理论计算揭示了 Cu、Ag 和 Au 掺杂 InAs 产生 n-型和 p-型掺杂量子点受限杂质带和带尾[61]。$CuInS_2/ZnS$ 或 $AgInS_2/ZnS$ 的合金量子点有时也被报道为锌掺杂的量子点。

在合金或固溶体量子点中，除了常见的带隙线性调控外，大量新奇的光学现象也被观察到，如非线性"光学弯曲"、"反常"近红外发光、梯度结构量子点中的连续发射等，可能对于光电转换和生物医学应用具有重要意义。图 5.8 给出了 $Zn_xCd_{1-x}Se$ 量子点样品中随组分变化的吸收和光致发光光谱。当 Zn 含量增加时，吸收峰和发射峰的系统蓝移是比 CdSe 带隙更宽的 ZnSe 引入造成的。这些移动清楚地表明了合金 $Zn_xCd_{1-x}Se$ 量子点的形成，而不是二元复合体系或核/壳结构的形成。与体相 $Zn_xCd_{1-x}Se$ 合金类似，量子点中也观察到带隙能量和组成之间轻微的非线性关系，称为"光学弯曲"。对于体相和量子点形式的 $CdSe_xTe_{1-x}$ 合金，在均相 $CdE'_xE''_{1-x}$ 合金的情况下，观察到的光学弯曲更明显[62]。利用这种强的非线性组分效应，某些合金组合物可以用于在由母体二元体系限定的光谱范围之外发光。如图 5.9 所示，其中 $CdSe_xTe_{1-x}$ 的量子点显示了比类似尺寸的母体 CdSe 和 CdTe 量子点显著红移的发射光。界面层的梯度合金化可以减少核/壳材料晶格失配度以提供改进的光学性能。该策略已被用于 CdS 包裹的 $CdTe_xSe_{1-x}$ 合金量子点，以及用于近红外发射 CdSeTe/ZnS 核/壳量子点[63]。另一个重要的发现是非闪烁半导体 CdZnSe/ZnSe 的渐变合金结构量子点，这对于需要连续输出单个光子的应用是有意义的[36]。"闪烁"用于描述 PL 的"关闭"，由量子点上的额外电荷产生的可暂时猝灭单个量子点的 PL。梯度合金量子点具有逐渐变化的势能函数，其导致 CdZnSe/ZnSe 量子点中连续的不闪烁 PL。

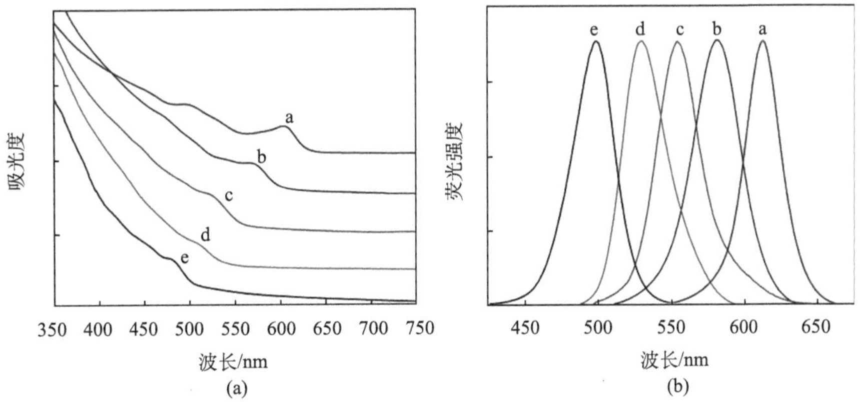

图 5.8 不同 Zn 摩尔量的 $Zn_xCd_{1-x}Se$ 量子点样品的吸收(a)和光致发光光谱(b)[64]

a. 0；b. 0.28；c. 0.44；d. 0.55；e. 0.67

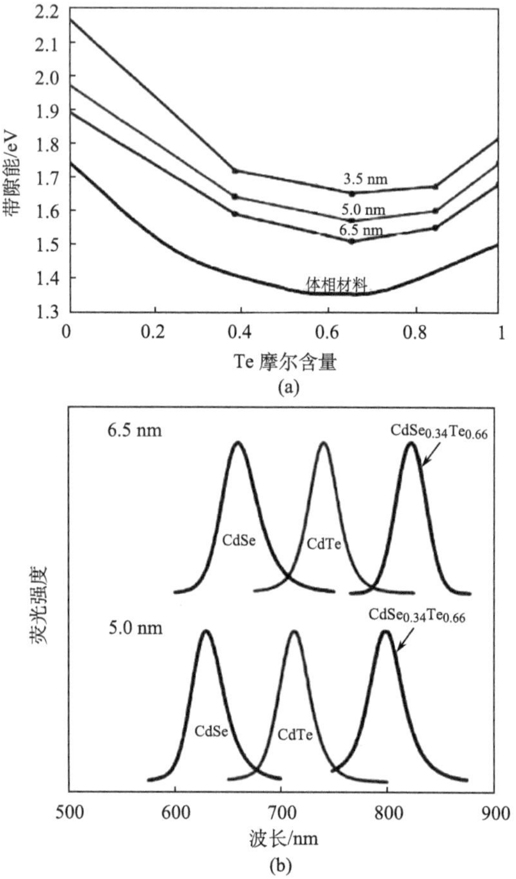

图 5.9 (a)体相和合金 $CdSe_xTe_{1-x}$ 量子点的带隙能与 Te 摩尔含量的关系；(b)对比两种尺寸(6.5 nm 和 5.0 nm)的 CdSe、CdTe 和 $CdSe_{0.34}Te_{0.66}$ 量子点的发射光谱[62]

5.2.5 复合结构半导体量子点

如第 3 章所述，可以根据能级结构排列情况对量子点异质结分类，包括 I 型、II 型和准 II 型。下面简要介绍这些复合结构量子点的光学性质。

1. I 型异质结

I 型异质结通常将具有明显不同带隙的两个半导体材料组合，能带位置“嵌套”排列，即一种材料具有比另一个较高的价带和较低的导带。结果是，两个激发的载流子在具有较窄带隙的材料内共限域。因此，从广泛研究的 CdSe / ZnS 量子点可以看出，光谱性质如带边吸收光谱的结构[图 5.10(a)]、PL 能量[图 5.10(b)]和辐射寿命主要是由较小带隙的材料决定。CdSe/ZnS 量子点代表了 I 型异质结最流行的表现形式，其中较窄带隙材料是核。这种布置通常被称为“无机钝化”，壳层用作抑制激发载流子与表面陷阱位点相互作用的屏障，从而有效地增加了发光量子效率[65,66]。随着环境稳定性的提高，Ⅰ型异质结是量子点发光器件应用的首选材料[67]。

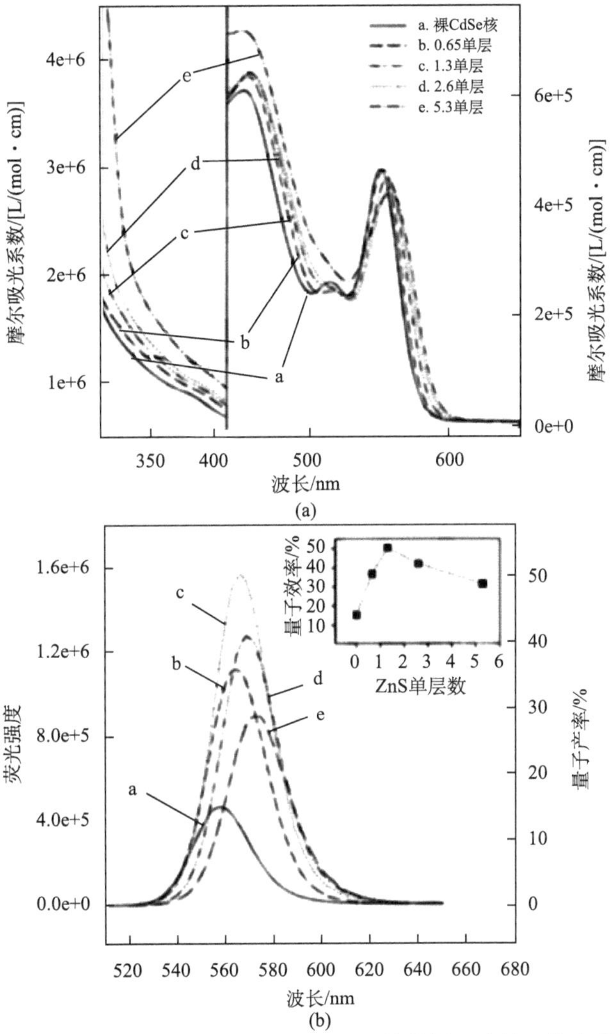

图 5.10 具有一系列不同厚度 ZnS 壳与 4.2 nm CdSe 核的量子点的吸收光谱(a)和荧光光谱(b)(图中右上角为量子产率)[68]

较窄带隙的材料用作壳体的“倒置”排列不能提供与正常排列相同的载流子隔离。然而，由于吸收和 PL 光谱随着壳的形成和生长而强烈地红移，反Ⅰ型量子点的形成非常容易遵循光谱学规律。由于这个原因，胶体量子点数据库的发展早期广泛研究了这种几何构型的异质结构[69-72]。在标准Ⅰ型和反Ⅰ型量子点形成期间的光谱渐进移位的比较可以在 CdS / HgS 与 HgS / CdS 体系中进行[73]。当核材料以另外的壳体进一步生长到壳体上时，在Ⅰ型基序上发生有趣的外推。例如，从 CdS / HgS 反Ⅰ型量子点开始，结果是形成所谓的 CdS / HgS / CdS “量子阱”[74,75]，其中载流子被限制在可控厚度夹层的中空球形 HgS 域，在 CdS 内核和 CdS 外壳之间[图 5.11(a)]。另外，将相关结构构建到常规Ⅰ型 CdSe/ZnS 量子点上，可以实现 CdSe / ZnS / CdSe“双量子系统”[76, 77]。当 ZnS 阻挡层较薄(1 个单层)，两个 CdSe 区域完全耦合，与原始 CdSe / ZnS 量子点相比呈现限域能量较低的单个 PL 峰。然而，当 ZnS 为两个单层以上时，除了原始基于核的发射之外，出现第二发射峰，其能量取决于外部 CdSe 壳的厚度[图 5.11(b)]。

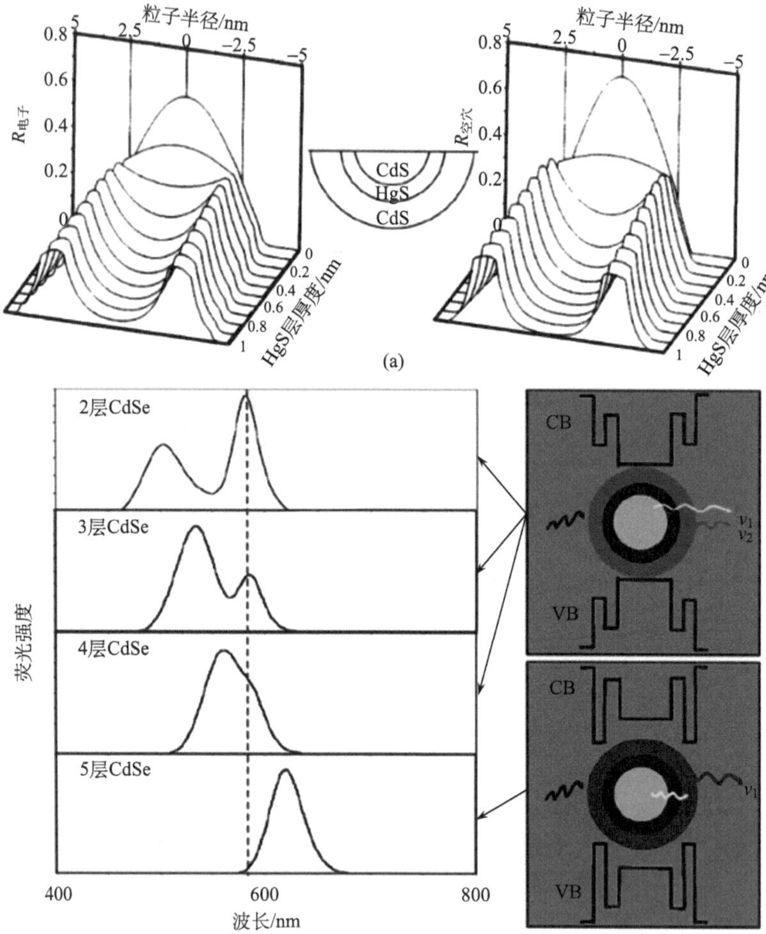

(b)

图 5.11 (a)具有 4.7 nm CdS 核、0.9 nm 外 CdS 壳的 CdS / HgS / CdS 核/壳/壳“量子阱型量子点”的电子(左)和空穴(右)的径向波函数随 HgS 中间壳厚度的演变[75,78]；(b) CdSe / ZnS / CdSe “双量子系统”的 PL 光谱(左)随 CdSe 外层逐渐变厚(CdSe 单层数)的演变，显示稳定的核发射和红移的壳发射，如右图所示，在临界厚度下，壳带隙变得低于核的带隙，而从核到壳的有效能量传递导致仅观察到壳基发射[76]

2. Ⅱ型异质结

如前所述，Ⅱ型异质结中电子将被限域在具有较低导带的材料(无论是核还是壳)中，并且空穴将处于具有较高价带的材料中。这种空间分离的光谱后果是多方面的。首先，虽然这种纳米晶的起始强吸收边仍然由较窄的带隙材料决定(无论核还是壳)，但发射(如果有的话)通常来自能量较低的空间间接转变，导致一个很大的斯托克斯位移。由于载流子之间的重叠减少，这种转换具有较低的强度，意味着更长的辐射寿命，并且通常有较低的量子效率，因为在这种情况下甚至较慢的非辐射过程也可以有效地与辐射衰减相竞争[79]。但因为在核/壳界面及Ⅱ型量子点的表面具有较低的缺陷密度，异质结实际上可能显示比原始单组分量子点更高的量子效率，类似于Ⅰ型异质结量子点的情况[80,81]。最后，电子空穴的分离从根本上改变了多重态中的库仑相互作用[82,83]，可能对一些特殊应用如量子点激光有重要作用。

图5.12描述了典型Ⅱ型量子点的主要光谱特征如何随着壳体厚度的增长而演

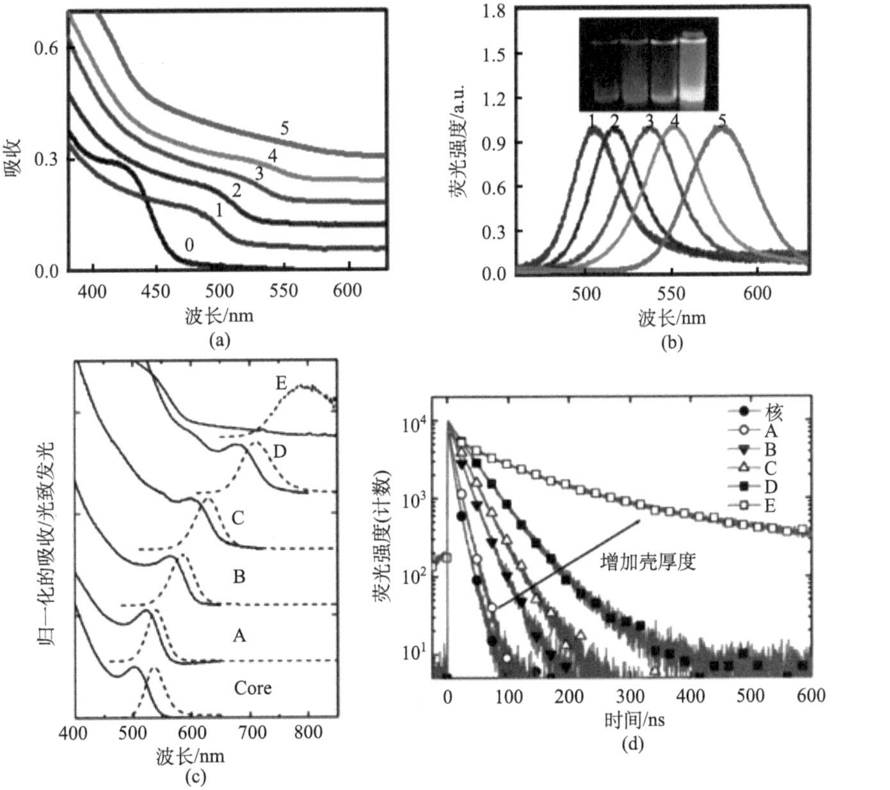

图5.12　ZnTe / ZnSe量子点的吸收(a)和PL光谱(b)，其具有2.2 nm半径的核和从0(黑色)到5(灰色)单层厚度的壳；(b)中插图：紫外光照下各种ZnTe / ZnSe 量子点样品[85]；(c)具有2.6 nm CdTe核和厚度在0~1.6 nm范围内CdSe壳的胶体CdTe / CdSe量子点的吸收(固体)和发光光谱(虚线)；图(d)、(c)中示出的样品的PL衰减曲线，证明通常在Ⅱ型量子点中观察到的寿命增加[86]

变。在 ZnTe / ZnSe 中，随着 ZnSe 壳厚度的增加，主要吸收特征减弱，光谱由于空间间接转变的贡献较小而逐渐“拖尾化”[图 5.12(a)中 5]。该特征 PL[图 5.12(b)]也移动到较低的能量，并且可以在良好钝化的量子点中保持强的发光强度(即施加第二个壳体时，如 CdTe / CdSe / ZnS 或 CdSe / CdTe / ZnSe 量子点[81,84])。在图 5.12(c)中 CdTe / CdSe 量子点的光谱中观察到类似的趋势，并伴随着 PL 寿命的显著延长[图 5.12(d)][85,86]。

3. 准 II 型异质结

载流子共限域(I 型)和完全载流子分离(II 型)之间是一种载流子位于单一材

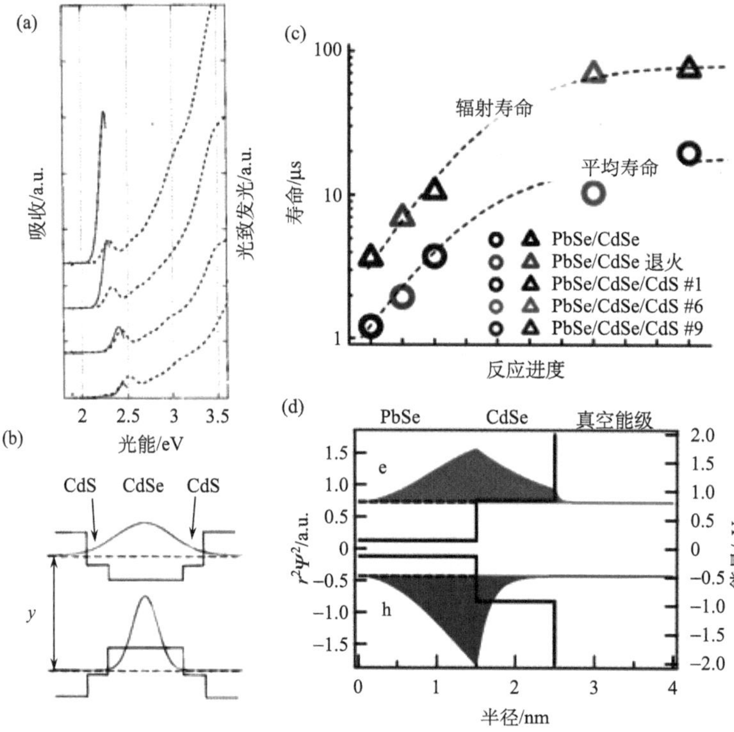

图 5.13 (a)具有 2.3 nm 直径的核和 0(底部)到 2.1(顶部)个单层的壳层厚度的一系列准-II 型 CdSe / CdS 量子点的吸收(虚线)和 PL(实线)光谱。吸收和发射光谱都随着壳厚度的增加而发生红移；(b)通过对具有 3.4 nm 直径核和 0.9 nm 厚壳的 CdSe / CdS 量子点的有效质量近似计算的电子和空穴波函数，根据粒子在箱内模型叠加在核和壳的能带电位的示意位置，电子基本上是离域的[89]；(c)随着 CdS 外壳逐渐变厚，PbSe / CdSe / CdS 核/壳/壳量子点的平均激发态和辐射寿命的演变；寿命的惊人延长与激发电子在整个纳米结构中的离域一致，因为其越来越显著地与限域在核内的空穴分离[90]；(d)根据简单有效质量近似模型，PbSe / CdSe 量子点(核半径 1.5 nm，壳厚度 1 nm)的电子和空穴显示在整个异质结构内的离域[91]

料内、而另一种载流子在多种材料之间离域的情况，称为准II型。这要求核/壳异质结构的材料具有能量相似的导带或价带。典型例子包括 CdSe/ZnSe 和 CdSe/CdS 等核/壳异质结构[87,88]。它们表现出非常高的发光量子效率，但是与I型异质结不同的是其吸收和发射光谱在壳生长期间红移[图 5.13(a)]，归因于显著的电子进入壳体的离域[图 5.13(b)][89]。

另一个突出的准II型异质结是 PbSe/CdSe 量子点。如同 CdSe/CdS 的情况，PbSe 上 CdSe 壳的形成导致 QY 增加，与I型量子点一样。然而，在 PbSe/CdSe 系统中并没有观察到在上述 CdSe/CdS 中看到的壳中载流子离域特征(光谱红移)。这可能是其阳离子交换合成方法导致的：一方面，壳的形成以牺牲核材料为代价，导致强的光谱蓝移掩蔽了任何载流子离域的影响。另一方面，PbSe/CdSe 量子点上生长 CdS 壳导致发光寿命延长近两个数量级[图 5.13(c)][90]。从前面知道电子(而不是空穴)在 CdSe/CdS 异质结构中离域[91]，因此电子也必须在 PbSe/CdSe 异质结构之间离域。后来进一步的工作表明，作为空穴清除剂的硫醇不会猝灭 PbSe/CdSe 量子点的 PL，但电子受体能够猝灭其 PL。这说明电子离域到了表面，载流子波函数的简单有效质量近似模拟也支持该结论[图 5.13(d)][92]。

5.2.6 重掺杂半导体量子点的等离子体共振

除了上述传统的吸收和荧光性质的调控外，量子点领域最近也有新奇的光学现象报道。在纳米材料观察到的独特现象中，表面等离子体共振(SPR)或局部表面等离子体共振(LSPR)是重要的光学性质，并在纳米光子学和纳米电子学中发挥越来越重要的作用[93-95]。LSPR 起源于它们的自由电子与振荡的电磁场光子间的共振相互作用，其激发从根本上依赖于自由载流子和光子之间的相互作用[95]。由于含有高密度的自由电子，在贵金属纳米结构中通常观察到强烈的 LSPR，相关领域有大量综述，这里不再赘述。而在过去几年中，LSPR 已在重掺杂半导体量子点和金属氧化物纳米晶中观察到，Burda 等首先将其归因于通过掺杂引入的高密度自由载流子[96]。在胶体半导体或金属氧化物量子点中产生自由电荷载流子主要涉及两种不同的掺杂途径：①“内在”形成阳离子空位，也称为自掺杂；②杂原子的“外部”取代掺杂，也称为外掺杂。但是在这些掺杂的量子点中可实现的自由电荷载流子的密度低于贵金属纳米晶的密度，因此，它们的 LSPR 通常有更低的能量或更长的波长。这些新的等离子体纳米材料的化学合成、光物理学基础研究及其在医学、纳米光子学和电子学中的应用探索正在迅速发展。

在贵金属和重掺杂半导体纳米颗粒中 LSPR 的起源及基础物理学是相同的，即自由载流子与振荡电磁场的谐振相互作用。然而，这些 LSPR 系统在实践方面表现出显著差异。特别是，贵金属中的载流子是电子，而在重掺杂的半导体或金属氧化物纳米晶中，自由载流子可以是电子或空穴。LSPR 频率取决于自由载流子的密度、载流子有效质量和几何因子。重掺杂的半导体和金属氧化物量子点通常具有比贵金属纳米晶更低的自由载流子密度，并且因此表现出更低能量(更长波长)的 LSPR。此外，在重掺杂半导体中，自由载流子的密度可以随着掺杂程度变化，甚至随着表面配体的变化而变化。

这些 LSPR 半导体量子点可分为：①本征掺杂的量子点，其主要是胶体自掺杂铜硫族化物($Cu_{2-x}S$, $Cu_{2-x}Se$, $Cu_{2-x}Te$)和氧化钨(WO_{3-x})等；②外掺杂量子点，主要由氧化铟锡(ITO)、铝掺杂氧化锌、掺杂硅(Si)和其他掺杂金属氧化物量子点。Zhao 和 Burda 等在 2009 年的工作中首次阐明了铜缺位 $Cu_{2-x}S$ 量子点中的 LSPR[96]。他们提出 $Cu_{2-x}S$ 纳米晶中的自由电荷是与阳离子空位相关的自由空穴。在铜缺位增加时，等离子体共振峰向较高频率移动(即蓝移)。LSPR 频率与量子点中的载流子密度相关，如图 5.14(a)所示。Luther 等进一步深入研究了单分散 $Cu_{2-x}S$ 量子点的 LSPR[97]。自掺杂 $Cu_{2-x}S$ 量子点中自由空穴的密度估计接近 10^{21} cm^{-3}，对应于中红外至近红外光谱区域中的 LSPR 频率。并系统计算了 LSPR 频率(ω_{sp})和自由载流子浓度的关系[图 5.14(b)和(c)]，结果表明，实现可见光区的 LSPR 需要高的自由载流子浓度，通常为贵金属纳米晶。为了在 NIR 区域中实现 LSPR，需要 10^{19}～10^{22} cm^{-3} 的较低载流子浓度，其落在自掺杂半导体量子点的自由载流子浓度范围内[97]。该工作中的载流子浓度估计为 1.7×10^{19} cm^{-3}，在铜硫属化物膜的典型范围内并且对应于 $Cu_{2-x}S$ 量子点中 3.8%铜缺位[97]。

更多的研究人员已经开始研究铜缺位型 $Cu_{2-x}S$ 和 $Cu_{2-x}Se$ 量子点在 NIR 区域的等离子体共振[96-100]。NIR 吸收带归因于价带自由载流子的等离子体共振现在已被广泛接受。$Cu_{2-x}S$ 量子点中的 NIR 等离子体共振具有组成和尺寸的依赖性[97,101]。还可以通过控制 $Cu_{2-x}S$ 纳米盘的几何纵横比及 $Cu_{2-x}Se$ 量子点的可逆氧化和还原来实现等离子体共振的调节[99,102]。已经使用时间分辨的 PL 研究了铜硫族化物量子点的相关激子和等离子体性质及泵浦探针测量。组分、尺寸、形状、可逆的氧化态调控、介电常数等均对其等离子体共振性质有重要影响。值得注意的是，尽管掺杂量子点中的 LSPR 已获广泛认可，其指认仍需要特别小心，应注意与带内(intraband)吸收相区分。LSPR 重掺杂量子点已被用于生物成像、光热治疗、电致变色“窗户”，以及透明导电薄膜等。

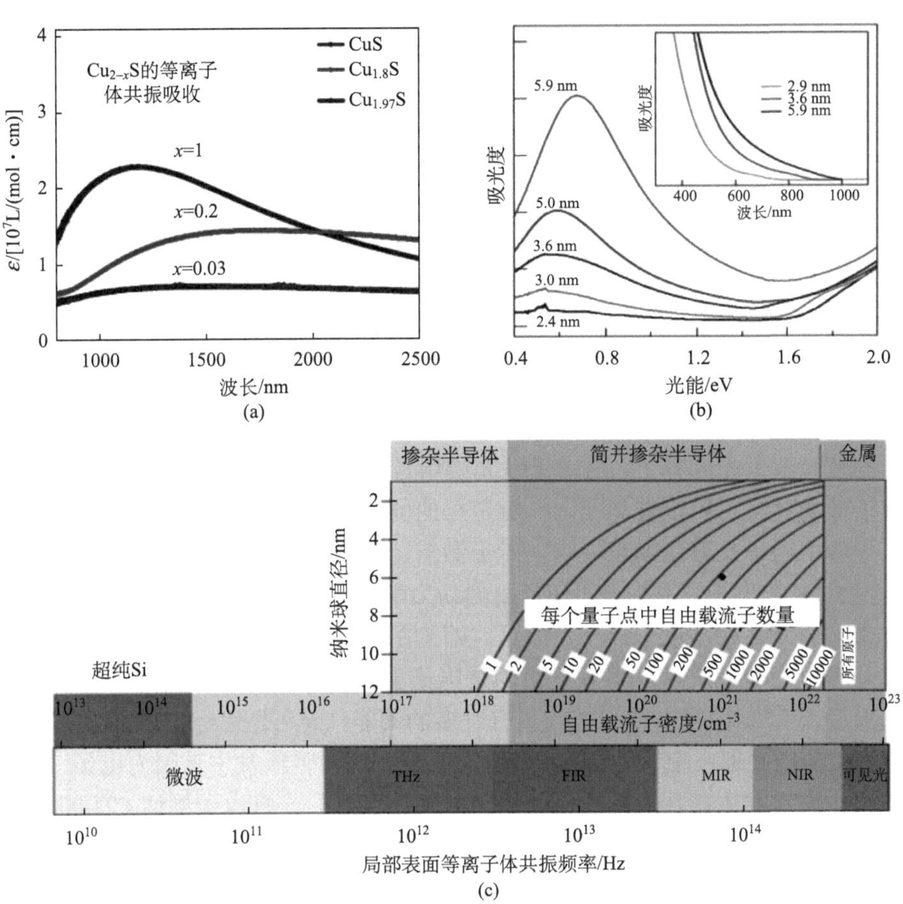

图 5.14　$Cu_{2-x}S$(铜缺位)量子点中的组分(a)和尺寸(b)依赖的 LSPR；(c) LSPR 频率(ω_{sp})和自由载流子浓度的关系[97]

5.3　量子点的超快光谱动力学

半导体中的激子是具有库仑吸引相互作用的电子和空穴对，而大多数激子在室温下容易解离。因此，通常认为激子态与室温下的导带边缘相同。如果热能低于光生激子的结合能，则激子被束缚。获得对激子动力学基本理解的一种方法是用时间分辨激光技术直接探测其寿命[103]。由于激子具有相对短的寿命，必须要使用超快激光技术以便直接探测或监测其寿命及相关的弛豫或复合过程。在过去二十年间，超快激光技术和基于瞬态吸收或时间分辨荧光的不同监测方法的进步已使激子动力学研究相对容易[6,104-106]。由于量子点的复杂性质，动力学数据的解释不像实验测量那么直接。然而，关于激子动力学的一致和清晰的理解正在逐渐形成。一种常用的时间分辨激光技术是瞬态吸收，其时间分辨率仅由泵浦脉冲和探测脉冲的交互作用确定，所以瞬态吸收测量提供了其他技术很难具备的高时间分辨率。瞬态吸收光谱已被用于研究许多体系，包括金属纳米颗粒、半导体量子点和金属氧化物纳米材料等[107-115]。另一种经常使用的技术是时间分辨的光致发光测量，其激发机制类似于瞬态吸收[116-118]。已开发的其他方法包括发光上转换、时间分辨光电子光谱、四波混频和太赫兹时域光谱等[119-121]。

5.3.1 激子动力学

半导体量子点具有丰富的表面态或陷阱态，因此它们的动力学过程通常比体材料更为复杂。对于不同的应用，带内态可能是有害的或有用的。例如，带内态通常导致光致发光的猝灭，这对于发光应用是不期望的[122]。另外，带内态也可能是有活性的并且可用于催化[123]。 特定目的的带内态有时会被有意地引入，如掺杂半导体中用于长寿命磷光应用。对于激子，带内态的存在可以显著改变其动力学。图 5.15 总结了一些关键的和通用的动力学过程。在最简单的情况下，用能量超过带隙的光来激发量子点产生激子，即 CB 中的电子和 VB 中的空穴，它们通过库仑吸引力彼此束缚。首先发生的是电子去相位，通常在几到几十飞秒(fs)的时间尺度上[124]。如果电子和空穴具有过多的动能，则在之后经历内部弛豫，电子弛豫到 CB 的底部，空穴弛豫到 VB 顶部[125]。这种弛豫发生是因为电子-声子相互作用，通常发生在几十到几百飞秒的时间尺度上。一旦电子到达 CB 的底部并且空穴弛豫到 VB 的顶部，它们可以辐射复合，从而通过发射光子产生光致发光[126]。相反，电子和空穴也可以发生非辐射复合，通常是产生热量[127]。具有低陷阱态密度的近乎完美或高质量的量子点主要经历辐射复合。在这种情况下，PL 量子产率非常高，并且直接带隙半导体量子点的相关寿命通常在几到几十纳秒的量级[128]。原则上，热电子和空穴(在弛豫到能带位置之前)也可以发生辐射或非辐射复合，然而，概率通常很低。在具有相对较高密度带内态的典型量子点中，电子或空穴被捕获进入这些能态变得很重要，通常发生在几皮秒(ps)到几十皮秒的时间尺度上。因此，载流子捕获的时间尺度通常比带边辐射复合的时间尺度快。高密度陷阱态的典型结果是带边 PL 减少，总体 PL 效率通常较低[129]。在捕获之后，载流子仍可能经历另外的捕获。例如，从浅陷阱态到更深的陷阱态，然后发生辐射或非辐射复合。进一步捕获的时间尺度强烈依赖于所涉及陷阱态的性质，可以从几皮秒到几百皮秒[130]。电荷在深陷阱态中的寿命可以非常长，从几百皮秒到纳秒或微秒，甚至更长[130,131]。如果从陷阱态发生辐射复合，可以观察到相对于带边 PL 的红移。由于该光谱差异，捕获态 PL 可以很容易地与带边 PL 区分开。对于偶极禁阻或间接带隙跃迁，寿命则长达毫秒以上[132]。需要指出的是，上述情况一般适用于低激发强度，即其中平均每个量子点只产生一个激子。

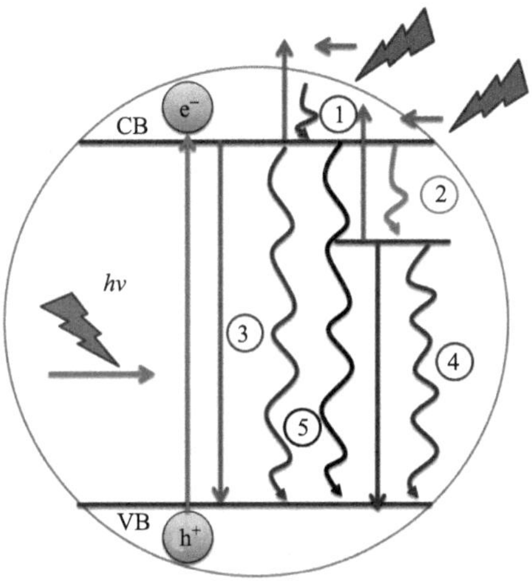

图 5.15 量子点和相关泵浦-探测瞬态吸收测量中的关键动力学过程图示

所示出不同的动力学过程包括：(1)通过高于带隙能的光子激发后，导带内的电子-声子耦合(在价带中空穴发生类似的过程)，几十到几百飞秒；(2)由于缺陷或表面态，电子/空穴陷入陷阱态，数百飞秒到数十皮秒；(3)电子-空穴(或激子)的辐射和非辐射带边复合，几十皮秒；(4)俘获态电子-空穴的辐射和非辐射复合(或激子弛豫)，数百皮秒至几个纳秒；(5)非线性和非辐射激子-激子湮灭，几百飞秒到几十皮秒[103]

尽管不同动力学过程的时间尺度取决于由具体半导体样品质量决定的缺陷和表面特性变化，但是可以针对所有材料来识别共同的一些关键过程，包括自由和捕获载流子(电子和空穴)的去相位、带内弛豫、俘获和带边复合等。作为动力学中最快的过程，电子去相位在仅仅几个飞秒的时间尺度上发生，通常是通过频谱烧孔技术或光子回波实验测量[133-137]。电子去相位(电子-电子散射)被认为是一种动态过程，其中能量守恒而动量变化。因此，在通过光吸收激发电子之后的电子去相位是由于电子-电子相互作用或散射。当用带隙以上足够能量的光照射半导体量子点进行激发时，产生分离的电子和空穴，并被赋予多余的动能。电子可以通过电子-声子相互作用快速释放过量的动能，弛豫到 CB 的底部，而空穴可以释放动能并弛豫到 VB 的顶部。这种内部弛豫的典型时间尺度极快，通常为几十或几百飞秒[138-140]。带内陷阱态可以对内部弛豫具有强烈的影响，这种效果是双重的：①表面声子频率和分布会相对于体材料有所变化，从而影响整体电子-声子相互作用，并因此主要影响带内弛豫时间；②带内的表面捕获态可以通过捕获电荷载流子与带内弛豫竞争。由于量子点大的比表面积，产生了大量由缺陷和悬键引起的表面态，其可在光激发之后捕获载流子。因此，载流子的捕获在光激发载流子的弛豫过程中可以发挥重要作用。捕获通常是非常快的事件，在几百飞秒到几十皮秒的时间尺度上。影响捕获时间的因素包括态密度和陷阱态在带隙内的能级位置。

电子-空穴复合可以在捕获之前或之后发生，但通常是在电子去相位和带内弛豫之后。如上所述，因为捕获通常是非常快速的过程，大部分复合发生在捕获一个或两个载流子之后。颗粒形状可能影响某些材料的带间弛豫。通常情况下，随着陷阱态数量的增加，激子平均寿命与整体 PL 量子产率均降低。

5.3.2 非线性激子动力学

如前所述，当一个半导体量子点上的入射光强度足够强时，非线性吸收和发射特性显现。这些非线性性质在时间分辨研究中也是明显的，并且可以被详细监测和研究。在产生高密度的激发载流子或激子时，观察到非线性动力学过程(如俄歇复合或激子-激子湮灭)的可能性变高。与上述线性方法相比，这些方法是更高阶的动力学方法。从非线性过程得出的总体结论是，可以看到发生快速的非辐射衰减，从而减少总体的载流子寿命和发光量子产率[141,142]。非线性行为的标志是同一空间区域内多个光致激子的同时生成，导致激子的强相互作用。这通常被证实为对激发光强度非线性(即超线性或更高)依赖的动力学过程[6,110,111,143-146]。研究者们已经提出了若干模型来解释半导体中的非线性动力学行为的结果，包括高阶动力学、俄歇复合和激子-激子湮灭[146,147]。在 CdSe 体系中使用泵浦-探测瞬态吸收已经清楚地证明了激子-激子湮灭过程[148]。在该研究中，观察到 CdSe 初始衰减中的非线性效应，如图 5.16 所示。

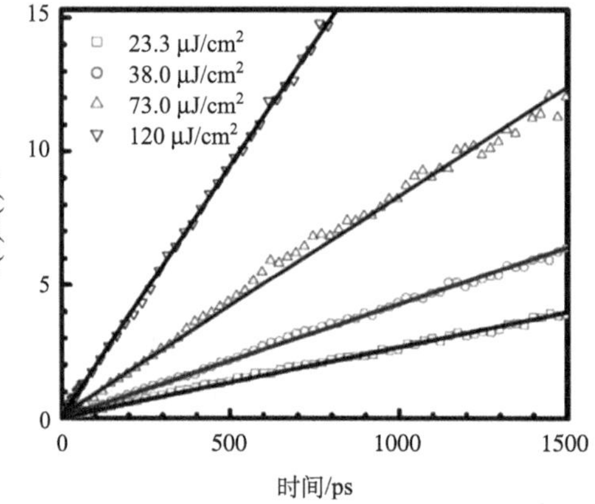

图 5.16 CdSe 量子点的激子密度随时间变化图

在低泵浦(灰色方块)影响下完全复合时间是相对很慢的，然而随着激发能量的逐渐增加，可观察到复合变快，证明是非线性复合[149]

最近，已经提出在窄带隙半导体如 PbS、PbSe、PbTe 和 Si 中，单个光子在多激子过程(MEG)中可以产生多个激子，其中泵浦光子能量需要至少是带隙能量的两倍($>2E_g$)[150-159]。如前所述，这对太阳能转换和其他应用的影响是巨大的。

目前已经提出几个理论模型作为在量子限域半导体中观察到 MEG 增强的可能解释。因为电子弛豫特性非常快，鉴于目前还不清楚在实际中可能是什么概率或效率，所以 MEG 可能是低效的，除非可以仔细及智能地设计相关的能级以增强 MEG 过程。例如，由于其小的带隙，已经提出 PbSe 量子点是可能发生 MEG 过程的材料[154]。通过时间分辨太赫兹光谱，揭示了超过 100%的量子产率，证明了 MEG 的发生，并且对于每个吸收的光子，能够产生数个激子。然而，MEG 的有效性目前仍有争议。Tyagi 和 Kambhampati 证明了表面缺陷诱导的电荷捕获过程会导致假的 MEG 信号，从而导致 MEG 过程的不准确测量[160]。其他研究也强调了表面性质对复合率的重要性。Bawendi 等研究了 TOPO 修饰或 ZnS 包裹 CdSe 量子点材料的动力学，以及不同的表面缺陷基陷阱态密度[38]。结果明确地表明，表面钝化程度的减少导致激子更快的初始动力学，表明表面捕获态大大影响动力学。更高的泵浦通量实验也突出了量子点体相衰减(以及由此带来的陷阱态)优于双激子衰减。显然，围绕 MEG 的问题仍在争论中，并且肯定会成为主要焦点，相关应用进展在第 7 章也会涉及。

5.3.3　量子点异质结激子动力学

两种半导体构成的异质结是量子点领域的研究热点之一。一个常见的实例是量子点/氧化物结，对量子点敏化太阳能电池等应用有重要意义。窄带隙的量子点可以被调谐以吸收宽范围的波长，并且用于敏化具有弱的或没有可见光吸收的氧化物。为了更好地理解激子分离和随后的电荷注入或转移，这种体系中的激子动力学得到了广泛研究。例如，Robel 等的研究显示，在 387 nm 激发之后，附着到 TiO_2 膜表面 CdSe 量子点的超快激子弛豫动力学比单独的 CdSe 快[161]。此外，基态漂白恢复对连接到 TiO_2 的 CdSe 量子点的尺寸大小敏感。随着量子点尺寸的减小，漂白恢复越来越快。拟合实验数据发现锚定到 TiO_2 的 7.5 nm CdSe 量子点的寿命为(2281±50) ps。在将 CdSe 的尺寸减小到 3.5 nm、2.7 nm 和 2.4 nm 时，时间常数分别降低到(1117±21) ps、(357±11) ps 和(83±3) ps。更快的衰减速率归因于电子注入 TiO_2 中是发生在量子点带内激子弛豫之后。同样，Guijarro 等研究了直接附着或连接到 TiO_2 的 CdSe 量子点在 470 nm 激发之后的激子动力学[162]。特别是对于直接附着的量子点，衰减可以用双指数函数很好地拟合，时间常数分别为 2.8 ps 和 104 ps。CdSe/TiO_2 体系表现出比纯量子点更快的弛豫动力学，这是因为从量子点到 TiO_2 的电子转移为激子衰减提供了额外的途径。后来，Pernik 等证实了 Guijarro 的发现，并且发现激子寿命主要取决于 CdSe 量子点与 TiO_2 的连接方式。这些皮秒时间尺度的数据能够在超快级别上暂时分辨电子转移速率，以阐明电子动力学的早期部分[163]。对于量子点/氧化物异质结，通常希望在量子点和氧化物之间具有大的接触面积和强的相互作用。一种方法是将量子点和氧化物直接共同沉积在一起，以产生两种组分之间高度混合的复合结构。Fitzmorris 等使用这样的复合结构研究了 $CdSe/TiO_2$ 体系的激子动力学，激发波长为 580 nm[146]。对于单独的 CdSe，反映在瞬态漂白恢复中的激子动力学(代表性数据如图 5.17 所示)可以拟合为三阶指数衰减，时间常数为 7.3 ps、84 ps 和 1000 ps。对于 $CdSe/TiO_2$ 异质结系统，激子时间曲线的三阶指数拟合为 0.5 ps、3.1 ps 和 24 ps。对于单独的 CdSe，两种快速衰减归因于由浅陷阱和深陷阱介导的激子弛豫。同时，$CdSe/TiO_2$ 体系中快得多的衰减源自于从 CdSe 导带向 TiO_2 导带的电子注入。估计平均电子注入速率高达 $1.7\times10^{11}\ s^{-1}$，可能归因于 CdSe 和 TiO_2 之间较大的接触面积。

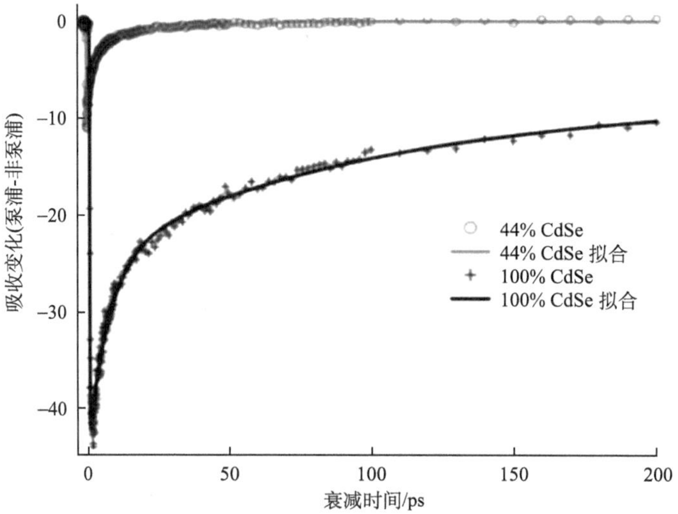

图 5.17 CdSe 和 44%CdSe/56%TiO_2 阵列在 695 nm 处瞬态漂白信号的衰减数据及其三阶指数函数拟合[164]

在本章的最后，希望进一步指出，随着纳米科学研究的深入，除了传统的 Cd 和 Pb 基量子点外，新型的地球储量丰富及低毒的新型半导体量子点吸引了越来越多的研究投入，如III-V族、I-III-VI族、铅卤钙钛矿、碳、硅量子点等。当然，相关的研究还远没有上面介绍的II-VI族和IV-VI族量子点的研究更为系统和深入。例如，I-III-VI族(I＝Ag，Cu；III＝Al，In，Ga；VI＝S，Se)量子点可以通过调整它们的组成和尺寸几乎覆盖从 NIR 到紫外的整个光谱范围。同时，由于晶格中含有两种以上的阳离子，导致其丰富的内部缺陷(或本征缺陷)，如缺位和填隙原子，导致I-III-VI族量子点最重要的光学特征，即由不同种类的缺陷形成的深层施主-受主对(分别作为电子和空穴捕获位点)之间的跃迁，导致宽的 PL 峰、相对大的斯托克斯位移、长得多的光致发光寿命[165-167]。该类材料具有显著不同于经典II-VI族量子点的光电性质，而相关激发态光物理过程的阐明对于材料设计和应用至关重要，如生长和激发态机理研究，特别是其尺寸、组分和表界面效应，这些都是拓展相关应用的关键[168,169]。铅卤钙钛矿量子点的禁带宽度与其尺寸有关，可以通过反应温度控制量子点的大小实现对量子点发光波长的调控。通过调控卤素成分及比例也可以改变 $CH_3NH_3PbX_3$ 量子点的禁带宽度[170]，从而可以在一定波长范围内调节其发光波长；这里卤素 X 可以是 Cl、Br、I 或其中两者的混合[171]。此外，$CH_3NH_3PbBr_3$ 量子点具有非常高的荧光量子效率(超过 90%)。不过，目前合成的钙钛矿量子点还存在许多问题，如量子点的粒径难以得到严格的控制，大量文献中带隙和发光波长的调控来自于组分变化，而并未报道量子点发光波长随尺寸变化的关系。同时钙钛矿量子点组分中均含有重金属元素 Pb，且生物相容性差，因此在保持钙钛矿量子点优异的发光性能前提下，用其他无毒元素替换 Pb 是今后研究的重点之一。碳量子点是一类新型的纳米材料，具有发光范围宽、激发波长依赖的发光、上转换荧光等在传统量子点中不常见的性质，在过去十年中引起了广泛的关注。尽管它们荧光发射的确切起源仍然存在争议，需要更多的深入研究以便更清楚地描绘其荧光发射机制，但是目前已经提出了两种碳量子点荧光发射机制。第一类荧光发射机制是由共轭 π 域引起的带隙跃迁，而第二类涉及与碳量子点表面缺陷相关的更复杂的起源。此外，在表面钝化或官能化时，表面缺陷变得更稳定，可以促进表面约束电子和空穴更有效的辐射复合，从而实现更明亮的荧光发射[172]。此外，碳量子点的光学性质还与用于其制备的合成路线密切相关，目前尚缺乏无争议的标准样品。尽管如此，碳量子点的这种可调谐荧光发射性质为光学标记和荧光成像提供了额外的优势。

参考文献

[1] Ekimov A I, Hache F, Schanne-Klein M, et al. Absorption and intensity-dependent photoluminescence measurements on CdSe quantum dots: Assignment of the first electronic transitions. JOSA B, 1993, 10: 100.

[2] Koch S W, Hu Y Z, Fluegel B, et al. Coulomb effects and optical properties of semiconductor quantum dots. J. Cryst. Growth, 1992, 117: 592.

[3] Xia J B. Electronic structures of zero-dimensional quantum wells. Phys. Rev. B, 1989, 40: 8500.

[4] Norris D J, Bawendi M G. Measurement and assignment of the size-dependent optical spectrum in CdSe quantum dots. Phys. Rev. B, 1996, 53: 16338.

[5] Shinde S S, Shinde P S, Sathe V G, et al. Electron-phonon interaction and size effect study in catalyst based zinc oxide thin films. J. Mol. Struct., 2010, 984: 186.

[6] Zhang J Z. Ultrafast studies of electron dynamics in semiconductor and metal colloidal nanoparticles: Effects of size and surface. Acc. Chem. Res., 1997, 30: 423.

[7] Nootz G, Padilha L A, Levina L, et al. Size dependence of carrier dynamics and carrier multiplication in PbS quantum dots. Phys. Rev. B, 2011, 83: 155302.

[8] Abdulla M M, Hasan N H, Mohammed H I, et al. Investigation of optical properties of the PbS/CdS thin films by

thermal evaporation. J. Electron Devices, 2012, 12: 761.
[9] Mathieu H, Richard T, Allègre J, et al. Quantum confinement effects of CdS nanocrystals in a sodium borosilicate glass prepared by the sol-gel process. J. Appl. Phys., 1995, 77: 287.
[10] Shen F Y, Que W, Yin X T, et al. A facile method to synthesize high-quality ZnS(Se) quantum dots for photoluminescence. J. Alloys Compd., 2011, 509: 9105.
[11] Puthussery J, Kosel T H, Kuno M. Facile synthesis and size control of Ⅱ-Ⅵ nanowires using bismuth salts. Small, 2009, 5: 1112.
[12] Deng Z, Yan H, Liu Y. Controlled colloidal growth of ultrathin single-crystal ZnS nanowires with a magic-size diameter. Angew. Chem., 2010, 49: 8695.
[13] Thupakula U, Khan A H, Bal J K, et al. Size selective excitonic transition energies in strongly confined CdSe quantum dots. J. Nanosci. Nanotechnol., 2011, 11: 7709.
[14] Walavalkar S S, Homyk A P, Hofmann C E, et al. Size tunable visible and near-infrared photoluminescence from vertically etched silicon quantum dots. Appl. Phys. Lett., 2011, 98: 153114.
[15] Pietryga J M, Park Y S, Lim J, et al. Spectroscopic and device aspects of nanocrystal quantum dots. Chem. Rev., 2016, 116: 10513.
[16] Grigoryan G, Rodina A, Efros A L. Excitons and biexcitons in quantum-well semiconductor microcrystals dispersed in an insulating glassy matrix. Soviet physics. Solid State, 1990, 32: 2037.
[17] Nalwa H S. Handbook of Nanostructured Materials and Nanotechnology. San Diego: Academic Press, 2000.
[18] Klimov V I. Optical nonlinearities and ultrafast carrier dynamics in semiconductor nanocrystals. J. Phys. Chem. B, 2000, 104: 6112.
[19] Leatherdale C A, Woo W K, Mikulec A F, et al. On the absorption cross section of CdSe nanocrystal quantum dots. J. Phys. Chem. B, 2002, 106: 7619.
[20] Yu W W, Qu L, Guo W, et al. Experimental determination of the extinction coefficient of CdTe, CdSe, and CdS nanocrystals. Chem. Mater., 2003, 15: 2854.
[21] Moreels I, Lambert K, Muynck D D, et al. Composition and size-dependent extinction coefficient of colloidal PbSe quantum dots. Chem. Mater., 2007, 19: 6101.
[22] Minoura H, Nakamura T, Ueno Y, et al. Electrochemical photocell using sprayed CdS film electrode. Chem. Lett., 1977, (8): 913.
[23] Rossetti R, Brus L. Electron-hole recombination emission as a probe of surface chemistry in aqueous cadmium sulfide colloids. J. Phys. Chem., 1982, 86: 4470.
[24] Rossetti R, Nakahara S, Brus L E. Quantum size effects in the redox potentials, resonance Raman spectra, and electronic spectra of CdS crystallites in aqueous solution. J. Chem. Phys., 1983, 79: 1086.
[25] Fojtik A, Weller H, Koch U, et al. Photo-chemistry of colloidal metal sulfides 8. Photo-physics of extremely small CdS particles: Q-state CdS and magic agglomeration numbers. Berichte Der Bunsengesellschaft/Phys. Chem. Chem. Phys., 1984, 88: 969.
[26] Hines M A, Scholes G D. Colloidal PbS nanocrystals with size-tunable near-infrared emission: Observation of post-synthesis self-narrowing of the particle size distribution. Adv. Mater., 2003, 15: 1844.
[27] Sobolev N A, Cavaco A, Carmo M C, et al. Enhanced radiation hardness of InAs/GaAs quantum dot structures. Physica Status Solidi, 2015, 224: 93.
[28] Du H, Chen C, Krishnan R, et al. Optical properties of colloidal PbSe nanocrystals. Nano Lett., 2016, 2: 1321.
[29] Nirmal M, Dabbousi B O, Bawendi M G, et al. Fluorescence intermittency in single cadmium selenide nanocrystals. Nature, 1996, 383: 802.
[30] Empedocles S, Bawendi M. Spectroscopy of single CdSe nanocrystallites. Acc. Chem. Res., 1999, 32: 389.
[31] Yao J, Larson D R, Vishwasrao H D, et al. Blinking and nonradiant dark fraction of water-soluble quantum dots in aqueous solution. Proc. Natl. Acad. Sci. U. S. A., 2005, 102: 14284.
[32] Ebenstein Y, Mokari T, Banin U. Fluorescence quantum yield of CdSe/ZnS nanocrystals investigated by correlated

atomic-force and single-particle fluorescence microscopy. Appl. Phys. Lett., 2002, 80: 4033.
[33] Gomez D E, Califano M, Mulvaney P. Optical properties of single semiconductor nanocrystals. Phys. Chem. Chem. Phys., 2006, 8: 4989.
[34] Mahler B, Spinicelli P, Buil S, et al. Towards non-blinking colloidal quantum dots. Nat. Mater., 2008, 7: 659.
[35] Chen Y, Vela J, Htoon H, et al. "Giant" multishell CdSe nanocrystal quantum dots with suppressed blinking. J. Am. Chem. Soc., 2008, 130: 5026.
[36] Wang X, Ren X, Kahen K, et al. Non-blinking semiconductor nanocrystals. Nature, 2009, 459: 686.
[37] Klimov V I. Spectral and dynamical properties of multiexcitons in semiconductor nanocrystals. Annu. Rev. Phys. Chem., 2007, 58: 635.
[38] Klimov V I, Mikhailovsky A A, McBranch D W, et al. Quantization of multiparticle auger rates in semiconductor quantum dots. Science, 2000, 287: 1011.
[39] Luo J W, Franceschetti A, Zunger A. Carrier multiplication in semiconductor nanocrystals: Theoretical screening of candidate materials based on band-structure effects. Nano Lett., 2008, 8: 3174.
[40] Dooley C J, Dimitrov S D, Fiebig T. Ultrafast electron transfer dynamics in CdSe/CdTe donor-acceptor nanorods. J. Phys. Chem. C, 2008, 112: 12074.
[41] Smith A M, Nie S. Semiconductor nanocrystals: Structure, properties, and band gap engineering. Acc. Chem. Res., 2010, 43: 190.
[42] Nirmal M, Brus L. Luminescence photophysics in semiconductor nanocrystals. Acc. Chem. Res., 1999, 32: 407.
[43] McBride J, Treadway J, Feldman L, et al. Structural basis for near unity quantum yield core/shell nanostructures. Nano Lett., 2006, 6: 1496.
[44] Pokrant S, Whaley K B. Tight-binding studies of surface effects on electronic structure of CdSe nanocrystals: The role of organic ligands, surface reconstruction, and inorganic capping shells. The European Physical Journal D—Atomic, Molecular, Optical and Plasma Physics, 1999, 6: 255.
[45] Underwood D F, Tadd Kippeny A, Rosenthal S J. Ultrafast carrier dynamics in CdSe nanocrystals determined by femtosecond fluorescence upconversion spectroscopy. J. Phys. Chem. B, 2010, 105: 436.
[46] Murray C B, Norris D, Bawendi M G. Synthesis and characterization of nearly monodisperse CdE(E= S, Se, Te) semiconductor nanocrystallites. J. Am. Chem. Soc., 1993, 115: 8706.
[47] Mancini M C, Kairdolf B A, Smith A M, et al. Oxidative quenching and degradation of polymer-encapsulated quantum dots: New insights into the long-term fate and toxicity of nanocrystals *in vivo*. J. Am. Chem. Soc., 2008, 130: 10836.
[48] Dabbousi B O, Rodriguez-Viejo J, Mikulec F V, et al. (CdSe) ZnS core-shell quantum dots: Synthesis and characterization of a size series of highly luminescent nanocrystallites. J. Phys. Chem. B, 1997, 101: 9463.
[49] Hines M A, Guyot-Sionnest P. Synthesis and characterization of strongly luminescing ZnS-capped CdSe nanocrystals. J. Phys. Chem., 1996, 100: 468.
[50] Scher E C, Manna L, Alivisatos A P. Shape control and applications of nanocrystals. Philosophical Transactions, 2003, 361: 241.
[51] Regulacio M D, Han M Y. Composition-tunable alloyed semiconductor nanocrystals. Acc. Chem. Res., 2010, 43: 621.
[52] Peng X. Band gap and composition engineering on a nanocrystal (BCEN) in solution. Acc. Chem. Res., 2010, 43: 1387.
[53] Chen X, Lou Y, Dayal S, et al. Doped semiconductor nanomaterials. J. Nanosci. Nanotechnol., 2005, 5: 1408.
[54] Daniel B J, Gamelin D R. Doped semiconductor nanocrystals: Synthesis, characterization, physical properties, and applications. Prog. Inorg. Chem., 2005, 54: 47.
[55] Klimov E. Nanocrystal Quantum Dots. New York: CRC Press, 2010.
[56] Tsay J M, Pflughoefft M, Bentolila L A, et al. Hybrid approach to the synthesis of highly luminescent CdTe/ZnS and CdHgTe/ZnS nanocrystals. J. Am. Chem. Soc., 2004, 126: 1926.
[57] Kim S W, Zimmer J P, Ohnishi S, et al. Engineering $InAs_xP_{1-x}$/InP/ZnSe Ⅲ-Ⅴ alloyed core/shell quantum dots for the near-infrared. J. Am. Chem. Soc., 2005, 127: 10526.

[58] Schulz D L, Curtis C J, Flitton R A, et al. Cu-In-Ga-Se nanoparticle colloids as spray deposition precursors for Cu(In, Ga)Se_2 solar cell materials. J. Electron. Mater., 1998, 27: 433.
[59] Panthani M G, Akhavan V, Goodfellow B, et al. Synthesis of $CuInS_2$, $CuInSe_2$, and Cu(In_xGa_{1-x})Se_2(CIGS) nanocrystal "inks" for printable photovoltaics. J. Am. Chem. Soc., 2008, 130: 16770.
[60] Guo Q, Ford G M, Hillhouse H W, et al. Sulfide nanocrystal inks for dense Cu(In_{1-x} Ga_x) (S_{1-y} Se_y)$_2$ absorber films and their photovoltaic performance. Nano Lett., 2009, 9: 3060.
[61] Sun H, Zhang H, Ju J, et al. One-step synthesis of high-quality gradient CdHgTe nanocrystals: A prerequisite to prepare CdHgTe-polymer bulk composites with intense near-infrared photoluminescence. Chem. Mater., 2008, 20: 6764.
[62] Bailey R E, Nie S. Alloyed semiconductor quantum dots: Tuning the optical properties without changing the particle size. J. Am. Chem. Soc., 2003, 125: 7100.
[63] Liang G X, Li L L, Liu H Y, et al. Fabrication of near-infrared-emitting CdSeTe/ZnS core/shell quantum dots and their electrogenerated chemiluminescence. Chem. Commun., 2010, 46: 2974.
[64] Zhong X, Han M, Dong Z, et al. Composition-tunable $Zn_xCd_{1-x}Se$ nanocrystals with high luminescence and stability. J. Am. Chem. Soc., 2003, 125: 8589.
[65] Burda C, Chen X, Narayanan R, et al. Chemistry and properties of nanocrystals of different shapes. Chem. Rev., 2005, 105: 1025.
[66] Spanhel L, Haase M, Weller H, et al. Photochemistry of colloidal semiconductors. 20. Surface modification and stability of strong luminescing CdS particles. J. Am. Chem. Soc., 1987, 109: 5649.
[67] Kortan A R, Hull R, Opila R L, et al. Nucleation and growth of cadmium selendie on zinc sulfide quantum crystallite seeds, and vice versa, in inverse micelle media. J. Am. Chem. Soc., 1990, 112: 1327.
[68] Dabbousi B O, Rodriguez-Viejo J, Mikulec F V, et al. ChemInform abstract: (CdSe) ZnS core-shell quantum dots: Synthesis and characterization of a size series of highly luminescent nanocrystallites. Cheminform, 1998, 29: no.
[69] Henglein A, Gutierrez M, Weller K, et al. Photochemistry of colloidal semiconductors 30. Reactions and fluorescence of AgI and AgI-Ag_2S colloids. Berichte Der Bunsengesellschaft Für Physikalische Chemie, 1989, 93: 593.
[70] Zhou H S, Honma I, Komiyama H, et al. Coated semiconductor nanoparticles; the cadmium sulfide/lead sulfide system's synthesis and properties. J. Phys. Chem, 1993, (4): 895.
[71] Weller H, Koch U, Gutierrez M, et al. Photochemistry of colloidal metal sulfides. 7. Absorption and fluorescence of extremely small ZnS particles (the world of the neglected dimensions). Berichte Der Bunsengesellschaft Für Physikalische Chemie, 1984, 88: 649.
[72] Spanhel L, Weller H, Fojtik A, et al. Photochemistry of semiconductor colloids. 17. Strong luminescing CdS and CdS-Ag_2S particles. Berichte Der Bunsengesellschaft Für Physikalische Chemie, 1987, 91: 88.
[73] Haesselbarth A, Eychmueller A, Eichberger R, et al. Chemistry and photophysics of mixed cadmium sulfide/mercury sulfide colloids. J. Phys. Chem., 1993, 97: 5333.
[74] Eychmüller A, Mews A, Weller H. A quantum dot quantum well: CdS/HgS/CdS. Chem. Phys. Lett., 1993, 208: 59.
[75] Mews A, Eychmueller A, Giersig M, et al. Preparation, characterization, and photophysics of the quantum dot quantum well system cadmium sulfide/mercury sulfide/cadmium sulfide. J. Phys. Chem., 1994, 98: 934.
[76] Battaglia D, Blackman B, Peng X. Coupled and decoupled dual quantum systems in one semiconductor nanocrystal. J. Am. Chem. Soc., 2005, 127: 10889.
[77] Demir H V, Nizamoglu S, Mutlugun E, et al. Tuning Shades of white light with multi-color quantum-dot-quan tum-well emitters based on onion-like CdSe-ZnS heteronanocrystals. Nanotechnology, 2008, 19: 335203.
[78] Schooss D, Mews A, Eychmüller A, et al. Quantum-dot quantum well CdS/HgS/CdS: Theory and experiment. Phys. Rev. B, 1994, 49: 17072.
[79] Kim S, Fisher B, Eisler H J, et al. Type-Ⅱ quantum dots: CdTe/CdSe (core/shell) and CdSe/ZnTe (core/shell) heterostructures. J. Am. Chem. Soc., 2003, 125: 11466.

[80] Chin P T, de Mello Donegá C, van Bavel S S, et al. Highly luminescent CdTe/CdSe colloidal heteronanocrystals with temperature-dependent emission color. J. Am. Chem. Soc., 2007, 129: 14880.
[81] Zhang W, Chen G, Wang J, et al. Design and synthesis of highly luminescent near-infrared-emitting water-soluble CdTe/CdSe/ZnS core/shell/shell quantum dots. Inorg. Chem., 2009, 48: 9723.
[82] Oron D, Kazes M, Banin U. Multiexcitons in type-Ⅱ colloidal semiconductor quantum dots. Phys. Rev. B, 2007, 75: 035330.
[83] Piryatinski A, Ivanov S A, Tretiak S, et al. Effect of quantum and dielectric confinement on the exciton-exciton interaction energy in type Ⅱ core/shell semiconductor nanocrystals. Nano Lett., 2007, 7: 108.
[84] Chen C Y, Cheng C T, Lai C W, et al. Type-Ⅱ CdSe/CdTe/ZnTe (core-shell-shell) quantum dots with cascade band edges: The separation of electron (at CdSe) and hole (at ZnTe) by the CdTe layer. Small, 2005, 1: 1215.
[85] Bang J, Park J, Ji H L, et al. ZnTe/ZnSe (core/shell) type-Ⅱ quantum dots: Their optical and photovoltaic properties. Chem. Mater., 2013, 22: 233.
[86] Chin P T K, Donegá C D M, Bavel S S V, et al. Highly luminescent CdTe/CdSe colloidal heteronanocrystals with temperature-dependent emission color. J. Am. Chem. Soc., 2007, 129: 14880.
[87] Danek M, Jensen K F, Chris B, et al. Synthesis of luminescent thin-film CdSe/ZnSe quantum dot composites using CdSe quantum dots passivated with an overlayer of ZnSe. Chem. Mater., 1996, 8: 173.
[88] Rainó G, Stöferle T, Moreels I, et al. Probing the wave function delocalization in CdSe/CdS dot-in-rod nanocrystals by time-and temperature-resolved spectroscopy. ACS Nano, 2011, 5: 4031.
[89] Peng X, Schlamp M C, And A V K, et al. Epitaxial growth of highly luminescent CdSe/CdS core/shell nanocrystals with photostability and electronic accessibility. J. Am. Chem. Soc., 1997, 119.
[90] Lee D C, Robel I, Pietryga J M, et al. Infrared-active heterostructured nanocrystals with ultralong carrier lifetimes. J. Am. Chem. Soc., 2010, 132: 9960.
[91] Zhu H, Song N, Rodriguez-Córdoba W, et al. Wave function engineering for efficient extraction of up to nineteen electrons from one CdSe/CdS quasi-type Ⅱ quantum. dot. J. Am. Chem. Soc., 2012, 134: 4250.
[92] Geyter B, Justo Y, Moreels I, et al. The different nature of band edge absorption and emission in colloidal PbSe. CdSe core/shell quantum dots. ACS Nano, 2011, 5: 58.
[93] Ozbay E. Plasmonics: Merging photonics and electronics at nanoscale dimensions. Science, 2006, 311: 189.
[94] Dreaden E C, Alkilany A M, Huang X, et al. The golden age: Gold nanoparticles for biomedicine. Chem. Soc. Rev., 2012, 41: 2740.
[95] Maier S A, Plasmonics: Fundamentals and Applications. New York: Springer Science and Business Media, 2007.
[96] Zhao Y, Pan H, Lou Y, et al. Plasmonic $Cu_{2-x}S$ nanocrystals: Optical and structural properties of copper-deficient copper (Ⅰ) sulfides. J. Am. Chem. Soc., 2009, 131: 4253.
[97] Luther J M, Jain P K, Ewers T, et al. Localized surface plasmon resonances arising from free carriers in doped quantum dots. Nat. Mater., 2011, 10: 361.
[98] Kriegel I, Jiang C, Rodríguez-Fernández J, et al. Tuning the excitonic and plasmonic properties of copper chalcogenide nanocrystals. J. Am. Chem. Soc., 2012, 134: 1583.
[99] Hsu S W, On K, Tao A R. Localized surface plasmon resonances of anisotropic semiconductor nanocrystals. J. Am. Chem. Soc., 2011, 133: 19072.
[100] Scotognella F, Valle G D, Kandada A R S, et al. Plasmon dynamics in colloidal $Cu_{2-x}Se$ nanocrystals. Nano Lett., 2011, 11: 4711.
[101] Yang Y, Chen O, Angerhofer A, et al. On doping CdS/ZnS core/shell nanocrystals with Mn. J. Am. Chem. Soc., 2008, 130: 15649.
[102] Xu J, Tang Y B, Chen X, et al. Synthesis of homogeneously alloyed $Cu_{2-x}(S_ySe_{1-y})$ nanowire bundles with tunable compositions and bandgaps. Adv. Funct. Mater., 2010, 20: 4190.
[103] Wheeler D A, Zhang J Z. Exciton dynamics in semiconductor nanocrystals. Adv. Mater., 2013, 25: 2878.
[104] Zhang J Z. Interfacial charge carrier dynamics of colloidal semiconductor nanoparticles. J. Phys. Chem. B, 2000,

104: 7239.
[105] McBranch D W, Klimov V I. Femtosecond high-sensitivity, chirp-free transient absorption spectroscopy using kilohertz lasers. Opt. Lett., 1998, 23: 277.
[106] Kaiser W, Auston D H. Ultrashort Laser Pulses: Generation And Applications. New York: Springer, 1993.
[107] Newhouse R J, Wang H, Hensel J K, et al. Coherent vibrational oscillations of hollow gold nanospheres. J. Phys. Chem. Lett., 2011, 2: 228.
[108] Hodak J, Martini I, Hartland G V. Ultrafast study of electron-phonon coupling in colloidal gold particles. Chem. Phys. Lett., 1998, 284: 135.
[109] Link S, Furube A, Mohamed M B, et al. Hot electron relaxation dynamics of gold nanoparticles embedded in $MgSO_4$ powder compared to solution: The effect of the surrounding medium. J. Phys. Chem. B, 2002, 106: 945.
[110] Wheeler D A, Fitzmorris B C, Zhao H, et al. Ultrafast exciton relaxation dynamics of PbS and core/shell PbS/CdS quantum dots. Science China Chemistry, 2011, 54: 2009.
[111] Wheeler D A, Huang J A, Newhouse R J, et al. Ultrafast exciton dynamics in silicon nanowires. J. Phys. Chem. Lett., 2012, 3: 766.
[112] Wu F, Yu J H, Joo J, et al. Ultrafast electronic dynamics of monodisperse PbS and CdS nanoparticles/nanorods: Effects of size on nonlinear relaxation. Optical Materials, 2007, 29: 858.
[113] Wheeler D A, Wang G, Fitzmorris B C, et al. Ultrafast charge carrier dynamics and photoelectrochemical properties of hydrogen-treated TiO_2 nanowire arrays. MRS Online Proceedings Library Archive, 2012, 1387.
[114] Wang G, Ling Y, Wheeler D A, et al. Facile synthesis of highly photoactive α-Fe_2O_3-based films for water oxidation. Nano Lett., 2011, 11: 3503.
[115] Ling Y, Wang G, Wheeler D A, et al. Sn-doped hematite nanostructures for photoelectrochemical water splitting. Nano Lett., 2011, 11: 2119.
[116] Juris A, Maestri M, Time-resolved luminescence techniques//The Exploration of Supramolecular Systems and Nanostructures by Photochemical Techniques. New York: Springer, 2012: 167.
[117] Galland C, Ghosh Y, Steinbrück A, et al. Two types of luminescence blinking revealed by spectroelectrochemistry of single quantum dots. Nature, 2011, 479: 203.
[118] Koposov A Y, Szymanski P, Cardolaccia T, et al. Electronic properties and structure of assemblies of CdSe nanocrystal quantum dots and Ru-polypyridine complexes probed by steady state and time-resolved photoluminescence. Adv. Funct. Mater., 2011, 21: 3159.
[119] Wu W, Gao Y, Chang Q, et al. Upconversion luminescent characteristics and peak shift of CdSeS nanocrystals under different wavelength laser excitation. Journal of Nanoparticle Research, 2011, 13: 1049.
[120] Tanaka S I. Utility and constraint on the use of pump-probe photoelectron spectroscopy for detecting time-resolved surface photovoltage. J. Electron Spectrosc. Relat. Phenom., 2012, 185: 152.
[121] Mcintosh A I, Yang B, Goldup S M, et al. Terahertz spectroscopy: A powerful new tool for the chemical sciences? Chem. Soc. Rev., 2012, 41: 2072.
[122] Wu F, Zhang J Z, Kho R, et al. Radiative and nonradiative lifetimes of band edge states and deep trap states of CdS nanoparticles determined by time-correlated single photon counting. Chem. Phys. Lett., 2000, 330: 237.
[123] Hoffmann M R, Martin S T, Choi W, et al. Environmental applications of semiconductor photocatalysis. Chem. Rev., 1995, 95: 69.
[124] Masia F, Langbein W, Moreels I, et al. Exciton dephasing in lead sulfide quantum dots by X-point phonons. Phys. Rev. B, 2011, 83: 201309.
[125] Kambhampati P. Unraveling the structure and dynamics of excitons in semiconductor quantum dots. Acc. Chem. Res., 2011, 44: 1.
[126] Chia C H, Fan W C, Lin Y C, et al. Radiative recombination of indirect exciton in type-Ⅱ ZnSeTe/ZnSe multiple quantum wells. J. Lumin., 2011, 131: 956.
[127] Dahan P, Fleurov V, Thurian P, et al. Properties of the intermediately bound and ? Excitons in ZnO:Cu. Journal of

Physics Condensed Matter, 1998, 10: 2007.
[128] Zhang J Z. Optical Properties and Spectroscopy of Nanomaterials. Singapore: World Scientific Pub, 2009.
[129] Cooper J K, Franco A M, Gul S, et al. Characterization of primary amine capped CdSe, ZnSe, and ZnS quantum dots by FT-IR: Determination of surface bonding interaction and identification of selective desorption. Langmuir, 2011, 27: 8486.
[130] Chi S H, Mazeina L, Prokes S M, et al. Below bandgap excitation of SnO_2 nanowires: The relaxation of trap states. CLEO: Applications and Technology, Optical Society of America: 2011.
[131] Liu B, He C, Jin M, et al. Time-resolved ultrafast carrier dynamics in CdTe quantum dots under high pressure. Physica Status Solidi (B), 2011, 248: 1102.
[132] Landsberg P T. Recombination in Semiconductors. Oxford: Cambridge University Press, 2003.
[133] Masumoto Y. Persistent hole burning in semiconductor nanocrystals. J. Lumin., 1996, 70: 386.
[134] Palinginis P, Wang H. High-resolution spectral hole burning in CdSe/ZnS core/shell nanocrystals. Appl. Phys. Lett., 2001, 78: 1541.
[135] Schoenlein R, Mittleman D, Shiang J, et al. Investigation of femtosecond electronic dephasing in CdSe nanocrystals using quantum-beat-suppressed photon echoes. Phys. Rev. Lett., 1993, 70: 1014.
[136] Mittleman D, Schoenlein R, Shiang J, et al. Quantum size dependence of femtosecond electronic dephasing and vibrational dynamics in CdSe nanocrystals. Phys. Rev. B, 1994, 49: 14435.
[137] Toutounji M. Anharmonic electron-phonon coupling in condensed media: 2. Application to electronic dephasing, hole-burning, and photon echo. J. Phys. Chem. C, 2010, 114: 20764.
[138] Xu S, Mikhailovsky A, Hollingsworth J, et al. Hole intraband relaxation in strongly confined quantum dots: Revisiting the “phonon bottleneck” problem. Phys. Rev. B, 2002, 65: 045319.
[139] Yu P, Nedeljkovic J M, Ahrenkiel P A, et al. Size dependent femtosecond electron cooling dynamics in CdSe quantum rods. Nano Lett., 2004, 4: 1089.
[140] Schill A W, Gaddis C S, Qian W, et al. Ultrafast electronic relaxation and charge-carrier localization in CdS/CdSe/CdS quantum-dot quantum-well heterostructures. Nano Lett., 2006, 6: 1940.
[141] Graham M W, Chmeliov J, Ma Y Z, et al. Exciton dynamics in semiconducting carbon nanotubes. J. Phys. Chem. B, 2011, 115: 5201.
[142] Mandal A, Nakayama J, Tamai N, et al. Optical and dynamic properties of water-soluble highly luminescent CdTe quantum dots. J. Phys. Chem. B, 2007, 111: 12765.
[143] Roberti T W, Cherepy N J, Zhang J Z. Nature of the power-dependent ultrafast relaxation process of photoexcited charge carriers in Ⅱ-Ⅵ semiconductor quantum dots: Effects of particle size, surface, and electronic structure. J. Chem. Phys, 1998, 108: 2143.
[144] Zhang J, O’Neil R, Roberti T. Femtosecond studies of photoinduced electron dynamics at the liquid-solid interface of aqueous CdS colloids. J. Phys. Chem., 1994, 98: 3859.
[145] Skinner D E, Colombo D P, Cavaleri J J, et al. Femtosecond investigation of electron trapping in semiconductor nanoclusters. J. Phys. Chem., 1995, 99: 7853.
[146] Fitzmorris B C, Larsen G K, Wheeler D A, et al. Ultrafast charge transfer dynamics in polycrystalline CdSe/TiO_2 nanorods prepared by oblique angle codeposition. J. Phys. Chem. C, 2012, 116: 5033.
[147] Klimov V I. Optical nonlinearities and ultrafast carrier dynamics in semiconductor nanocrystals. J. Phys. Chem. B, 2000, 104: 6112.
[148] Robel I, Bunker B A, Kamat P V, et al. Exciton recombination dynamics in CdSe nanowires: Bimolecular to three-carrier Auger kinetics. Nano Lett., 2006, 6: 1344.
[149] Robel I, Bunker B A, Kamat P V, et al. Exciton recombination dynamics in CdSe nanowires: Bimolecular to three-carrier auger kinetics. Nano Lett., 2006, 6: 1344.
[150] Luther J M, Beard M C, Song Q, et al. Multiple exciton generation in films of electronically coupled PbSe quantum dots. Nano Lett., 2007, 7: 1779.

[151] Luque A, Martí A, Nozik A J. Solar cells based on quantum dots: Multiple exciton generation and intermediate bands. MRS Bulletin, 2007, 32: 236.

[152] Allan G, Delerue C. Role of impact ionization in multiple exciton generation in PbSe nanocrystals. Phys. Rev. B, 2006, 73: 205423.

[153] Murphy J E, Beard M C, Norman A G, et al. PbTe colloidal nanocrystals: Synthesis, characterization, and multiple exciton generation. J. Am. Chem. Soc., 2006, 128: 3241.

[154] Beard M C, Midgett A G, Hanna M C, et al. Comparing multiple exciton generation in quantum dots to impact ionization in bulk semiconductors: Implications for enhancement of solar energy conversion. Nano Lett., 2010, 10: 3019.

[155] Klimov V I. Mechanisms for photogeneration and recombination of multiexcitons in semiconductor nanocrystals: Implications for lasing and solar energy conversion. J. Phys. Chem. B, 2006, 110: 16827.

[156] Ellingson R J, Beard M C, Johnson J C, et al. Highly efficient multiple exciton generation in colloidal PbSe and PbS quantum dots. Nano Lett., 2005, 5: 865.

[157] Nozik A J. Multiple exciton generation in semiconductor quantum dots. Chem. Phys. Lett., 2008, 457: 3.

[158] Beard M C, Knutsen K P, Yu P, et al. Multiple exciton generation in colloidal silicon nanocrystals. Nano Lett., 2007, 7: 2506.

[159] Efros A. Multi-exciton generation by a single photon in nanocrystals. Nano Lett., 2006, 6: 1344.

[160] Tyagi P, Kambhampati P. False multiple exciton recombination and multiple exciton generation signals in semiconductor quantum dots arise from surface charge trapping. J. Chem. Phys., 2011, 134: 094706.

[161] Robel I, Kuno M, Kamat P V. Size-dependent electron injection from excited CdSe quantum dots into TiO_2 nanoparticles. J. Am. Chem. Soc., 2007, 129: 4136.

[162] Guijarro N, Shen Q, Giménez S, et al. Direct correlation between ultrafast injection and photoanode performance in quantum dot sensitized solar cells. J. Phys. Chem. C, 2010, 114: 22352.

[163] Dibbell R S, Watson D F. Distance-dependent electron transfer in tethered assemblies of CdS quantum dots and TiO_2 nanoparticles. J. Phys. Chem. C, 2009, 113: 3139.

[164] Gibbs H M, Khitrova G, Koch S W. Exciton-polariton light-semiconductor coupling effects. Nat. Photonics, 2011, 5: 273.

[165] Mao B, Chuang C H, Wang J, et al. Synthesis and photophysical properties of ternary Ⅰ-Ⅲ-Ⅵ $AgInS_2$ nanocrystals: Intrinsic versus surface states. J. Phys. Chem. C, 2011, 115: 8945.

[166] Hamanaka Y, Ogawa T, Tsuzuki M, et al. Photoluminescence properties and its origin of $AgInS_2$ quantum dots with chalcopyrite structure. J. Phys. Chem. C, 2011, 115: 1786.

[167] Ogawa T, Kuzuya T, Hamanaka Y, et al. Synthesis of Ag-In binary sulfide nanoparticles-structural tuning and their photoluminescence properties. J. Mater. Chem., 2010, 20: 2226.

[168] Li L, Daou T J, Texier I, et al. Highly luminescent $CuInS_2$/ZnS core/shell nanocrystals: Cadmium-free quantum dots for *in vivo* imaging. Chem. Mater., 2009, 21: 2422.

[169] Wang L, Zheng H, Long Y, et al. Rapid determination of the toxicity of quantum dots with luminous bacteria. J. Hazard. Mater., 2010, 177: 1134.

[170] Zhang F, Chen C, Wu X, et al. Brightly-luminescent and color-tunable colloidal $CH_3NH_3PbX_3$ (X=Br, I, Cl) quantum dots:Potential alternatives for display technology. ACS Nano, 2015, 9: 4533.

[171] Huang H, Susha A S, Kershaw S V, et al. Control of emission color of high quantum yield $CH_3NH_3PbBr_3$ perovskite quantum dots by precipitation temperature. Adv. Sci., 2015, 2: 581.

[172] Cao L, Meziani M J, Sahu S, et al. Photoluminescence properties of graphene versus other carbon nanomaterials. Acc. Chem. Res., 2013, 46: 171.

第6章 量子点的电学与电化学性质

针对半导体量子点的尺寸依赖光学性质，科研工作者们已经开展了广泛的研究，在前面的章节中我们展开了一些介绍和讨论。在本章中我们将介绍量子点的电学和电化学性质[1-3]，主要讨论典型的半导体量子点，特别是Ⅱ-Ⅵ族量子点。

6.1 量子点的电学性质简介

在量子点中，电子通常由于显著的势垒被限制在粒子内，因此量子点之间的传输可以被认为是局域态之间的跳跃。在强限域状态中量子点的电荷传输受限于粒子间的电子转移，而不是在单个粒子内的电子传输，因此这与传统的半导体传输理论不同，而与分子系统中的电荷传输更为相似。在量子点中，可以通过改变尺寸来调整量子点的电子亲和能与电离势，这样原则上就可以影响电荷转移的速率。但在实践中，无序结构及表面捕获态也是非常重要的，并且可能会主导量子点系统的电荷传输性质[3]。考虑到在本系列丛书中的其他分册中有关于电学性质和电子器件更为专业的介绍和讨论，这里我们针对量子点电学性质的讨论将大大简化。一些基本的概念和讨论，如局域态之间的电子转移理论、常用实验技术等请读者参见其他分册或专著。我们在这里给出一些研究进展的简要讨论，主要介绍和量子点性质相关的光诱导电子转移和量子点膜中的电子传输问题。

6.1.1 光诱导电子转移

纳米级半导体界面处的光致电荷转移对于各种新兴技术是非常重要的[4,5]，包括 LED[6-10]、光折射材料[11,12]、光电探测器和光伏电池等应用[13-19]。此外，光致电离在单个量子点的荧光闪烁和光谱扩散中发挥着重要作用，所以理解量子点与其环境之间的光致电荷转移过程对于理解量子点的光物理学是至关重要的。量子点与其周围环境之间可能的光致相互作用由量子点中的电子、量子点的表面和周围环境(配体或附近分子)的相对能级决定，如图 6.1 所示。电子转移的驱动力源于纳米颗粒上的电子和相邻分子上空穴的初始光激发激子态和转移态之间的能量差。如果忽略电荷转移态中的库仑相互作用，当纳米颗粒和附近分子的电子亲和力(EA)或电离电势(IP)之间的偏移大于初始时的库仑结合能时，在能量上光诱导的电子转移将更有利。这种结合能在有机材料中约为 0.5 eV，对于量子点可以达到 10～100 meV。

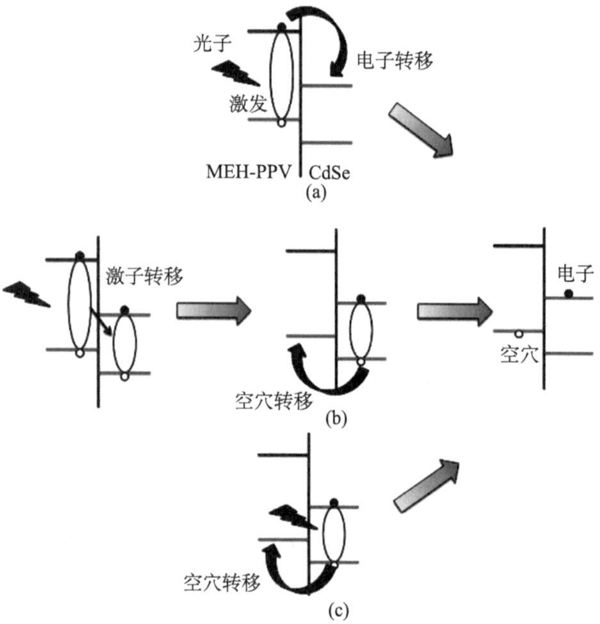

图 6.1 量子点和共轭聚合物(MEH-PPV)界面处电荷转移的可能路径[3]

(a)从光激发聚合物到量子点的电子转移；(b)激子从聚合物转到量子点的 Förster 能量转移，随后空穴转移到聚合物；(c)空穴从光激发量子点到聚合物的转移；在每种路径中，辐射和非辐射复合都将与电荷和激子转移过程竞争

在量子点界面处光激发态存在许多可能的弛豫途径，电荷转移仅是其中之一，而辐射衰减、Förster 能量转移及非辐射衰减都会与电荷转移竞争。此外，这些过程并一定都是严格区分或相互排斥的。被捕获的电荷仍然可以转移到能量上更有利的受体，甚至发生辐射复合。同样，共振转移的激发态仍然可以在能量受体位点上经历电荷分离或辐射复合。图 6.7 中给出了在共轭聚合物/CdSe 量子点界面处电荷转移的几种能量允许的可能路径。通过尺寸调整特别活跃的量子点的能级可以合理地控制这些过程。减小半导体纳米颗粒的尺寸主要通过两个途径来改变其电子亲和能和电离电势[20]：第一是量子限域效应，随着粒径减小而载流子的动能增加；第二是经典的极化效应，化学方法制备的量子点表面有机配体和基质的介电常数比无机半导体小得多(ε_r～2 对 ε_r～10)，导致半导体提供的介电稳定性降低。两个过程均趋于使量子点上的过量电荷相对于体相半导体不稳定。量子限域和介电限域对激子和单粒子能级影响的详细计算可以在文献中找到[21-25]。

6.1.2　量子点膜中的电荷传输

近年来，量子点的电荷传输已成为研究的一个活跃领域[26]。研究人员已经探讨了单个量子点的电荷传输性能，包括 CdSe 量子点单电子晶体管的示范及在 CdSe 和 InAs 量子点水平上的 STM 电导谱，甚至可以通过接触四角架形纳米粒子的分支来进行三端测量[27-30]。化学合成的量子点阵列对于电荷传输研究也是非常有意义的，不仅可以通过量子尺寸效应来调节构成颗粒的性质，而且还可以通过控制颗粒间耦合和有序排列来调节阵列的共有性质。由单层钝化表面活性剂封端的半导体量子点可以从溶液加工成密堆积的各种“量子点固体”，量子点之间由表面活性剂层分离。钝化的 CdSe 量子点膜足够坚固，从而可以被用于薄膜器件中，因此器件中纳米颗粒之间的电荷传输是进一步讨论基于纳米颗粒发光和光伏器件的关键。

由于典型的半导体量子点的带隙远远超过室温下的热能(k_BT)，即室温热能无法激发量子点，因此本征载流子的密度较低。此外，由于量子点的“自清洁”作用，杂质倾向于在合成期间排出，制备的量子点中掺杂水平也较低，所以量子点固体通常是高度绝缘的。因此，电导率主要由电极注入的载流子控制[14]，这些载流子可以通过光激发[31]、场效应[32]或通过化学或电化学的掺杂产生[33]。例如，在 CdSe 量子点中，载流子波函数不能够延伸远离点的表面，即使在高压下也不可能发生点之间的强电子重叠[34]，因此载流子传输通过颗粒之间的跳跃而发生。在暗处，电荷载流子必须在传输之前从电极注入，才可以通过 CdSe 量子点阵列传输。因为颗粒是未掺杂的并且被绝缘单层覆盖，所以注入可以被视为在金属—绝缘体—半导体界面处的隧穿问题。对于电子的情况，注入必须通过从金属接触的费米能级附近或下面的能态隧穿到量子点的导带而发生，Heath 等利用这种行为从 CdSe 量子点单层膜构筑了遂穿二极管[35]。根据他们所做器件的 I - V 特性，估计对于直径 3.8 nm 的量子点，最低的量子限域导带能态位于真空水平以下 3.6 eV，与理论预测结果大概一致。早期大量工作集中于 CdSe 量子点膜中[36,37]。Ginger 和 Greenhamhave[38]测量了金属电极间 200 nm 厚 CdSe 量子点膜的电子注入效率，如图 6.2 所示。可以看出，低功函数金属 Ca 和 Al 在低偏压下产生高电流，而高功函数的 Au 和 ITO(导电玻璃)在相同电压下表现出小几个数量级的电流。Ca 和 Al 器件开启电压相同(尽管功函数相差约 1.5 eV)，这表明它们提供了等效的电子注入能力。

将载流子引入量子点膜的第二种手段是光激发。严格来说，这涉及从一个量子点到另一个量子点的光致电子转移，它本质上是量子点-量子点间电荷转移问题。Ginger 和 Greenham 及 Leatherdale 等证明了 CdSe 量子点膜中的光电流遵循并近乎匹配量子点的量子限域吸收光谱响应曲线[14, 31]。Ginger 和 Greenham 利用夹

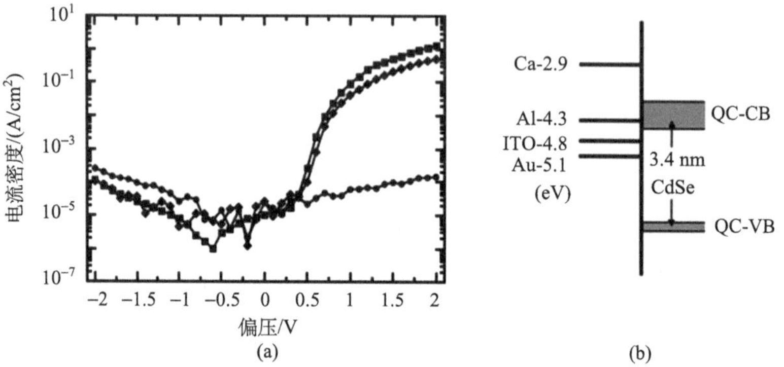

图 6.2 (a)三种不同的 ITO/CdSe/金属器件的电流-电压(*I-V*)曲线，每个器件的 CdSe 层由通过 TOPO 表面活性剂分离的直径为 3.4 nm 量子点的 190 nm 厚的膜组成，菱形表示 Al 阴极器件的 *I-V* 曲线，正方形表示 Ca 阴极器件，圆圈表示 Au 阴极器件，在所有情况下阳极都是 ITO；(b)量子点器件中用作电极的金属费米能级和量子限域下导带(QC-CB)和价带(QC-VB)的相对位置[38]

在 ITO 和 Al 电极之间的 CdSe 膜(200 nm)测量光电流，通过 ITO 接触控制照射几个平方毫米的有效面积，在室温短路条件下测量的外量子效率(收集的电子/入射光子比值)为 1%～10%。Leatherdale 等使用间隔 1～20 μm 的 Au 条带电极间沉积的平面内器件，其量子效率低得多。然而，近期的实验显示，通过器件的退火可以大大增强光电导率，证明电荷分离效率对颗粒之间的间隔距离高度敏感[36]。在上述两种器件中，均发现光电流随照射强度线性增加，这与载流子产生的单光子机制及其一级复合动力学一致。这符合预期，如果激子的解离是限速步骤，那么大多数电子-空穴对将重新结合保持相关；如果复合受样品中的高密度陷阱位点支配，那么也符合一级动力学。

这些器件表现出强烈的历史依赖性“记忆”效应。如果室温下，“静止”于黑暗中，那么膜将在几天的时间内缓慢恢复到其原始的电流-电压特性，此外，甚至可以通过非常短暂的暴露在高于带隙能量的光来恢复原始的暗电导率，低于带隙的光则没有效果。较长的暴露时间将使膜的暗电导率提高到超过器件的原始暗电导率的水平。暴露在高于带隙的光，所产生的自由载流子可以移动，以中和被俘获的空间电荷，恢复电导率。如果空穴迁移率远低于电子迁移率，会导致正电荷在光照下慢慢累积，可以解释其持久的光电导率[37]。当正电荷从器件中扫出或通过复合中和时，该电导率衰减。

最后，空间电荷限制电流的假设允许我们估算这些膜中的电子迁移率。尽管样品-样品之间变化很大，但是对于“未捕获”电子，迁移率的数值主要落在 10^{-6}～$10^{-4}cm^2/(V \cdot s)$ 范围内。通常空间电荷极限代表了可以通过任何器件的最大单载流子电流，所以这些值给出了 CdSe 量子点固体较好的电子迁移率下限，即使器件没有真正在空间电荷受限区工作。

除了时间和暴露依赖性之外，电导率的温度依赖性还可以提供关于载流子传输机制的有价值信息。图 6.3 显示了对于直径 2.7 nm 和 4.5 nm 的 CdSe 量子点样品的 $\ln\sigma$ 对 $1/T$ 的关系图[14]。虽然温度范围有限，但是在高温（180～300 K）的 Arrhenius 图中明显的暗电导率 $\sigma(T)$ 的线性区域是典型的简单激活跳跃过程。跳跃输运是根据相似结构 CdS 量子点中电流的场依赖性来推测的[39]，并且对于这种由绝缘有机配体间隔开的量子点膜也是一种自然的结果[10]。在较低的温度（60～180 K）也观察到了第二个 $\ln\sigma$ 对 $1/T$ 近似线性相关的区域。在该范围中，温度依赖性比高温下小得多。电流通常低于 60 K 能够达到一个恒定值，与室温下的反向偏压中观察到的电流相当，可能主要是由漏电流引起的。在 180～300 K 区域 Arrhenius 曲线的斜率，可以得到在 0.10～0.20 eV 范围内的活化能。由于这些原因，一般来说，至少在 180～300 K 的温度下，这些研究的样品中载流子的传输由捕获和无序效应主导。对更有序的膜、更窄尺寸分布的样品或改善的表面钝化样品的研究可以用来鉴定尺寸依赖效应。

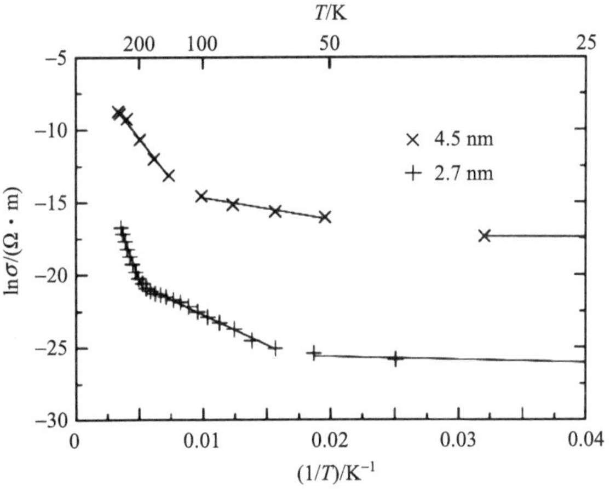

图 6.3　200 nm 厚薄膜的 CdSe 纳米晶的 $\ln\sigma$ 与 $1/T$ 关系图[14]

最近已经发表了很多在 PbSe 量子点上进行关于量子点阵列中载流子传输的工作。PbSe 具有比 CdSe 低得多的带隙，更容易实现电极注入和颗粒掺杂。对于非有意掺杂的颗粒，平面内测量显示出对器件退火温度的强依赖性[40]。按照上述方法制备的器件仅显示出可忽略的导电性，而在 373 K 退火（可减少颗粒间间距）后显示非欧姆行为。随着在 473 K 退火，薄膜表现出欧姆电流-电压特性，具有类似 Arrhenius 的温度依赖性，在不同的温度范围内有不同的活化能。随着在 573 K 退火，样品导电性变强，具有轻微的超线性电流-电压特性。Talapin 和 Murray 等[32]

已经清楚地证明了通过修饰表面配体控制 PbSe 量子点膜中的纳米颗粒间距的重要性，它们已经制备了基于量子点膜的场效应晶体管。通过用肼处理膜以除去配体，减少颗粒间隔，并且进行 n-型掺杂，能够实现高达 0.7 $cm^2/(V \cdot s)$ 的电子迁移率。随后通过在氮气下或在真空中退火，可以除去肼，并且看到双极晶体管行为，空穴迁移率高达 0.18 $cm^2/(V \cdot s)$。这些结果对于溶液加工的晶体管中获得良好迁移率具有重要的实际意义。这种策略也已经应用到 ZnO 纳米棒器件中，获得了 0.6 $cm^2/(V \cdot s)$ 的迁移率[41]。

化学掺杂可以显著提高量子点膜的导电性。通过蒸发钾对 CdSe 颗粒进行 n-型掺杂，随着掺杂膜的电导率增加超过两个数量级，与量子限域电子态之间跃迁导致的红外吸收增加相关[42]。更多可控掺杂可以通过电化学实现，其中工作电极包括用量子点覆盖的叉指型电极阵列[42]。通过光学测量，可以估计电化学扫描期间的充电密度，从而从测量的电流密度中提取迁移率。迁移率会随扫描电势增加，直到每个点一个电子的充电水平，然后在每个点两个电子处经历最小值，对应于 $1S_e$ 电子态的填充（图 6.4）[43]。此技术先前已经应用于 ZnO 纳米颗粒，其中发现测量的迁移率强烈依赖于电荷密度，对应于不同电子能级的填充[44]。Yu 等[45]研究了电化学掺杂的 CdSe 固体中电导率的温度和场依赖性。他们发现电导率的温度依赖性可以通过 Efros 和 Shklovskii-(ES-) VRH 模型很好地拟合。还有人已经使用这种技术研究了 PbSe 量子点固体，并且观察到非常类似的现象[46]。

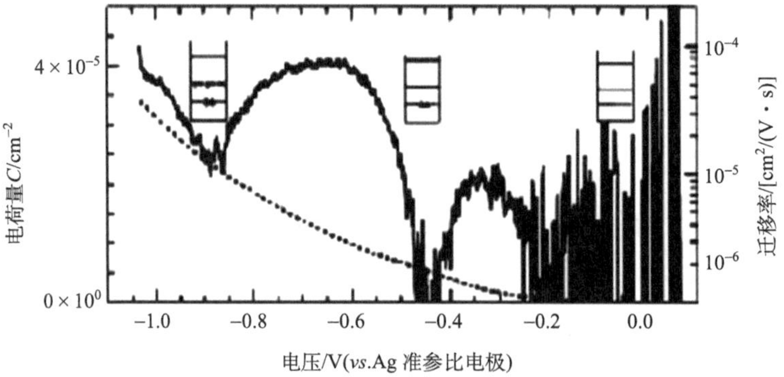

图 6.4 CdSe 量子点膜的集成表面电荷密度（虚线、线性标度）和微分迁移率（实线、对数标度）作为电化学电势的函数[43]

6.2 量子点的电化学性质

相比其光学性质，量子点的电化学性质的报道较少，但 CdSe 和 CdTe 也已经被大量探讨[1]。伏安测试可以用来探测量子点的氧化还原程度，如果这些系统涉及电子的转移过程，它将成为至关重要的信息。电化学数据也有利于量子点光谱性质的解释，给出化学组成、尺寸和表面性质的信息。半导体量子点[47,48]优异的光谱性质使它们在分析科学、诊断学、材料科学和能源转化等领域成为有机染料分子的理想替代品[49,50]。在很多情况下，量子点的功能化与电子的交换有关，无论是发生在纳米自组装体之内还是与修饰分子或外来物种之间的电子交换或传递。例如，对于功能化组装分子器件的合理设计及探索其工作中的电子转移过程，需要有对其组成和氧化还原性质的理解。然而，就量子点而言，同样程度的理解还远没有实现。特别是仍然不知道结构参数(核尺寸、壳厚度、有机配体性质等)如何影响半导体量子点的氧化还原性质。关于量子点的氧化还原性质[51]的研究，特别是与结构参数的关联还比较少。这里简要介绍半导体量子点的电化学研究。当然，量子点的电化学研究远没有其光学性质的研究深入，需要通过将不同技术获得的数据进行比较，以更好地解释和理解这些结果。

对于半导体量子点，尺寸效应最显著的结果便是带隙可以通过粒子尺寸而改变。量子点基本的电荷转移过程有四种，如图 6.5 所示[52]。用于产生非相互作用电子空穴对的能量被认为是准粒子带隙，对应于电化学带隙(ΔE_{el})，也就是量子点第一还原起始电位和第一氧化起始电位间的能量差。这些值可以从循环伏安中获得，而光学带隙(ΔE_{op})，可以用光谱数据测量，且与电化学带隙存在如下关系：

$$\Delta E_{op} = \Delta E_{el} - J_{e,h}$$

其中，$J_{e,h}$ 是电子空穴对的总库仑作用能。因此，对于任何给定的量子点，电化学带隙比其光学带隙大。

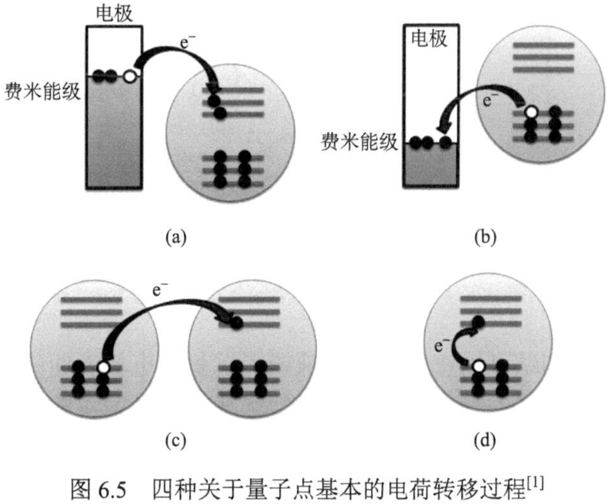

图 6.5　四种关于量子点基本的电荷转移过程[1]

(a) 电子注入中性纳米颗粒；(b) 从中性纳米颗粒中提取电子(或空穴注入)；(c) 同时在两个非相互作用量子点中进行的电子和空穴注入；(d) 同一个粒子中光激发电子空穴对的产生

6.2.1 量子点研究的电化学技术

电化学测量经常被用来测量电活性分子中 HOMO 与 LUMO 的能级位置，也能够提供电子转移动力学的信息，并获得其他的参数如扩散系数、界面性质、氧化还原过程有关的反应热力学和动力学常数等。电化学方法主要探测材料的表面，而光谱测试常常与纳米粒子内部过程有关。因此电化学测量常与光谱观测相关联（图 6.6），来给出材料价带和导带的信息，当然前提是量子点的质量要足够好。然而，由于量子点高的比表面积，表面性质对于纳米粒子特别重要。此外，晶格的不完美生长、杂质的存在及氧化或湿度化学反应等也会产生缺陷。表面缺陷对于电子和空穴都是捕获位点，并分别构成氧化和还原中心，所以量子点的电化学测量受到这些捕获位点的严重影响。表面缺陷很难被控制或者去除，这也是造成量子点的电化学测试很困难的主要原因。另外，用电化学实验来探测量子点表面可用于获得材料质量的信息，因此电化学方法对于半导体量子点的标准化表征技术是一种有力的补充。详细的电化学方法的描述超出了本书的目标，这里简要介绍一些量子点电化学表征的主要技术。

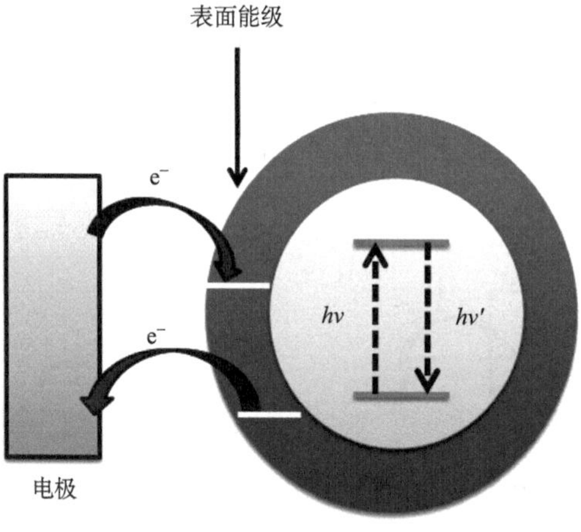

图 6.6 光谱和电化学技术对纳米粒子研究的示意图

光吸收和激发提供了在粒子内部区域所发生的电子跃迁的信息，而电化学方法主要探讨纳米材料的表面[1]

典型的电化学测试可以在量子点溶液或者沉积在电极表面的量子点薄膜上进行，并可以根据研究目的和使用的技术进行选择。溶液中实验的主要缺点是量子点的低溶解度，导致信号太低而难以检测。量子点在电极表面的沉积具有能够提供更大电化学信号的优势，因此大多数量子点电化学性质的研究是在膜上开展。对于光电应用，薄膜是最有效的，但是它们在伏安测试中存在局限。例如，电子转移过程困难会导致化学反应或者膜形貌的变化，并可能进一步导致样品的降解。

除此之外，由于量子点在膜中的团聚，所观察到的电流-电势曲线也许不能真正反映独立粒子的行为。这种情况下，电化学数据不能被用来推断单个量子点的参数，如准粒子带隙。

在量子点研究中，最常用的电化学技术包括伏安测试、光谱电化学和电化学发光等。循环伏安(CV)是一个强大的技术，可以提供氧化还原过程、电极与电活性样品间的电子转移速率、扩散系数、伴随氧化还原反应的热力学和动力学参数等方面的信息。但是，CV 的低灵敏度和量子点的低溶解度限制了这项技术对溶液中量子点电化学性质的研究。其中灵敏度问题可以用微分脉冲伏安法来解决，它主要是通过压缩背景信号来增强灵敏度。光谱电化学法(SEC)是将非电化学技术(如吸收和发射光谱)和电化学系统结合来研究电化学过程生成物的光谱行为[53]。大多数光谱电化学法以透光测试为基础，测试中一束光穿过透明电极表面，在电化学反应中物质的产生或者消耗导致吸收改变，也可以在电化学实验中测试光致发光。这些研究一般涉及电势改变时吸收和发光强度随时间的变化，电化学生成物质的光谱信号也可以通过波长扫描的方法来测定。电致化学发光或者电化学发光(ECL)，普遍定义为通过异相电子转移过程中(如电极表面)所获得的活性前驱体之间的均相电子转移反应中所形成的电子激发态而产生的光。在最简单的例子中，ECL 可以通过从电极产生的(很可能同种化合物的)氧化和还原物种直接湮灭获得。一种替代方法是共反应物的使用，例如，一种化合物发生电化学氧化(或还原)，就生成一种强氧化(还原)剂并与发光物质电化学生成的阴离子(或阳离子)反应。因为 ECL 与电化学和光物理过程相关联，对量子点的研究非常有用[51]。此外，量子点具有发光峰窄的特征，ECL 谱图可以协助电化学过程的指认。

6.2.2　量子点的电化学伏安特性

CdSe 是被研究最多的半导体量子点。溶液中和薄膜中 CdSe 量子点的 CV 测试显示光学与电化学带隙相对应[54-56]。利用 TOPO 包覆的一系列不同尺寸的 CdSe 量子点(半径为 1.9～3.6 nm)，CV 中分别在阳极和阴极观测到一个不可逆的氧化/还原峰，并且可指认为从价带移除一个电子及向导带注入一个电子的过程。阳极和阴极峰电位的差值随着尺寸的减小而增加。三个不同文献里[54-56]独立测试的数据比较显示都与理论预测值符合较好[57]。电化学带隙，即第一阳极和第一阴极 CV 峰分离相关的能量差，与光学带隙非常一致，只有小于 1.9 nm 的粒子不同。根据理论预测[57]，这种情况是电子空穴库仑相互作用($J_{e,h}$)导致光学带隙不等于电化学带隙。以此模型为基础，更小粒子的 $J_{e,h}$ 值估计约为 0.1 eV。直径为 1.9 nm 的量子点与大尺寸样品的区别还包括 CV 中另外一个阳极峰的存在，这可能与带间捕获态有关，这点也可以从光致发光低能端的肩峰证明。

除了与导带和价带的氧化还原反应相关的过程外，量子点 CV 中额外峰的存在是相当普遍的。电化学技术可以探索材料的表面性质，并且对造成氧化和还原捕获态的缺陷很敏感。例如，三种不同合成方法制备的 CdSe 量子点的检测中[58-60]，量子点表面被不同的配体表面单层包覆，包括十二烷基硫醇和 TOPO/HDA（三辛基氧膦/十六胺），电化学性质用微分脉冲伏安法（differential pulse voltammetry, DPV）测试（图 6.7 和图 6.8）。在所有情况下，DPV 扫描显示出一个氧化和一个还原过程。十二烷基硫醇包覆样品的电化学带隙随着核直径的增加而减小，与理论计算的一致。然而，电化学带隙总是比光学带隙小 0.4～0.5 eV。这个相差太大，而无法用库仑相互作用能 $J_{e,h}$ 来解释，可以归因于表面缺陷作为电子和空穴的局域捕获态，在这类量子点发光带中拖尾现象的存在也支持这种解释。

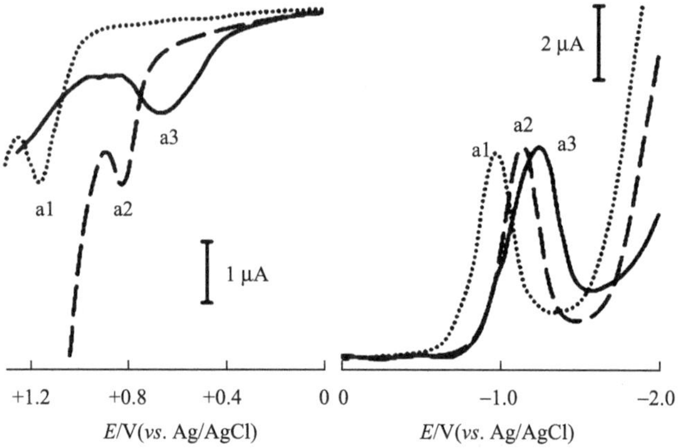

图 6.7 十二烷基硫醇包覆的不同尺寸 CdSe 量子点氧化（左）和还原（右）微分脉冲伏安法图[58]

条件：THF/TBAP，1.5 μmol/L，20 mV/s；a1：2.1 nm；a2：2.3 nm；a3：2.5 nm

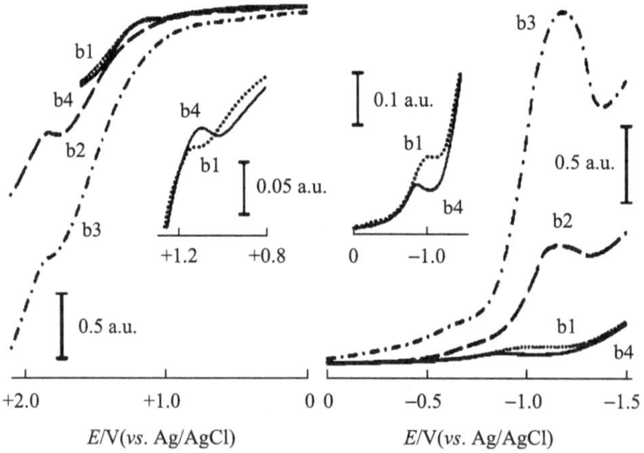

图 6.8 不同尺寸的 TOPO-HDA 包覆的 CdSe 量子点的氧化（左）和还原（右）的微分脉冲伏安图[60]

不同样品的电流强度已被标准化以考虑浓度和扩散系数的差异

条件：$CHCl_3$/TBAP，1.5～4 μmol/L，20 mV/s；b1：2.6 nm；b2：3.1 nm；b3：3.8 nm；b4：4.3 nm

在 1-十八烯(ODE)和 TOPO 两种溶剂中制备的 TOPO-HDA 包覆的样品表现了不同的性质。ODE 是一种非配位溶剂，而 TOPO 对于量子点是一种有效的包覆配体，这些样品中氧化还原峰值不只与核的尺寸有关。特别是，电化学带隙随着样品直径的增加而反常地增加，与理论和光学带隙中所预测的趋势相反。此外，电化学带隙小于光学带隙，这可能是由于表面缺陷在决定氧化还原电位中起决定性作用，而且对于最小和最大的颗粒来说缺陷的作用都是主导性的。这种行为可能来自其合成方法，即热注射法[61,62]。由于相对短的反应时间，不存在热退火，小的颗粒有更多的缺陷。中等颗粒在尺寸聚焦区域生长，更可能经历一个除尺寸分布变窄之外的表面缺陷矫正过程。而更大粒子的生长是通过奥斯特瓦尔德熟化从小量子点得到，因此其表面担载着大量的缺陷。除此之外，每个系列中等尺寸的粒子比同一家族的其他粒子的氧化还原有更高的电位，表现出的电化学带隙远大于预估的光学带隙。

在量子点核上包裹一个无机壳能够消除核-配体界面的不连续性，部分消除表面缺陷并保护核与周围环境间的相互作用，这些核壳量子点通常具有改善的物理化学性质和稳定性[63]。通过微分脉冲伏安法研究了一系列厚度(1.4 nm、2.2 nm、5 nm)的 ZnS 壳包裹的 CdSe 量子点(直径 2.2 nm)，所有样品均在检测的电位窗口中观察到一个氧化和一个还原过程[58]。相对于单纯的核粒子，壳的存在导致了两个电位均向正方向移动，因此减缓了氧化过程并促进了还原过程。氧化过程的正向电位移动与价带电荷从 CdSe 到 ZnS 的移动相一致[64]，表明核壳量子点的氧化涉及电子从无机壳的移除。

相比于 CdSe，CdTe 有更小的带隙(1.44 eV)和更大的玻尔半径(约 6.4 nm)。因此对于 CdTe 量子点，激子吸收和发射将移动到更长的波长，同时量子限域效应更强。CdTe 量子点的循环伏安和微分脉冲伏安实验进一步证实了 CdSe 量子点中通常观察到的现象：电化学响应受材料质量强烈影响。几个氧化还原峰在两批 TOPO 封端 CdTe 量子点的微分脉冲伏安中均观察到[65]。最强的氧化峰归属于 Te 离子的氧化，同时其他过程归属于杂质，电化学带隙接近于光学带隙值。另一个工作深入研究了一系列硫醇包裹的不同尺寸 CdTe 量子点，包括分散在溶液中或者沉积在电极上两种形式[66]。CdTe 样品的循环伏安有两个氧化峰，第一个(A1)随着尺寸增加(带隙减小)移动到更正的电位，然而第二个氧化峰(A2)稍微负移。还原扫描展示了一个随尺寸减小向更负电位移动的不可逆峰(C1)。A1 和 C1 之间差值太小，因此与带隙无关。此外，A1 的电位移动作为量子点尺寸的函数与量子限域效应并不一致。因此，A1 峰应归属于氧化表面缺陷形成的带内表面态。这个推断可以通过相同尺寸和不同发光效率量子点样品的伏安实验证实。弱发光量子点与强发光量子点具有相同的带隙，但更多的表面 Te 原子作为捕获态[67]。这些样品的 CV 表明低发光效率的样品对应于峰值 A1 的电荷转移值较大(通过更多的陷阱态），因此证明了该氧化还原过程的本质。第二氧化峰 A2 归属于 CdTe 核的氧化，带隙能量可以通过 A2 和 C1 之间的能量差估算。实验发现电化学带隙小于光学带隙，这是由于多电子转移氧化还原过程中伴随的粒子分解[68]。

在溶液中油酸封端的 CdTe 量子点的准粒子带隙的尺寸依赖性也通过 CV 实验并借助 DFT 计算进行了研究[69]。所有的量子点（直径 2.4～4.7 nm）均表现出电化学不可逆还原和氧化过程。利用第一还原和氧化电位计算的电化学带隙与光学带隙有很好的相关性，并与 DFT 计算一致。在某些情况下观测到第一还原过程的化学可逆性，表明可以在溶液找到相对稳定的 CdTe 粒子。另外，第一氧化过程是不可逆的，相关阴极峰的缺失表明电子转移之后是一个分解反应，有可能是因为碲离子到单质碲的氧化。结果与早期数据很好地吻合[65,70]，证明所观测到的伏安特性是 CdTe 量子点固有的，而不是受封端配体性质和实验条件的影响。进一步工作系统研究了各种常用配体对 CdSe 和 CdTe 量子点电化学响应的影响，如十八烷基胺、十二烷基硫醇和巯基丙酸等[71]。

6.2.3 量子点的光谱电化学测量

光谱电化学法（SEC）是将非电化学技术（如吸收和发射光谱）和电化学系统结合来研究电生成物质的光谱行为。在这方面一个典型的例子，是利用制备的 CdSe 和 CdSe-ZnS 量子点的膜和溶液，观测其吸收和发射光谱随所施加电化学势的变化[72,73]。在负偏压下，一个新的吸收带在近红外区域被观察到，归结为 $1S_e \rightarrow 1P_e$ 的跃迁，而相应的激子吸收带被漂白。此外，带负电量子点的发光被猝灭。可逆充电过程可以通过吸收和发光信号的恢复来验证。有意思的是，观察到的吸收和发射的复位时间标度不同[73]。特别是光致发光恢复速率与红外吸收衰减相比偏慢，这个效应归因于表面电荷的存在。总体来说，恢复过程比较缓慢，并且可以通过交联剂处理膜来改进[72]。

如前面章节所述，闪烁现象是半导体量子点的特征光学性质之一，对于量子点的应用具有重要意义。闪烁现象的解释往往涉及电荷参与的载流子衰减过程，而电化学中带电量子点的发光研究可以给出重要信息。例如，结合循环伏安法和共聚焦显微镜来研究 CdSe-CdS-ZnS 量子点的单层膜结构，当电位正方向扫描时量子点的光致发光在空气和氮气中均完全和不可逆地猝灭，负方向扫描时光致发光在氮气下部分可逆猝灭，而在空气中则完全且不可逆地增强。所观察到的与电子注入有关的行为强烈依赖于量子点的化学环境，其机理如图 6.9 所示。在非空气条件下，电子被注入未占用的 $1S_e$ 能级（步骤 1）并快速弛豫到表面电子受体位点（步骤 2）。这样的陷阱位置位于 ZnS 壳表面并引起量子点光致发光的猝灭，因为被捕获的电子与光生空穴发生非辐射复合（步骤 3），残余激发电子在空的表面态上被重新捕获（步骤 4）。最近，单个核壳 CdSe-CdS 量子点的发光光谱也被用来和电化学方法结合，以阐明电荷转移在发光闪烁中的作用[74]。利用时间分辨 PL 研究单个量子点，同时用电化学控制其充电程度。观察到两种不同的闪烁行为。第一种(A 型)是传统的闪烁模式：亮态对应于未充电的量子点，其特征在于激子的辐射复合；而暗态对应于带负电量子点，其中俄歇复合导致快速的非辐射衰减过程，因此降低了发光强度并缩短其寿命[75]。光辅助充电和放电过程导致量子点在这两个状态之间随机切换。在 0 V 的电位下，A 型闪烁模式的量子点显示双状态闪烁行为：施加正电压抑制闪烁现象，而在负电位发光被猝灭，寿命变短。B 型闪烁的特征在于光致发光强度的巨大变化，而发光寿命并不随之降低。这种闪烁的行为可以通过非辐射复合中心的激活和停用来解释，复合中心可以在其弛豫到最低能量发射状态之前有效地捕获热电子[图 6.10(a)]。其中光致发光衰减时间在暗态下应该类似于中性激子，而强度则与内部弛豫的速率常数(k_{ir})和电子俘获(k_{et})之间的比例有关。当施加正电位时，陷阱态更多的时间在其空缺状态(猝灭)，导致暗态发生概率增加[图 6.10(a)]。在施加足够的负电位时，陷阱态可以被电子填充并因此失活[图 6.10(b)]。如果施加更大的负电位，量子点核被充以额外的电子，则会导致发光具有更低的强度和更短的寿命[76]。表面缺陷在 B 型闪烁中的作用被证实，增加壳厚度，B 型闪烁行为变少，包裹 15 个或更多个 CdS 单层的核壳结构后最终被抑制。相反地，即使在非常厚壳(19 个 CdS 单层)的情况下仍然可以观察到 A 型闪烁。类似的方法还被用于比较发生在二元(CdSe-ZnS)和三元(CdSeS-ZnS)量子点中的闪烁现象[77]。

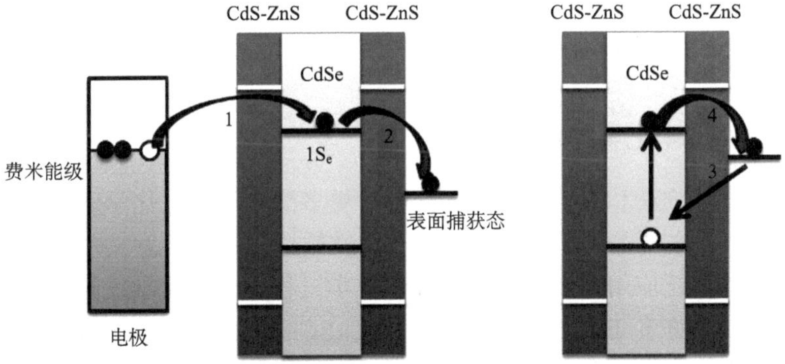

图 6.9 氮气氛围下带负电量子点的光致发光猝灭机理

一个电子注入最低空能级(步骤 1)，并快速弛豫到空的表面陷阱态(步骤 2)；捕获的电子与光生空穴发生复合(步骤 3)，伴随光生电子被表面态的捕获(步骤 4)[1]

与 CdSe 量子点类似，CdTe 量子点光致发光的变化也在空气和氮气中通过不同施加电压下进行研究[78]。随着正电位的增加，量子点的发光蓝移，并在空气和氮气中不可逆地猝灭，和 CdSe 量子点类似[79]。XPS 研究表明，一旦氧化，大量

的 Te^0 原子出现在颗粒的表面，充当载流子捕获陷阱降低发光效率[67]。光致发光蓝移表明颗粒溶解，造成它们的尺寸减小，而光致发光的猝灭可能与量子点表面结构的变化有关。对于 CdSe 量子点[79]，负电位的作用依赖于环境，但是 CdTe 量子点呈现不同的结果：在空气中发光猝灭，但是在氮气下不受影响。在空气中施加负电位下的 XPS 再次表明量子点表面 Te^0 的出现，结果发光猝灭[67]。Te^0 的存在可能是由于胶体量子点表面降解产生，由空气环境中的氧还原反应产生的过氧化氢引起。CdTe 和 CdSe 量子点之间还原行为的差异也可能是由于在各种实验中采用了不同的溶剂和电位窗口。

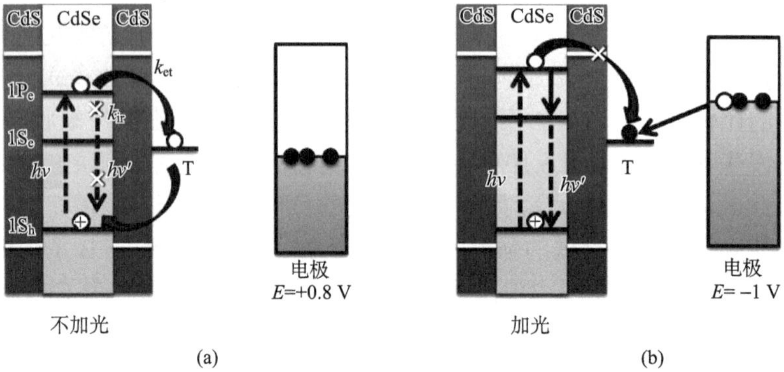

图 6.10 单个 CdSe-CdS 量子点的 B 型闪烁模型

辐射过程由虚线表示；$1S_e$ 和 $1P_e$ 分别是基态和激发态电子能级，$1S_h$ 是带边空穴态；(a) 暗态是由于在 $1S_e \rightarrow 1P_e$ 带内弛豫发生之前陷阱态(T)的活化，能够捕获热电子。而正电位使陷阱态不被占据，即激活状态；(b) 在足够的负电位下，陷阱能级被填充，量子点保持在发光状态[1]

6.2.4 量子点的电化学发光

除了上述伏安法和光谱电化学研究外，更多的量子点电化学研究集中于电化学发光(ECL)，主要是由于其对量子点表面性质探测的重要意义，以及在生物和医学分析中的广泛应用前景。ECL 是在电化学过程中触发化学发光，化学发光和电化学结合带来许多 ECL 独特的优势[80-83]。ECL 不需要使用任何外部光源，因此不存在散射光和发光杂质，所以可实现低光学背景噪声的高灵敏度分析。应该指出的是，它也具有缺点，如宽的发射光谱、发光体电化学循环能力有限、ECL 试剂扩散出检测区而损失信号等。在 2002 年，Bard 等 [84,85]报道了硅(Si)的第一个 ECL 现象，后来进一步报道了 CdSe[86]、 CdSe@ZnS[87]、CdTe[65]和 Ge[88]量子点的 ECL 现象。这些工作激起了许多对量子点 ECL 性质的基础研究和生物传感应用的兴趣[51,89-92]。值得注意的是，量子点的 ECL 性质和 PL 性质有很大的关联，对于量子点 PL 性质的讨论有利于更好地理解 ECL。虽然很多纳米材料也观察到了 ECL 性质，如多孔硅、低聚噻吩纳米颗粒、金纳米簇和碳点等，这里我们将侧重于传统的半导体量子点，并试图把 ECL 和 PL 结合起来给出一些介绍。

1. 量子点 ECL 和 PL 的机理

最早报道的 Si[84]和 CdSe[86]量子点的 ECL 光谱与 PL 光谱相比红移 200 nm，因此推断 PL 是源于带隙跃迁，而 ECL 为表面态发光。后来的一些研究观察到量子点红移后的 ECL 光谱与 PL 光谱谱形相似。然而，这种 ECL 机制并不适用于所有观察到的量子点系统（表 6.1）。例如，Bard 等在表面钝化的 CdSe（CdSe @ ZnS）[87]和 CdTe 量子点[65]研究中发现相应的量子点 ECL 主要源于带隙发光。CdTe[93-95]及其合金量子点[96]的研究中，发现近红外发射的 ECL 和 PL 光谱几乎完美匹配[97,98]。同时从双配体封装的 CdSe 量子点中观察到的单绿色 ECL 光谱也表明在某些情况下 ECL 为带隙跃迁。因此，合理的 ECL 机理可能与表面态和带隙跃迁均相关。

表 6.1　半导体纳米材料的带隙、形貌、PL 波长和 ECL 性质的总结

材料	带隙	形貌和尺寸	荧光激发波长	λ_{ECL}/nm	($\lambda_{ECL}-\lambda_{PL}$)/nm	电化学电势（*vs.*参比电极）/V	电化学条件和共反应剂	文献
Ag_2Se	0.15	点（1.5 nm）	700	695	5	−1.22（Ag/AgCl）	$K_2S_2O_8$	[99]
Bi_2S_3	1.74	纳米棒（80 nm ×5μm）				−1.70（AgORE）	Na_2CO_3-$NaHCO_3$	[100]
Bi_2Te_3	0.15	纳米棒（10～150 nm）				−1.5（Ag/AgCl）	$K_2S_2O_8$ + NaOH	[101]
CdO	2.28	树枝状纳米粒子	541			−1.8（Ag/AgCl）	PBS + $K_2S_2O_8$	[102]
CdS	2.42	点（10 nm）	541			−1.7（SCE）	PBS + $K_2S_2O_8$	[103]
		球状集合，由大概 5 nm CdS 量子点组成		700		−2.0~2.0（Ag/AgCl）	湮灭型，CH_2Cl_2 + TBAP	[104]
		中空球（厚度：5 nm；直径 20 nm）	493，530			−1.25（Ag/AgCl）	PBS + H_2O_2	[105]
		纳米管（外部 140 nm，内部 100 nm）				−1.2（Ag/AgCl）	$K_2S_2O_8$ + KOH	[106]
		分层纳米管阵列	480，700	480，765	65	−1.4（Ag/AgCl）	PBS+H_2O_2	[107]
Mn:CdS	2.42	点（5 nm）		585，660		−1.3（SCE）	PBS+$K_2S_2O_8$	[108]
Eu:CdS	2.42	点（6.2 nm）		470，520，620		−1.2（SCE）	PBS+$K_2S_2O_8$	[109]

续表

材料	带隙	形貌和尺寸	荧光激发波长	λ_{ECL}/nm	$\lambda_{ECL}-\lambda_{PL}$/nm	电化学电势(*vs.*参比电极)/V	电化学条件和共反应剂	文献
CdSe	1.73	点(3.2 nm)	540	740	200	–2.3～+2.3(AgQRE)	湮灭型，CH_2Cl_2 + TBAP	[110]
		点(1.8 nm，水溶)	526	530	4	–1.8～0(Ag/AgCl)		[110]
		点(3.5 nm)	570			–1.2(Ag/AgCl)	PBS + 溶解 O_2	[111]
		点(1.8 nm)				+0.93(Ag/AgCl)	Tris-HCl + $Na_2S_2O_3$	[112]
		由大概 5 nm CdSe QD 组装的空心球		640		–1.1(Ag/AgCl)	PBS + $K_2S_2O_8$	[113]
CdSe-Te@ZnS	1.49～1.73	点(5 nm)				–1.45(Ag/AgCl)	PBS + $K_2S_2O_8$	[114]
CdTe	1.49	点(4 nm)	635	638	3	–2.46～+1.44(AgQRE)	湮灭型，CH_2Cl_2 + $TBAPF_6$	[65]
		点(5 nm，含网状金属有机骨架(IRMOF-3)	650			–1.50～0	Au/TiO_2 + $K_2S_2O_8$	[115]
		点(3.43 nm)	574	581	7	+1.17(Ag/AgCl)	In/SnO_x + 溶解 O_2	[116]
		点(3.4 nm)	590	590	0	+0.9(Ag/AgCl)	PBS+$Na_2S_2O_3$	[117]
		点(3.3 nm)	577	620	43	–2.4(Ag/AgCl)	PBS+H_2O_2	[118]
CdTe@CdS@ZnS	1.49	点	702	702	0	–1.25(Ag/AgCl)	PBS + $K_2S_2O_8$	[119]
C_3N_4	2.7	纳米片[(5～35 nm)×(40～220 nm)]	435	435	0	–1.07(Ag/AgCl)	PBS + $K_2S_2O_8$	[120]
			470	470	0	+1.9(Ag/AgCl)	TEA+PBS	[121]
CuSe	2.18	纳米管(厚度 60 nm；直径 200 nm)				–1.0～+1.0(Ag/AgCl)	湮灭型，KNO_3	[122]
PbS	0.37	点(～3 nm)	910	910	0	–1.5～+1.5(AgQRE)	湮灭型，CH_2Cl_2+TBAP	[123]
		纳米球(100 nm)				–1.4(Ag/AgCl)	$K_2S_2O_8$ + NaOH	[124]
PbSe	0.28	空心纳米结构				–1.8～+1.8(Ag/AgCl)	湮灭型，CH_2Cl_2+TBAP	[125]
SnO_2	3.6	量子点(5～6 nm)				–1.8(Ag/AgCl)	$K_2S_2O_8$	[126]

续表

材料	带隙	形貌和尺寸	荧光激发波长	λ_{ECL}/nm	$\lambda_{ECL}-\lambda_{PL}$/nm	电化学电势(*vs.*参比电极)/V	电化学条件和共反应剂	文献
F-doped SnO_2	3.6	量子点(50 nm)				−2.0(Ag/AgCl)	PBS+$(NH_4)_2C_2O_4$	[127]
TiO_2	3.2	量子点(20 nm)				−1.3(Ag/AgCl)	KCl +溶解 O_2	[128]
		纳米管(直径， 80 nm)	414，472	510，554，606		−1.3(Ag/AgCl)	KNO_3+溶解 O_2	[129]
N-doped TiO_2	3.2	纳米管(直径，60 nm)			540	−1.2(SCE)	$K_2S_2O_8$ + PBS	[130]
WO_3	2.75	量子点(30 nm)	467			+1.13(SCE)	NH_3-NH_4Cl + TPrA	[131]
ZnO	3.2	点(5 nm)	550	575	25	−2.0(Ag/AgCl)	$K_2S_2O_8$ + PBS	[132]
		纳米花(与碳纳米管复合)	373	378	5	−1.63(Ag/AgCl)	$K_2S_2O_8$ +NaOH	[133]
		纳米针		569		−1.8(Ag/AgCl)	$K_2S_2O_8$ +NaOH	[134]
		纳米金字塔，纳米柱		600		−1.8(Ag/AgCl)	$K_2S_2O_8$ +NaOH	[115]
		纳米片						[135]
ZnS	3.6	点(5～7 nm)	440	460	20	−2.0(Ag/AgCl)	$K_2S_2O_8$ +NaOH	[136]
Mn: ZnS	3.6	点(2.5～4 nm)	585			−1.50(Mn^{2+})，−2.38(ZnS)(SCE)	PBS+H_2O_2	[137]
ZnSe	2.7	点(2.2 nm)	380			−1.3(Ag/AgCl)	PBS+H_2O_2	[138]

要确定量子点的 ECL 机制，需要深入理解 ECL 和 PL 的激子产生过程[2]。对于 PL 或 ECL，光发射都是电子−空穴复合的结果，区别在于激发源不同。PL 通过光激发产生电子和空穴，而 ECL 中电子−空穴对是由电极和共反应物产生。虽然没有共反应物的 ECL 机理尚不清楚，这里我们以激子来源于共反应物或者来自电极来定义相关机理，共反应物的作用将在下面部分讨论。

量子点的一个显著特点是量子限域效应，带隙随着颗粒尺寸的减小而增加[139,140]。同时，颗粒尺寸的减小也意味着量子点比表面积的增加，很多不饱和位点和悬键(称为表面缺陷)在载流子弛豫和复合过程中成为重要的角色。为了获得高质量的量子点，通常要钝化量子点表面使其表面缺陷最小化。另外，如果量子点的表面没有充分钝化，会产生新的能级并作为表面缺陷(图 6.11)。值得指出的是，这里仅仅是简化的示意图，实际缺陷能级的产生可能要复杂得多。

对于量子点的 PL 性质，在光激发下产生激子。高质量量子点的激发可以产生源于带隙跃迁的窄而尖的 PL 光谱，带隙宽度可以从中心 PL 波长位置近似得出[55]。对于具有表面态的量子点，它的激发也会导致带隙跃迁(图 6.11，左侧的 $h\nu_1$)，但是激子将从价带或导带迁移到表面陷阱态。表面上电子和空穴的复合产生红移的表面态相关 PL 光谱(图 6.11，左侧的 $h\nu_2$)[141]。因此，不同能级多

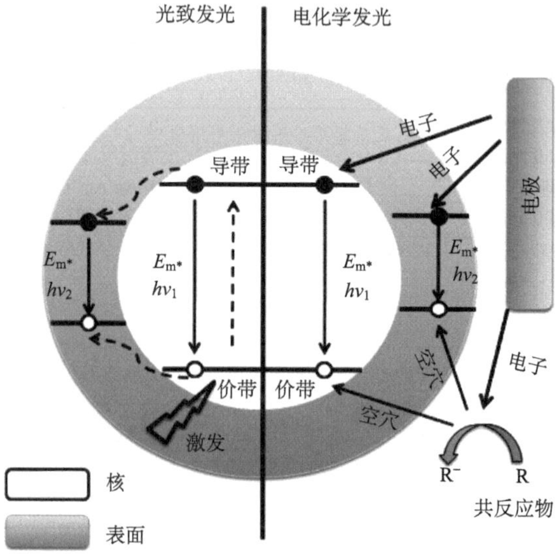

图 6.11　量子点的 PL 和 ECL 机理对比图(以 R-O ECL 为例)

在 PL 中，激子(电子和空穴)是光激发的，在光激发之后主要有两种激子的路径：复合(带隙跃迁)及迁移到表面态进行复合(表面态跃迁)；在 ECL 中，激子(电子和空穴)分别通过电极和共反应物注入，具有较低能级的表面态将在带隙态之前接受激子(●和○分别代表电子和空穴)[2]

个表面能态的存在会导致 PL 光谱变宽和拖尾。然而，在大多数情况下表面态或陷阱态实际上充当量子点的发光猝灭中心。有表面缺陷态量子点的 PL 发光效率显著低于没有表面态的量子点，正是这一点不利于从整体 PL 光谱中指认表面态发射的贡献。

要理解量子点的 ECL，首先应假定在 ECL 与 PL 系统中量子点的性质并没有显著差异，都具有多个能态。量子点在 ECL 系统中电子和空穴是通过电极或共反应物注入，也具有多个能态(包括带隙态和表面态)。以量子点的还原-氧化 ECL(R-O ECL，也称为阴极 ECL)为例，当电极进行负方向电位扫描时(电化学还原)，电极的电子能量逐渐增加。能量低于量子点带隙的表面态首先被电极的电子和共反应物的空穴所占据，导致 ECL 来源于表面态(图 6.11，右侧的 $h\nu_2$)。事实上，量子点的电化学研究在之前的报道中已经证明了表面态 ECL 比带隙态更易达到最高点[66,68,142,143]。随后增加电极的阴极电势将会导致电子进入量子点更高的能级，使 ECL 升高至更高的能量，如带隙态等(图 6.11，右侧的 $h\nu_1$)。对于氧化-还原 ECL 中(O-R ECL，也称为阳极 ECL)的电子和空穴注入，则是与上述阴极 ECL 相对应的过程。

从上面的讨论中可以看出，ECL 更容易反映量子点的表面态。虽然理论上 PL 也可以给出表面态发射的信号，但是由表面态诱导猝灭导致的低发射效率使表面态 PL 的灵敏性很低。当然，ECL 源自表面态还是带隙态取决于所用的量子点材料。还应该注意到，量子点的 ECL 是电位依赖过程。以前的大多数量子点 ECL 光谱是由最大 ECL 强度的电势下获得，并没有考虑电势依赖的 ECL 光谱的变化，可能会漏掉具有更低能量水平表面态的重要信息。因此，更深入的量子点 ECL 光谱电位依赖性研究有利于为量子点 ECL 的成因提供更多证据。另外，可以进一步利用量子点的表面敏感性来探索量子点的表面氧化过程。此外，ECL 对表面态的敏感性允许低电位下实现 ECL，可以避免在高电位下其他电化学反应的干扰[144]。

量子点的 PL 仅由光激发，对于 ECL，电子或空穴可由共反应物提供。参与的共反应物使 ECL 过程更复杂。例如，在 $K_2S_2O_8$ 作为共反应物时，CdSe @ ZnS 量子点的起始 ECL 电势比用 H_2O_2 作为共反应剂更负[145]。PL 光谱中的半高峰宽(FWHM)是量子点尺寸分布的标志(小的 FWHM 意味着窄的尺寸分布)。但是，量子点 ECL 的半高峰宽影响因素很多。除了量子点的尺寸分布外，电极表面的共反应物扩散分布及量子点的表面性质可能对 ECL 响应都有贡献。

量子点的 R-O 和 O-R ECL 发光机制如图 6.12 所示。在 R-O 模式(负向扫描)中，电极首先注入电子到量子点的导带。同时，共反应物(经电极还原后)向量子点的价带注入空穴。随后电子和空穴发生复合(类似于一个 PL 过程)，产生 R-O ECL 发射。对于 O-R ECL(正向扫描)，电极和共反应物等(电子和空穴的来源)的角色反转。值得注意的是，这里导带和价带的使用并不是完全精确的，所涉及的电子和空穴也可以是表面能态。

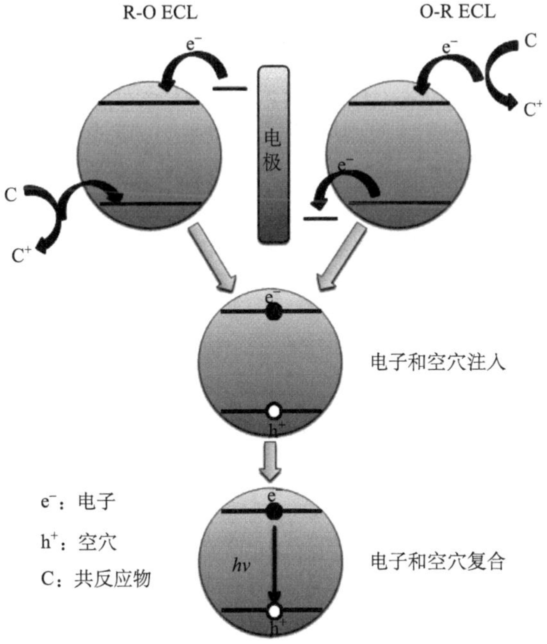

图 6.12　量子点的 R-O ECL 和 O-R ECL 过程示意图[2]

对于半导体纳米材料的 ECL，除了典型的量子点外，各种形状纳米材料的 ECL 也经常报道。一个代表性的早期 ECL 研究例子可以说明半导体纳米材料形貌的重要性。在 2001 年，Bard 等[68]在硫代甘油包覆的 CdS 量子点电化学研究中并没有观察到 ECL 光谱，主要是由于电致活性物种不稳定。然而，在 2005 年 Ren 等[104]报道了 CdS 纳米球的湮灭型 ECL。事实上，ECL 可以在不同形状的半导体纳米颗粒中观察到，如 CdSe 空心球[113,146]、CdSe 量子点/氮掺杂碳纳米管[147]、CdS 纳米管[106,107,148-150]、ZnO/CdS 核/壳结构[151]、CdS 分级结构微球[152,153]和树枝状 CdO 纳米颗粒等[154-156]。然而，关于 ECL 和半导体纳米材料形貌之间关系的研究很少[157]。表 6.1 总结了各种半导体纳米材料的 ECL 性质，相应材料的带隙[158]、形貌、PL 波长及 PL 和 ECL 波长之间的差异。可以看出 ECL 比 PL 更复杂，影响因素更多。

2. 共反应物参与的量子点 ECL 光谱

除了激发源不同，量子点 ECL 和 PL 之间的主要区别是 ECL 通常需要共反应物的参与。一些早期的报道研究了氧化还原产生的量子点湮灭型 ECL。应该注意的是，尽管已经报道了量子点的湮灭型 ECL，但是现在的量子点 ECL 分析应用几乎完全基于共反应物。共反应物可以帮助克服溶剂有限的电化学窗口限制或提高阴离子或阳离子态量子点的稳定性，大大提高了量子点的 ECL 强度。以量子点的 R-O ECL 为例，在电极的还原电位扫描中，量子点被还原以形成阴离子自由基（QD^{-}）；对于量子点的 O-R ECL，反之亦然。同时，溶液中的共反应物也被还原以产生中间体自由基，作为一种氧化物质，可以与量子点的阴离子自由基反应以产生激发态。用于量子点 ECL 中的共反应物可以分为 R-O ECL 共反应物和 O-R ECL 共反应物。典型的反应物和相应的量子点 ECL 反应列于表 6.2。关于更深入的讨论，读者可以参考专门的综述和电化学专著[80-82,159]。

表 6.2 量子点传统共反应物和它们相关的反应[2]

共反应剂	电化学发光反应	文献
O_2	$O_2+H_2O+2e^{-} \longrightarrow OOH^{-\cdot}+OH^{-}$	[111]
	$QD+e^{-} \longrightarrow QD^{-\cdot}$	
	$2QD^{-\cdot}+OOH^{-\cdot}+H_2O \longrightarrow 3OH^{-}+2QD^{*}$	
H_2O_2	$H_2O_2+e^{-} \longrightarrow OH^{\cdot}+OH^{-}$	[160]
	$QD+e^{-} \longrightarrow QD^{-\cdot}$	
	$QD^{-\cdot}+OH^{\cdot} \longrightarrow OH^{-}+QD^{*}$	
$S_2O_8^{2-}$	$S_2O_8^{2-}+e^{-} \longrightarrow SO_4^{2-}+SO_4^{-\cdot}$	
	$QD+e^{-} \longrightarrow QD^{-\cdot}$	

续表

共反应剂	电化学发光反应	文献
	$QD^{-\cdot} + SO_4^{-\cdot} \longrightarrow QD^* + SO_4^{2-}$	
TPrA（DBAE，TEA）	$TPrA + TPrA^{+\cdot} \longrightarrow TPrA^{+\cdot} + H^+$	[161-163]
	$QD \longrightarrow QD^{+\cdot} + e^-$	
	$TPrA^{+\cdot} + QD^{+\cdot} \longrightarrow QD^* +$ TPrA片段	
SO_3^{2-}	$QD \longrightarrow QD^{+\cdot} + e^-$	[117]
	$SO_3^{2-} \longrightarrow SO_3^{-\cdot} + e^-$	
	$2OH^- + SO_3^{-\cdot} + 2O_2 \longrightarrow O_2^{-\cdot} + SO_4^{2-} + H_2O$	
	$QD + O_2^{-\cdot} \longrightarrow O_2^{-\cdot} + O_2$	
	$QD^{-\cdot} + QD^{+\cdot} \longrightarrow QD^*$	
$C_2O_4^{2-}$	$C_2O_4^{2-} \longrightarrow CO_2^{-\cdot} + CO_2 + e^-$	[84]
	$QD \longrightarrow QD^{+\cdot} + e^-$	
	$QD^{+\cdot} + CO_2^{-\cdot} \longrightarrow QD^* + CO_2$	
	$In/SnO_x + QD \longrightarrow QD^{+\cdot} + In/SnO_x^{-\cdot}$	
	$O_2 + In/SnO_x^{-\cdot} \longrightarrow O_2^{-\cdot} + In/SnO_x$	
	$QD + O_2^{-\cdot} \longrightarrow QD^{-\cdot} + O_2$	
	$QD^{+\cdot} + QD^{-\cdot} \longrightarrow QD^*$	

注：TPrA：三丙胺；　DBAE：2-（二丁基氨基）乙醇；　TEA：三乙胺。

3. ECL 和 PL 的尺寸与掺杂依赖性

对于典型的量子点，最吸引人的特性是尺寸依赖的光致发光[21,164]。然而，可能由于 ECL 仪器差的波长分辨能力，仅有几个报道研究了尺寸对量子点 ECL 性质的影响[165-167]。但是在这些研究中为了更好地理解量子点 ECL 特性的尺寸依赖性，还需要进一步广泛的研究[166]。

掺杂是材料科学中广泛使用的工艺过程，涉及将适当元素的原子或离子结合到主晶格中，能够显著影响主体量子点的光学和电学性质[168,169]。例如，Mn 掺杂 ZnS 量子点的 ECL 光谱也在 585 nm 处显示出发射带，类似于 PL[170]。对于 Eu 掺杂的 CdS 量子点，也观察到 620 nm 处的 ECL 发射带[109]。Mn 掺杂量子点的激发开始于电子–空穴对的产生[171]，随后通过产生的空穴氧化 Mn^{2+}到 Mn^{3+}。随后 Mn^{3+}与表面捕获的电子复合导致 Mn^{2+}处于激发态，接着 Mn^{2+}发射光子，观察到 Mn^{2+}的跃迁过程[137]。然而，这种 ECL 发射的精确机制仍然需要进一步合理的详细研究。由于 ECL 对表面态敏感，掺杂常常导致 ECL 发射增加[109]。所有这些证据预示着掺杂量子点可能代表着一类新兴的 ECL 发射体。

在本章的最后我们希望进一步指出，半导体量子点电化学的研究，不仅具有重要的科学意义，也能促进和发展基于量子点的广泛应用。目前，基于量子点的电学和电化学体系主要包括电化学量子点传感器、电化学发光量子点传感器、基于量子点的电化学信号转导器等。另外，利用电化学探测量子点表面的能力具有重要的应用前景，应该特别关注电化学实验数据与光谱信息的互补性。这方面仍需开展深入的基础研究。

参 考 文 献

[1] Amelia M, Lincheneau C, Silvi S, et al. Electrochemical properties of CdSe and CdTe quantum dots. Chem. Soc. Rev., 2012, 41: 5728.

[2] Wu P, Hou X, Xu J J, et al. Electrochemically generated versus photoexcited luminescence from semiconductor nanomaterials: Bridging the valley between two worlds. Chem. Rev., 2014, 114: 11027.

[3] Greenham N. Electrical Properties of Semiconductor Nanocrystals//Klimov Ⅵ. Nanocrystal Quantum Dots. Boca Raton: CRC Press. 2010.

[4] Kagan C R, Lifshitz E, Sargent E H, et al. Building devices from colloidal quantum dots. Science, 2016, 353: 5523.

[5] Pietryga J M, Park Y S, Lim J, et al. Spectroscopic and device aspects of nanocrystal quantum dots. Chem. Rev., 2016, 116: 10513.

[6] Colvin V L, Schlamp M C, Alivisatos A P. Light-emitting-diodes made from cadmium selenide nanocrystals and a semiconducting polymer. Nature, 1994, 370: 354.

[7] Dabbousi B O, Bawendi M G, Onitsuka O, et al. Electroluminescence from CdSe quantum-dot/polymer composites. Appl. Phys. Lett., 1995, 66: 1316.

[8] Schlamp M C, Peng X, Alivisatos A P. Improved efficiencies in light emitting diodes made with CdSe(CdS) core/shell type nanocrystals and a semiconducting polymer. J. Appl. Phys., 1997, 82: 5837.

[9] Gao M, Lesser C, Kirstein S, et al. Electroluminescence of different colors from polycation/CdTe nanocrystal self-assembled films. J. Appl. Phys., 2000, 87: 2297.

[10] Mattoussi H, Radzilowski L H, Dabbousi B O, et al. Electroluminescence from heterostructures of poly(phenylene vinylene) and inorganic CdSe nanocrystals. J. Appl. Phys., 1998, 83: 7965.

[11] Winiarz J G, Zhang L, Lal M, et al. Photogeneration, charge transport, and photoconductivity of a novel PVK/CdS-nanocrystal polymer composite. Chem. Phys., 1999, 245: 417.

[12] Kraabel B, Malko A, Hollingsworth J, et al. Ultrafast dynamic holography in nanocrystal solids. Appl. Phys. Lett., 2001, 78: 1814.

[13] Greenham N C, Peng X, Alivisatos A P. Charge separation and transport in conjugated-polymer/semiconductor-nanocrystal composites studied by photoluminescence quenching and photoconductivity. Phys. Rev. B, 1996, 54: 17628.

[14] Ginger D S, Greenham N C. Charge injection and transport in films of CdSe nanocrystals. J. Appl. Phys., 2000, 87: 1361.

[15] Hagfeldt A, Graetzel M. Light-induced redox reactions in nanocrystalline systems. Chem. Rev., 1995, 95: 49.

[16] Hagfeldt A, Grätzel M. Molecular photovoltaics. Acc. Chem. Res., 2000, 33: 269.

[17] Wang Y, Herron N. Photoconductivity of CdS nanocluster-doped polymers. Chem. Phys. Lett., 1992, 200: 71.
[18] Wang Y, Herron N, Caspar J. Bucky ball and quantum dot doped polymers: A new class of optoelectronic materials. Materials Science and Engineering: B, 1993, 19: 61.
[19] Wang Y, Herron N. Semiconductor nanocrystals in carrier-transporting polymers: Charge generation and charge transport. J. Lumin., 1996, 70: 48.
[20] Brus L. A simple model for the ionization potential, electron affinity, and aqueous redox potentials of small semiconductor crystallites. J. Chem. Phys., 1983, 79: 5566.
[21] Brus L E. Electron-electron and electron-hole interactions in small semiconductor crystallites: The size dependence of the lowest excited electronic state. J. Chem. Phys., 1984, 80: 4403.
[22] Rabani E, Hetényi B, Berne B J, et al. Electronic properties of CdSe nanocrystals in the absence and presence of a dielectric medium. J. Chem. Phys., 1999, 110: 5355.
[23] Franceschetti A, Williamson A, Zunger A. Addition spectra of quantum dots: The role of dielectric mismatch. J. Phys. Chem. B, 2000, 104: 3398.
[24] Franceschetti A, Zunger A. Addition energies and quasiparticle gap of CdSe nanocrystals. Appl. Phys. Lett., 2000, 76: 1731.
[25] Efros A L, Rosen M. The electronic structure of semiconductor nanocrystals. Annual Review of Materials Science, 2000, 30: 475.
[26] Kastner M A. The single-electron transistor. Reviews of Modern Physics, 1992, 64: 849.
[27] Klein D L, McEuen P L, Katari J E B, et al. An approach to electrical studies of single nanocrystals. Appl. Phys. Lett., 1996, 68: 2574.
[28] Banin U, Cao Y W, Katz D, et al. Identification of atomic-like electronic states in indium arsenide nanocrystal quantum dots. Nature, 1999, 400: 542.
[29] Millo O, Katz D, Cao Y, et al. Scanning tunneling spectroscopy of InAs nanocrystal quantum dots. Phys. Rev. B, 2000, 61: 16773.
[30] Cui Y, Banin U, Björk M T, et al. Electrical transport through a single nanoscale semiconductor branch point. Nano Lett., 2005, 5: 1519.
[31] Leatherdale C A, Kagan C R, Morgan N Y, et al. Photoconductivity in CdSe quantum dot solids. Phys. Rev. B, 2000, 62: 2669.
[32] Talapin D V, Murray C B. PbSe nanocrystal solids for n- and p-channel thin film field-effect transistors. Science, 2005, 310: 86.
[33] Shim M, Guyot-Sionnest P. n-type colloidal semiconductor nanocrystals. Nature, 2000, 407: 981.
[34] Kim B S, Islam M A, Brus L E, et al. Interdot interactions and band gap changes in CdSe nanocrystal arrays at elevated pressure. J. Appl. Phys., 2001, 89: 8127.
[35] Kim S H, Markovich G, Rezvani S, et al. Tunnel diodes fabricated from CdSe nanocrystal monolayers. Appl. Phys. Lett., 1999, 74: 317.
[36] Drndić M, Jarosz M V, Morgan N Y, et al. Transport properties of annealed CdSe colloidal nanocrystal solids. J. Appl. Phys., 2002, 92: 7498.
[37] Krauss T D, O'Brien S, Brus L E. Charge and photoionization properties of single semiconductor nanocrystals. J. Phys. Chem. B, 2001, 105: 1725.
[38] Mics Z, Němec H, Rychetsky I, et al. Charge transport and localization in nanocrystalline CdS films: A time-resolved terahertz spectroscopy study. Phys. Rev. B, 2011, 83: 4400.
[39] Artemyev M V, Sperling V, Woggon U. Electroluminescence in thin solid films of closely packed CdS nanocrystals. J. Appl. Phys., 1997, 81: 6975.
[40] Romero H E, Drndic M. Coulomb blockade and hopping conduction in PbSe quantum dots. Phys. Rev. Lett., 2005, 95: 156801.
[41] Sun B, Sirringhaus H. Solution-processed zinc oxide field-effect transistors based on self-assembly of colloidal

nanorods. Nano Lett., 2005, 5: 2408.
[42] Chen M, Ma E, Hemker K J, et al. Deformation twinning in nanocrystalline aluminum. Science, 2003, 300: 1275.
[43] Yu D. n-type conducting CdSe nanocrystal solids. Science, 2003, 300: 1277.
[44] Roest A L, Kelly J J, Vanmaekelbergh D, et al. Staircase in the electron mobility of a ZnO quantum dot assembly due to shell filling. Phys. Rev. Lett., 2002, 89: 036801.
[45] Yu D, Wang C, Wehrenberg B L, et al. Variable range hopping conduction in semiconductor nanocrystal solids. Phys. Rev. Lett., 2004, 92: 216802.
[46] Wehrenberg B L, Yu D, Ma J, et al. Conduction in charged PbSe nanocrystal films. J. Phys. Chem. B, 2005, 109: 20192.
[47] Hildebrandt N, Spillmann C M, Algar W R, et al. Energy transfer with semiconductor quantum dot bioconjugates: A versatile platform for biosensing, energy harvesting, and other developing applications. Chem. Rev., 2017, 117: 536.
[48] Burda C, Chen X B, Narayanan R, et al. Chemistry and properties of nanocrystals of different shapes. Chem. Rev., 2005, 105: 1025.
[49] Michalet X, Pinaud F F, Bentolila L A, et al. Quantum dots for live cells, *in vivo* imaging, and diagnostics. Science, 2005, 307: 538.
[50] Resch-Genger U, Grabolle M, Cavaliere-Jaricot S, et al. Quantum dots versus organic dyes as fluorescent labels. Nat. Meth., 2008, 5: 763.
[51] Bard A J, Ding Z, Myung N. Electrochemistry and electrogenerated chemiluminescence of semiconductor nanocrystals in solutions and in films. Berlin Heidelberg: Springer, 2005.
[52] Franceschetti A, Zunger A. Pseudopotential calculations of electron and hole addition spectra of InAs, InP, and Si quantum dots. Phys. Rev. B, 2000, 62: 2614.
[53] Kaim W, Fiedler J. Spectroelectrochemistry: The best of two worlds. Chem. Soc. Rev., 2009, 38: 3373.
[54] Inamdar S N, Ingole P P, Haram S K. Determination of band structure parameters and the quasi-particle gap of CdSe quantum dots by cyclic voltammetry. ChemPhysChem, 2008, 9: 2574.
[55] Kucur E, Riegler J, Urban G A, et al. Determination of quantum confinement in CdSe nanocrystals by cyclic voltammetry. J. Chem. Phys., 2003, 119: 2333.
[56] Querner C, Reiss P, Sadki S, et al. Size and ligand effects on the electrochemical and spectroelectrochemical responses of CdSe nanocrystals. Phys. Chem. Chem. Phys., 2005, 7: 3204.
[57] Wang L W, Zunger A. Pseudopotential calculations of nanoscale CdSe quantum dots. Phys. Rev. B, 1996, 53: 9579.
[58] Impellizzeri S, Monaco S, Yildiz I, et al. Structural implications on the electrochemical and spectroscopic signature of CdSe-ZnS core-shell quantum dots. J. Phys. Chem. C, 2010, 114: 7007.
[59] Amelia M, Avellini T, Monaco S, et al. Redox properties of CdSe and CdSe-ZnS quantum dots in solution. Pure Appl. Chem., 2011, 83: 1.
[60] Amelia M, Impellizzeri S, Monaco S, et al. Structural and size effects on the spectroscopic and redox properties of CdSe nanocrystals in solution: The role of defect states. ChemPhysChem, 2011, 12: 2280.
[61] Peng Z A, Peng X G. Formation of high-quality CdTe, CdSe, and CdS nanocrystals using CdO as precursor. J. Am. Chem. Soc., 2001, 123: 183.
[62] Donega C D, Liljeroth P, Vanmaekelbergh D. Physicochemical evaluation of the hot-injection method, a synthesis route for monodisperse nanocrystals. Small, 2005, 1: 1152.
[63] Hines M A, Guyot-Sionnest P, Hines, M A, et al. Synthesis and characterization of strongly luminescing ZnS-Capped CdSe nanocrystals. J. Phys. Chem., 1996, 100: 468.
[64] Reiss P, Protiere M, Li L. Core/shell semiconductor nanocrystals. Small, 2009, 5: 154.
[65] Bae Y, Myung N, Bard A J. Electrochemistry and electrogenerated chemiluminescence of CdTe nanoparticles. Nano Lett., 2004, 4: 1153.
[66] Poznyak S K, Osipovich N P, Shavel A, et al. Size-dependent electrochemical behavior of thiol-capped CdTe

nanocrystals in aqueous solution. J. Phys. Chem. B, 2005, 109: 1094.
[67] Borchert H, Talapin D V, Gaponik N, et al. Relations between the photoluminescence efficiency of CdTe nanocrystals and their surface properties revealed by synchrotron XPS. J. Phys. Chem. B, 2003, 107: 9662.
[68] Haram S K, Quinn B M, Bard A J. Electrochemistry of CdS nanoparticles: A correlation between optical and electrochemical band gaps. J. Am. Chem. Soc., 2001, 123: 8860.
[69] Haram S K, Kshirsagar A, Gujarathi Y D, et al. Quantum confinement in CdTe quantum dots: Investigation through cyclic voltarnmetry supported by density functional theory (DFT). J. Phys. Chem. C, 2011, 115: 6243.
[70] Li Y, Zhong H, Li R, et al. High-yield fabrication and electrochemical characterization of tetrapodal CdSe, CdTe, and $CdSe_xTe_{1-x}$ nanocrystals. Adv. Funct. Mater., 2006, 16: 1705.
[71] Voelker J, Zhou X, Ma X, et al. Semiconductor nanocrystals with adjustable hole acceptors: Tuning the fluorescence intensity by metal-ion binding. Angew. Chem. Int. Ed., 2010, 49: 6865.
[72] Guyot-Sionnest P, Wang C. Fast voltammetric and electrochromic response of semiconductor nanocrystal thin films. J. Phys. Chem. B, 2003, 107: 7355.
[73] Wang C J, Shim M, Guyot-Sionnest P. Electrochromic nanocrystal quantum dots. Science, 2001, 291: 2390.
[74] Galland C, Ghosh Y, Steinbrueck A, et al. Two types of luminescence blinking revealed by spectroelectrochemistry of single quantum dots. Nature, 2011, 479: 203.
[75] Klimov V I, Mikhailovsky A A, McBranch D W, et al. Quantization of multiparticle Auger rates in semiconductor quantum dots. Science, 2000, 287: 1011.
[76] Jha P P, Guyot-Sionnest P. Trion decay in colloidal quantum dots. ACS Nano, 2009, 3: 1011.
[77] Qin W, Shah R A, Guyot-Sionnest P. CdSeS/ZnS alloyed nanocrystal lifetime and blinking studies under electrochemical control. ACS Nano, 2012, 6: 912.
[78] Jin L, Shang L, Zhai J, et al. Fluorescence spectroelectrochemistry of multilayer film assembled CdTe quantum dots controlled by applied potential in aqueous solution. J. Phys. Chem. C, 2010, 114: 803.
[79] Gooding A K, Gomez D E, Mulvaney P. The effects of electron and hole injection on the photoluminescence of CdSe/CdS/ZnS nanocrystal monolayers. ACS Nano, 2008, 2: 669.
[80] Richter M M. Electrochemiluminescence (ECL). Chem. Rev., 2004, 104: 3003.
[81] Miao W. Electrogenerated chemiluminescence and its biorelated applications. Chem. Rev., 2008, 108: 2506.
[82] Hu L, Xu G. Applications and trends in electrochemiluminescence. Chem. Soc. Rev., 2010, 39: 3275.
[83] Forster R J, Bertoncello P, Keyes T E. Electrogenerated chemiluminescence. Annu. Rev. Anal. Chem., 2009, 2: 359.
[84] Ding Z F, Quinn B M, Haram S K, et al. Electrochemistry and electrogenerated chemiluminescence from silicon nanocrystal quantum dots. Science, 2002, 296: 1293.
[85] Bae Y, Lee D C, Rhogojina E V, et al. Electrochemistry and electrogenerated chemiluminescence of films of silicon nanoparticles in aqueous solution. Nanotechnology, 2006, 17: 3791.
[86] Myung N, Ding Z F, Bard A J. Electrogenerated chemiluminescence of CdSe nanocrystals. Nano Lett., 2002, 2: 1315.
[87] Myung N, Bae Y, Bard A J. Effect of surface passivation on the electrogenerated chemiluminescence of CdSe/ZnSe nanocrystals. Nano Lett., 2003, 3: 1053.
[88] Myung N, Lu X M, Johnston K P, et al. Electrogenerated chemiluminescence of Ge nanocrystals. Nano Lett., 2004, 4: 183.
[89] Deng S, Ju H. Electrogenerated chemiluminescence of nanomaterials for bioanalysis. Analyst, 2013, 138: 43.
[90] Lei J, Ju H. Fundamentals and bioanalytical applications of functional quantum dots as electrogenerated emitters of chemiluminescence. Trends Anal. Chem., 2011, 30: 1351.
[91] Huang H, Li J, Zhu J J. Electrochemiluminescence based on quantum dots and their analytical application. Anal. Methods, 2011, 3: 33.
[92] Li J, Guo S, Wang E. Recent advances in new luminescent nanomaterials for electrochemiluminescence sensors.

RSC Adv., 2012, 2: 3579.
[93] Liang G D, Shen L P, Zhang X L, et al. One-pot synthesis of dual-stabilizer-capped CdTe nanocrystals with efficient near-infrared photoluminescence and electrochemiluminescence. Eur. J. Inorg. Chem., 2011, 2011: 3726.
[94] Liang G, Shen L, Zou G, et al. Efficient near-infrared electrochemiluminescence from CdTe nanocrystals with low triggering potential and ultrasensitive sensing ability. Chem. Eur. J., 2011, 17: 10213.
[95] Zou G Z, Liang G D, Zhang X L. Strong anodic near-infrared electrochemiluminescence from CdTe quantum dots at low oxidation potentials. Chem. Commun., 2011, 47: 10115.
[96] Li L, Chen Y, Lu Q, et al. Electrochemiluminescence energy transfer-promoted ultrasensitive immunoassay using near-infrared-emitting CdSeTe/CdS/ZnS quantum dots and gold nanorods. Scientific Reports, 2013, 3.
[97] Xing Z, Liu Q, Asiri A M, et al. Closely interconnected network of molybdenum phosphide nanoparticles: A highly efficient electrocatalyst for generating hydrogen from water. Adv. Mater., 2014, 26: 5702.
[98] Liu S, Zhang X, Yu Y, et al. Bandgap engineered and high monochromatic electrochemiluminescence from dual-stabilizers-capped CdSe nanocrystals with practical application potential. Biosens. Bioelectron., 2014, 55: 203.
[99] Cui R, Gu Y P, Bao L, et al. Near-infrared electrogenerated chemiluminescence of ultrasmall Ag_2Se quantum dots for the detection of dopamine. Anal. Chem., 2012, 84: 8932.
[100] Dong Y, Pei L, Chu X, et al. Electrogenerated chemiluminescence of bismuth sulfide nanorods modified electrode in alkaline aqueous solution. Analyst, 2013, 138: 2386.
[101] Zhou B, Liu B, Jiang L P, et al. Ultrasonic-assisted size-controllable synthesis of Bi_2Te_3 nanoflakes with electrogenerated chemiluminescence. Ultrason. Sonochem., 2007, 14: 229.
[102] Wang X F, Xu J J, Chen H Y. Dendritic CdO nanomaterials prepared by electrochemical deposition and their electrogenerated chemiluminescence behaviors in aqueous systems. J. Phys. Chem. C, 2008, 112: 7151.
[103] Jie G, Liu B, Pan H, et al. CdS nanocrystal-based electrochemiluminescence biosensor for the detection of low-density lipoprotein by increasing sensitivity with gold nanoparticle amplification. Anal. Chem., 2007, 79: 5574.
[104] Ren T, Xu J Z, Tu Y F, et al. Electrogenerated chemiluminescence of CdS spherical assemblies. Electrochem. Commun., 2005, 7: 5.
[105] Dai Z, Zhang J, Bao J, et al. Facile synthesis of high-quality nano-sized CdS hollow spheres and their application in electrogenerated chemiluminescence sensing. J. Mater. Chem., 2007, 17: 1087.
[106] Miao J J, Ren T, Dong L, et al. Double-template synthesis of CdS nanotubes with strong electrogenerated chemiluminescence. Small, 2005, 1: 802.
[107] Wang C Z, Fan L Z, Wang Z, et al. Directed assembly of hierarchical CdS nanotube arrays from CdS nanoparticles: Enhanced solid state electro-chemiluminescence in H_2O_2 solution. Adv. Mater., 2007, 19: 3677.
[108] Li Z, Dong Y Q, Lam J W Y, et al. Functionalized siloles: Versatile synthesis, aggregation- induced emission, and sensory and device applications. Adv. Funct. Mater., 2009, 19: 905.
[109] Deng L, Shan Y, Xu J J, et al. Electrochemiluminescence behaviors of Eu^{3+}-doped CdS nanocrystals film in aqueous solution. Nanoscale, 2012, 4: 831.
[110] Han H, You Z, Liang J, et al. Electrogenerated chemiluminescence of CdSe quantum dots dispersed in aqueous solution. Front. Biosci., 2007, 12: 2352.
[111] Zou G, Ju H. Electrogenerated chemiluminescence from a CdSe nanocrystal film and its sensing application in aqueous solution. Anal. Chem., 2004, 76: 6871.
[112] Liu X, Cheng L, Lei J, et al. Dopamine detection based on its quenching effect on the anodic electrochemiluminescence of CdSe quantum dots. Analyst, 2008, 133: 1161.
[113] Liu B, Ren T, Zhang J R, et al. Spectroelectrochemistry of hollow spherical CdSe quantum dot assemblies in water. Electrochem. Commun., 2007, 9: 551.
[114] Liang G X, Li L L, Liu H Y, et al. Fabrication of near-infrared-emitting CdSeTe/ZnS core/shell quantum dots and their electrogenerated chemiluminescence. Chem. Commun., 2010, 46: 2974.
[115] Yang X, Yu Y Q, Peng L Z, et al. Strong electrochemiluminescence from MOFs accelerator enriched quantum dots

for enhancing sensing of trace cTnI. Anal. Chem., 2018.
[116] Liu X, Jiang H, Lei J, et al. Anodic electrochemiluminescence of CdTe quantum dots and its energy transfer for detection of catechol derivatives. Anal. Chem., 2007, 79: 8055.
[117] Liu X, Ju H. Coreactant enhanced anodic electrochemiluminescence of CdTe quantum dots at low potential for sensitive biosensing amplified by enzymatic cycle. Anal. Chem., 2008, 80: 5377.
[118] Han H, Sheng Z, Liang J. Electrogenerated chemiluminescence from thiol-capped CdTe quantum dots and its sensing application in aqueous solution. Anal. Chim. Acta, 2007, 596: 73.
[119] Wang J, Jiang X, Han H, et al. Cathodic electrochemiluminescence from self-designed near-infrared-emitting CdTe/CdS/ZnS quantum dots on bare Au electrode. Electrochem. Commun., 2011, 13: 359.
[120] Chen L, Huang D, Ren S, et al. Preparation of graphite-like carbon nitride nanoflake film with strong fluorescent and electrochemiluminescent activity. Nanoscale, 2013, 5: 225.
[121] Cheng C, Huang Y, Wang J, et al. Anodic electrogenerated chemiluminescence behavior of graphite-like carbon nitride and its sensing for rutin. Anal. Chem., 2013, 85: 2601.
[122] Wei W, Zhang S, Fang C, et al. Electrochemical behavior and electrogenerated chemiluminescence of crystalline CuSe nanotubes. Solid State Sci., 2008, 10: 622.
[123] Sun L, Bao L, Hyun B R, et al. Electrogenerated chemiluminescence from PbS quantum dots. Nano Lett., 2009, 9: 789.
[124] Jun G, Bo L, Guifen J, et al. Synthesis and electrogenerated chemiluminescence of PbS nanospheres. J. Nanosci. Nanotechnol., 2009, 9: 2387.
[125] Han M, Li Y, Niu H, et al. Facile synthesis of PbSe hollow nanostructure assemblies via a solid/liquid-phase chemical route and their electrogenerated chemiluminescence properties. Chemistry, 2011, 17: 3739.
[126] Ma C, Liu F, Yang H, et al. Application of SnO_2 nanocrystal as novel electrochemiluminescence signal reporter for sensitive immunoassay with nanoporous PtRu alloy enhancement. Sensors and Actuators B: Chemical, 2014, 195: 423.
[127] Gao B H, Ding S N, Li Q Q, et al. Solid-state electrochemiluminescence of F-doped SnO_2 nanocrystals and its sensing application. Electroanalysis, 2012, 24: 1267.
[128] Lin Z, Liu Y, Chen G. TiO_2/nafion film based electrochemiluminescence for detection of dissolved oxygen. Electrochem. Commun., 2008, 10: 1629.
[129] Chen L, Lu L, Mo Y, et al. Electrogenerated chemiluminescence of anatase TiO_2 nanotubes film. Talanta, 2011, 85: 56.
[130] Tian C Y, Xu J J, Chen H Y. A novel aptasensor for the detection of adenosine in cancer cells by electrochemiluminescence of nitrogen doped TiO_2 nanotubes. Chem. Commun., 2012, 48: 8234.
[131] Huang Q, Wang L, Wang M, et al. Preparation, characterization and the electrogenerated chemiluminescence behavior of WO_3 nanocrystals. J. Alloys Compd., 2011, 509: 9901.
[132] Chen L, Xu N, Yang H, et al. Zinc oxide quantum dots synthesized by electrochemical etching of metallic zinc in organic electrolyte and their electrochemiluminescent properties. Electrochim. Acta, 2011, 56: 1387.
[133] Zhang R, Fan L, Fang Y, et al. Electrochemical route to the preparation of highly dispersed composites of ZnO/carbon nanotubes with significantly enhanced electrochemiluminescence from ZnO. J. Mater. Chem., 2008, 18: 4964.
[134] Wang L, Xu S, Li H, et al. Study for the electrochemical deposition on single carbon fiber and electrochemiluminescence of ZnO nanostructures. CrystEngComm, 2013, 15: 8444.
[135] Wang L, Yue Q, Li H, et al. Study on electrochemiluminescence spectra of ZnO flakes. Phys. Chem. Chem. Phys., 2013, 15: 9058.
[136] Shen L, Cui X, Qi H, et al. Electrogenerated chemiluminescence of ZnS nanoparticles in alkaline aqueous solution. J. Phys. Chem. C, 2007, 111: 8172.
[137] Wang X F, Xu J J, Chen H Y. A new electrochemiluminescence emission of Mn^{2+}-doped ZnS nanocrystals in

aqueous solution. J. Phys. Chem. C, 2008, 112: 17581.
[138] Hu X, Han H, Hua L, et al. Electrogenerated chemiluminescence of blue emitting ZnSe quantum dots and its biosensing for hydrogen peroxide. Biosens. Bioelectron., 2010, 25: 1843.
[139] Alivisatos A P. Semiconductor clusters, nanocrystals, and quantum dots. Science, 1996, 271: 933.
[140] Weller H. Colloidal semiconductor Q-particles: Chemistry in the transition region between solid state and molecules. Angew. Chem. Int. Edit. in English, 1993, 32: 41.
[141] Wang X Y, Qu L H, Zhang J Y, et al. Surface-related emission in highly luminescent CdSe quantum dots. Nano Lett., 2003, 3: 1103.
[142] Kucur E, Bucking W, Giernoth R, et al. Determination of defect states in semiconductor nanocrystals by cyclic voltammetry. J. Phys. Chem. B, 2005, 109: 20355.
[143] Gaponik N, Poznyak S K, Osipovich N P, et al. Electrochemical probing of thiol-capped nanocrystals. Microchim. Acta, 2008, 160: 327.
[144] Fang Y M, Song J, Zheng R J, et al. Electrogenerated chemiluminescence emissions from CdS nanoparticles for probing of surface oxidation. J. Phys. Chem. C, 2011, 115: 9117.
[145] Bao L, Sun L, Zhang Z L, et al. Energy-level-related response of cathodic electrogenerated-chemiluminescence of self-assembled CdSe/ZnS quantum dot films. J. Phys. Chem. C, 2011, 115: 18822.
[146] Zou G Z, Ju H X, Ding W P, et al. Electrogenerated chemiluminescence of CdSe hollow spherical assemblies in aqueous system by immobilization in carbon paste. J. Electroanal. Chem., 2005, 579: 175.
[147] Guo L, Liu X, Hu Z, et al. Electrochemiluminescence of CdSe quantum dots composited with nitrogen-doped carbon nanotubes. Electroanalysis, 2009, 21: 2495.
[148] Jie G F, Liu B, Miao J J, et al. Electrogenerated chemiluminescence from CdS nanotubes and its sensing application in aqueous solution. Talanta, 2007, 71: 1476.
[149] Wen Y, Luo F, Yang Y, et al. CdS nanotubes thin film for electrochemiluminescence analysis of phenolic compounds. Anal. Methods, 2012, 4: 1053.
[150] Fang Y M, Sun J J, Wu A H, et al. Catalytic electrogenerated chemiluminescence and nitrate reduction at CdS nanotubes modified glassy carbon electrode. Langmuir, 2009, 25: 555.
[151] Qian L, Zheng Y, Xue J, et al. Stable and efficient quantum-dot light-emitting diodes based on solution-processed multilayer structures. Nat. Photonics, 2011, 5: 543.
[152] Fang Z, Lin X, Liu Y, et al. Fabrication of hierarchical CdS microspheres assembled by nanowires: Solid state electro-chemiluminescence in H_2O_2 solution. J. Mater. Sci., 2010, 45: 6805.
[153] Geng J, Liu B, Xu L, et al. Facile route to Zn-based Ⅱ-Ⅵ semiconductor spheres, hollow spheres, and core/shell nanocrystals and their optical properties. Langmuir, 2007, 23: 10286.
[154] Wang X F, Xu J J, Chen H Y. Dendritic CdO nanomaterials prepared by electrochemical deposition and their electrogenerated chemiluminescence behaviors in aqueous systems. J. Phys. Chem. C, 2008, 112: 7151.
[155] Kang J, Wei H, Guo W, et al. Electrochemiluminescence in the $S_2O_8^{2-}$ system: Pt-Cd electrodes. Electrochem. Commun., 2007, 9: 465.
[156] Miao J J, Jie G F, Chen Y P, et al. Synthesis of novel chalcogenide “lifebelts” and their electrogenerated chemiluminescence. Chem. Commun., 2008, (32): 3762.
[157] Chen M, Pan L, Huang Z, et al. A novel route to US nanocrystals with strong electrogenerated chemiluminescence. Mater. Chem. Phys., 2007, 101: 317.
[158] Xu Y, Schoonen M A A. The absolute energy positions of conduction and valence bands of selected semiconducting minerals. Am. Mineral., 2000, 85: 543.
[159] Leland J K. Electrogenerated chemiluminescence: An oxidative-reduction type ECL reaction sequence using tripropyl amine. J. Electrochem. Soc., 1990, 137: 3127.
[160] Ding S N, Xu J J, Chen H Y. Enhanced solid-state electrochemiluminescence of CdS nanocrystals composited with carbon nanotubes in H_2O_2 solution. Chem. Commun., 2006, 34: 3631.

[161] Mei Y L, Wang H S, Li Y F, et al. Electochemiluminescence of CdTe/CdS quantum dots with triproprylamine as coreactant in aqueous solution at a lower potential and its application for highly sensitive and selective detection of Cu^{2+}. Electroanalysis, 2010, 22: 155.
[162] Zhang L, Zou X, Ying E, et al. Quantum dot electrochemiluminescence in aqueous solution at lower potential and its sensing application. J. Phys. Chem. C, 2008, 112: 4451.
[163] Jiang H, Wang X M. Anodic electrochemiluminescence of CdSe nanoparticles coreacted with tertiary amine and halide induced quenching effect. Electrochem. Commun., 2009, 11: 1207.
[164] Pietryga J M, Park Y S, Lim J, et al. Spectroscopic and device aspects of nanocrystal quantum dots. Chem. Rev., 2016, 116: 10513.
[165] Hu T, Li T, Yuan L, et al. Anodic electrogenerated chemiluminescence of quantum dots: Size and stabilizer matter. Nanoscale, 2012, 4: 5447.
[166] Hua L, Han H, Zhang X. Size-dependent electrochemiluminescence behavior of water-soluble CdTe quantum dots and selective sensing of L-cysteine. Talanta, 2009, 77: 1654.
[167] Wu M S, Shi H W, He L J, et al. Microchip device with 64-site electrode array for multiplexed immunoassay of cell surface antigens based on electrochemiluminescence resonance energy transfer. Anal. Chem., 2012, 84: 4207.
[168] Norris D J, Efros A L, Erwin S C. Doped nanocrystals. Science, 2008, 319: 1776.
[169] Wu P, Yan X P. Doped quantum dots for chemo/biosensing and bioimaging. Chem. Soc. Rev., 2013, 42: 5489.
[170] Shan Y, Xu J J, Chen H Y. Distance-dependent quenching and enhancing of electrochemiluminescence from a CdS: Mn nanocrystal film by Au nanoparticles for highly sensitive detection of DNA. Chem. Commun., 2009, (8): 905.
[171] Suyver J F, Wuister S F, Kelly J J, et al. Synthesis and photoluminescence of nanocrystalline $ZnS:Mn^{2+}$. Nano Lett., 2001, 1: 429.

第7章 量子点器件

如前所述，半导体量子点可以在尺寸、形状、组成、表面等诸多方面进行调控。量子点固体材料的物理性质也可以通过选择单个量子点单元的特性，以及控制固态量子点之间的相互作用来开展设计。特别值得注意的是，由于量子点及其固体材料可以从溶液中生长获得，因此通过使用简单、低成本的加工工艺，可以将量子点结合到器件中去。这里简要介绍量子点在光伏器件、场效应晶体管、光电检测器及发光和显示器件中的应用。

7.1 量子点器件简介

量子点通常包含数百到数千个原子[图 7.1(a)]，由Ⅱ-Ⅵ族、Ⅲ-Ⅴ族和Ⅳ-Ⅵ族等半导体组成[1]。这些量子点通常通过廉价、可放大的湿化学方法合成[2,3]。一般来讲，所合成的量子点表面包裹有配体分子层[图 7.1(a)]，这些配体可以稳定胶体量子点，防止发生团聚[图 7.1(b)]。因此，它们可以作为“量子点油墨”，通过涂布和印刷等技术来加工形成薄膜器件[4]。值得注意的是，胶体半导体量子点的制备和组装可以使用低温、大面积、溶液加工的方法(而不是昂贵的真空、高温装置制造工艺)，这就有机会将无机半导体集成到高性能柔性器件中去。量子点尺寸、形状或每个量子点中构建的异质结构也为传统半导体中不具备的材料电子性质提供了调控工具。下面分别介绍器件应用所需考虑的因素，除了单个量子点结构、表面、光学性质等，还需要考虑量子点固体的制备、表面修饰、能带工程、电荷传输、载流子迁移、激子转移和热传输等方面。

如前所述，在量子点的制备方面，载体溶剂蒸发后，量子点阵列形成固体材料，其结构最主要取决于单个量子点尺寸和形状的均一性、溶剂特性和蒸发速率。量子点尺寸大、形状分散度宽及溶剂蒸发速率快都更倾向于形成仅短程有序的玻璃态固体[图 7.1(c)，底部]。另外，载体溶剂从具有均一尺寸和形状分布的量子点胶体分散液中缓慢蒸发通常可以形成长程有序的超晶格或超晶体[图 7.1(c)，顶部][2]。玻璃态或有序量子点阵列也可以由两种不同类型的量子点组装，形成多组分量子点阵列[6,7]。超晶格固体被认为是原子晶体的超分子类似物，而玻璃相量子点膜则是无定形固体的类似物。这些有序或无定形的量子点固体可以被用作电子和光电子器件的活性组分[3]。这些量子点器件可以包含一个或多个量子点层，类似于传统半导体器件中有源器件的多层堆叠[图 7.1(d)]。

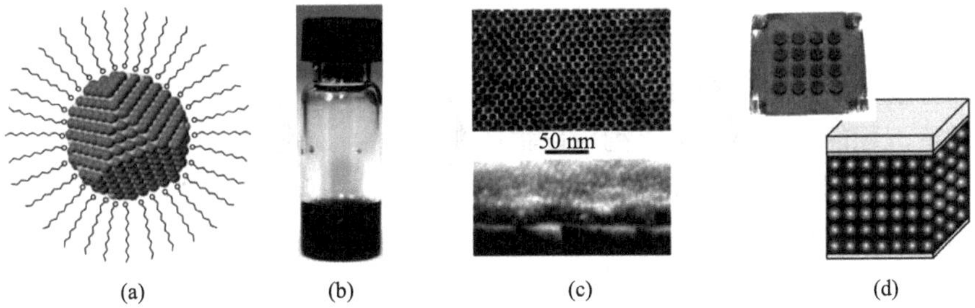

图 7.1　由胶体量子点装配的薄膜器件

(a)由被表面配体层包围的无机半导体核组成的单个量子点示意图；(b)表面配体稳定"量子点油墨"，如量子点在载体溶剂中分散的胶体照片所示；(c)根据量子点溶剂的蒸发速率和量子点的均匀性，量子点的胶体分散体可以浇铸或印刷并形成具有无规堆积的玻璃态薄膜(底部)或长程有序量子点超晶格(顶部)；(d)量子点阵列用作电子和光电子器件[如晶体管、发光二极管和太阳能电池(插图)]沉积溶液的活性组分；多个量子点层可以通过使用化学正交溶剂彼此堆叠[5]

量子点的表面态会改变量子点的电学和光学性质。低能态的量子点可以用作掺杂剂，而更深的带尾和带内态的量子点可以用于捕获电荷载流子并提供电子-空穴快速复合的路径[8]。通过表面原子与配体的强化学键合来解决悬键，从而将占据的表面态能量拉低并把未占据表面态能量推高。与小离子(如 OH^-或 Cl^-)结合有助于使配体涂层的密度最大化，与表面原子的数目匹配，并实现表面悬键更完全的钝化[9]。量子点也可以整合到导电的有机或无机基质中(如聚合物、硫族化物玻璃、氧化物或钙钛矿等)[10]。早期的量子点光伏和光电探测器工作曾利用半导体聚合物(如聚噻吩)来形成电荷分离的异质结[11,12]。然而，相较于载流子在量子点固体中非常快的迁移率，聚合物相的引入通常导致载流子迁移率降低。在发光领域，使用半导体聚合物作为基体材料则取得了巨大的成功[13]。鉴于氧化物可钝化和稳定量子点表面[14,15]，通过氧化物的原子层沉积来掺杂量子点固体能成功提升量子点电子器件的性能。最近，有机金属卤化物钙钛矿作为一种大带隙(Ⅰ型)的基质也被成功地引入，并实现了所包含量子点相的高度钝化[16]，高迁移率的钙钛矿能够有效地将光生电荷传输到量子点夹杂物，并且摆脱量子点夹杂物异质界面的载流子捕获。

量子点的能带结构工程是实现器件设计的先决条件之一。其中Ⅰ型核/壳量子点有益于实现高效电致发光所需的高发光量子效率，而Ⅱ型则能够提供有益于光伏器件或光电检测器件的电荷分离性能。实际上，具有接近 100%的发光效率和尺寸依赖发射颜色的量子点开始崭露头角，如 InP/ZnS 核/壳量子点的尺寸发光依赖性已被用于三星电视中，获得鲜艳的颜色[17]。此外，在单个量子点中，多重激子产生过程(MEG)[18-21]能增加光生载流子的数量，对于以提高效率为目标的量子点光伏电池及光电检测器具有重要的意义。但是多个激子或多个载流子的强烈相互作用可能会导致荧光间歇，也称为闪烁，会限制光电子器件的效率。因此，近年来人们通过利用量子点核/壳异质结构进行设计，利用巨壳[22]、巨核[23]或核/壳界面的梯度合金化[24,25]合成了一系列非闪烁的量子点。

溶液沉积的胶体量子点阵列可以集成在器件中，在偏压下调制和传输电荷，从而产生和控制电流，将光能转换为电能，并且使用电流产生光，类似于体相半导体器件。由于量子点阵列的电性能、光学性能和热性能由各个量子点的特性和交互作用决定，量子点阵列为材料工程提供了额外的自由度。在量子点固体中，载流子的类型和浓度可以类似地由量子点核中的原子控制，但是也可以通过在量子点表面引入掺杂原子、离子或配体而方便地实现。这些表面改性可以改变载流子的传输特性，不仅能充当掺杂剂，而且能通过改变量子点能级来改变器件中载流子注入的效率[26,27]。掺杂的效率和能级移动的大小取决于表面物质的类型、氧化态及量子点的类型和氧化态等因素。表面杂质原子、离子和配体也可以用作 n-型和 p-型掺杂剂。例如，根据中间陷阱态密度与掺杂剂浓度的比值，发现卤化物配体可增加 PbS 量子点阵列中的电子传输[28]，额外的载流子可以占据量子点表面态或量子点的价带和导带态。

在量子点固体中，无机核被表面配体层分开，产生分布相对窄、密度低的导带和价带态。为了使电荷在相邻量子点的态之间移动，载流子必须通过这些颗粒间层，隧穿速率随着量子点间隔的减小而呈指数增加，并且对势垒高度也非常敏感。这对量子点表面性质有巨大的影响，当然量子点固体中的电荷传输还取决于阵列中量子点的尺寸、尺寸分布和组织方式[3,29]。在量子点阵列中，介入配体限定能量势垒的效应是倍增性的，因为沿着电荷载流子的传输路径有大量的这种势垒。在大多数情况下，量子点合成需要使用不适合于电子传输的长链有机配体，通过表面配体的适当设计可增加量子点之间的电子耦合强度，原始配体可以替换为较短的及共轭的有机分子或紧密的无机化合物配体，而且相对小的配体化学变化可以显著改变量子点层的导电性[30-33]，如在 PbSe 量子点的薄膜中观察到载流子的迁移率随着有机配体分子的缩短呈指数增加[30,34]。在由无机配体覆盖的量子点阵列中已观察到最高的电子传输速率，代表性的有硫属元素化物(如 $Sn_2S_6^{4-}$、$In_2Se_4^{2-}$ 和 $CdTe_2^{2-}$)[35-37]、卤代金属盐($PbCl_3^-$ 和 $InCl_4^-$)、硫族化物(S^{2-})、卤化物(Cl^-和 I^-)和拟卤化物(SCN^-和 N_3^-)[38,39]等离子。通过紧密配体交换和化学、电化学[40]或静电掺杂的结合可使载流子进入高载流子密度和高迁移率的强耦合作用状态。最近引入的大于 10 $cm^2/(V·s)$ 的高迁移率的量子点固体[37, 41-43]实现了高性能、溶液沉积的量子点电子器件中载流子的快速传输，能够战胜对量子点光电子器件来说非常关键的多激子猝灭、载流子捕获或非辐射性俄歇弛豫等过程。核/壳量子点中的无机壳也可以促进量子点之间的耦合。对于 I 型异质结，核材料的电子态基本上被屏蔽在量子点内，并且与其周围环境相互作用更小。这种情况有利于提高发光效率，但不利于在量子点之间传输电子和空穴。另外，II 型异质结中的部分电荷分离可以增强一种类型载流子(电子或空穴)的传输，同时抑制另一种载流子的传输[42]。

激子可以在相邻量子点之间转移。在 0.5～10 nm 的粒子间距下，由激发态量子点(施主)和基态量子点(受主)的跃迁偶极子产生的电磁场耦合作用可引起 Förster 共振能量转移(FRET)型的无辐射激子转移[44]。能量转移的效率取决于 Förster 半径及供体和受体量子点之间点对点物理距离的比值。量子点的表面化学性质能通过量子点的发光量子产率、阵列的折射率影响能量传递的效率，而且随着其厚度增加，特别是以配体长度或壳厚度来算的量子点中心到中心间隔与量子点直径的比值增大，影响显著变大。在颗粒间距离小于 0.5 nm 时，交换相互作用更强，导致激子快速扩散。共振能量转移在量子点光电子器件中起着重要作用。在量子点光伏器件中，尺寸分布不均匀量子点之间的能量传递导致能量损失[45]；在量子点发光器件中，仅存在核心量子点阵列中的能量传递，导致在发光量子点和非发光量子点的非均匀分布引起的发射状态自猝灭，但是也有研究认为核/壳量子点阵列中的能量传递克服了差的电荷注入，提供了量子点激发的路径和高亮度量子点器件[46]。

最后，不能忽略的是，了解量子点阵列中的热传输是器件工程的另一个非常重要的组成部分。最近已经发现热失控是量子点激光器的主要障碍[47]。另外，低热导率自然地有利于热电应用。不幸的是，很少有研究投入这个重要的课题。最近的几个研究揭示了量子点的表面在热传输和电子-声子耦合强度中的关键作用[48]。量子点固体热导率的报告值为 0.1～0.4 W/(m·K)，比体相硅的热导率小约三个数量级[49]。相邻量子点之间的配体-配体界面对于热传递是至关重要的，并且需要调控以增加量子点固体中的热传输。

7.2　量子点光伏器件

半导体量子点光吸收效率高、合成简单、独特的量子限域效应带来的带隙可调、热电子抽取及多激子效应(MEG)等优点使量子点光伏器件的理论光电转化效率达到 44%，可突破传统的 Shockley-Queisser 极限(31%)。与传统的硅和有机半导体器件相比，量子点固体特别适合于在近红外和中红外区域[50,51]有效地捕获和检测红外光子。从 2005 年的第一次演示到最近的认证电源转换效率超过 10%，完成了对寻求组合量子点先进概念的讨论、与其他材料进行混合构筑器件到使用量子点膜克服单结效率限制的发展道路。关于太阳能电池的性能指标、典型实验设置和基本操作原理等请读者参考其他著作或其他分册。为获得高效的量子点太阳能电池，量子点固体需要满足以下条件之一：①少子的扩散长度超过带边吸收长度 1 μm 以上；②量子点固体的显著致密化，以降低带边附近光子需经历的吸收长度；③先进的光子学策略以增加只有单程吸光度的活性介质中的光吸收。例如，1 μm 扩散长度的大目标应当依赖于千万分之一和更低的深陷阱态密度。这要求量子点中基本上没有会导致激发态载流子快速复合的大量杂质、位错和表面态[52]。量子点最早被用于和有机聚合物混合构筑有机无机杂化太阳能电池。其中半导体量子点被认为是有希望的敏化剂，并作为 p-型或 n-型组件引入杂化电池体系。然而，大部分报道使用 HgTe、PbS 和 PbSe 量子点的杂化太阳能电池器件的转换效率均低于 1%，可能是由于不适当的表面化学(即绝缘性的表面配体成为陷阱)和部分相的分离。然而，量子点在敏化太阳能电池和薄膜电池方面却取得了巨大的进步。在本节中，将简要介绍量子点在光伏领域中的一些主要研究进展。

7.2.1 量子点敏化太阳能电池

量子点被认为是染料敏化太阳能电池中钌络合物染料有希望的替代物，低成本、可溶液加工和尺寸可调的能级使量子点非常有吸引力。量子点敏化太阳能电池包括沉积了量子点的光阳极、电解质和对电极三部分，其工作原理与染料敏化太阳能电池相似。如图 7.2 所示，光照下，量子点吸收光子后被激发，产生电子-空穴对并发生分离，电子快速注入 TiO_2 导带并经 TiO_2 被外电路收集，量子点中的空穴被电解质还原回到基态，电解质在对电极处接收外电路流入的电子完成再生。光阳极是由半导体氧化物(TiO_2、SnO_2、ZnO 等)薄膜及沉积的量子点构成。电解质主要是用来还原再生量子点，目前最常用的电解质多为多硫离子氧化还原电对(S^{2-}/S_x^{2-})的水溶液，也有少量报道采用 I^-/I^{3-}、Co^{2+}/Co^{3+}等非硫氧化还原电对。对电极主要起到还原电解质中氧化型物种的作用，目前主要包括贵金属、碳材料和金属硫化物三类。在量子点敏化太阳能电池中，量子点的作用是吸收光并将光生电子注入纳米结构的氧化物电极中，同时，空穴与氧化还原对反应并被输运到对电极。这种电子转移在氧化物/量子点(如 TiO_2/CdSe)界面处是相当高效和快速的。

事实上，在 20 世纪 80 年代初就已经提出了量子点敏化宽禁带半导体的概念。1994 年，Vogel 等[53]以 PbS、CdS 等量子点敏化 TiO_2 多孔膜为工作电极，建立了三电极电池体系，之后 CdS、InP、InAs、PbS 和 Bi_2S_3 等各种半导体量子点也被用作敏化组分。但是，这些早期工作缺少对量子点结构、表面和缺陷态等性质的调控，量子点敏化太阳能电池在相当长的一段时间内发展缓慢，光电转化效率低。

随着量子点材料制备方法和薄膜沉积工艺的不断改进，以及对电池内部机理研究的不断深入，量子点敏化太阳能电池效率有了大幅提升，成为新型太阳能电池领域一个研究热点。量子点敏化太阳能电池从初始时 CdSe 量子点与 Co^{II}/Co^{III} 氧化还原体系组合体器件的效率低于 1%，到 2012 年 Kamat 等[54]引入硫化铜/石墨烯对电极超越 5%，直到最近 Zhong 等报道了超过 11%的认证效率[55]。

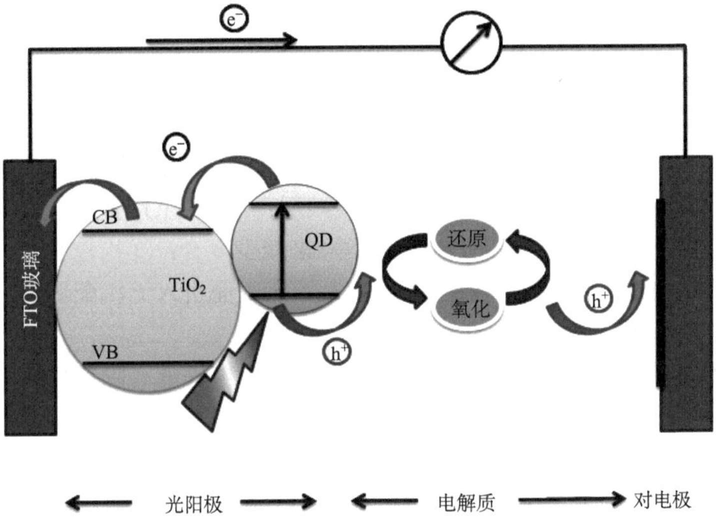

图 7.2　量子点敏化太阳能电池示意图[56]

沉积了量子点的光阳极、电解质和对电极

量子点敏化剂是量子点太阳能电池光吸收的核心，电池的光捕获、电荷分离及传输过程都与量子点自身的性质有关，是决定电池性能的关键材料之一。理想的量子点敏化剂应该具有光吸收范围宽、导带位置合适及表面缺陷少等特点。对于整个电池体系而言，能级匹配非常重要，量子点的导带必须高于半导体氧化物的导带，这样才能实现电子的快速注入。目前，常用的量子点包括 CdS、CdSe、CdTe、$CuInS_2$、$CuInSe_2$、PbS、PbSe、InAs 等。CdS、CdSe 量子点与 TiO_2 能级匹配，在电解质中有很好的稳定性，且沉积工艺成熟，因而被广泛用于量子点敏化太阳能电池中。由于 CdS 的带隙较宽(2.4 eV)，吸光范围窄，而 CdSe 的吸收带边虽然可以拓展到 700 nm，但电子注入效率较低，因此，通常采用 CdS/CdSe 量子点共敏化的方式，不仅能提高光的捕获效率，同时也提高了电子的注入效率。Ⅳ-Ⅵ族 PbS 和 PbSe 由于带隙窄(分别为 0.41 eV 和 0.28 eV)和玻尔半径大(分别为 18 nm 和 46 nm)，作为光吸收材料可以将光吸收范围扩展至近红外区，提高了电池的光电流，在量子点敏化太阳能电池中吸引大量关注。但 PbS 和 PbSe 量子点敏化太阳能电池存在严重的载流子复合，并且电池的稳定性也存在问题，同时电子从 PbS 到 TiO_2 的速率仅为 CdSe 的 1/5[57]。随着量子点合成工艺的发展与不断改进，高质量的 $CuInS_2$、$CuInSe_2$、$CdSe_xTe_{1-x}$、$CuInSe_xS_{2-x}$、Cu_2ZnSnS_4、$CuInTe_2$、$CuInTe_{2-x}Se_x$ 等多元合金量子点被引入量子点敏化太阳能电池，这些多元合金量子点的吸光范围比相应的二元量子点更宽[58-62]。 2012 年，Teng 等[58]报道了 CuInS/CdS 量子点敏化太阳能电池，效率为 4.2%。最近，Zhong 等[63]采用有机高温热注入的方法合成了吸收边位于 900 nm 的 $CuInS_2$ 量子点，并通过构筑 I 型 $CuInS_2$/ZnS 核/壳量子点，显著增加了载流子收集效率，最终使 $CuInS_2$/ZnS 量子点太阳能电池获得 6.66%的认证效率。

除了量子点吸收材料的改性外，对光阳极表面及量子点表面进行修饰或预处理，以减少载流子复合是至关重要的。目前主要包括以下几种表面处理方法：①在 TiO_2/量子点表面或界面引入钝化或缓冲层；②在 TiO_2/量子点表面沉积薄层氧化物(Al_2O_3、SiO_2、MgO、ZrO_2、TiO_2 等)来减少复合；③构建Ⅱ型结构量子点来提高量子点内部的电荷分离效率；④在量子点表面引入无机配体进行预处理，提高载流子迁移率。

电解质主要用来还原再生量子点，对电池的光电性能和稳定性有着至关重要的影响。染料敏化太阳能电池常用的 I^-/I_3^- 氧化还原电对有强氧化性，对量子点有腐蚀作用， 量子点敏化太阳能电池一般采用由 S 和 Na_2S 的水溶液组成的电解质(含有 S^{2-}/S_x^{2-} 氧化还原电对)来稳定其性能。目前高效的量子点太阳能电池都以 S^{2-}/S_x^{2-} 作为电解质，但受其氧化还原电势的限制，量子点敏化太阳能电池的开路电压值大多低于 0.7 V，填充因子也低于 0.65。因此，采用非硫氧化还原电解质有利于提高电池的开路电压。

在敏化太阳能电池中广泛使用的 Pt 电极并不适合作为量子点敏化太阳能电池的对电极，主要是由于 Pt 与多硫氧化还原电对有很强的化学键合作用，导致其催化活性较差，从而造成较低的填充因子和电池效率，也是早期(2008 年前)量子点敏化太阳能电池效率低于 1%的主要限制因素之一。研究结果表明，Cu_2S、CuS、PbS、CoS、NiS、$CuInS_2$ 等金属硫化物作为量子点敏化太阳能电池的对电极材料时，电池的开路电压和电流相比于 Pt 都有明显提升[64-70]。Kamat 等用石墨烯/Cu_2S 复合对电极获得 5.40%的电池效率[54]。Pan 等[55]用多硫电解质腐蚀获得 Cu_2S 对电极，$CdSe_xTe_{1-x}$ 量子点敏化太阳能电池获得了 6.36%的效率。

通过量子点能带设计、光阳极界面工程、电解质和对电极的系统优化，量子点敏化太阳能电池在过去的十年中取得了长足的进步。进一步发展量子点的制备工艺以期获得表面缺陷少、高质量的量子点，特别是设计制备成本低、毒性低、禁带宽度窄、消光系数高的高质量环境友好的量子点敏化剂，优化双官能团辅助自组装或其他量子点沉积方法，发展新颖的表面修饰或预处理方法，是进一步提升量子点敏化太阳能电池效率的有效手段。

7.2.2 量子点薄膜太阳能电池

由量子点制成的全无机太阳能电池可以避免使用不稳定的有机组分，同时保持基于溶液器件制造方法的优点。例如，CdSe 和 CdTe 量子点可以产生具有交错能带排列的供体-受体对。在类似的 Cu_2S 量子点和 CdS 纳米棒的器件中，Wu 等实现了 1.6%的太阳能转换效率。但 CdTe 和 CdSe 棒混合的单个有源层显示出非常差的性能，可能是因为载流子快速分离的驱动力不足。体相 I-III-VI_2 族黄铜矿化合物被认为是很好的光伏材料，基于铜铟镓硒(CIGS)的太阳能电池显示出大于 15%的太阳能转换效率[71,72]。一些研究工作探索了 $CuInS_2$[73-78]、$CuInSe_2$[74,76,78,79] 和 CIGS[78,80,81]量子点的胶体合成，并进一步开展了相关量子点的原型太阳能电池的测量。下面将基于量子点电池的发展、器件结构及最新的改进策略简单展开介绍。

Sargent 和 Nozik 等使用 PbS 和 PbSe 量子点组建了固体的肖特基光伏器件[83-87]。这些肖特基电池具有简单且基本相似的构造：将量子点固体溶液沉积在 ITO 玻璃上，然后蒸镀顶部金属接触电极(如 Mg、Al、Ca/Al)。量子点膜通过逐层旋涂工艺沉积，其中量子点单层通过短链二硫醇分子交联或通过浸入表面活性剂溶液(丁胺、乙二硫醇、苯二硫醇等)中，用较小的分子替换原始的大配体。图 7.3 说明了肖特基太阳能电池的基本原理，在量子点-金属界面上费米能级的钉扎产生了分离光生载流子的内建电场。电子在金属接触处收集，而空穴逃逸到 ITO 中。肖特基电池的性能受内在电势、耗尽区的宽度及电子和空穴在量子点固体中的传输等因素影响。通过调整量子点固体的形态、厚度和化学处理，证明这些参数中的大多数是可定制的。进一步的工作用纯半导体纳米颗粒层替代聚合物-量子点复合层，为将量子点膜作为多晶半导体类似物而不是分子敏化

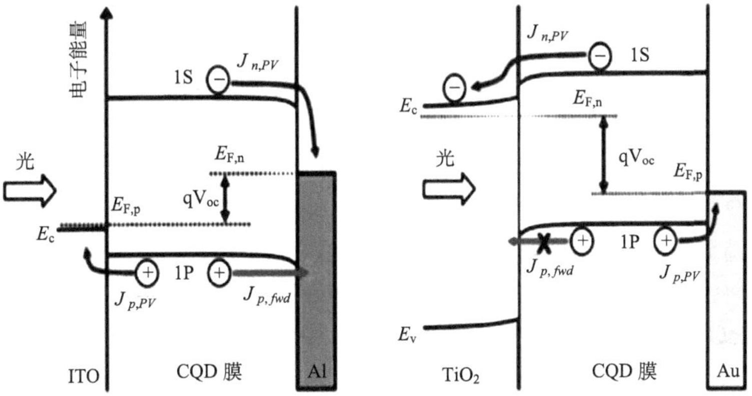

图 7.3 胶体量子点肖特基结太阳能电池工作原理示意图[82]

剂处理的器件工程方法铺平了道路，其中量子点膜可以充当光吸收层和作为电荷传输介质，促进了肖特基量子点太阳能电池的发展。但肖特基架构在绝对器件性能方面受到限制。在金属量子点界面处的费米能级钉扎导致开路电压上存在上限，远低于仅考虑量子点带隙所预测的电压，引入缓冲层和其他方法来减少界面处的电子陷阱态密度稍微改善了这个问题。

异质结量子点太阳能电池结构用来克服与肖特基量子点太阳能电池相关的主要限制。受敏化太阳能电池结构启发，最终的异质结架构使用含 p-型量子点和高度掺杂 n-型金属氧化物膜的 p-n 异质结[82]。TiO_2 和 ZnO 是形成 n-掺杂层最常用的宽带隙半导体。在金属氧化物的顶部沉积厚度为 50～400 nm 的 p-型量子点吸收膜，并使用高功函数金属（如金）或重掺杂氧化物（MoO_3）组成的背反射接触，随后是银或铝。异质结器件通过透明基板和宽带隙半导体照射。因此，光生电荷在接近于结区发生，克服了肖特基结构的一个限制。p-n 结器件中的耗尽区宽度取决于结的任一侧上材料中的相对自由载流子密度。宽带隙半导体通常是高度掺杂的，使得大部分耗尽层落在量子点上。由电场产生的漂移电流用于驱动量子点膜中的载流子。量子点膜和 TiO_2 或 ZnO 层之间的能带匹配是特别关键的，并且必须调整使其电子亲和力差值有利于电子注入宽带隙半导体而不牺牲开路电压[88]。已经通过新的配体方法来改进异质结太阳能电池的性能，同时也已经针对改善器件的稳定性而开发相关策略。有机二硫醇配体和无机卤化物配体已经成功地用于高性能器件中。杂化有机-无机配体方法的发展使带内电子陷阱态密度减少并随之带来开路电压的改善。使用有机、无机及混合配体钝化策略，在量子点生长期间通过原位工艺引入的镉和氯离子钝化获得了创记录性能（6%太阳能转换效率）的 PbSe 基器件。

体相异质结是克服平面器件结构局限性的一种有效方法。在体相异质结量子点太阳能电池中，n-型宽带隙半导体和量子点膜形成互穿层，通常通过结构化 TiO_2 或 ZnO 并将量子点渗透到结构化电极中来实现[89]。结构化界面能够实现耗尽区的延伸和更多量子点光吸收材料的引入，同时改善光吸收和载流子收集。进一步的发展是通过使用同质结，其中 p-型和 n-型材料都由量子点组成。例如，使用 Bi_2S_3 量子点作为 n-型材料，PbS 量子点作为体相异质结中的 p-型材料，两种类型的纳米颗粒部分混合，有助于光生电荷分离[90]。体相异质结允许两种材料中产生的电荷接近电荷分离界面，导致相对于双层结构 3 倍性能的提升。进一步的工作引入了远程陷阱钝化方案，其中 ZnO 量子点与 PbS 量子点在体相异质结器件中混合。重掺杂 ZnO 量子点可将电荷转移到量子点中的深电子受体位点，可改善开路电压。

使用具有分级带隙的材料构筑激子漏斗是另一种在量子点太阳能电池中提高载流子传输和收集的策略效率。在量子点的各种异质结中，如在大多数膜中实际发现的那些光生载流子，通常被最小带隙的量子点所终结[91]。通常情况下可以通过采用分级的带隙架构来有效地将载流子“漏到”电荷收集结处。量子点十分适合实现这种结构，因为它们可通过量子尺寸效应来调节带隙并分级逐层沉积。例如，使用 1.06～1.35 eV 带隙能量的五个量子点层，渐变器件确保了少数载流子被驱动到电子接受电极。量子点太阳能电池进一步的性能优化可以通过使用能带匹配工程和分级掺杂结构来实现。这些类型的器件可以是异质结或同质结构的扩展，其中通常通过不同的配体方案在量子点膜中实现，具体方法是控制掺杂剂类型和浓度，以及导带边缘位置。

在不同的量子点太阳能电池结构中，电极起着收集电子和空穴的作用，电极技术的进步对于促进性能的提升是至关重要的。现在主要集中在实现无陷阱态接触和理想的能级排列。①改善量子点太阳能电池中的空穴收集方法，主要集中于对 p-型量子点膜的顶部欧姆接触的工程化。②优化电子收集的方法：在量子点太阳能电池中电极的研究更多集中在电子收集层上，特别是优化 n-型 TiO_2 和 ZnO 层的性质以获得更好的异质结性能。③减少金属氧化物-半导体界面处的复合也是异质结量子点太阳能电池中持续被关注的一个领域，已经可以使用几种策略来克服这种限制性能的过程。

7.2.3 量子点太阳能电池的光学工程

胶体量子点是光的强吸收体，例如，PbS 量子点的吸收系数在蓝光波长处的值高于 10^5 cm^{-1}[92]。但是在接近带隙能量的红外波长处，量子点太阳能电池仍然面临光吸收长度超过量子点膜中电荷传输距离的问题。光捕获或通过结构化有效地增加吸收材料中的光程长度是克服此问题的一种方法。目前已经使用几种不同光捕获的方法来增加量子点太阳能电池的性能，包括几何光学方案、纳米光子构造和等离子体增强等。几何光学方案主要是增加光子通过吸收材料的有效通过次数。传统的平面单元是双通道设计，通过倾斜单元并使用折叠光路设计，在底电极中产生微米级金字塔或构造透明导电氧化物层以产生衍射光栅，从而将双通道结构转换为多通道结构[93,94]。纳米光子结构化也被用作量子点太阳能电池中的光捕获方法，可应用缩放制造的方法，如纳米压印光刻和纳米球光刻，以亚微米量级来构造底部电极。这些设计利用周期性光子结构来增强光伏器件中的吸收并由此增强光电流。表面等离子体共振已经被用于改善量子点太阳能电池的性能。这些表面等离子体纳米结构对局部光学环境非常敏感，可以调节或增强其附近其他材料的总体吸收。贵金属(特别是金和银)是用于制备等离子体纳米结构的流行材料，但原则上任何导体都可以表现出等离子体效应[95]。值得指出的是，这里所提及的光学工程概念不仅适用于光伏器件，对量子点发光器件也有重要的借鉴意义。

7.2.4 多结量子点太阳能电池与热载流子效应

利用量子点独特的电子和光学性质，有希望突破传统太阳能电池的理论效率极限，也是量子点在太阳能利用中最有吸引力的原因之一。在 1961 年，Shockley 和 Queisser 确定了常规太阳能电池的最大理论光电转换效率，由于能带和太阳光谱匹配问题，在 AM 1.5 照射下的单结太阳能电池的最大 η 需要 1.4 eV 的半导体带隙，并且不会超过 31%，被称为 Shockley-Queisser(S-Q) 极限。但 Shockley-Queisser 极限是基于传统单结电池结构框架给出的。自从 2005 年的第一次器件演示以来，在发展量子点太阳能电池结构方面已经取得了很大进展。接下来简要介绍在太阳能电池概念中使用量子点超越 Shockley-Queisser 极限的两个典型例子。

(1) 构建多结或串联电池，可以更有效地收集太阳辐射[96]。多层堆叠布置，使具有较高能量的光子被第一层吸收，而在最后一层中收集低能量红外光子。具有不同带隙的太阳能电池材料可以通过理想的复合层堆叠和连接，来有效吸收更宽的太阳光谱并超过单结效率极限。基于传统Ⅲ-Ⅴ族材料系统的多结电池已经实现了高效率，但这些材料都是通过外延方法生长，并且必须使用晶格匹配的不同材料[97]。目前，这种高成本的系统将它们限制在如宇宙探索等不限成本的应用中。量子点有潜力解决这个问题，由量子尺寸效应提供的带隙可调性为从单一材料系统中制造串联太阳能电池提供了可能，且不存在晶格匹配生长引入的复杂性。量子点可以单独使用或与其他材料串联使用，以将多结电池的吸收范围扩展到红外波长。所有量子点多结电池的进一步发展需要研究复合层技术，可以通过低温成膜技术如原子层沉积来辅助。

(2) 热载流子损失是单结太阳能电池中最重要的性能限制机制之一[98]。用大于带隙能量的光子激发的热载流子，即电子和空穴，通常通过声子发射快速弛豫到它们各自的能带边缘。在量子点中，量子限域效应导致的可填充状态减少可以减慢该过程，并可能提供捕获超过基本激子跃迁能量的途径[99]。这种额外的能量可以通过热载流子太阳能电池概念或多激子过程来收集。理论上，热电子可以直接在热载流子太阳能电池中收集，其中选择性接触将用于在其弛豫到带边能级之前提取高于带隙能量的载流子。实现这种器件的第一步是增加热载流子寿命[100]。另一种方法是使用多激子效应。当光激发产生能量大于带隙能量两倍的激子时，其可激发另外的电子-空穴对，引起半导体多激子过程，量子效率将超过 100%，因为高能光子可以产生多个光生载流子对[101,102]。此外，量子点可以作为在其他材料中产生热载流子的受体，开辟了在混合器件中耦合有机和无机材料的新途径。

7.3　量子点场效应晶体管

将量子点固体作为半导体沟道层引入薄膜场效应晶体管(FET)中[图7.4(a)]，提供了一个探测载流子传输的平台，并且可作为低成本、大面积、可溶液加工及柔性电子技术的构筑单元。如前所述，对于电子器件，通过紧密配体交换及表面钝化和掺杂的组合可以实现高载流子迁移率[$>10\ cm^2/(V\cdot s)$]，对于实现高性能电路是极其重要的。能够减少量子点建筑单元中电子结构不均匀性的合成方法、允许紧密配体化学的配体交换过程，以及随之而来的量子点建筑块的有序沉积保证了高的迁移率，同时也保持了这些建筑块的量子限域特性[29]。另外，金属硫属元素化合物配体作为分子“焊料”，为这些量子点转化为具有超高迁移率[$>400\ cm^2/(V\cdot s)$]的体相半导体提供了可溶液加工的前驱体[37]。

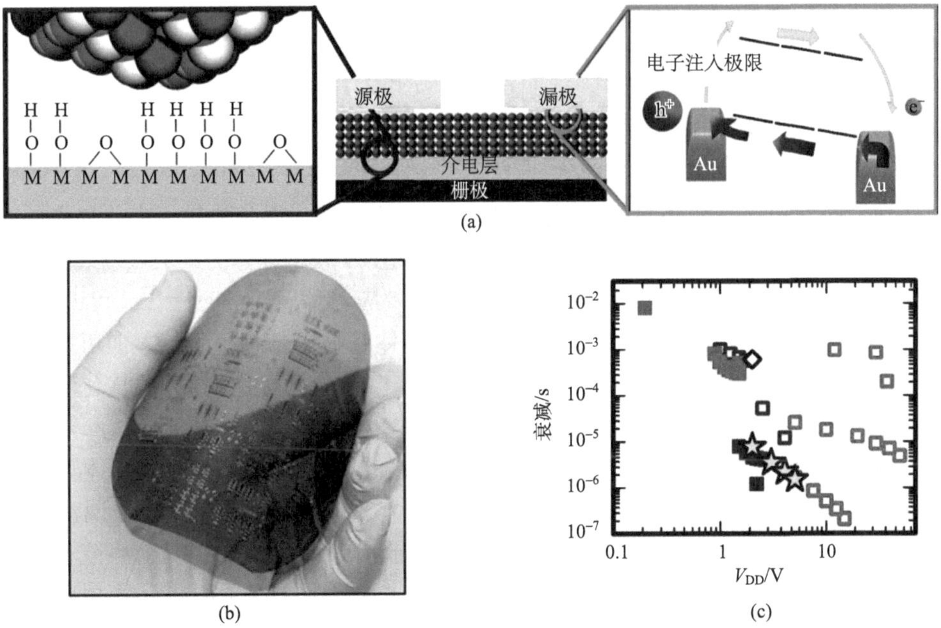

图 7.4　量子点场效应晶体管及电子电路

(a)量子点场效应晶体管，突出部分(左)为半导体-栅极电介质界面，特别是常用氧化物的细节表面化学结构[103]，以及(右)引入电荷注入障碍的金属-半导体界面[104]；(b)大面积($40.64\ cm^2$)柔性量子点电子电路；(c)开关速度测量参数随电源电压(V_{DD})花的延迟时间的变化，柔性量子点电路(黄色星)与刚性(实心符号)和柔性(空心符号)溶液可处理有机半导体(绿色)、碳纳米管阵列(蓝色)、溶胶-凝胶金属氧化物(红色)和早期量子点沟道层(黑色)[105]相比

场效应晶体管的构筑引入了两个界面：一个是量子点薄膜与栅极介电层之间，另一个是量子点薄膜与源极和漏极电极之间[图 7.4(a)]。半导体-栅极-电介质界

面会增加导带和价带的带内陷阱态密度，导致载流子散射和捕获的增加。栅极电介质材料的选择，例如用 Al_2O_3 或 ZrO_2 层[43,106,107]代替 SiO_2 层或自组装单层来结合表面态，可将界面陷阱态密度从 10^{13} cm^{-2} 降到 10^{12} cm^{-2}。这些策略也被类似地用于提高一维纳米线和纳米管、二维石墨烯及有机半导体薄膜场效应晶体管的性能[108-111]。

因为金属电极产生费米能级钉扎的界面态，金属源极和漏极电极与半导体量子点固体之间的界面通常会产生电荷注入的能量势垒[图 7.4(a)]。在弱耦合量子点固体中，沟道层的高电阻决定了器件性能。然而，在用于电子器件的高迁移率、高电导率、强耦合量子点固体中，完全或部分费米能级钉扎可产生更高电阻的电接触，限制电荷注入，因此会控制并最终决定 FET 的极性、迁移率和电流[104]。类似于在体相半导体晶体的情况下，通过沉积金属来重掺杂接触区域产生欧姆接触也可用于掺杂量子点固体[43]。

量子点的表面是造成下列问题的主要原因：大的器件滞后，偏压 、响应的不稳定性[112]、噪声[113,114]等。使用通过原子层沉积生长金属氧化物来渗透和封装量子点薄膜固体的场效应晶体管，证明可减少这些不稳定性[15,114]。对引起这些不稳定性化学物质的持续研究将允许更有针对性的材料设计以改善场效应晶体管的性能。

到目前为止，已经利用Ⅱ-Ⅵ族、Ⅲ-Ⅴ族或Ⅳ-Ⅵ族半导体构筑了高迁移率的胶体量子点场效应晶体管。来自较宽带隙Ⅱ-Ⅵ族和Ⅲ-Ⅴ族半导体的量子点场效应晶体管显示出高的电流调制性能，但是仅在 n-型场效应晶体管中实现[42,43,115,116]。相比之下，来自较窄带隙Ⅳ-Ⅵ族量子点的场效应晶体管显示低电流调制，但可以实现 n-型或 p-型掺杂[117]。器件界面(金属/半导体、半导体/栅极电介质)的优化和金属氧化物的封装已用于改善场效应晶体管的性能。

这些量子点场效应晶体管可用作集成电路的建筑块，其中大量晶体管被连接在芯片上[105,118]。 场效应晶体管器件的多个部件(半导体沟道、金属源极和漏极电极及栅极电介质层)可以由胶体纳米粒子构成，有希望实现全溶液相的电路制造[119]。集成 n-型Ⅱ-Ⅵ族量子点场效应晶体管已经实现了所有 n-型电路，称为 NMOS(n-型金属氧化物半导体)电子电路，命名来自常规 Si 器件[图 7.4(b)]。这些电路包括模拟和数字拓扑型，如反相器、与/非逻辑门及用于电压放大和开关的环形振荡器[105]。在暴露于空气和溶剂之后，允许通过常规洁净室技术修饰量子点表面的方法制造量子点电路，这些技术使器件能够在尺寸上缩小并且在面积上放大，以便实现更高带宽的模拟电路和更高速的数字大面积量子点集成电路[103]。量子点集成电路的低温、可溶液加工性能够与柔性电路的制造兼容，并且它们的性能已经与其他可溶液加工半导体相当，如溶液可处理的有机半导体[120,121]、碳纳米管阵列[122]和溶胶-凝胶金属氧化物电路，其中可溶液加工的柔性胶体量子点电路在低电压下显示出更高的开关速度[图 7.4(c)][123]。高迁移率量子点器件为继续提高量子点电路速度开启了新途径。基于Ⅳ-Ⅵ族量子点的 CMOS 电路已经构建出来，并显示了高的开关比和更高的增益[104,124]，但是这些电路从根本上受Ⅳ-Ⅵ族量子点的窄带隙限制，需要设计高迁移率、高电流调制和稳定的 p-型量子点场效应晶体管以实现更高增益、更高速的 CMOS 量子点电路。此外，可印刷 CMOS 电路可以通过将 n-型量子点与 p-型有机电子材料组合而成。

7.4　量子点光电探测器件

量子点光电探测领域的进步依赖于尺寸可调的量子点电子结构、表面化学和表面陷阱态工程、灵活的组成及通过廉价的溶液加工器件的可能性等独特优势。近年来，量子点用于光子检测的应用受到越来越多的关注。量子点光电探测器件主要可分为光电导体和光电二极管两种。

7.4.1　光电导型探测器

光子的吸收可以用于控制量子点固体的电导率，使其能够用于光检测。第一代量子点光检测器聚焦于光电导技术[125]——一种可提供信号放大优点的光传感技术，并且还可以利用而不是受陷阱态限制，在光电导体中被称为敏化中心。在存在这样的中心情况下，光生电子-空穴对生成之后，一种载流子被捕获(在此使用电子来说明)，而空穴基本上保持自由移动。在该单极装置中可以使用对称接触(图 7.5)。光生空穴被再循环，并且它们的光电流与其寿命和渡越时间成比例。因此高达 10^3 至 10^6 的光电导增益是可能的，并且电子捕获——如多重激子产生之后通过俄歇辅助电离[36]增强的——有利于产生附加信号。

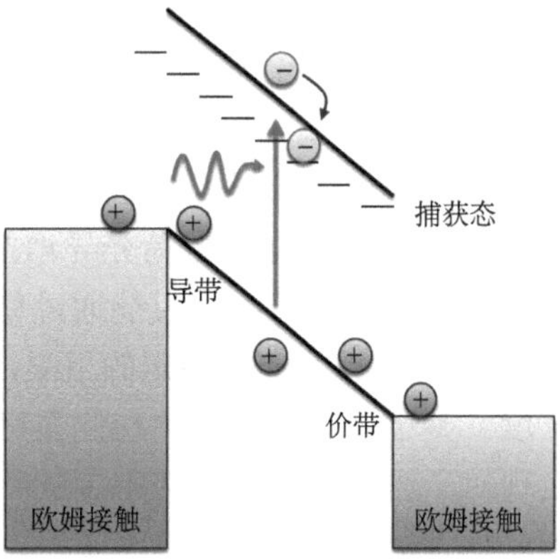

图 7.5　量子点光电导器件

光电导器件，包括敏化中心以推迟一种载流子(图中为电子)的复合，同时允许另一种载流子(图中为空穴)流动的单极器件[5]

对于光电导型探测器，Leatherdale 等首次详细地报道了光电导率用于研究 TOPO-TOP 封端的 CdSe 量子点固体[126]。其中，①CdSe 量子点固体中的自由载流子来源于个别量子点内光生电子-空穴对(激子)；②电荷分离与带间弛豫相比慢得多；③电荷传输由穿过颗粒间介质的隧穿效应支配。大的颗粒间隔、表面配体的绝缘性质和高激子结合能(对于 2 nm CdSe，200 meV)导致光激发载流子的热辅助分离可被忽略，这些结果可由隧穿速率、充电能量及载流子产生和复合速率的相互作用来解释。为了改善颗粒间的电荷传输，用小分子连接体，如烷基胺或强碱处理 CdSe 量子点固体，将 TOPO-TOP 封端的 CdSe 量子点的膜浸泡在丁胺或氢氧化钠中，实现了 CdSe 量子点固体上的最高光电流[127,128]。在这种情况下光电流的改善归因于颗粒间间隔的减小和更好的表面钝化而引起的激子分离效率的增加。Porter 等使用退火和化学处理的核/壳 CdSe / ZnS 量子点膜，减少了激子的非辐射衰减速率，构筑了光电导体(即没有或很少的捕获光电流)，观察到了近 100%的内量子效率及很低的暗电流。量子点基光电导体进一步被开发用于近红外检测器，具有与商业装置相当的检测特性。2006 年，Konstantatos 等[129]报道了基于 PbS 量子点的简单但高度敏感的红外检测器。通过旋涂丁胺处理的 PbS 量子点在预图案化的电极结构上形成亚微米厚的膜来制造器件，在惰性气氛下用甲醇处理膜之后获得最佳特性，然后进行可控的表面氧化。在高于商用 InGaAs 光电二极管的调制频率(30 Hz)下，达到约 2×10^{13} 琼斯的高检测灵敏度(D^*)，以及超过 60 dB 的线性动态范围，高增益可归因于量子点表面化学处理产生的长寿命陷阱态。

一般来说，商业上具有竞争力的红外光电探测器必须具有最高可能 D^*(通常为 10^{12}～10^{13} 琼斯)，并且响应时间尽可能短，达到几十毫秒的数量级，以实现每秒 10～60 帧的成像速率。将高检测性与快速响应组合，对于主要通过陷阱在光电流产生中起作用的检测器来说可能是一个严重的问题。通过增加载流子寿命，陷阱能有效地增加光电导增益，而短的响应时间则需要光电流的快速衰减(即短载流子寿命)。捕获的光生载流子寿命的延长可以通过量子点表面化学来控制，并且早期表面氧化物和硫酸盐的鉴定也是通过量子点表面组成与器件响应速度相关的研究来辅助完成的[130]。暗电流也会通过与光生电荷光导增益相同的机理被放大，因此在典型的电阻光电导体中，增加光/暗电流比仅能通过使暗自由载流子密度最小化来实现[131]。暗电流具有由本征载流子密度限定的下限，因此光电导体特征性地具有不希望的高暗电流密度。基于量子点的光电检测器可以利用带边调控到适当选择的光谱截止能量，实现对于给定的光谱响应范围的暗电流最小化。研究人员使用外加增益型光场效应晶体管进一步克服了这个限制，在晶体管中引入阈值，使得仅在超过某一光载流子密度(即光照水平)之后才发生接通[132]。例如，Sargent 等投入了相当大的努力来了解 PbS 量子点中长寿命陷阱态的性质，并改善基于

PbS 检测器的响应时间[130,133,134]。发现通过用不同分子(丁胺、甲酸、小分子硫醇等)处理量子点膜，可以控制表面位点的化学作用获得不同的捕获态，并由此控制检测器的响应时间。2007 年，Boberl 等报道了 $D^{*}\approx10^{10}$ 琼斯的光电检测器，使用十二烷基硫醇封端的 HgTe 量子点[135]。鉴于“更环保”材料和方法的发展趋势，非常需要无铅、镉和汞的器件。 Konstantatos 等报道了利用 Bi_2S_3 纳米棒阵列制备的高效光电探测器，实现了 $D^{*}\approx10^{11}$ 琼斯[136]。

7.4.2 光电二极管型探测器

与光电导器件相比，光电二极管具有更高的响应速度。量子点光电二极管最近已被更多地研究以增加器件速度和灵敏度。与传统的硅和有机半导体器件相比，量子点固体特别适合于在近红外区域和中红外区域[137,138]有效地捕获和检测红外光子。光电探测器应理想地在其带边位置以上实现全吸收；因此，它们需要具有 α^{-1} 量级的有效光学厚度[139]，其中 α 是在带边附近单位长度的吸收值。在量子点固体中通常在第一激子峰处评估，且 α^{-1} 的值为 500～1000 nm。使量子点固体致密化具有重要意义，以便增加光吸收子的振荡强度、增强介质的有效折射率，并使载流子捕获最大化。超晶格实现的填充是最高的，尽管随机密堆积(64%)和六方/面心立方密堆积(74%)之间的差别并不大。通过配体设计、壳的合并或外延基质生长，将量子点嵌入高折射率电介质中是非常有意义的[15]。通过使用光电二极管中的内建场来提取光生载流子(图 7.6，漂移区)提供了产生高效光电流的有效路径；当激发态寿命是典型的约 100 ns 时，只需电子或空穴迁移率的超过较低的 $2\times10^{-3}\ cm^2/(V\cdot s)$，1 V 量级的内建或外加电势就可以在激发寿命内完成载流子提取。相对于量子点场效应晶体管中迁移率的惊人进展，这是一个非常温和的要求。 量子点光电探测器现在已达到超过兆赫频率的带宽。在光电二极管中，可以施加反向偏压以补充内建电势，甚至可以在厚的活性层中维持高的内部量子效率。大量施加电势的要求意味着准中性材料中较差的载流子扩散。在光电二极管中，这引起了大量带内态导致暗电流产生，缩小了有效带隙并增加了热致电流产生。

Clifford 等证明了基于 PbS 固体的 IR 光电二极管的快速和灵敏探测[137]。在这些器件中，PbS 量子点层夹在 ITO 和 Al 电极之间，器件性能由量子点-金属界面处的肖特基势垒决定，内建电场可以驱动光生载流子的快速分离。因为在耗尽区的载流子速度比在扩散层中高得多，所以当调节量子点层的厚度而没有扩散层时，就可以获得最佳器件性能。与光电导型的类似量子点固体器件相比，光电二极管的灵敏度大 1000 倍[84]。这种改进主要来自更快的响应，在 35 kHz 具有 3 dB 的带宽，检测率类似于先前报道的光电导检测器($D^{*}\approx10^{12}$ 琼斯)。

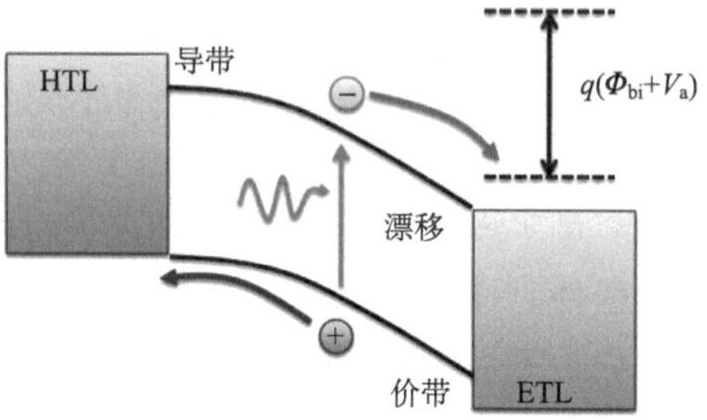

图 7.6 光电二极管通过施加偏压实现载流子的分离和提取

HTL：空穴传输层；ETL：电子传输层[5]

在量子点和有机半导体材料的混合光电探测器系统中，量子点的使用可以获得更高的响应度或扩展对红外区域的光谱响应。已知小分子如富勒烯衍生物或π共轭聚合物是适用于制造太阳能电池和光电探测器的光敏材料，但它们的光谱响应限于可见光区。当与半导体有机材料混合时，窄带隙量子点可以作为优异的敏化剂。混合有机-量子点装置用于光电检测器可协同优化光捕获和电荷传输。例如，通过使 C_{60} 的晶体阵列被 CdSe 量子点敏化，实现了 3 个数量级的光电流增强[140]。这种增强是由于 CdSe 量子点的有效光吸收、从量子点到 C_{60} 的快速电子转移及 C_{60} 分子阵列内的高载流子迁移率实现的。类似的想法，但用于红外范围，也已通过 PbS 量子点和可溶性 C_{60} 衍生物[6,6]-苯基-C_{61}-丁酸甲酯(PCBM)结合来证明[141]。

7.5 量子点电致发光器件

7.5.1 量子点电致发光器件简介

量子点的发光器件由于其窄光谱发射和尺寸可调性允许跨越宽的色域而受到关注。 量子点还提供了优于有机和聚合物材料的优点，因为量子点固体的光谱发射可以延伸到近红外区域。在量子点电致发光器件领域成果进展迅速，最近已有20.5%的量子效率记录[142]。量子点器件的其他前沿研究包括通过光子和等离子体结构增加光的提取效率及利用量子点基质工程来进行折射率控制，以使光提取达到最大化。量子点器件发展的另一个目标是使量子点电致发光器件超越显示器的应用，进入照明、投影和激光领域。

发光二极管性能通常是由光度数量如光通量(lm)、每平方米光亮度(cd/m^2)和每瓦照明效率(lm/W)等参数评估。所有这些数值所占比重并非均匀，在整个可见光谱中粗略契合人眼敏感度曲线的部分，主要集中在 2.23 eV。这种不均匀的响应结果导致亮度主要取决于敏感色。例如，相同数量的 2.3 eV(绿色)的光子亮度比 2.7 eV（蓝色）或 2.0 eV（红色）的要高出 10 倍。另两个有用的参数，如内量子效率 IQE（η_{IQE}）和外量子效率 EQE（η_{EQE}），与光提取（或耦合）效率（η_{out}）相关，即 $\eta_{EQE}=\eta_{out}\eta_{IQE}$。量子效率可被进一步表达为量子点的发光量子效率（$\eta_{em}$）及注入效率（$\eta_{inj}$：量子点中激子生成的数量相对于注入 e-h 对的数量）：$\eta_{EQE}=\eta_{inj}\eta_{em}\eta_{out}$。前面描述的许多技术改善结果就是为了提高 η_{inj}。总的来说，量子点带隙的增加导致 η_{inj} 的降低，导致一种或两种载流子产生更大的注入势垒；这是蓝色量子点发光二极管的量子效率峰值低于绿色和红色量子点发光二极管的一个主要原因[142]。另外，η_{out} 从器件表面损失的部分散射光，很大程度上取决于发光二极管材料的光学性质和应用中实质性的限制。最后一个提高量子效率的方法是发光过程的 η_{em}，主要取决于材料本身，就量子点来说，主要因素包括直接通过缺陷的非辐射复合、量子点发光层内的能量转换（受体量子点中的非辐射衰减）以及带电量子点的俄歇复合。

胶体量子点具有窄发射带宽，以及通过改变量子点大小、化学组成和内部结构实现带隙可调性等优点，从而可以应用到电致发光器件中。与常规发光二极管类似，量子点发光二极管也具备 p-i-n 结构，包括阳极、空穴传输层、量子点发光层、电子传输层和阴极［图 7.7（a）］。在正向偏压下，电子和空穴从相反的电极，通过电流层传送被注入量子点发光层，此时，注入的载流子相互结合从而产生光子。从第一个案例成功以来[144]，量子点发光二极管一直持续进步，材料光电性能稳定提高。通过借鉴更成熟的有机发光二极管领域的材料、架构和工艺设计等，量子点发光二极管获得了较大进展。由于量子点和有机分子间的相似性，尤其是在如何加工成器件构架，量子点发光二极管与有机发光二极管相同，也能够提供许多的有益特性，如为超薄、超轻和大面积的器件兼容各种刚性和柔性基板（如玻璃、塑料和织物）。大量已开发的合成方法为实现胶体量子点提供了窄细可调的发射光谱，它可跨越非常宽的能量范围，即 UV 到 IR。光谱的可调性和窄的发射峰为量子点发光二极管替代有机发光二极管提供了重要动力。图 7.7（b）对比了几种基于红色、绿色、蓝色发光量子点（实线）发光二极管及有机发光二极管（虚线）的 EL 光谱图。其中，有机发光二极管的电致发光光谱是由有机半导体材料中较强的电子-声子耦合产生的大量发射峰组成的。因此，整个 EL 谱图宽度大，通常是半高峰宽 40～60 nm。另外，量子点发射光谱宽度是由特定量子点集合中颗粒大小、形貌、组成的分散性所决定的。对于最好的样品来说，在单量子点测量中所观察到的单个量子点线宽约为 20 nm［图 7.7（b）］，这种独特的色域在扩展色域的显示应用上极其重要[145-147]。

量子点与有机分子相比，另一个优势是不存在由自旋选择定律强加的最大 EL 效率的内在限制。与有机分子相比，半导体量子点通常只显示一个很小的暗-明激子分裂（1～15 meV），使在室温下高效的热激发暗态激子进入亮态[148-150]。因此，量子点不受有机发光二极管内统计局限性所影响。1994 年以来，当第一个量子

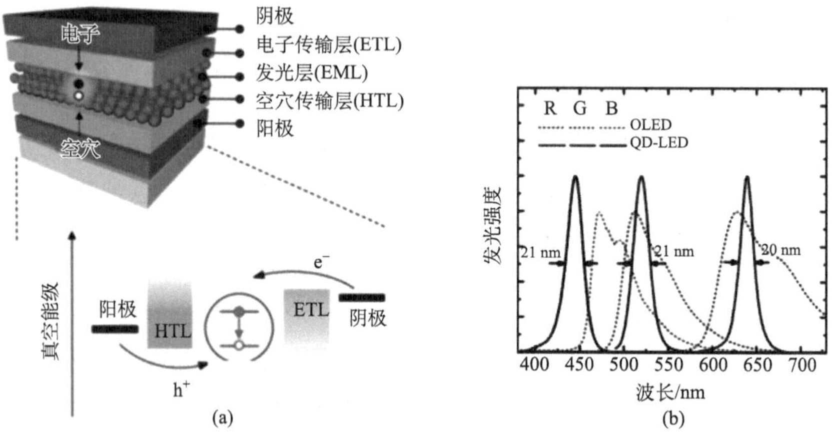

图 7.7 (a) p-i-n 量子点发光二极管结构的常规机理图（上图）与其相对应的能带图（下图），电子（空穴）从阴极（阳极）通过电子（空穴）传输层，注入活跃的量子点层，从而空穴与电子复合发光；(b) 发射红色、绿色、蓝色光的量子点发光二极管（实线）和有机发光二极管（虚线）常规 EL 光谱[143]

点发光二极管原型出现后，在外量子效率上通过不断改变器件结构及量子点发光材料的质量实现了巨大的改善[144]。目前，高性能量子点器件主要使用的是复合电荷传输层，如一个无机电子传输层和一个有机空穴传输层[142,151-156]。这种结构可得到与最先进的有机发光二极管相一致的效率和亮度。这表明胶体量子点作为新型材料，为实现下一代显示器和固态照明器件提供了巨大的潜力。高荧光量子效率、窄线宽和无机核固有稳定性使量子点在 EL 器件上具备较好的应用前景。然而在兼容量子点的器件结构发展上遇到了相当大的阻碍，特别是针对特定的一个量子点实现在一个广泛工作电流下平衡注入电子空穴。

最早一代器件使用的是“有机/量子点”双层结构，[图 7.8(a)]结合共轭聚合物（如 PPV）作为空穴传输层和量子点多层结构作为电子传输层和发光层[144]。这种器件结构除了量子点发光外，还显示了低效（量子效率=0.001%～0.01%）、弱光（～100 cd/m^2）及相当大的依赖聚合物相关的发光。

更早期的器件还存在一些其他问题，量子点层作为发光层和电荷传输层与量子点固体电导率差有关。为了解决这个问题，新一代的器件探索了量子点在光致发光材料中单一性能的体系结构。第一个演示的发光二极管中，单层量子点夹在有机电子传输层和空穴传输层之间[图 7.8(b)]。明显提高量子点发光层内的电荷平衡，有效抑制电子传输层中的电致发光，并且使整体器件效率增加[158]。尽管通过使用光学耦合作用，在全有机电荷传输层器件性能上取得了相当大的进步，但量子效率仍远低于峰值理论极限的 20%。在有机电荷传输层电流层研究的同时，全无机电荷传输层[图 7.8(c)]因其固有结构的稳定性和较好的导电性也被广泛研究。第一种全无机电荷传输层的量子点发光二极管是由单层 CdSe/ZnS 量子点夹在 p-GaN 和 n-GaN 间的结构材料[159]。而后通过探索金属氧化物全无机电荷传输层实现电子传输层（如 ZnO、SnO_2、ZnO：SnO_2、ZnS）[160]和空穴传输层（如 WO_3[160]、NiO[161]）双功能结构材料。全无机电荷传输层的量子点发光二极管相比全有机电荷传输层（最大电流密度 1000 mA/cm^2）[162]具有增强的长期运行稳定性，以及可以维持相当高的电流密度（达到 4000 mA/cm^2）[160]。然而，全无机电荷传输层容易引起激子猝灭，导致量子点发光层的退化[160]。

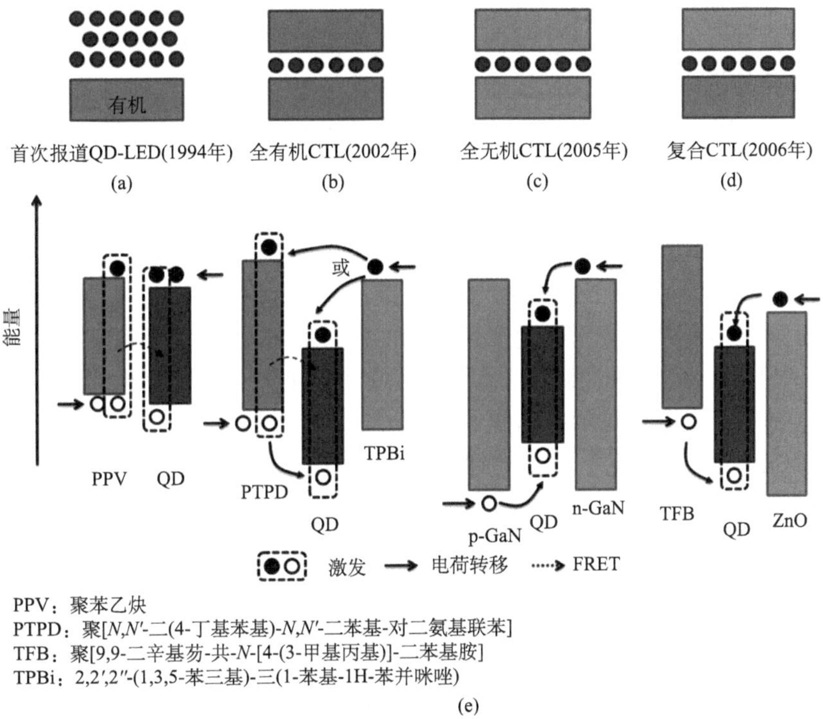

图 7.8　量子点发光二极管的简化器件结构（顶部）和它们典型的能级图（底部）[157]

(a) 单一的有机（如 PPV）电荷传输层和量子点多功能层，既充当发光层也是电荷转移层；(b) 全部是有机电荷传输层：量子点单层夹在两层有机电荷传输层中间（如 TPD 作为空穴传输层和 TPBi 作为电子传输层）；(c) 全部是无机电荷传输层：量子点单层夹在两层无机（如 p-GaN 和 n-GaN）电荷传输层中间；(d) 混合电荷传输层：有机层（如 TFB）的空穴注入量子点的 VB，而无机层（如 ZnO）的电子注入量子点的 CB；(e) 一些典型金属电极（功函数），空穴注入缓冲层（与 ITO 接触界面改性的功函数）、有机电荷传输层（HOMO/LUMO）、无机电荷传输层（价带和导带位置边缘）、Ⅱ-Ⅵ族量子点（带边电子和空穴）的能级位置；缩写词的全称在图的底部

目前，量子点发光二极管的研究已聚焦于“混合异质电荷传输层”（无机电子传输层和有机空穴传输层），兼具无机和有机导电层的优点[图 7.8(d)]，具备发展前景。最近 Stouwdam 等[163]在构建异质电荷传输层量子点发光二极管取得重要的

进展，利用溶液加工的 ZnO 纳米颗粒作为电子传输层，有效地补偿了无机电荷传输层的缺陷，不会因恶劣的制造条件（如金属-有机化学气相沉积或射频溅射）引起结果的破坏，且速率与空穴从有机空穴传输层注入相同，同时抑制量子点发光层中的空穴泄漏，以及量子点层的电荷平衡性。材料和制备方法的后续优化导致异质电荷传输层量子点发光二极管的性能明显提高，并且在目前同类器件中显示出最高的量子效率和亮度[142,151-156]。

除了基本的电致发光器件研究外，量子点在照明和显示器件中也备受关注，极具商业化前景。这里简单介绍一些相关进展。量子点发光二极管可提供 20～30 nm 半高宽，在整个可见区可调，可以提供更广泛的色域来满足当前显示器标准，并有希望推广到新一代显示器中。三种量子点发光二极管的主要颜色需要被组装成微型像素阵列才能用于显示。Kim 等[164]研究出了一种全色量子点发光二极管显示器。他们将红色、绿色和蓝色量子点像素（46 μm×96 μm）放入金属氧化物 TFT 阵列中，并得到了 320×240 像素分辨率的 4 英寸①全色显示器。相比传统发光二极管显示器，经过不断优化的印刷过程已将模型尺寸降到 6 μm[165]。除了微触印刷、雾印刷，喷墨印刷是构建量子点模型的另一种选择。喷墨印刷，因其模型的自由设计并不需要光子或电子束光刻前模板而备受关注，但这项技术的处理过程成本昂贵并且耗时。目前喷墨印刷已成功构建出微小的量子点模型阵列（约 5 μm），基本符合商业显示器的像素间距需求，并且所获得的量子点发光二极管像素阵列拥有不同颜色[166]。这里需要进一步指出的是，大多量子点发光二极管采用 CdSe 量子点，因为该结构的化学工程易于构建并且该材料的光物理性质易于理解。尽管取得了重大的进步，但日益关注的环境问题和重金属的广泛使用也越来越引起人们的担忧。因此，为了继续优化量子点发光二极管，探索满足安全需求的量子点是目前研究的重点。例如，基于 InP[167,168]和 $CuInS_2$[169]的核/壳量子点材料，具有超过 70%的荧光量子效率；有机配体钝化的 Si 量子点显示了 60%的荧光量子效率[170]。尽管非重金属量子点发光二极管具备诸多优点，但相比 CdSe 量子点，其亮度和色纯度较低，仍无法满足商业化的要求。目前，大多数量子点发光二极管关注点主要集中在性能方面，如量子效率、亮度和色纯度，而未来实际应用中，稳定性和器件操作可靠性超过数万小时才是至关重要的。现代量子点发光二极管已明显延长半衰期，红色超过 300000 h，绿色超过 90000 h，已在可接受稳定水平内，但量子点发光二极管的退化机制仍然缺乏详细的理解[171]。

① 1 英寸=2.54 cm

7.5.2　器件性能限制因素的光谱理解

如前所述，提高发光二极管量子效率的一个重要方面是发光过程的η_{em}，其主要取决于材料本身，主要因素包括缺陷引起的非辐射复合、量子点发光层内的能量转换(受体量子点中的非辐射衰减)、带电量子点的俄歇复合等。下面简要分析这些因素。

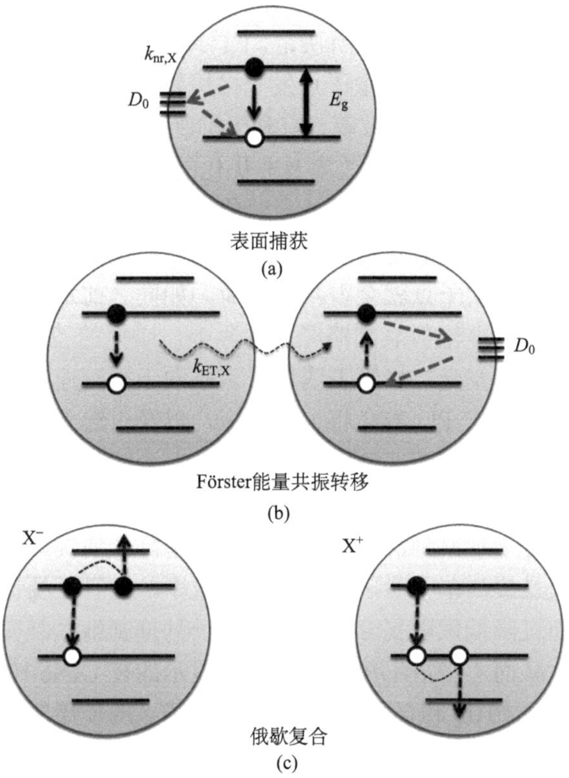

图 7.9　由量子点引起的限制发光二极管性能的原因

(a)通过表面缺陷(用 D_0 表示)的非辐射复合($k_{nr,X}$)与带边辐射跃迁($k_{\zeta,X}$)竞争；(b)Förster 能量共振转移($k_{ET,X}$)加剧了非辐射损耗；(c)存在额外的电子(左图)或者空穴(右图)时的非辐射俄歇复合[157]

实践证明，量子点的发光量子效率等于辐射复合速率(k_r)与总复合速率的比值，其中总复合速率由辐射和非辐射(k_{nr})过程决定：$\eta_{em}=k_r/(k_r+k_{nr})$。对于激发的量子点来说，非辐射耗损是由结构缺陷复合导致的，往往与量子点表面有关[图 7.9(a)]。利用宽带隙无机材料包覆产生的的 I 型异质结，能消除表面缺陷[172,173]。虽然厚壳应该能更有效地隔离核激发的表面缺陷，然而其他缺陷(如应力)的影响也应被考虑在内，以最大化稳定性和最小化应力缺陷，进而提高发光二极管的性能[152]。发光层内量子点之间的激子扩散[图 7.9(b)]和俄歇复合[图 7.9(c)]也导致量子点发光二极管的效率损失。通常，量子点发光二极管中在发光层处使用 1～4 层量子点单层，由于量子点内部固有的小 Stokes 位移，在发光和吸收光谱中有很大的重叠。这就意味着激子可以在量子点层间扩散：①非辐射 Förster 共振能量转移(ET)，效率随量子点间距 d 变化($\sim d^{-6}$)；或②相邻量子点的发射光子再吸收，效率与$\sim d^{-2}$有关。激子散射进一步加强了快速非辐射捕获的辐射效率损失。由于共振能量转移速率是由激子供体量子点的辐射跃迁和激子给体量子点的吸收跃迁之间的有效重叠所决定，ET 共振将导致信号集体辐射红移，并且具有更快的衰减动力学[44,174]。量子点发光二极管通过用 CdSe/CdS 量子点作发光层，增加的壳厚度可提高量子效率，有利于抑制 ET，然而改善程度有限，因为厚壳 CdSe/CdS 会产生低荧光量子效率及非优化的器件结构[175]。

光激发可以产生载流子从而形成 e-h 对或激子，相比之下，电致发光器件中的电子和空穴被注入量子点前是相互独立存在的。当电子和空穴注入电流不完全平衡时，发光层中单个量子点就会得到净电荷。如同之前章节讨论的，导致通过俄歇过程打开一个新的非辐射衰减路经。实际上，研究的 ZnO 电子传输层和有机空穴传输层的量子点发光二极管表明量子点倾向于得到净的负电荷[151]。在这种情况下，偏压下的量子点 PL 寿命将大大缩短，以及引起负电荷充电的俄歇复合寿命缩短[图 7.10(a)]，这表明非辐射俄歇复合是一个限制这种结构性能的重要影响因素。量子点电荷的俄歇复合被用来解释效率的“下垂”或“衰减”现象，即在量子点发光二极管中观察到的高电流下量子效率降低情况。优化发光二极管应用中的量子点不仅是提高单个激子的荧光量子效率，而且还要提高带电和多重激子位点数量，可通过降低俄歇复合速率实现。一种抑制俄歇衰变的方法是在核壳之间引入合金层，从而“平滑”势垒，如图所展示的在 CdSe 核和 CdS 厚壳之间引入 $CdSe_xS_{1-x}$[图 7.10(b)和(c)][176]。而这种量子点的使用的确可以提高器件峰值效率，并且使量子效率初值向更高电流转变[图 7.10(d)][151]。器件性能的提高与带电激子和双激子寿命的延长相关[图 7.10(c)]，这也说明俄歇复合的确是量子点发光二极管性能限制的一个因素。另外一种降低俄歇效率损失的方法就是提高电子空穴的注入平衡性，这可通过修改整个器件结构来实现，也可以通过改性量子点发光材料本身实现。在 CdSe/CdS 量子点外层加涂一层宽带隙 CdZnS 壳层作为电子注入 ZnO 发光层的小障碍，增强了器件电流平衡性(1.7 倍)[图 7.10(e)]。研究结果表明，同一器件中性能提高可以通过抑制俄歇复合和平衡电荷注入的共同作用实现。

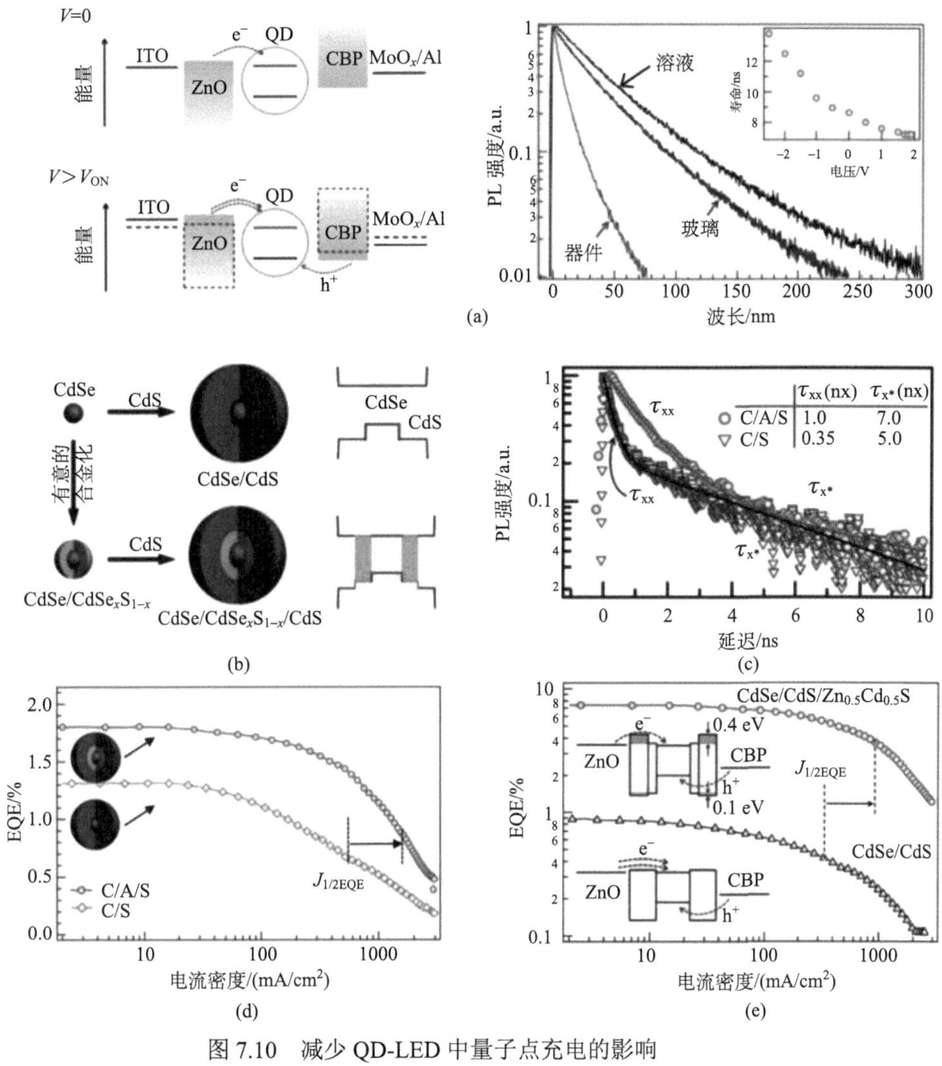

图 7.10 减少 QD-LED 中量子点充电的影响

(a) 描述从相邻的 ITO/ZnO ETL (左) 电子转移的 QD 充电过程 (左)，量子点在溶液中、玻璃基板上的薄膜和 LED 器件中的衰减动力学 (右)，插图：在 EL 开启之前，PL 寿命作为偏压的函数；随着偏压增加，PL 寿命的逐步缩短是量子点充电和伴随俄歇复合的结果[151]；(b) 具有“尖锐”(上部) 和“平滑”合金 (底部) 界面的核/壳量子点及其相应的能带图；(c) 测量的含尖锐界面的 (C/S 样品) CdSe/CdS 量子点与含中间合金层 (C/A/S 样品) 的 $CdSe/CdSe_xS_{1-x}/CdS$ 量子点的 PL 动力学中初始的快速衰减组分 (<10ns)，“平滑”的合金量子点的界面电位导致双激子和带电激子具有更长的俄歇寿命[176]；(d) CdSe/CdS 界面合金层的掺入提高了 LED 外量子效率和 EQE 下垂的阈值电压 (通过电流定量，外量子效率下降一半)，这些性能的提高是抑制俄歇复合的直接结果；(e) 通过在 CdZnSe 外部生长壳层可以创造一个限制电子注入量子点的势垒，实现量子点充电抑制，这种在发光层中电荷平衡的改善导致 EQE 的提高及 EQE 衰减的延迟[151]

7.6 其他量子点光学器件

1. 激光器件

1991 年，量子点中的激光首次被报道，使用一种大约 10 nm 的 CdSe 纳米粒子。这个工作中研究的量子点通过在熔融玻璃中高温沉积制备得到，并且在液氮温度下发出激光[177]。三年后，人们用光泵浦、电子泵浦在外延生长的量子点体系中观测到激光行为[178,179]。基于外延量子点，实现了创记录的低激光阈值(根据驱动电流)，超越了量子阱激光器[180]。胶体量子点另外一个吸引人的特点是可以通过量子限域效应在 1 eV 级别实现大范围光谱调谐。然而，十年研究后，仅观察到一些光增益的诱人暗示，胶体量子点的激光行为研究却一直不尽如人意[181,182]。需要指出的是，近年来的实验研究已经建立胶体量子点激光产生的原则和一些先进的激光概念如单激子增益，吸引了大量研究人员。在这方面早期努力集中在实现真正的激光作用，使用各种类型光学谐振器，包括微环腔[183,184]和分布反馈结构[185]。最近，研究者探索了基于量子点的激光器[186]、微球谐振器[187]和通过“咖啡环效应”产生的自组装谐振器[188]。最近报道了胶体量子点膜实现的随机激光发射[189,190]。此外，研究人员还探讨了使用非线性双光子[191,192]，甚至三光子[192]吸收的激发。然而，最常见的方法仍然是传统的单光子激发。多年来，在泵浦机制上降低激光阈值方面，已经取得了相当大的进展。然而要实现连续激光，需要采用更大体积的纳米结构，这往往会导致较大的俄歇复合速率，从而受到限制。因此，科研人员提出了实现连续激光的示范路线，主要涉及通过“界面工程”为手段来大幅抑制俄歇衰减[190]。

2. 量子点太阳能集束器

发光太阳能集束器的概念最初是在 20 世纪 70 年代引入的，试图缓解晶体硅(c-Si)光伏的高成本[193-196]。尽管有大量的实验和理论研究，在过去四十年中，相关的技术瓶颈与可选染料少限制了太阳能集束器的实用化[197-205]。近来具有优异光学性质的量子点几乎是理想的太阳能集束器候选物种，因此，量子点太阳能集束器的集成光伏应用前景光明[206-209]。与有机或有机金属染料相比，量子点类材料的特征是高的 PL 量子产率(有时接近 100%)、在宽光谱窗口上的高吸收系数及由量子点尺寸或组成控制的可调谐发射波长[198, 206, 208, 210-212]。此外，量子点比有机染料有更好的光稳定性[212-215]，还可以结合到各种有机和无机基质中[215-218]。最后，量子点的声子能量很小(小于 50 meV)，因此，系统间交叉的影响是微不足道的；与环境的激子耦合也被强烈抑制在其钝化壳中[219]。量子点太阳能集束器已经表现出美好的前景，所表现出的效率超过了那些基于有机染料的器件。量子点太阳能集束器尺寸已经扩大到几十厘米，接近实际应用中作为光伏窗所要求的尺寸。然而，仍有一些剩余的挑战存在。例如，量子点开始时吸收的能量太高；因此，最后由器件吸收的太阳光子的总量低，这也会限制整体的外部光学效率。此外，大多数器件是基于本体聚合制备的量子点/聚合物复合材料，聚合物的长期稳定性仍然是很难解决的问题。

在本章的最后，我们希望指出，近年来，量子点在器件领域已经在多个方面取得了相当大的进展，包括量子点的设计合成，将量子点并入太阳能集束器的新方法，高效率器件的展示，以及用于指导新型量子点发光材料和整体器件结构设计的有效理论方法。所有这些新的发展表明，量子点具有很大的商业应用潜力，包括近年来已有应用的量子点电视等。

参 考 文 献

[1] Alivisatos A P. Semiconductor clusters, nanocrystals, and quantum dots. Science, 1996, 271: 933.

[2] Murray C B, Kagan C R, Bawendi M G. Synthesis and characterization of monodisperse nanocrystals and close-packed nanocrystal assemblies. Annu. Rev. Mater., 2000, 30: 545.

[3] Talapin D V, Lee J S, Kovalenko M V, et al. Prospects of colloidal nanocrystals for electronic and optoelectronic applications. Chem. Rev., 2010, 110: 389.

[4] Yang J, Choi M K, Kim D H, et al. Designed assembly and integration of colloidal nanocrystals for device applications. Adv. Mater., 2016, 28: 1176.

[5] Kagan C R, Lifshitz E, Sargent E H, et al. Building devices from colloidal quantum dots. Science, 2016, 353: 5523.

[6] Shevchenko E V, Talapin D V, Kotov N A, et al. Structural diversity in binary nanoparticle superlattices. Nature, 2006, 439: 55.

[7] Cargnello M, Johnston-Peck A C, Diroll B T, et al. Substitutional doping in nanocrystal superlattices. Nature, 2015, 524: 450.

[8] Brus L. Cheminform abstract: Electronic wave functions in semiconductor clusters: Experiment and theory. Cheminform, 1986, 17: no.

[9] Zherebetskyy D, Scheele M, Zhang Y, et al. Hydroxylation of the surface of PbS nanocrystals passivated with oleic acid. Science, 2014, 344: 1380.

[10] Boles M A, Ling D, Hyeon T, et al. The surface science of nanocrystals. Nat. Mater., 2016, 15: 141.

[11] McDonald S A, Konstantatos G, Zhang S G, et al. Solution-processed PbS quantum dot infrared photodetectors and photovoltaics. Nat. Mater., 2005, 4: 138.

[12] Huynh W U, Dittmer J J, Alivisatos A P. Hybrid nanorod-polymer solar cells. Science, 2002, 295: 2425.

[13] Supran G J, Shirasaki Y, Song K W, et al. QLEDs for displays and solid-state lighting. Mrs Bulletin, 2013, 38: 703.

[14] Pourret A, Guyot-Sionnest P, Elam J W. Atomic layer deposition of ZnO in quantum dot thin films. Adv. Mater., 2009, 21: 232.

[15] Liu Y, Tolentino J, Gibbs M, et al. PbSe quantum dot field-effect transistors with air-stable electron mobilities above 7 $cm^2 \cdot V^{-1} \cdot s^{-1}$. Nano Lett., 2013, 13: 1578.

[16] Ning Z, Gong X, Comin R, et al. Quantum-dot-in-perovskite solids. Nature, 2015, 523: 324.

[17] Jang E, Jun S, Jang H, et al. White-light-emitting diodes with quantum dot color converters for display backlights. Adv. Mater., 2010, 22: 3076.

[18] Beard M C, Knutsen K P, Yu P, et al. Multiple exciton generation in colloidal silicon nanocrystals. Nano Letters, 2007, 7: 2506.

[19] McGuire J A, Joo J, Pietryga J M, et al. New aspects of carrier multiplication in semiconductor nanocrystals. Acc.

Chem. Res., 2008, 41: 1810.
[20] Nozik A J. Multiple exciton generation in semiconductor quantum dots. Chem. Phys. Lett., 2008, 457: 3.
[21] Bulovic V. Quantum dot solar cells. Physica E: Low-dimensional Systems and Nanostructures, 2014, 14: 115.
[22] Chen Y, Vela J, Htoon H, et al. "Giant" multishell CdSe nanocrystal quantum dots with suppressed blinking. J. Am. Chem. Soc., 2008, 130: 5026.
[23] Tilchin J, Rabouw F T, Isarov M, et al. Quantum confinement regimes in CdTe nanocrystals probed by single dot spectroscopy: From strong confinement to the bulk limit. ACS Nano, 2015, 9: 7840.
[24] Nasilowski M, Spinicelli P, Patriarche G, et al. Gradient CdSe/CdS quantum dots with room temperature biexciton unity quantum yield. Nano Lett., 2015, 15: 3953.
[25] Vaxenburg R, Rodina A, Lifshitz E, et al. Biexciton auger recombination in CdSe/CdS core/shell semiconductor nanocrystals. Nano Lett., 2016, 16: 2503.
[26] Brown P R, Kim D, Lunt R R, et al. Energy level modification in lead sulfide quantum dot thin films through ligand exchange. ACS Nano, 2014, 8: 5863.
[27] Schimpf A M, Knowles K E, Carroll G M, et al. Electronic doping and redox-potential tuning in colloidal semiconductor nanocrystals. Acc. Chem. Res., 2015, 48: 1929.
[28] Ning Z, Voznyy O, Pan J, et al. Air-stable n-type colloidal quantum dot solids. Nat. Mater., 2014, 13: 822.
[29] Kagan C R, Murray C B. Charge transport in strongly coupled quantum dot solids. Nat. Nanotechnol., 2015, 10: 1013.
[30] Liu Y, Gibbs M, Puthussery J, et al. Dependence of carrier mobility on nanocrystal size and ligand length in PbSe nanocrystal solids. Nano Lett., 2010, 10: 1960.
[31] Talapin D V, Murray C B. PbSe nanocrystal solids for n- and p-channel thin film field-effect transistors. Science, 2005, 310: 86.
[32] Porter V J, Geyer S, Halpert J E, et al. Photoconduction in annealed and chemically treated CdSe/ZnS inorganic nanocrystal films. J. Phys. Chem. C, 2008, 112: 2308.
[33] Greenham N C, Peng X, Alivisatos A P. Charge separation and transport in conjugated polymer/cadmium selenide nanocrystal composites studied by photoluminescence quenching and photoconductivity. Phys. Rev. B, 1996, 54: 17628.
[34] Collier C P, Saykally R J, Shiang J J, et al. Reversible tuning of silver quantum dot monolayers through the metal-insulator transition. Science, 1997, 277: 1978.
[35] Kovalenko M V, Bodnarchuk M I, Zaumseil J, et al. Expanding the chemical versatility of colloidal nanocrystals capped with molecular metal chalcogenide ligands. J. Am. Chem. Soc., 2010, 132: 10085.
[36] Kovalenko M V, Scheele M, Talapin D V. Colloidal nanocrystals with molecular metal chalcogenide surface ligands. Science, 2009, 324: 1417.
[37] Dolzhnikov D S, Zhang H, Jang J, et al. Composition-matched molecular "solders" for semiconductors. Science, 2015, 347: 425.
[38] Zhang H, Jang J, Liu W, et al. Colloidal nanocrystals with inorganic halide, pseudohalide, and halometallate ligands. ACS Nano, 2014, 8: 7359.
[39] Fafarman A T, Koh W K, Diroll B T, et al. Thiocyanate-capped nanocrystal colloids: Vibrational reporter of surface chemistry and solution-based route to enhanced coupling in nanocrystal solids. J. Am. Chem. Soc., 2011, 133: 15753.
[40] Shim M, Guyot-Sionnest P. N-type colloidal semiconductor nanocrystals. Nature, 2000, 407: 981.
[41] Oh S J, Berry N E, Choi J H, et al. Stoichiometric control of lead chalcogenide nanocrystal solids to enhance their electronic and optoelectronic device performance. ACS Nano, 2013, 7: 2413.
[42] Lee J S, Kovalenko M V, Huang J, et al. Band-like transport, high electron mobility and high photoconductivity in all-inorganic nanocrystal arrays. Nat. Nanotechnol., 2011, 6: 348.
[43] Choi J H, Fafarman A T, Oh S J, et al. Bandlike transport in strongly coupled and doped quantum dot solids: A

route to high-performance thin-film electronics. Nano Lett., 2012, 12: 2631.
[44] Kagan C R, Murray C B, Nirmal M, et al. Electronic energy transfer in CdSe quantum dot solids. Phys. Rev. Lett., 1996, 76: 1517.
[45] Kagan C R, Murray C B, Bawendi M G. Long-range resonance transfer of electronic excitations in close-packed CdSe quantum-dot solids. Phys. Rev. B, 1996, 54: 8633.
[46] Shirasaki Y, Supran G J, Bawendi M G, et al. Emergence of colloidal quantum-dot light-emitting technologies. Nat. Photonics, 2013, 7: 13.
[47] Adachi M M, Fan F, Sellan D P, et al. Microsecond-sustained lasing from colloidal quantum dot solids. Nat. Commun., 2015, 6: 8694.
[48] Bozyigit D, Yazdani N, Yarema M, et al. Soft surfaces of nanomaterials enable strong phonon interactions. Nature, 2016, 531: 618.
[49] Ong W L, Rupich S M, Talapin D V, et al. Surface chemistry mediates thermal transport in three-dimensional nanocrystal arrays. Nat. Mater., 2013, 12: 410.
[50] Tian J, Zhang Q, Zhang L, et al. ZnO/TiO_2 nanocable structured photoelectrodes for CdS/CdSe quantum dot co-sensitized solar cells. Nanoscale, 2013, 5: 936.
[51] Zhang Q, Chen G, Yang Y, et al. Toward highly efficient CdS/CdSe quantum dots-sensitized solar cells incorporating ordered photoanodes on transparent conductive substrates. Phys. Chem. Chem. Phys., 2012, 14: 6479.
[52] Shimomura M, Sawadaishi T. Bottom-up strategy of materials fabrication: A new trend in nanotechnology of soft materials. Curr. Opin. Colloid Interface Sci., 2001, 6: 11.
[53] Vogel R, Hoyer P, Weller H. Quantum-sized PbS, CdS, Ag_2S, Sb_2S_3, and Bi_2S_3 particles as sensitizers for various nanoporous wide-bandgap semiconductors. J. Phys. Chem., 1994, 98: 3183.
[54] Radich J G, Dwyer R, Kamat P V. Cu_2S reduced graphene oxide composite for high-efficiency quantum dot solar cells. Overcoming the redox limitations of S^{2-}/Sn^{2-} at the counter electrode. J. Phys. Chem. Lett., 2011, 2: 2453.
[55] Pan Z, Zhao K, Wang J, et al. Near infrared absorption of $CdSe_xTe_{1-x}$ alloyed quantum dot sensitized solar cells with more than 6% efficiency and high stability. ACS Nano, 2013, 7: 5215.
[56] Wei H Y, Wang G S, Hui-Jue W U, et al. Progress in quantum dot-sensitized solar cells. Acta Physico-Chimica Sinica, 2016, 32: 201.
[57] Rhee J H, Chung C C, Diau W G. A perspective of mesoscopic solar cells based on metal chalcogenide quantum dots and organometal-halide perovskites. Npg Asia Materials, 2013, 5: e68.
[58] Li T L, Lee Y L, Teng H. High-performance quantum dot-sensitized solar cells based on sensitization with $CuInS_2$ quantum dots/CdS heterostructure. Energy Environ. Sci., 2012, 5: 5315.
[59] Mcdaniel H, Fuke N, Makarov N S, et al. An integrated approach to realizing high-performance liquid-junction quantum dot sensitized solar cells. Nat. Commun., 2013, 4: 2887.
[60] Bai B, Kou D X, Zhou W H, et al. Application of quaternary Cu_2ZnSnS_4 quantum dot-sensitized solar cells based on hydrolysis approach. Green Chem., 2015, 17: 4377.
[61] Kim S, Kang M, Kim S, et al. Fabrication of $CuInTe_2$ and $CuInTe_{2-x}Se_x$ ternary gradient quantum dots and their application to solar cells. ACS Nano, 2013, 7: 4756.
[62] Mcdaniel H, Fuke N, Pietryga J M, et al. Engineered $CuInSe_xS_{2-x}$ quantum dots for sensitized solar cells. J. Phys. Chem. Lett., 2013, 4: 355.
[63] Pan Z, Shen Q, Zhang H, et al. High-efficiency "green" quantum dot solar cells. J. Am. Chem. Soc., 2014, 136: 9203.
[64] Liu L, Liu C, Fu W, et al. Phase transformations of copper sulfide nanocrystals: Towards highly efficient quantum-dot-sensitized solar cells. ChemPhysChem, 2016, 17: 771.
[65] Yang Y, Zhu L, Sun H, et al. Composite counter electrode based on nanoparticulate PbS and carbon black: Towards quantum dot-sensitized solar cells with both high efficiency and stability. ACS Appl. Mater. Interfaces, 2012, 4: 6162.
[66] Yang Z, Chen C Y, Liu C W, et al. Electrocatalytic sulfur electrodes for CdS/CdSe quantum dot-sensitized solar

cells. Chem. Commun., 2010, 46: 5485.
[67] Punnoose D, Kim H J, Rao S S, et al. Cobalt sulfide counter electrode using hydrothermal method for quantum dot-sensitized solar cells. J. Electroanal. Chem., 2015, 750: 19.
[68] Kim H J, Kim D J, Rao S S, et al. Highly efficient solution processed nanorice structured NiS counter electrode for quantum dot sensitized solar cells. Electrochim. Acta, 2014, 127: 427.
[69] Gopi C V V M, Rao S S, Kim S K, et al. Highly effective nickel sulfide counter electrode catalyst prepared by optimal hydrothermal treatment for quantum dot-sensitized solar cells. J. Power Sources, 2015, 275: 547.
[70] Zhang X, Huang X, Yang Y, et al. Investigation on new $CuInS_2$/carbon composite counter electrodes for CdS/CdSe cosensitized solar cells. ACS Appl. Mater. Interfaces, 2013, 5: 5954.
[71] Ramanathan K, Contreras M A, Perkins C L, et al. Properties of 19.2% efficiency ZnO/CdS/$CuInGaSe_2$ thin-film solar cells. Progress in Photovoltaics Research and Applications, 2003, 11: 225.
[72] Repins I, Contreras M A, Egaas B, et al. 19.9%-efficient ZnO/CdS/$CuInGaSe_2$ solar cell with 81.2% fill factor. Progress in Photovoltaics Research and Applications, 2008, 16: 235.
[73] Castro S L, Bailey S G, Raffaelle R P, et al. Synthesis and characterization of colloidal $CuInS_2$ nanoparticles from a molecular single-source precursor. J. Phys. Chem. B, 2004, 108: 12429.
[74] Banger K K, Jin M H, Harris J D, et al. A new facile route for the preparation of single-source precursors for bulk, thin-film, and nanocrystallite Ⅰ-Ⅲ-Ⅵ semiconductors. Inorg. Chem., 2003, 42: 7713.
[75] Czekelius C, Hilgendorff M, Spanhel L, et al. A simple colloidal route to nanocrystalline ZnO/$CuInS_2$ bilayers. Adv. Mater., 1999, 11: 643.
[76] Castro S L, Bailey S G, Raffaelle R P, et al. Nanocrystalline chalcopyrite materials ($CuInS_2$ and $CuInSe_2$) via low-temperature pyrolysis of molecular single-source precursors. Chem. Mater., 2003, 15: 3142.
[77] Choi S H, Kim E G, Hyeon T. One-pot synthesis of copper-indium sulfide nanocrystal heterostructures with acorn, bottle, and larva shapes. J. Am. Chem. Soc., 2006, 128: 2520.
[78] Tang J, Hinds S, Kelley S O, et al. Synthesis of colloidal $CuGaSe_2$, $CuInSe_2$, and $Cu(InGa)Se_2$ nanoparticles. Cheminform, 2008, 20: 6906.
[79] Guo Q, Kim S J, Kar M, et al. Development of $CuInSe_2$ nanocrystal and nanoring inks for low-cost solar cells. Nano Lett., 2008, 8: 2982.
[80] Panthani M G, Akhavan V, Goodfellow B, et al. Synthesis of $CuInS_2$, $CuInSe_2$, and $Cu(In_xGa_{1-x})Se_2$ (CIGS) nanocrystal "inks" for printable photovoltaics. J. Am. Chem. Soc., 2008, 130: 16770.
[81] Allen P M, Bawendi M G. Ternary Ⅰ-Ⅲ-Ⅵ quantum dots luminescent in the red to near-infrared. J. Am. Chem. Soc., 2008, 130: 9240.
[82] Pattantyus-Abraham A G, Kramer I J, Barkhouse A R, et al. Depleted-heterojunction colloidal quantum dot solar cells. ACS Nano, 2010, 4: 3374.
[83] Koleilat G I, Levina L, Shukla H, et al. Efficient, stable infrared photovoltaics based on solution-cast colloidal quantum dots. ACS Nano, 2008, 2: 833.
[84] Sargent E H. Solar cells, photodetectors, and optical sources from infrared colloidal quantum dots. Adv. Mater., 2008, 20: 3958.
[85] Johnston K W, Pattantyus-Abraham A G, Clifford J P, et al. Schottky-quantum dot photovoltaics for efficient infrared power conversion. Appl. Phys. Lett., 2008, 92: 222.
[86] Klem E J D, Macneil D D, Levina L, et al. Solution processed photovoltaic devices with 2% infrared monochromatic power conversion efficiency: Performance optimization and oxide formation. Adv. Mater., 2010, 20: 3433.
[87] Law M, Beard M C, Choi S, et al. Determining the internal quantum efficiency of PbSe nanocrystal solar cells with the aid of an optical model. Nano Lett., 2008, 8: 3904.
[88] Hoye R L Z, Ehrler B, Böhm M L, et al. Improved open-circuit voltage in ZnO-PbSe quantum dot solar cells by understanding and reducing losses arising from the ZnO conduction band tail. Adv. Energy Mater., 2014, 4: n/a.

[89] Shaheen S E, Brabec C J, Sariciftci N S, et al. 2.5% efficient organic plastic solar cells. Appl. Phys. Lett., 2001, 78: 841.
[90] Rath A K, Bernechea M, Martinez L, et al. Solution-processed inorganic bulk nano-heterojunctions and their application to solar cells. Nat. Photonics, 2012, 6: 529.
[91] Tikhomirov G, Hoogland S, Lee P E, et al. DNA-based programming of quantum dot valency, self-assembly and luminescence. Nat. Nanotechnol., 2011, 6: 485.
[92] Moreels I, Lambert K, Smeets D, et al. Size-dependent optical properties of colloidal PbS quantum dots. ACS Nano, 2009, 3: 3023.
[93] Koleilat G I, Kramer I J, Wong C T O, et al. Folded-light-path colloidal quantum dot solar cells. Scientific Reports, 2013, 3: 2166.
[94] Labelle A J, Thon S M, Masala S, et al. Colloidal quantum dot solar cells exploiting hierarchical structuring. Nano Lett., 2015, 15: 1101.
[95] Mahpeykar S M, Xiong Q, Wang X. Resonance-induced absorption enhancement in colloidal quantum dot solar cells using nanostructured electrodes. Opt. Express, 2014, 22: 1576.
[96] Henry C H. Limiting efficiencies of ideal single and multiple energy gap terrestrial solar cells. J. Appl. Phys., 1980, 51: 4494.
[97] King R R, Law D C, Edmondson K M, et al. 40% efficient metamorphic GaInP/GaInAs/Ge multijunction solar cells. Appl. Phys. Lett., 2007, 90: 510.
[98] Shockley W, Queisser H J. Detailed balance limit of efficiency of p-n junction solar cells. J. Appl. Phys., 1961, 32: 510.
[99] Nozik A J, Beard M C, Luther J M, et al. Semiconductor quantum dots and quantum dot arrays and applications of multiple exciton generation to third-generation photovoltaic solar cells. Chem. Rev., 2010, 110: 6873.
[100] Ross R T, Nozik A J. Efficiency of hot-carrier solar energy converters. J. Appl. Phys., 1982, 53: 3813.
[101] Pandey A, Guyot-Sionnest P. Slow electron cooling in colloidal quantum dots. Science, 2008, 322: 929.
[102] Tisdale W A, Williams K J, Timp B A, et al. Hot-electron transfer from semiconductor nanocrystals. Science, 2010, 328: 1543.
[103] Choi J H, Oh S J, Lai Y, et al. *In situ* repair of high-performance, flexible nanocrystal electronics for large-area fabrication and operation in air. ACS Nano, 2013, 7: 8275.
[104] Oh S J, Wang Z, Berry N E, et al. Engineering charge injection and charge transport for high performance PbSe nanocrystal thin film devices and circuits. Nano Lett., 2014, 14: 6210.
[105] Stinner F S, Lai Y, Straus D B, et al. Flexible, high-speed CdSe nanocrystal integrated circuits. Nano Lett., 2015, 15: 7155.
[106] Kim D K, Lai Y, Vemulkar T R, et al. Flexible, low-voltage, and low-hysteresis PbSe nanowire field-effect transistors. ACS Nano, 2011, 5: 10074.
[107] Chung D S, Lee J S, Huang J, et al. Low voltage, hysteresis free, and high mobility transistors from all-inorganic colloidal nanocrystals. Nano Lett., 2012, 12: 1813.
[108] Klauk H, Zschieschang U, Pflaum J, et al. Ultralow-power organic complementary circuits. Nature, 2007, 445: 745.
[109] Kim W, Javey A, Vermesh O, et al. Hysteresis caused by water molecules in carbon nanotube field-effect transistors. Nano Lett., 2003, 3: 193.
[110] Aguirre C M, Levesque P L, Paillet M, et al. The role of the oxygen/water redox couple in suppressing electron conduction in field-effect transistors. Adv. Mater., 2009, 21: 3087.
[111] Goldberger J, Sirbuly D J, Law M, et al. ZnO nanowire transistors. J. Phys. Chem. B, 2005, 109: 9.
[112] Osedach T P, Zhao N, Andrew T L, et al. Bias-stress effect in 1,2-ethanedithiol-treated PbS quantum dot field-effect transistors. ACS Nano, 2012, 6: 3121.
[113] Liu H, Lhuillier E, Guyot-Sionnest P. 1/f noise in semiconductor and metal nanocrystal solids. J. Appl. Phys., 2014, 115.

[114] Lai Y, Li H, Kim D K, et al. Low-frequency (1/f) noise in nanocrystal field-effect transistors. ACS Nano, 2014, 8: 9664.

[115] Liu W, Lee J S, Talapin D V. III-V nanocrystals capped with molecular metal chalcogenide ligands: High electron mobility and ambipolar photoresponse. J. Am. Chem. Soc., 2013, 135: 1349.

[116] Sun B, Sirringhaus H. Solution-processed zinc oxide field-effect transistors based on self-assembly of colloidal nanorods. Nano Lett., 2005, 5: 2408.

[117] Luther J M, Pietryga J M. Stoichiometry control in quantum dots: A viable analog to impurity doping of bulk materials. ACS Nano, 2013, 7: 1845.

[118] Kim D K, Lai Y, Diroll B T, et al. Flexible and low-voltage integrated circuits constructed from high-performance nanocrystal transistors. Nat. Commun., 2012, 3: 1216.

[119] Choi J H, Wang H, Oh S J, et al. Exploiting the colloidal nanocrystal library to construct electronic devices. Science, 2016, 352: 205.

[120] Yan H, Zheng Y, Blache R, et al. Solution processed top-gate n-channel transistors and complementary circuits on plastics operating in ambient conditions. Adv. Mater., 2008, 20: 3393.

[121] Herlogsson L, Coelle M, Tierney S, et al. Low-voltage ring oscillators based on polyelectrolyte-gated polymer thin-film transistors. Adv. Mater., 2010, 22: 72.

[122] Ha M, Seo J W T, Prabhumirashi P L, et al. Aerosol jet printed, low voltage, electrolyte gated carbon nanotube ring oscillators with Sub-5 μs stage delays. Nano Lett., 2013, 13: 954.

[123] Kim Y H, Heo J S, Kim T H, et al. Flexible metal-oxide devices made by room-temperature photochemical activation of sol-gel films. Nature, 2012, 489: 128.

[124] Koh W K, Saudari S R, Fafarman A T, et al. Thiocyanate-capped PbS nanocubes: Ambipolar transport enables quantum dot based circuits on a flexible substrate. Nano Lett., 2011, 11: 4764.

[125] Konstantatos G, Howard I, Fischer A, et al. Ultrasensitive solution-cast quantum dot photodetectors. Nature, 2006, 442: 180.

[126] Leatherdale C A, Kagan C R, Morgan N Y, et al. Erratum: Photoconductivity in CdSe quantum dot solids. Phys. Rev. B, 2000, 63: 039901.

[127] Jarosz M V, Porter V J, Fisher B R, et al. Photoconductivity studies of treated CdSe quantum dot films exhibiting increased exciton ionization efficiency. Phys. Rev. B, 2004, 70: 3352.

[128] Yu D, Wehrenberg B L, Jha P, et al. Electronic transport of n-type CdSe quantum dot films: Effect of film treatment. J. Appl. Phys., 2006, 99: 104315.

[129] Konstantatos G, Howard I, Fischer A, et al. Ultrasensitive solution-cast quantum dot photodetectors. Nature, 2006, 442: 180.

[130] Konstantatos G, Levina L, Fischer A, et al. Engineering the temporal response of photoconductive photodetectors via selective introduction of surface trap states. Nano Lett., 2008, 8: 1446.

[131] Konstantatos G, Clifford J, Levina L, et al. Sensitive solution-processed visible-wavelength photodetectors. Nat. Photonics, 2007, 1: 531.

[132] Adinolfi V, Kramer I J, Labelle A J, et al. Photojunction field-effect transistor based on a colloidal quantum dot absorber channel layer. ACS Nano, 2015, 9: 356.

[133] Konstantatos G, Sargent E H. PbS colloidal quantum dot photoconductive photodetectors: Transport, traps, and gain. Appl. Phys. Lett., 2007, 91: 8.

[134] Klem E J D, Shukla H, Hinds S, et al. Impact of dithiol treatment and air annealing on the conductivity, mobility, and hole density in PbS colloidal quantum dot solids. Appl. Phys. Lett., 2008, 92: 86.

[135] Böberl M, Kovalenko M V, Gamerith S, et al. Inkjet-printed nanocrystal photodetectors operating up to 3 μm wavelengths. Adv. Mater., 2007, 19: 3574.

[136] Konstantatos G, Levina L, Tang J, et al. Sensitive solution-processed Bi_2S_3 nanocrystalline photodetectors. Nano Lett., 2008, 8: 4002.

[137] Clifford J P, Konstantatos G, Johnston K W, et al. Fast, sensitive and spectrally tuneable colloidal-quantum-dot photodetectors. Nat. Nanotechnol., 2009, 4: 40.
[138] Guyot-Sionnest P, Roberts J A. Background limited mid-infrared photodetection with photovoltaic HgTe colloidal quantum dots. Appl. Phys. Lett., 2015, 107: 395.
[139] Ren Z, Wang J, Pan Z, et al. Amorphous TiO_2 buffer layer boosts efficiency of quantum dot sensitized solar cells to over 9%. Chem. Mater., 2015, 27: 8398.
[140] Biebersdorf A, Dietmüller R, Susha A S, et al. Semiconductor nanocrystals photosensitize C_{60} crystals. Nano Lett., 2006, 6: 1559.
[141] Szendrei K, Cordella F, Kovalenko M V, et al. Solution-processable near-IR photodetectors based on electron transfer from PbS nanocrystals to fullerene derivatives. Adv. Mater., 2009, 21: 683.
[142] Dai X, Zhang Z, Jin Y, et al. Solution-processed, high-performance light-emitting diodes based on quantum dots. Nature, 2014, 515: 96.
[143] Wan K B, Brovelli S, Klimov V I. Spectroscopic insights into the performance of quantum dot light-emitting diodes. Mrs Bulletin, 2013, 38: 721.
[144] Colvin V L, Schlamp M C, Alivisatos A P. Light-emitting diodes made from cadmium selenide nanocrystals and a semiconducting polymer. Nature, 1994, 370: 354.
[145] Yakunin S, Protesescu L, Krieg F, et al. Low-threshold amplified spontaneous emission and lasing from colloidal nanocrystals of caesium lead halide perovskites. Nat. Commun., 2015, 6: 8056.
[146] Zhong X, Feng Y, Knoll W, et al. Alloyed $Zn_xCd_{1-x}S$ nanocrystals with highly narrow luminescence spectral width. J. Am. Chem. Soc., 2003, 125: 13559.
[147] Chen O, Zhao J, Chauhan V P, et al. Compact high-quality CdSe-CdS core-shell nanocrystals with narrow emission linewidths and suppressed blinking. Nat. Mater., 2013, 12: 445.
[148] Crooker S A, Barrick T, Hollingsworth J A, et al. Multiple temperature regimes of radiative decay in CdSe nanocrystal quantum dots: Intrinsic limits to the dark-exciton lifetime. Appl. Phys. Lett., 2003, 82: 2793.
[149] Efros A L, Rosen M, Kuno M, et al. Band-edge exciton in quantum dots of semiconductors with a degenerate valence band: Dark and bright exciton states. Phys. Rev. B, 1996, 54: 4843.
[150] Chamarro M, Gourdon C, Lavallard P, et al. Enhancement of electron-hole exchange interaction in CdSe nanocrystals: A quantum confinement effect. Phys. Rev. B, 1996, 53: 1336.
[151] Bae W K, Park Y S, Lim J, et al. Controlling the influence of Auger recombination on the performance of quantum-dot light-emitting diodes. Nat. Commun., 2013, 4: 2661.
[152] Yang Y, Zheng Y, Cao W, et al. High-efficiency light-emitting devices based on quantum dots with tailored nanostructures. Nat. Photonics, 2015, 9: 259.
[153] Lim J, Jeong B G, Park M, et al. Influence of shell thickness on the performance of light-emitting devices based on $CdSe/Zn_{1-x}Cd_xS$ core/shell heterostructured quantum dots. Adv. Mater., 2014, 26: 8034.
[154] Zhang Q, Li B, Huang S, et al. Efficient blue organic light-emitting diodes employing thermally activated delayed fluorescence. Nat. Photonics, 2014, 8: 326.
[155] Bae W K, Lim J, Lee D, et al. R/G/B/natural white light thin colloidal quantum dot-based light-emitting devices. Adv. Mater., 2014, 26: 6387.
[156] Qian L, Zheng Y, Xue J, et al. Stable and efficient quantum-dot light-emitting diodes based on solution-processed multilayer structures. Nat. Photonics, 2011, 5: 543.
[157] Pietryga J M, Park Y S, Lim J, et al. Spectroscopic and device aspects of nanocrystal quantum dots. Chem. Rev., 2016, 116: 10513.
[158] Coe S, Woo W K, Bawendi M, et al. Electroluminescence from single monolayers of nanocrystals in molecular organic devices. Nature, 2002, 420: 800.
[159] Mueller A H, Petruska M A, Achermann M, et al. Multicolor light-emitting diodes based on semiconductor nanocrystals encapsulated in GaN charge injection layers. Nano Lett., 2005, 5: 1039.

[160] Wood V, Panzer M J, Halpert J E, et al. Selection of metal oxide charge transport layers for colloidal quantum dot LEDs. ACS Nano, 2009, 3: 3581.
[161] Caruge J M, Halpert J E, Wood V, et al. Colloidal quantum-dot light-emitting diodes with metal-oxide charge transport layers. Nat. Photonics, 2008, 2: 247.
[162] Anikeeva P O, Halpert J E, Bawendi M G, et al. Quantum dot light-emitting devices with electroluminescence tunable over the entire visible spectrum. Nano Lett., 2009, 9: 2532.
[163] Stouwdam J W, Janssen R A J. Red, green, and blue quantum dot LEDs with solution processable ZnO nanocrystal electron injection layers. J. Mater. Chem., 2008, 18: 1889.
[164] Kim T H, Cho K S, Lee E K, et al. Full-colour quantum dot displays fabricated by transfer printing. Nat. Photonics, 2011, 5: 176.
[165] Choi M K, Yang J, Kang K, et al. Wearable red-green-blue quantum dot light-emitting diode array using high-resolution intaglio transfer printing. Nat. Commun., 2015, 6: 7149.
[166] Kim B H, Onses M S, Lim J B, et al. High-resolution patterns of quantum dots formed by electrohydrodynamic jet printing for light-emitting diodes. Nano Lett., 2015, 15: 969.
[167] Kim S, Kim T, Kang M, et al. Highly luminescent InP/GaP/ZnS nanocrystals and their application to white light-emitting diodes. J. Am. Chem. Soc., 2012, 134: 3804.
[168] Lim J, Park M, Wan K B, et al. Highly efficient cadmium-free quantum dot light-emitting diodes enabled by the direct formation of excitons within InP@ZnSeS quantum dots. ACS Nano, 2013, 7: 9019.
[169] Li L, Pandey A, Werder D J, et al. Efficient synthesis of highly luminescent copper indium sulfide-based core/shell nanocrystals with surprisingly long-lived emission. J. Am. Chem. Soc., 2011, 133: 1176.
[170] Jurbergs D, Rogojina E, Mangolini L, et al. Silicon nanocrystals with ensemble quantum yields exceeding 60%. Appl. Phys. Lett., 2006, 88: 233116.
[171] Scholz S, Kondakov D, Lüssem B, et al. Degradation mechanisms and reactions in organic light-emitting devices. Chem. Rev., 2015, 115: 8449.
[172] Dabbousi B O, Rodriguez-Viejo J, Mikulec F V, et al. (CdSe) ZnS core-shell quantum dots: Synthesis and characterization of a size series of highly luminescent nanocrystallites. J. Phys. Chem. B, 1997, 101: 9463.
[173] Peng X, Schlamp M C, Kadavanich A A, et al. Epitaxial growth of highly luminescent CdSe/CdS core/shell nanocrystals with photostability and electronic accessibility. J. Am. Chem. Soc., 1997, 119.
[174] Crooker S A, Hollingsworth J A, Tretiak S, et al. Spectrally resolved dynamics of energy transfer in quantum-dot assemblies: Towards engineered energy flows in artificial materials. Phys. Rev. Lett., 2002, 89: 186802.
[175] Pal B N, Ghosh Y, Brovelli S, et al. "Giant" CdSe/CdS core/shell nanocrystal quantum dots as efficient electroluminescent materials: Strong influence of shell thickness on light-emitting diode performance. Nano Lett., 2012, 12: 331.
[176] Bae W K, Padilha L A, Park Y S, et al. Controlled alloying of the core-shell interface in CdSe/CdS quantum dots for suppression of Auger recombination. ACS Nano, 2013, 7: 3411.
[177] Ekimov A. Growth and optical properties of semiconductor nanocrystals in a glass matrix. J. Lumin., 1996, 70: 1.
[178] Ledentsov N N, Ustinov V M, Egorov A Y, et al. Optical properties of heterostructures with InGaAs-GaAs quantum clusters. Semiconductors, 1994, 28: 832.
[179] Kirstaedter N, Ledentsov N N, Grundmann M, et al. Low threshold, large T_0 injection laser emission from (InGa) As quantum dots. Electron. Lett., 1994, 30: 1416.
[180] Grundmann M. The present status of quantum dot lasers. Physica E: Low-dimensional Systems and Nanostructures, 1999, 5: 167.
[181] Butty J, Hu Y Z, Peyghambarian N, et al. Quasicontinuous gain in sol-gel derived CdS quantum dots. Appl. Phys. Lett., 1995, 67: 2672.
[182] Gindele F, Westphäling R, Woggon U, et al. Optical gain and high quantum efficiency of matrix-free, closely packed CdSe quantum dots. Appl. Phys. Lett., 1997, 71: 2181.

[183] Kazes M, Lewis D Y, Ebenstein Y, et al. Lasing from semiconductor quantum rods in a cylindrical microcavity. Adv. Mater., 2002, 14: 317.
[184] Malko A V, Mikhailovsky A A, Petruska M A, et al. From amplified spontaneous emission to microring lasing using nanocrystal quantum dot solids. Appl. Phys. Lett., 2002, 81: 1303.
[185] Eisler H, Sundar V C, Bawendi M G, et al. Color-selective semiconductor nanocrystal laser. Appl. Phys. Lett., 2002, 80: 4614.
[186] Dang C, Lee J, Breen C, et al. Red, green and blue lasing enabled by single-exciton gain in colloidal quantum dot films. Nat. Nanotechnol., 2012, 7: 335.
[187] Grivas C, Li C, Andreakou P, et al. Single-mode tunable laser emission in the single-exciton regime from colloidal nanocrystals. Nat. Commun., 2013, 4: 2376.
[188] Zavelanirossi M, Lupo M G, Krahne R, et al. Lasing in self-assembled microcavities of CdSe/CdS core/shell colloidal quantum rods. Nanoscale, 2010, 2: 931.
[189] Gollner C, Ziegler J, Protesescu L, et al. Random lasing with systematic threshold behavior in films of CdSe/CdS core/thick-shell colloidal quantum dots. ACS Nano, 2015, 9: 9792.
[190] Park Y S, Wan K B, Baker T, et al. Effect of auger recombination on lasing in heterostructured quantum dots with engineered core/shell interfaces. Nano Lett., 2015, 15: 7319.
[191] He T C, Chen R, Lin W W, et al. Two-photon-pumped stimulated emission from ZnO single crystal. Appl. Phys. Lett., 2011, 99: 315.
[192] Xing G, Liao Y, Wu X, et al. Ultralow-threshold two-photon pumped amplified spontaneous emission and lasing from seeded CdSe/CdS nanorod heterostructures. ACS Nano, 2012, 6: 10835.
[193] Goetzberger A, Greube W. Solar energy conversion with fluorescent collectors. Appl. Phys., 1977, 14: 123.
[194] Batchelder J S, Zewail A H, Cole T. Luminescent solar concentrators. 1: Theory of operation and techniques for performance evaluation. Appl. Opt., 1979, 18: 3090.
[195] Yablonovitch E. Thermodynamics of the fluorescent planar concentrator. J. Opt. Soc. Am., 1980, 70: 1362.
[196] Weber W H, Lambe J. Luminescent greenhouse collector for solar radiation. Appl. Opt., 1976, 15: 2299.
[197] Chatten A J, Büchtemann A, Meyer A, et al. Luminescent solar concentrators: A review of recent results. Opt. Express, 2008, 16: 21773.
[198] Chatten A J, Barnham K W J, Buxton B F, et al. Quantum dot solar concentrators. Semiconductors, 2004, 38: 909.
[199] Swanson R M. The promise of concentrators. Progress in Photovoltaics Research and Applications, 2000, 8: 93.
[200] Hermann A M. Luminescent solar concentrators—A review. Solar Energy, 1982, 29: 323.
[201] Roncali J, Garnier F. Photon-transport properties of luminescent solar concentrators: Analysis and optimization. Appl. Opt., 1984, 23: 2809.
[202] Reisfeld R. Fluorescent dyes in sol-gel glasses. J. Fluoresc., 2002, 12: 317.
[203] Gallagher S J, Norton B, Eames P C. Quantum dot solar concentrators: Electrical conversion efficiencies and comparative concentrating factors of fabricated devices. Solar Energy, 2007, 81: 813.
[204] Gallagher S J, Rowan B C, Doran J, et al. Quantum dot solar concentrator: Device optimisation using spectroscopic techniques. Solar Energy, 2007, 81: 540.
[205] Slooff L H, Bende E E, Burgers A R, et al. A luminescent solar concentrator with 7.1% power conversion efficiency. 2008, 257.
[206] Meinardi F, Colombo A, Velizhanin K A, et al. Large-area luminescent solar concentrators based on "Stokes-shift-engineered" nanocrystals in a mass-polymerized PMMA matrix. Nat. Photonics, 2014, 8: 392.
[207] Bronstein N D, Yao Y, Xu L, et al. Quantum dot luminescent concentrator cavity exhibiting 30-fold concentration. Acs. Photonics, 2015, 2.
[208] Meinardi F, Mcdaniel H, Carulli F, et al. Highly efficient large-area colourless luminescent solar concentrators using heavy-metal-free colloidal quantum dots. Nat. Nanotechnol., 2015, 10: 878.
[209] Bradshaw L R, Knowles K, Mcdowall S, et al. Nanocrystals for luminescent solar concentrators. Nano Lett., 2015,

15: 1315.
[210] Debije M G, Verbunt P P C. Solar concentrators: Thirty years of luminescent solar concentrator research: Solar energy for the built environment. Adv. Energy Mater., 2011, 2.
[211] Knowles K E, Kilburn T B, Alzate D G, et al. Bright $CuInS_2$/CdS nanocrystal phosphors for high-gain full-spectrum luminescent solar concentrators. Chem. Commun., 2015, 51: 9129.
[212] Purcellmilton F, Gun Ko Y K. Quantum dots for luminescent solar concentrators. J. Mater. Chem., 2012, 22: 16687.
[213] Bomm J, Büchtemann A, Chatten A J, et al. Fabrication and full characterization of state-of-the-art quantum dot luminescent solar concentrators. Sol. Energy Mater. Sol. Cells, 2011, 95: 2087.
[214] Shcherbatyuk G V, Inman R H, Wang C, et al. Viability of using near infrared PbS quantum dots as active materials in luminescent solar concentrators. Appl. Phys. Lett., 2010, 96: 2299.
[215] Hyldahl M G, Bailey S T, Wittmershaus B P. Photo-stability and performance of CdSe/ZnS quantum dots in luminescent solar concentrators. Solar Energy, 2009, 83: 566.
[216] Petruska M A, Malko A V, Voyles P M, et al. High-performance, quantum dot nanocomposites for nonlinear optical and optical gain applications. Adv. Mater., 2003, 15: 610.
[217] Tamborra M, Striccoli M, Comparelli R, et al. Optical properties of hybrid composites based on highly luminescent CdS nanocrystals in polymer. Nanotechnology, 2004, 15: S240.
[218] Otto T, Müller M, Mundra P, et al. Colloidal nanocrystals embedded in macrocrystals: Robustness, photostability, and color purity. Nano Lett., 2014, 12: 5348.
[219] Wheeler D A, Fitzmorris B C, Zhao H, et al. Ultrafast exciton relaxation dynamics of PbS and core/shell PbS/CdS quantum dots. Science China Chemistry, 2011, 54: 2009.

第8章 量子点的催化性质

在过去20年中，一些重大的科技突破使催化科学发生了革命性的变化。首先是纳米科学的发展，使得能够合成出多种形貌、尺寸的纳米催化剂。第二个创新是光谱和显微镜仪器的进步，允许我们在原位反应条件下在原子和分子水平上表征催化剂。我们应该看到，现代催化化学与纳米科学已经紧密地结合在一起，包括纳米颗粒合成、在反应条件下的表征及使用这些纳米颗粒确定反应动力学、选择性、失活和其他催化动力学参数的研究。

在各种类型的催化反应中，太阳能驱动的化学燃料合成在过去几十年中一直备受关注。量子限域胶体纳米结构由于能够通过尺寸、形状和组成定制其性能，有希望满足人造光合系统中强光吸收、长寿命电荷分离和有效催化的要求，已经成为该领域中最有希望的材料。此外，量子点的多功能合成化学能够形成半导体异质结，可以用来高效地分离光生电子-空穴对，并催化氧化还原反应。量子点具有优异的光捕获特性、可调谐的吸收、快速的电荷分离和大的比表面积。在某种程度上，量子点还体现出表观的均相催化(优良的分散性、活性和选择性)与非均相催化(易于分离)相结合的优势。这些特征使量子点及其复合物在光催化应用方面有独特的魅力，并引起了广泛关注。下面我们将介绍量子点在光催化反应体系中的一些特性和主要相关规律，希望可以为大家勾勒出量子点光催化体系的基本讨论模型[1-6]。这里我们简要介绍该领域的研究进展及一些新型量子点在相关催化领域所展现出的非凡魅力。为了讨论方便，这里我们把各种形状的半导体纳米晶也通称为量子点，如没有必要不做严格区分。其他纳米颗粒(如金属、金属氧化物等)的催化行为在这里不做介绍。

8.1 量子点异质结光催化剂

纳米光催化剂性能的增强可以通过设计双组分体系，促进光生电荷的空间分离(图8.1)来实现。这些复合结构通常是用II型半导体纳米复合材料实现的，它们也可以认为是纳米 p-n 结的等效结构[7,8]。II型异质结如 ZnSe/CdS[9,10]、

CdSe/CdS[11-16]或 CdSe/CdTe[17,18]半导体组合可以驱动电子和空穴在几皮秒内实现分离[19]。通过在一个富含电子或空穴域的“供体-受体”纳米晶上添加助催化剂，空间分离的激子可以很容易地分离。具有富空穴的 ZnSe(或 CdSe)核的 CdS 纳米棒体系的催化活性得到增强，是Ⅱ型纳米粒子在光催化体系中一个很好的例证[8, 20,21]。例如，CdSe 种子生长的 CdS/Pt 纳米棒产氢效率比不含 CdSe 种子生长的 CdS/Pt 高一个数量级[20]。同样，在Ⅱ型 CdSe/CdS 结构中有机染料甲基紫精(MV^{2+})还原的反应速率是纯 CdS 纳米棒的 1.5 倍[图 8.1(a)]。高催化活性主要归因于在富含空穴的基质域中强大的光生空穴限域化作用，能有效地防止空穴和电子复合[22]。此外，CdSe/CdS 界面的电荷分离作用也可以有效地提高氧化中心(IrO_2)的反应活性[23]。Ⅱ型复合结构界面设计提供了一个可行的方法来提高光生电荷的空间分离，如图 8.1(b)所示，通过该策略可以设计一个完全的催化循环，同时驱动还原和氧化反应。在该循环中，光到电的能量转化，包含光子吸收及紧接着的光生电荷快速分离；而光生电荷到化学能的转化主要包括激子分离及随后分别发生的氧化和还原反应。

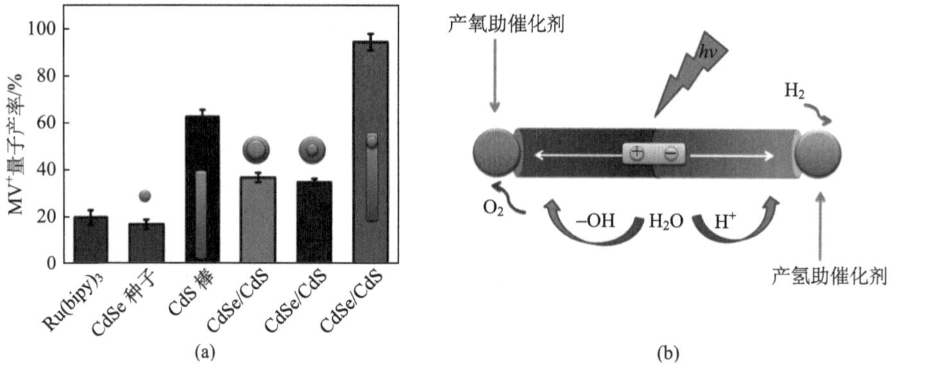

图 8.1　(a)具有不同光生电荷分离程度的各种半导体纳米晶光催化剂的活性比较，横坐标依次显示的是使用三(联吡啶)钌(Ⅱ)[$Ru(bipy)_3^{2+}$]、CdSe 球形量子点、CdS 纳米棒、具有相似最低激子能量的 CdSe/CdS 核/壳结构和“点@棒”结构的 MV^+光生自由基量子产率[7]；(b)具有还原和氧化催化功能的半导体-金属异质纳米晶结构示意图[2]

然而，在基于量子点的光催化体系中，较低的电荷提取效率通常掩盖了该体系的其他优势，如可调的激发态能量和有效的电荷分离[24]。这个问题主要归因于半导体和助催化剂间非化学计量比界面的存在[25]，促进了局域缺陷态的形成。如果缺陷态能量落在半导体带隙中，光生电荷会被体系的缺陷态大量消耗。例如，CdS 主体中大部分光生空穴被表面态捕获，容易与 Pt 位点上的光生电子复合，大大限制了产氢活性。因此，需要设计光催化体系，使光生电荷转移到助催化剂的速率远远大于转移到缺陷态的速率，以解决陷阱态介导的载流子复合问题。例如，产氢速率可以通过使用更快的空穴受体或设计纳米棒结构来提高。使用给电子配体，如 11-巯基十一酸(MUA)[26]、二茂铁[24]、吩噻嗪(PZT)[27]、MUA/亚硫酸盐等[27]，能够快速消除空穴(图 8.2)[28]；但是高强度的光激发也常导致界面的光氧化。从某种意义上来说，光催化过程中，量子点表面配体的降解限制了纳米光催化剂的效率及光能的利用。提高空穴传输速率是提高光催化活性的一个重要因素，可以通过寻找更好的空穴提取剂和量子点的结构设计来实现。具有更负的氧化还原电位的牺牲剂可以提供较大的空穴传输驱动力，获得更快的空穴传输速率。例如，对于 CdS 纳米结构，使用亚硫酸盐和硫化物(S^{2-}/SO_3^{2-})作为电子给体可以使产氢效率超过 50%[22, 29-32]。提高空穴传输速率的另一种方法是利用更容易进入纳米晶表面的空穴提取剂[33]。这方面工作的一个典型代表是最近报道的一种氧化还原穿梭机制[33]，其工作原理如图 8.3 所示。在该体系中，较小的氢氧根(OH^-)生成羟基自由基(OH·)，而不发生乙醇分子的直接氧化，这主要是因为氢氧根具有较小的体积，容易扩散到催化剂的表面。随后，OH·穿梭并扩散到溶液中，将乙醇分子快速氧化为乙醛。因此，在该体系中，缓慢的空穴转移过程(直接转化为乙醇)被转变为两个更快的氧化过程。同时导带电子被转移到 Ni(类似于上面讨论的 CdS-Pt 体系)，而价带空穴的有效去除使电子能够在 Ni 中积聚后还原质子。最近，Amirav 等进一步对 CdSe@CdS-Pt 纳米棒体系采用了相同的 OH^-/OH·氧化还原穿梭机制，报道了接近完美的量子效率(100%)[34]。此外，使用小分子三氟乙酸(TFA)作为穿梭剂，在氧化还原对 TFA·/ TFA^-的辅助下，$K_4Nb_6O_{17}$ 纳米片光催化产氢活性增强 30 倍[35]。这种氧化还原穿梭机制有希望成为半导体光催化的通用策略，但前提是要找到合适的氧化还原对。

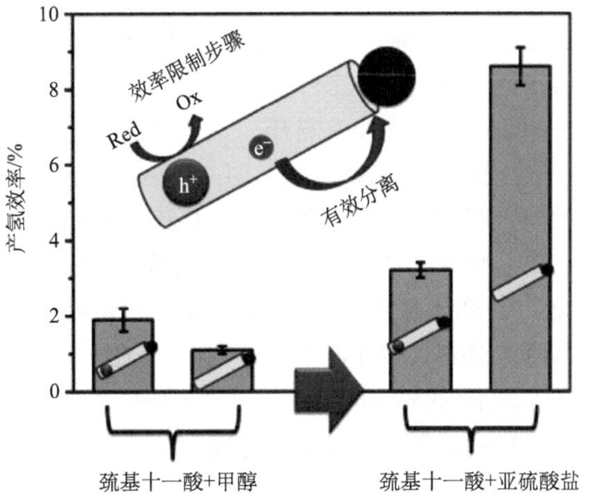

图 8.2　使用巯基十一酸(MUA)封端的 CdSe/CdS-Pt 和 CdS-Pt 纳米棒的稳态光驱动产氢，使用甲醇或亚硫酸钠作为牺牲剂[2, 28]

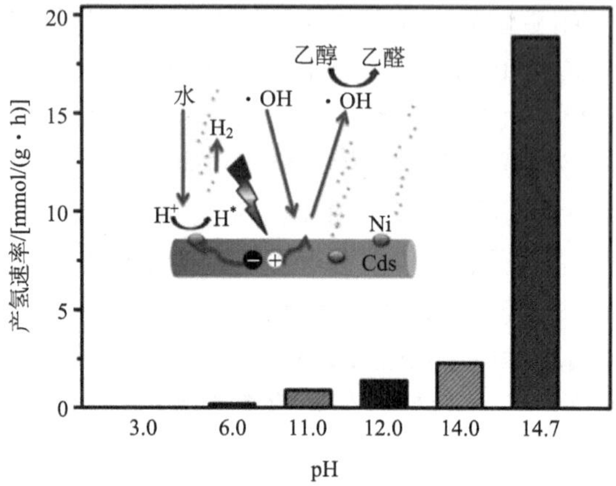

图 8.3 Ni 修饰 CdS 纳米棒(半胱氨酸封端)体系中空穴快速去除的 OH^-/ •OH 穿梭机制示意图及不同 pH 下的产氢速率[5, 33]

8.2 量子点光催化剂的超快光谱动力学

到目前为止，瞬态吸收(TA)和光致发光(PL)寿命研究已经提供了大量关于光催化系统中载流子衰减特征时间变化的宝贵信息(图 8.4)[11,19,21,28,36-47]。例如，已经证明 CdS/Pt 纳米棒的光生电子注入 Pt 尖端发生在 3～4 ps 内[21,39]。该过程是通过在 CdS 表面($\tau \approx 1$ ps)捕获光生空穴来促进的[21]，可以防止激子转移到 Pt 颗粒。因此，CdS 表面空穴和 Pt 颗粒的表面电子形成具有催化活性的电荷分离状态，其寿命超过 1 μs。然而，如果空穴不能被快速地捕获($\tau > 4$ ps)，激子将扩散到 Pt 尖端，导致两种载流子的复合[39]，导致催化活性降低[40,48]。为了减少激子猝灭，可以用Ⅱ型异质结取代 CdS 纳米棒，从而促进光生载流子的分离(图 8.4)。与 CdS 纳米棒相比，Ⅱ型结构能够促进空穴在 ZnSe 或 CdSe 中的限域，而 ZnSe 或 CdSe 与 Pt 尖端有很好的空间分离(被 CdS 隔开)。这样的排布使产生的电荷分离的激子被限域在 p 型量子点(ZnSe、CdSe)附近，并且不会像 CdS/Pt 结构中那么容易地扩散到 Pt 尖端。这种现象在一些研究中通过 CdSe/CdS 和 ZnSe/CdS 纳米棒超快光谱测量被证明[19,28]。例如，在 ZnSe/CdS/Pt 异质结构中观察到电子转移到 Pt 尖端的速度比在 CdS/Pt 纳米棒中电子转移到 Pt 尖端的速度要慢(15 ps *vs.* 4 ps)[19]。引入空穴限制域(ZnSe、CdSe)的进一步优势在于表面空穴捕获速率的减小，有助于抑制缺陷辅助的载流子复合。总的来说，Ⅱ型 ZnSe/CdS/Pt 和 CdSe/CdS/Pt 量子点结构中，激子猝灭抑制和表面缺陷减少的协同作用可以改进催化活性[图 8.4(a)和(b)]。例如，对于 CdSe/CdS/Pt 纳米异质结构，产氢的量子效率达到了可观的 27%(带隙激发下)[49]。“点@棒”催化剂的独特优势在于其驱动光生电荷高效分离的能力。然而，这些纳米结构吸收能量到化学反应的转换仍受到富空穴域被表面上富电子材料完全包围这样的情况所阻碍。CdS 壳层起到绝缘层的作用，降低了复合纳米粒子整体的催化活性[50]。理想情况下，量子点催化剂中富电子和富空穴的组分都应该暴露出来，以通过配体或助催化剂介导的电荷转移来共享吸收的能量。最近的一项研究表明，这样富空穴和富电子组分都直接和外界环境接触的形貌，可通过刻蚀 CdSe/CdS“点@棒”结构外面的 CdS 层的方法来获得(图 8.5)[51]。刻蚀的异质结光催化剂观察到产氢速率增加 3～4 倍，证实了光催化性能的改善(图 8.5，插图)。氢气产量增加归因于刻蚀的异质纳米晶中提升的空穴再生速率，能够阻止解离激子的逆复合。随后这个假设通过时间分辨荧光测量被证实，实验结果表明 CdSe/CdS 纳米棒中刻蚀 0.7 nm CdS 层使 CdSe 到配体的空穴传输时间从 3.7 ns 降到 1.3 ns。这种结构改变增加了空穴再生的速率，从而提高了牺牲剂条件下的产氢速率。刻蚀后的 CdSe/CdS 异质结构特征 TEM 图像及通过刻蚀和非刻蚀 CdSe/CdS/Pt 纳米棒的相关产氢速率[2, 51]。

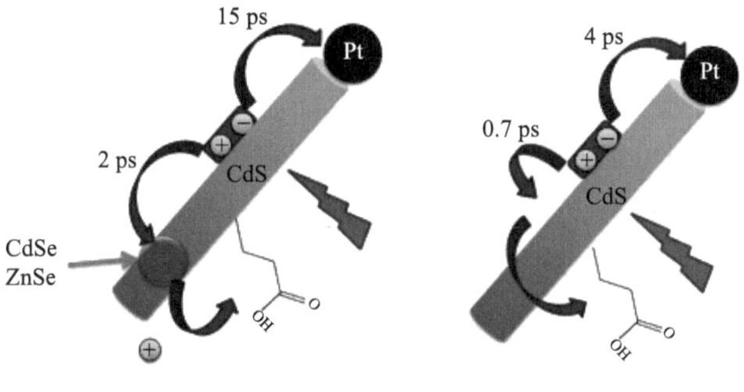

图 8.4　由瞬态吸收得到的“点@棒”(左)和 CdS/Pt 异质结纳米晶的光生电荷弛豫动力学[2,36-38]

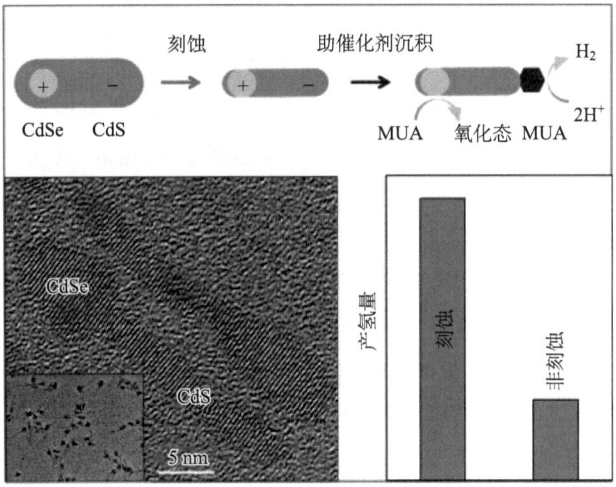

图 8.5　CdSe/CdS“点@棒”结构中外部 CdS 层的刻蚀产生的电子供体和受体组分都与外部环境直接接触的形态

8.3 量子点/助催化剂界面优化

通过分子外延来实现异质结构纳米晶中助催化剂和光吸收组分的界面工程，对构建高效光催化活性材料至关重要(图 8.6)。虽然小直径的 Pt 颗粒($d<2$ nm)可以实现质子还原，促进半导体快速的电子转移，但是由于 CdS/Pt 异质结的非外延性质(晶格失配)，导致了大密度的界面缺陷[52]，消耗激发光的能量。其他问题还包括铂较昂贵与资源缺乏等[53]。一些廉价材料已被考虑来作为 Pt 的替代品[54-56]。例如，将 Ni^{2+}还原助催化剂以 Ni^{2+}+二氢硫辛酸(DHLA)金属配合物的形式引入 CdSe 纳米晶表面[56,57]。维生素 C 作为牺牲空穴再生试剂，这种分子催化剂分解水产氢达到了 36%的高量子产率(用吸收光子数来进行计算)。整个 CdSe-DHLA-Ni^{2+}系统在 pH=4.5 时非常稳定[56]。氢化酶是另一类还原助催化剂的代表[55]，通常在植物光合作用过程中用到。超快光谱研究表明，电荷从 CdS 纳米棒到附加[FeFe]-氢化酶的转移相对缓慢(10～100ns)，但仍可以达到 60%的效率。但是，这些配合物不稳定，且一旦离开原生环境，将快速失活。最近四齿型多吡啶钴(Ⅱ)配合物分子还原助催化剂已被证明能够催化产氢反应[58,59]。其具有高稳定性和合适的还原电位，代表了很有前景的一类 Pt 替代物。上述实验表明，通过分子外延的界面助催化剂和光吸收组分间界面是创建高效的光催化纳米结构的关键。这样的化学键，无论共价键或离子键，都减少了耗能陷阱态而增加了光生电荷转移率。最近的实验证实了化学键合 CdS-DHLA-Ni^{2+}配合物优越的催化活性[50]，其性能优于非化学计量比界面的 CdS/Pt 纳米复合材料。然而，催化剂和生色域之间化学计量比连接分子的使用受限于有机分子差的稳定性，易受到氧化或还原破坏，因为对于一个单一化学键来说，激发能量密度通常太大。考虑这些因素，最佳形态的半导体/助催化剂界面被认为是用纯无机填料来实现域间的异质外延。获得外延纳米晶/催化剂键合的一个可行方案是通过二维过渡金属硫族化合物来实现。这些材料的一般分子式为 MX_2[60]，过渡金属元素 M 是Ⅳ族(Ti、Zr 或 Hf)或Ⅴ族(V、Nb 或 Ta)。由于 MX_2 边缘位点上的氢吸附自由能接近于氢化酶和 Pt，这些材料作为产氢催化剂已经吸引了相当大的兴趣[61]。更重要的是，这些半导体晶格可以外延生长到硫族半导体组分上。事实上，因为这些催化剂只是很少的几个单层厚，界面应力预计将是最小的[60]。最近，Chen 等成功制备了生长在 CdS 量子点上的小尺寸过渡金属 WS_2 和 MoS_2 单层（14 nm）作为还原助催化剂，制氢性能获得极大提升[图 8.6(d)][62]。

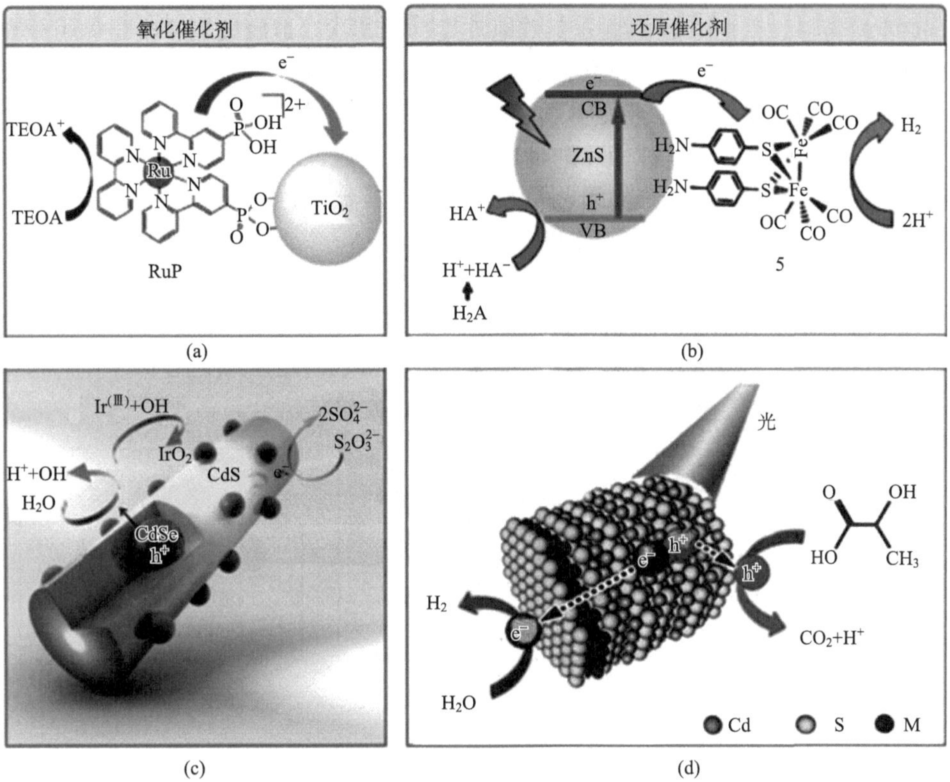

图 8.6　助催化剂沉积在半导体量子点上的策略示意图

(a)基于光活性联吡啶钌络合物的氧化催化剂，使用三乙醇胺(TEOA)作为电子给体；(b)基于二氨基苯基官能化的二铁络合物[$(\mu\text{-SPh-4-NH}_2)_2Fe_2(CO)_6$]的还原助催化剂[63]；(c)CdS纳米棒上使用IrO_2作为氧化催化剂的策略[23]；(d)使用过渡金属二硫化物单层作为CdS还原助催化剂的策略[62]

8.4　金属等离子体效应的利用

提高光吸收特性是提高光催化活性的另一个主要手段。一般来讲，贵金属纳米结构(如金或银)的可见光消光系数，比通常的半导体和染料分子高几个数量级[图8.7(b)]。金属纳米粒子强的光吸收能力主要来自于等离子体共振能够介导比粒子尺寸大得多的区域中入射光的捕获。一方面，金属等离子体材料可以用于多相光催化系统，通常仅用作催化剂基底。在这种系统中，光吸收的增加主要归因于嵌入式金属特征的光远场散射[64,65]，但受到几何光学的基本限制(即$4n^2$极限，其中n是光传播介质的折射率)。另一方面，金属纳米粒子可以导致光吸收增强到$60n^2$[66]。并且，这种近场发射在小直径的金属纳米颗粒[直径<15 nm，图8.7(a)]可以被增强，从而成为均相催化体系的首选。当然，等离子体纳米结构用于均相光催化体系还要克服两个重要的挑战。首先，金属纳米粒子的近场辐射通过热电

子或能量转移过程由半导体组分有效地收集[67]。其次，金属域应和半导体组分充分绝缘，阻止光生电子的“回传”。最近，为捕获近场辐射，根据核壳几何学设计，利用 5 nm Au 纳米粒子发展了这种概念性的形貌，如图 8.7(e)所示[68,69]。小尺寸 Au 域的瞬逝场和 PbS 受体纳米粒子重叠，并通过 2 nm 薄的 CdS 屏障层实现电子屏蔽。然后，通过光激子测量观察到了金等离子体到 PbS 激子能量传递的独特特性，明确地指出了增加的 PbS 激子数量和 Au 主体中等离子体激发的联系[图 8.7(f)]。只有当激发波长在 Au 等离子体共振范围内，PbS 的发射才被增强，说明等离子体中心周围的局域电磁场是 PbS 激子的主要来源。捕获等离子体的近场发射也可以采用双壳层结构实现，如图 8.7(c)所示。这里，受主 PbS 外壳绝缘于 Au 域，并通过等离子体纳米粒子的能量转移被激发。

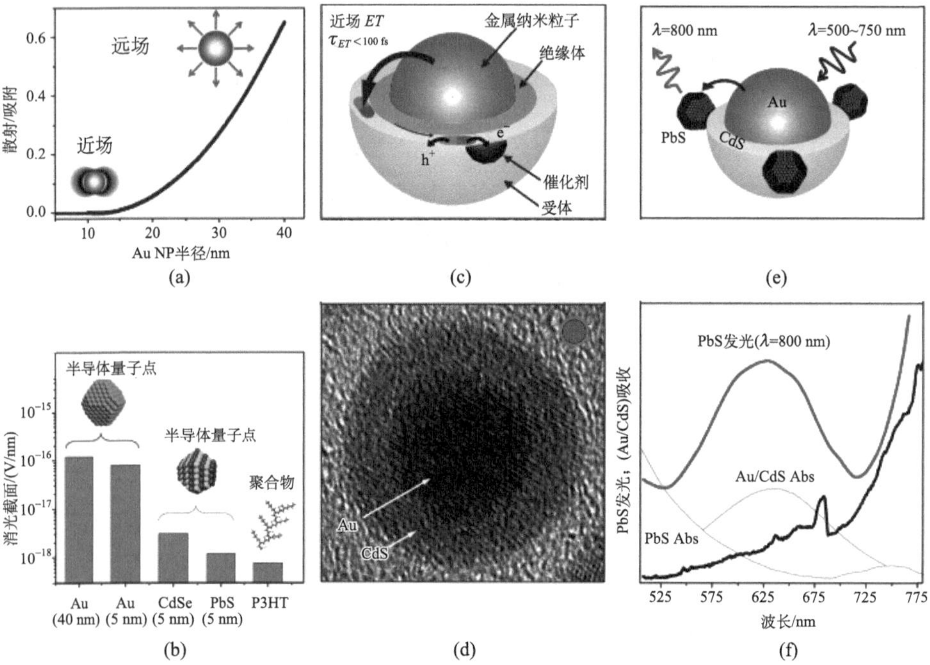

图 8.7 (a) Au 纳米粒子中的散射与吸收截面的比例随粒子尺寸的变化，曲线从参考文献[70]中的 Mie 理论和离散偶极近似法得到的数据推算得到；(b)普通纳米级敏化剂的体积消光截面对比，显示了 Au 纳米颗粒相对于半导体量子点和有机聚合物(P3HT)优越的光吸收特性[71]；(c)等离激元纳米结构的示意图，其设计用于将(a)中金属粒子的近场发射(局域场)能量转换为激子。这种纳米架构包括等离激元中心、防止光生电荷反向转移的绝缘半导体外壳(如 CdS、ZnS)、受体层(如 CdSe)和助催化剂纳米颗粒(如 Pt)；(d)通过阳离子交换方法生长的特征 Au-核/CdS-壳异质结的 TEM 图像；(e)～(f) PbS 纳米晶通过能量转移收集 Au 纳米颗粒的近场发射；小尺寸 Au 纳米粒子(λ≈600 nm，“Au/CdS Abs”曲线)的局域场增强有助于 PbS 纳米晶中的带隙跃迁，在 Au/CdS/PbS 异质结构的激发光谱中得到证实[图(f)中的最上面的曲线]；这里，等离子体共振对 PbS 发射(λ= 800 nm)的贡献是显而易见的；黑色曲线表示在添加 PbS 量子点之前 Au/CdS 颗粒的激发光谱

8.5　碳量子点的催化特性

在 2004 年通过凝胶电泳纯化单壁碳纳米管的过程中首次发现了碳量子点[72]。随后，人们逐渐意识到碳量子点易于合成，具有可调节的组成，易于表面官能化，以及具有优异的电子传递效率和可调节的光响应范围。近年来，随着研究的深入，碳量子点已经作为有希望的非金属光催化剂，在各种光电化学和光催化应用中显示出优异的性能。继 2010 年 Kang 等所做的基于碳量子点光催化剂的基础工作之后[73]，碳量子点在光催化中的应用迅猛增长，其中碳量子点作为催化剂和助催化剂的作用吸引了广泛的研究关注[6]。当然，目前碳量子点的结构和性质还存在争议，这里我们仅尝试介绍它们在催化领域中的一些研究进展。

最近的一些综述文章总结了基于碳量子点的光催化剂，包括光催化剂的组成、碳量子点的合成方法、碳量子点的尺寸控制及相关的光催化反应[6,74,75]。这里不再开展详细的介绍。纵观近年来的工作，不难发现，人们已经广泛地采用半导体与碳量子点偶联，用来制备异质结光催化剂。这些异质结可促进界面电荷转移，实现高效的电荷分离。碳量子点的最佳负载量通常在 3wt%～5 wt%。通常来说，较低的负载浓度下，复合催化剂的活性随着碳量子点负载量的增加而增加；高担载量的情况下，催化活性随着负载量的增加而降低，这可能是活性中心的遮蔽或者阻碍光吸收所导致的。此外，可以发现碳量子点的形态、掺杂和表面官能团对复合光催化剂的催化活性有显著的影响[6]。例如，掺杂是调节含碳量子点半导体能带结构的有效方法，导致光催化性能的提高；碳量子点的表面状态也可以影响其光催化活性，在碳量子点上的含氧基团之间形成的分子内氢键可以促进光生载流子的分离，提高光催化性能。杂原子掺杂的碳量子点还可以呈现出特殊的能带结构和可见光响应。碳量子点的表面改性也可以大幅提高电荷分离效率及催化剂对反应底物的吸附。

这里首先简要介绍碳量子点相关的光电效应及其在光电化学制氢中的应用[6,76-90]。碳量子点具有光电效应，可以检测到光电流（约 10 nA/cm^2），尽管比较低，但它预示着碳量子点可用于太阳能的转换。对于负载在电纺丝锐钛矿 TiO_2 纳米纤维上的氮掺杂碳量子点，也可以看到类似的结果。碳量子点作为电子转移中间体来桥接 RhB 染料分子和 TiO_2 基底，与没有碳量子点的 RhB 敏化 TiO_2 相比，光电转换效率提高 7 倍。一系列的研究表明，碳量子点的光电流性质，特别是响应的波长范围和信号强度，往往依赖于碳量子点的纳米结构和表面化学状态。在 PEC 制氢体系中，多数情况下，PEC 产氢涉及由 n-型半导体光电阳极和对电极组成的电化学电池。光电阳极中光生电子通过外部电路传输到对电极，并在对电极的表面上产生 H_2。同时，保留在光电阳极中的空穴将与牺牲剂反应以完成氧化还原循环。目前，许多光电阳极材料的稳定性差、效率低。最近，碳量子点辅助的PEC 制氢系统已经吸引了大量研究注意。例如，当碳量子点与 TiO_2、CdSe、ZnO和硅等半导体结合可以形成高效率的复合光电阳极。

接下来简要介绍碳量子点在光催化产氢中的应用[6,91-109]。例如，碳量子点改性的 P25 TiO_2 复合材料，显示出比纯的 P25 高 4 倍的光催化产氢速率。除了 TiO_2，各种其他半导体光催化剂也已被用来与碳量子点组合用于可见光驱动制氢。碳量子点还可以作为分子 Ni-催化剂上的光敏剂，体系中的碳量子点可以被紫外光和可见光激发，并且光激发电子将转移到分子催化剂以完成氧化还原反应。将碳量子点沉积到石墨相氮化碳(g-C_3N_4)纳米片上，可以实现无金属近红外反应光催化产氢。由碳量子点和 WO_3 可以设计成 Z-字结复合光催化剂体系。在 Z-字结体系中，产氢速率比原始碳量子点提高了 70 倍以上。碳量子点本身也可以在某些反应条件下驱动光催化析氢。硝基修饰氧化石墨烯量子点可以实现可见光全分解水。值得指出的是，并不是所有的碳量子点都可以驱动光催化析氢，因为不同于一般的半导体量子点，碳量子点的 HOMO 和 LOMO 能级根据它们的尺寸和纳米结构而变化，且在大多数情况下仍然需要光敏剂和牺牲剂。最近，全碳基碳量子点/氮化碳(CD/C_3N_4)纳米复合材料已成功应用于无金属光催化剂，实现了有效的可见光全分解水。与传统的四电子析氧过程不同，Liu 和 Kang 等提出了一个两步两电子机制，C_3N_4 和碳量子点在水分解过程中具有完全不同的作用。在第一个两电子步骤中，C_3N_4 在可见光照射下光催化分解水产生 H_2 和 H_2O_2。在接下来的两电子步骤中，碳量子点催化 H_2O_2 分解为 H_2O 和 O_2。尽管 H_2O_2/H_2O 的氧化还原电位比 O_2/H_2O 的氧化还原电位更正，表明热力学上更为苛刻。然而，动力学上这种分步两电子过程总体上比四电子过程更有利。应当注意，在碳量子点不存在的情况下，H_2O_2 将迅速毒化 C_3N_4，因此及时的 H_2O_2 分解是 CD/C_3N_4 纳米复合光催化剂的高稳定性的关键因素之一。

近年来，通过光催化将二氧化碳转化为合成气、烷烃、醇和羧酸等已经引起了越来越多的关注。然而，由于高的活化能势垒，朝向还原的 CO_2 化学活化是有挑战性的。这里介绍一些基于碳量子点的 CO_2 转化光催化剂的进展[6,110-115]。金属负载碳量子点作为 CO_2 转化的可见光催化剂，通过 ^{13}C 标记实验鉴定主要反应产物为甲酸。在紫外照射下，量子产率约 0.3%，比 P25 高一个数量级。即使没有金属助催化剂的碳量子点也具有光催化还原 CO_2 的能力，但报道的甲酸产生速率比之前的 CD/金属复合物低一个数量级。由于碳量子点具有良好的分散性和宽光谱的光捕获性质，与各种助催化剂偶联的 PEG-保护的碳量子点显示出用于 CO_2 转化为甲酸的良好性能。在 Cu_2O 纳米球的表面涂覆碳量子点，设计了异质结构的光催化剂，并将其应用于 CO_2 的光催化转化。异质结构具有 55.7 μmol/(h·g) 的甲醇产率，这可归因于碳量子点扩展的光吸收范围和 Cu_2O 纳米球突出结构的光限制效应。此外，异质结构在再循环测试期间也显示出优异的稳定性。源自碳量子点层的电子储存效应有利于 Cu_2O 中的有效电荷分离，可以保护 Cu_2O 纳米球免受光腐蚀。

在当前的化学工业中，C—H 键或 C—O 键活化通常需要苛刻的反应条件，如高温、高压等。此外，效率低和选择性差也是需要解决的问题。最近，几个研究小组已经将碳量子点用于烷烃和醇的光催化氧化，大幅提高了转化率和选择性[6,116-124]。通过碳量子点的光致电子转移对氧化剂 H_2O_2 的活化在这些氧化过程的催化循环中起重要作用。Au/CD 异质结可以进一步增强碳量子点的光氧化能力，并证实 Au/CD 之间的界面是主要的催化活性中心。使用 Au/CD 异质结构光催化环己烷氧化实验获得了高的环己酮选择性(99.9%)。其他金属，包括 Ag 和 Cu，也观察到了类似的增强效应，证明了该 SPR 金属-碳量子点偶联策略的普适性。碳量子点允许多元素掺杂和多官能团修饰，为不同的光催化合成反应提供了近乎无限的潜力。因此，碳量子点已经通过各种方法功能化以在各种有机反应中实现优化的催化活性。碳量子点具有光生质子的能力，主要归因于有机分子上的表面含氧基团的变化，如酚羟基部分的去质子化和 C═O 转化为 C—O—C。这种光生质子性质允许碳量子点在多种酸催化的有机反应中使用，包括 Beckmann 重排、酯化和羟醛缩合等反应。用—SO_3H 基团修饰碳量子点改善了碳量子点的酸性，在光照下，—SO_3H 改性的碳点对于环氧化物的开环反应提供了高转化率(98%，在 10 min 内)。此外，羟基官能化的碳量子点可以通过碳量子点的电子受体性质增强氢键效应，并以高转化率应用于醛醇缩合反应。

电催化的析氢反应(HER)、二氧化碳还原、甲醇氧化、析氧反应(OER)及氧还原反应(ORR)是电解水制氢及燃料电池等新能源技术的核心之一。由于 ORR 的迟滞动力学，通常需要电催化剂改善 ORR 的动力学，其中铂是“最先进的”。不幸的是，铂基电催化剂高昂的成本促使研究人员寻找用于 ORR 的廉价非铂基电催化剂。碳量子点因其高稳定性和良好的导电性成为电催化材料的有力竞争者[75,125-131]。之前对石墨烯的研究已经表明碳材料中的掺杂氮原子，在它们的 ORR 电催化活性中起关键作用。使用碳量子点可以作为电催化剂用于 ORR 反应，通过电化学过程制备的含富氧官能团的 N-掺杂碳量子点对于氧还原具有电催化活性。发现 ORR 的起始电位为 0.16 V(相对于 Ag/AgCl)，其接近商业铂基电催化剂的起始电位。无氮碳量子点和 N-掺杂碳量子点的比较表明 N-掺杂碳量子点的电催化活性与 N-掺杂效应密切相关。此外，N-掺杂碳量子点表现出对甲醇的良好耐受性。N-掺杂碳量子点的第一性原理研究表明，吡啶氮和石墨氮是观察到的电催化活性的来源。同样，OER 也受缓慢的动力学限制，并且需要高的过电位以便以合理的速率驱动 OER。目前，用于 OER 的最佳电催化剂是基于钌和铱的材料。这些材料的高成本促使研究人员寻找可以在 OER 中提供高效率并且容易以低成本获得的替代电催化剂。碳量子点的表面修饰也可以调控它们的电催化活性，可以分别实现 ORR 和 OER 的高效电催化。另外，基于碳量子点的复合材料在 OER 中显示出有意义的前景。例如，碳量子点-NiFe 层状双氢氧化物复合材料表现出对水的氧化高电催化活性，在 1 mol/L KOH 中，10 mA/cm^2 电流密度下的过电位仅为 235 mV。碳量子点与 NiFe 氢氧化物的强缔合产生的协同效应极大地促进了电荷传输，从而改善了 NiFe 氢氧化物的催化活性。很可能这种碳量子点复合材料将为 OER 及许多其他电催化应用提供新的机会。

在本章的最后，我们希望进一步指出，量子点是一类新兴的光催化体系，在太阳能燃料的光催化生产方面有很好的前景。将量子点成功地整合到光催化体系，需要在化学反应过程中实现吸收能量的有效转换。其中的关键是高质量的半导体/助催化剂界面的获得。此外，仍然需要去设计和制备高效的能量转换纳米催化体系，以及开发水相中具有高活性、稳定性、易回收的光催化材料。对于碳量子点，尽管许多光学和电子性质还没有被很好地理解，但毫无疑问，碳量子点已经展现出有别于常规半导体量子点或其他碳基纳米材料的光电化学特性。碳量子点良好的催化活性可以归结为以下一些因素：光吸收和电子-空穴对产生、光激发电荷分离和迁移、表面化学反应活性。在这方面仍需要进一步优化碳量子点的合成、调控表面官能团的种类和数量；提高碳量子点的光捕获能力；优化和调控碳量子点的电子存储、传递能力；进一步明确碳量子点的结构-催化活性的关系。此外，还需要对复合催化体系中碳量子点体系中的结构-活性关系开展更为深入的理解，并争取实现复合催化剂体系在分子水平上的功能设计与催化活性的改进。

参 考 文 献

[1] Wilker M B, Schnitzenbaumer K J, Dukovic G. Recent progress in photocatalysis mediated by colloidal II-VI nanocrystals. Isr. J. Chem., 2012, 52: 1002.

[2] Razgoniaeva N, Moroz P, Lambright S, et al. Photocatalytic applications of colloidal heterostructured nanocrystals: What's next? J. Phys. Chem. Lett., 2015, 6: 4352.

[3] Wu K, Zhu H, Lian T. Ultrafast exciton dynamics and light-driven H_2 evolution in colloidal semiconductor nanorods and Pt-tipped nanorods. Acc. Chem. Res., 2015, 48: 851.

[4] Regulacio M D, Han M Y. Multinary I-III-VI_2 and I_2-II-IV-VI_4 semiconductor nanostructures for photocatalytic applications. Acc. Chem. Res., 2016, 49: 511.

[5] Wu K F, Lian T Q. Quantum confined colloidal nanorod heterostructures for solar-to-fuel conversion. Chem. Soc. Rev., 2016, 45: 3781.

[6] Yu H, Shi R, Zhao Y, et al. Smart utilization of carbon dots in semiconductor photocatalysis. Adv. Mater., 2016, 28: 9454.

[7] Zhu H, Song N, Lv H, et al. Near unity quantum yield of light-driven redox mediator reduction and efficient H_2 generation using colloidal nanorod heterostructures. J. Am. Chem. Soc., 2012, 134: 11701.

[8] Acharya K P, Khnayzer R S, O'Connor T, et al. The role of hole localization in sacrificial hydrogen production by semiconductor-metal heterostructured nanocrystals. Nano Lett., 2011, 11: 2919.

[9] Dorfs D, Salant A, Popov I, et al. ZnSe quantum dots within CdS nanorods: A seeded-growth type-II system. Small,

2008, 4: 1319.
[10] Nemchinov A, Kirsanova M, Hewakasakarage N N, et al. Synthesis and characterization of type Ⅱ ZnSe/CdS core/shell nanocrystals. J. Phys. Chem. C, 2008, 112: 9301.
[11] Lupo M G, Sala F D, Carbone L, et al. Ultrafast electron-hole dynamics in core/shell CdSe/CdS dot/rod nanocrystals. Nano Lett., 2008, 8: 4582.
[12] Bridewell V L, Alam R, Karwacki C J, et al. CdSe/CdS nanorod photocatalysts: Tuning the interfacial charge transfer process through shell length. Chem. Mater., 2015, 27: 5064.
[13] Rainò G, Stöferle T, Moreels I, et al. Probing the wave function delocalization in CdSe/CdS dot-in-rod nanocrystals by time- and temperature-resolved spectroscopy. ACS Nano, 2011, 5: 4031.
[14] Wu K, Rodríguezcórdoba W E, Liu Z, et al. Beyond band alignment: Hole localization driven formation of three spatially separated long-lived exciton states in CdSe/CdS nanorods. ACS Nano, 2013, 7: 7173.
[15] Sitt A, Della S F, Menagen G, et al. Multiexciton engineering in seeded core/shell nanorods: Transfer from type-Ⅰ to quasi-type-Ⅱ regimes. Nano Lett., 2009, 9: 3470.
[16] Talapin D V, Koeppe R, Götzinger S, et al. Highly emissive colloidal CdSe/CdS heterostructures of mixed dimensionality. Nano Lett., 2003, 3: 1677.
[17] Kumar S, Jones M, Lo S S, et al. Nanorod heterostructures showing photoinduced charge separation. Small, 2007, 3: 1633.
[18] Kim S, Fisher B, Eisler H J, et al. Type-Ⅱ quantum dots: CdTe/CdSe (core/shell) and CdSe/ZnTe (core/shell) heterostructures. J. Am. Chem. Soc., 2003, 125: 11466.
[19] O'Connor T, Panov M S, Mereshchenko A, et al. The effect of the charge-separating interface on exciton dynamics in photocatalytic colloidal heteronanocrystals. ACS Nano, 2012, 6: 8156.
[20] Amirav L, Alivisatos A P. Photocatalytic hydrogen production with tunable nanorod heterostructures. J. Phys. Chem. Lett., 2010, 1: 1051.
[21] Wu K, Zhu H, Zheng L, et al. Ultrafast charge separation and long-lived charge separated state in photocatalytic CdS-Pt nanorod heterostructures. J. Am. Chem. Soc., 2012, 134: 10337.
[22] Bao N, Shen L, Takata T, et al. Self-templated synthesis of nanoporous CdS nanostructures for highly efficient photocatalytic hydrogen production under visible light. Chem. Mater., 2008, 39: 110.
[23] Kalisman P, Kauffmann Y, Amirav L. Photochemical oxidation on nanorod photocatalysts. J. Mate. Chem. A, 2015, 3: 3261.
[24] Cunningham P D, Boercker J E, Foos E E, et al. Enhanced multiple exciton generation in quasi-one-dimensional semiconductors. Nano Lett., 2011, 11: 3476.
[25] Wu J, Wang Z M. Quantum dot solar cells. Physica E: Low-dimensional Systems and Nanostructures, 2002, 14: 115.
[26] Blankenship R E, Sayre R T. Comparing photosynthetic and photovoltaic efficiencies and recognizing the potential for improvement. Science, 2011, 332: 805.
[27] Nozik A J, Beard M C, Luther J M, et al. Semiconductor quantum dots and quantum dot arrays and applications of multiple exciton generation to third-generation photovoltaic solar cells. Chem. Rev., 2010, 110: 6873.
[28] Wu K, Chen Z, Lv H, et al. Hole removal rate limits photodriven H_2 generation efficiency in CdS-Pt and CdSe/CdS-Pt semiconductor nanorod-metal tip heterostructures. J. Am. Chem. Soc., 2014, 136: 7708.
[29] Yan H, Yang J, Ma G, et al. Visible-light-driven hydrogen production with extremely high quantum efficiency on Pt-PdS/CdS photocatalyst. J. Catal., 2009, 266: 165.
[30] Huang L, Wang X, Yang J, et al. Dual cocatalysts loaded type Ⅰ CdS/ZnS core/shell nanocrystals as effective and stable photocatalysts for H_2 evolution. J. Phys. Chem. C, 2013, 117: 11584.
[31] Liu M, Jing D, Zhou Z, et al. Twin-induced one-dimensional homojunctions yield high quantum efficiency for solar hydrogen generation. Nat. Commun., 2013, 4: 2278.
[32] Yang J, Yan H, Wang X, et al. Roles of cocatalysts in Pt-PdS/CdS with exceptionally high quantum efficiency for

photocatalytic hydrogen production. J. Catal., 2012, 290: 151.
[33] Simon T, Bouchonville N, Berr M J, et al. Redox shuttle mechanism enhances photocatalytic H_2 generation on Ni-decorated CdS nanorods. Nat. Mater., 2014, 13: 1013.
[34] Kalisman P, Nakibli Y, Amirav L. Perfect photon-to-hydrogen conversion efficiency. Nano Lett., 2016, 16: 1776.
[35] Bi W, Li X, Lei Z, et al. Molecular co-catalyst accelerating hole transfer for enhanced photocatalytic H_2 evolution. Nat. Commun., 2015, 6: 8647.
[36] Chen X, Shen S, Guo L, et al. Semiconductor-based photocatalytic hydrogen generation. Chem. Rev., 2010, 110: 6503.
[37] Yang Y, Lian T. Multiple exciton dissociation and hot electron extraction by ultrafast interfacial electron transfer from PbS QDs. Coord. Chem. Rev., 2014, 263-264: 229.
[38] Tisdale W A, Zhu X Y. Artificial atoms on semiconductor surfaces. Proc. Natl. Acad. Sci. U. S. A., 2011, 108: 965.
[39] Berr M J, Vaneski A, Mauser C, et al. Delayed photoelectron transfer in Pt-decorated CdS nanorods under hydrogen generation conditions. Small, 2012, 8: 291.
[40] Hewakasakarage N N, Kirsanova M, Nemchinov A, et al. Radiative recombination of spatially extended excitons in (ZnSe/CdS)/CdS heterostructured nanorods. J. Am. Chem. Soc., 2009, 131: 1328.
[41] Sitt A, Hadar I, Banin U. Band-gap engineering, optoelectronic properties and applications of colloidal heterostructured semiconductor nanorods. Nano Today, 2013, 8: 494.
[42] Wu K, Rodríguezcórdoba W, Lian T. Exciton localization and dissociation dynamics in CdS and CdS-Pt quantum confined nanorods: Effect of nonuniform rod diameters. J. Phys. Chem. B, 2014, 118: 14062.
[43] Hewa-Kasakarage N N, El-Khoury P Z, Tarnovsky A N, et al. Ultrafast carrier dynamics in type II ZnSe/CdS/ZnSe nanobarbells. ACS Nano, 2010, 4: 1837.
[44] Amirav L, Alivisatos A P. Luminescence studies of individual quantum dot photocatalysts. J. Am. Chem. Soc., 2013, 135: 13049.
[45] Wu K, Rodriguez-Cordoba W E, Yang Y, et al. Plasmon-induced hot electron transfer from the Au tip to CdS rod in CdS-Au nanoheterostructures. Nano Lett., 2013, 13: 5255.
[46] Wu K, Du Y, Tang H, et al. Efficient extraction of trapped holes from colloidal CdS nanorods. J. Am. Chem. Soc., 2015, 137: 10224.
[47] Chen J, Wu K, Rudshteyn B, et al. Ultrafast photoinduced interfacial proton coupled electron transfer from CdSe quantum dots to 4,4′-bipyridine. J. Am. Chem. Soc., 2016, 138: 884.
[48] Harris C, Kamat P V. Photocatalytic events of CdSe quantum dots in confined media. Electrodic behavior of coupled platinum nanoparticles. ACS Nano, 2010, 4: 7321.
[49] Nakibli Y, Kalisman P, Amirav L. Less is more: The case of metal cocatalysts. J. Phys. Chem. Lett., 2015, 6: 150518091319006.
[50] Perera D, Lorek R, Khnayzer R S, et al. Photocatalytic activity of core/shell semiconductor nanocrystals featuring spatial separation of charges. J. Phys. Chem. C, 2012, 116: 22786.
[51] Khon E, Lambright K, Khnayzer R S, et al. Improving the catalytic activity of semiconductor nanocrystals through selective domain etching. Nano Lett., 2013, 13: 2016.
[52] Khon E, Mereshchenko A, Tarnovsky A N, et al. Suppression of the plasmon resonance in Au/CdS colloidal nanocomposites. Nano Lett., 2011, 11: 1792.
[53] Navarro R M, Sánchez-Sánchez M C, Alvarez-Galvan M C, et al. Hydrogen production from renewable sources: Biomass and photocatalytic opportunities. Energy Environ. Sci., 2008, 2: 35.
[54] Wen F, Wang X, Huang L, et al. A hybrid photocatalytic system comprising ZnS as light harvester and an [Fe_2S_2] hydrogenase mimic as hydrogen evolution catalyst. ChemSusChem, 2012, 5: 849.
[55] Utterback J K, Wilker M B, Brown K A, et al. Competition between electron transfer, trapping, and recombination in CdS nanorod-hydrogenase complexes. Phys. Chem. Chem. Phys., 2015, 17: 5538.
[56] Han Z, Qiu F, Eisenberg R, et al. Robust photogeneration of H_2 in water using semiconductor nanocrystals and a

nickel catalyst. Science, 2012, 338: 1321.
[57] Liu C, Qiu F, Peterson J J, et al. Aqueous photogeneration of H_2 with CdSe nanocrystals and nickel catalysts: Electron transfer dynamics. J. Phys. Chem. B, 2015, 119: 7349.
[58] Sun Y, Bigi J P, Piro N A, et al. Molecular cobalt pentapyridine catalysts for generating hydrogen from water. J. Am. Chem. Soc., 2011, 133: 9212.
[59] Khnayzer R S, Thoi V S, Nippe M, et al. Towards a comprehensive understanding of visible-light photogeneration of hydrogen from water using cobalt(Ⅱ)polypyridyl catalysts. Energy Environ. Sci., 2014, 7: 1477.
[60] Pan H. Metal dichalcogenides monolayers: Novel catalysts for electrochemical hydrogen production. Scientific Reports, 2014, 4: 5348.
[61] Hinnemann B, Moses P G, Bonde J, et al. Biomimetic hydrogen evolution: MoS_2 nanoparticles as catalyst for hydrogen evolution. J. Am. Chem. Soc., 2005, 127: 5308.
[62] Chen J, Wu X J, Yin L, et al. One-pot synthesis of CdS nanocrystals hybridized with single-layer transition-metal dichalcogenide nanosheets for efficient photocatalytic hydrogen evolution. Angew. Chem. Int. Ed., 2015, 54: 1210.
[63] Wang M, Han K, Zhang S, et al. Integration of organometallic complexes with semiconductors and other nanomaterials for photocatalytic H_2 production. Coord. Chem. Rev., 2015, 287: 1.
[64] Linic S, Christopher P, Ingram D B. Plasmonic-metal nanostructures for efficient conversion of solar to chemical energy. Nat. Mater., 2011, 10: 911.
[65] Sun M, Xu H. A novel application of plasmonics: Plasmon-driven surface-catalyzed reactions. Small, 2012, 8: 2777.
[66] Yu Z, Raman A, Fan S. Limit of nanophotonic light-trapping in solar cells. Proc. Natl. Acad. Sci. U. S. A., 2010, 107: 17491.
[67] Wu K, Chen J, McBride J R, et al. Efficient hot-electron transfer by a plasmon-induced interfacial charge-transfer transition. Science, 2015, 349: 632.
[68] Kholmicheva N, Moroz P, Bastola E, et al. Mapping the exciton diffusion in semiconductor nanocrystal solids. ACS Nano, 2015, 9: 2926.
[69] Razgoniaeva N, Lambright S, Sharma N, et al. Exciton generation in semiconductor nanocrystals via the near-field plasmon energy transfer. J. Phys. Chem. C, 2015, 119: 15562.
[70] Jain P K, Lee K S, El-Sayed I H, et al. Calculated absorption and scattering properties of gold nanoparticles of different size, shape, and composition: applications in biological imaging and biomedicine. J. Phys. Chem. B, 2006, 110: 7238.
[71] Kholmicheva N, Moroz P, Rijal U, et al. Plasmonic nanocrystal solar cells utilizing strongly confined radiation. ACS Nano, 2014, 8: 12549.
[72] Xu X Y, Ray R, Gu Y L, et al. Electrophoretic analysis and purification of fluorescent single-walled carbon nanotube fragments. J. Am. Chem. Soc., 2004, 126: 12736.
[73] Li H T, He X D, Kang Z H, et al. Water-soluble fluorescent carbon quantum dots and photocatalyst design. Angew. Chem. Int. Ed., 2010, 49: 4430.
[74] Li H T, Kang Z H, Liu Y, et al. Carbon nanodots: Synthesis, properties and applications. J. Mater. Chem., 2012, 22: 24230.
[75] Lim S Y, Shen W, Gao Z. Carbon quantum dots and their applications. Chem. Soc. Rev., 2015, 44: 362.
[76] Shen J, Zhu Y, Yang X, et al. One-pot hydrothermal synthesis of graphene quantum dots surface-passivated by polyethylene glycol and their photoelectric conversion under near-infrared light. New J. Chem., 2011, 36: 97.
[77] Lai S K, Luk C M, Tang L, et al. Photoresponse of polyaniline-functionalized graphene quantum dots. Nanoscale, 2015, 7: 5338.
[78] Dai Y, Long H, Wang X, et al. Doping: Versatile graphene quantum dots with tunable nitrogen doping. Part. Part. Syst. Charact., 2014, 31: 597.
[79] Moon J, An J, Sim U, et al. One-step synthesis of N-doped graphene quantum sheets from monolayer graphene by

nitrogen plasma. Adv. Mater., 2014, 26: 3501.
[80] Ma C B, Zhu Z T, Wang H X, et al. A general solid-state synthesis of chemically-doped fluorescent graphene quantum dots for bioimaging and optoelectronic applications. Nanoscale, 2015, 7: 10162.
[81] Bian J, Huang C, Wang L, et al. Carbon dot loading and TiO_2 nanorod length dependence of photoelectrochemical properties in carbon dot/TiO_2 nanorod array nanocomposites. ACS Appl. Mater. Interfaces, 2014, 6: 4883.
[82] Ma Z, Zhang Y L, Wang L, et al. Bioinspired photoelectric conversion system based on carbon-quantum-dot-doped dye-semiconductor complex. ACS Appl. Mater. Interfaces, 2013, 5: 5080.
[83] Wang F, Liu Y, Ma Z, et al. Enhanced photoelectrochemical response in $SrTiO_3$ films decorated with carbon quantum dots. New J. Chem., 2013, 37: 290.
[84] Zhang X, Wang F, Huang H, et al. Carbon quantum dot sensitized TiO_2 nanotube arrays for photoelectrochemical hydrogen generation under visible light. Nanoscale, 2013, 5: 2274.
[85] Yu X, Liu R, Zhang G, et al. Carbon quantum dots as novel sensitizers for photoelectrochemical solar hydrogen generation and their size-dependent effect. Nanotechnology, 2013, 24: 335401.
[86] Zhang X, Huang H, Liu J, et al. Carbon quantum dots serving as spectral converters through broadband upconversion of near-infrared photons for photoelectrochemical hydrogen generation. J. Mate. Chem. A, 2013, 1: 11529.
[87] Tsai K A, Hsu Y J, Tsai K A, et al. Graphene quantum dots mediated charge transfer of CdSe nanocrystals for enhancing photoelectrochemical hydrogen production. Appl. Catal. B, 2015, 164: 271.
[88] Sim U, Moon J, An J, et al. N-doped graphene quantum sheets on silicon nanowire photocathodes for hydrogen production. Energy Environ. Sci., 2015, 8: 1329.
[89] Chen D, Dai S, Su X, et al. N-doped nanodots/np(+)-Si photocathodes for efficient photoelectrochemical hydrogen generation. Chem. Commun., 2015, 51: 15340.
[90] Guo C X, Dong Y, Yang H B, et al. Graphene quantum dots as a green sensitizer to functionalize ZnO nanowire arrays on F-doped SnO_2 glass for enhanced photoelectrochemical water splitting. Adv. Energy Mater., 2013, 3: 997.
[91] Yang P, Zhao J, Wang J, et al. Pure carbon nanodots for excellent photocatalytic hydrogen generation. RSC Adv., 2015, 5: 21332.
[92] Wei J, Wang H, Zhang Q, et al. One-pot hydrothermal synthesis of N-doped carbon quantum dots using the waste of shrimp for hydrogen evolution from formic acid. Chem. Lett., 2015, 44: 241.
[93] Yang P, Zhao J, Wang J, et al. Multifunctional nitrogen-doped carbon nanodots for photoluminescence, sensor, and visible-light-induced H_2 production. ChemPhysChem, 2015, 16: 3058.
[94] Yu H, Zhao Y, Zhou C, et al. Carbon quantum dots/TiO_2 composites for efficient photocatalytic hydrogen evolution. J. Mate. Chem. A, 2014, 2: 3344.
[95] Wang J, Gao M, Ho G W. Bidentate-complex-derived TiO /carbon dot photocatalysts: Synthesis, versatile heterostructures, and enhanced H evolution. J. Mate. Chem. A, 2014, 2: 5703.
[96] Wang J, Ng Y, Lim Y F, et al. Vegetable-extracted carbon dots and their nanocomposites for enhanced photocatalytic H_2 production. RSC Adv., 2014, 4: 44117.
[97] Tian J, Leng Y, Zhao Z, et al. Carbon quantum dots/hydrogenated TiO_2 nanobelt heterostructures and their broad spectrum photocatalytic properties under UV, visible, and near-infrared irradiation. Nano Energy, 2015, 11: 419.
[98] Qu D, Sun Z, Zheng M, et al. Three colors emission from S,N Co-doped graphene quantum dots for visible light H_2 production and bioimaging. Adv. Opt. Mater., 2015, 3: 360.
[99] Li Q, Cui C, Meng H, et al. Visible-light photocatalytic hydrogen production activity of $ZnIn_2S_4$ microspheres using carbon quantum dots and platinum as dual co-catalysts. Chemistry—An Asian Journal, 2014, 9: 1766.
[100] Martindale B C, Hutton G A, Caputo C A, et al. Solar hydrogen production using carbon quantum dots and a molecular nickel catalyst. J. Am. Chem. Soc., 2015, 137: 6018.
[101] Xia X, Deng N, Cui G, et al. NIR light induced H_2 evolution by a metal-free photocatalyst. Chem. Commun., 2015, 51: 10899.

[102] Yeh T F, Chen S J, Teng H. Synergistic effect of oxygen and nitrogen functionalities for graphene-based quantum dots used in photocatalytic H_2 production from water decomposition. Nano Energy, 2015, 12: 476.
[103] Yang P, Zhao J, Wang J, et al. Construction of Z-scheme carbon nanodots/WO_3 with highly enhanced photocatalytic hydrogen production. J. Mate. Chem. A, 2015, 3: 8256.
[104] Yeh T F, Teng C Y, Chen S J, et al. Nitrogen-doped graphene oxide quantum dots as photocatalysts for overall water-splitting under visible light illumination. Adv. Mater., 2014, 26: 3297.
[105] Liu J, Zhang H, Tang D, et al. Carbon quantum dot/silver nanoparticle/polyoxometalate composites as photocatalysts for overall water splitting in visible light. ChemCatChem, 2015, 6: 2634.
[106] Liu J, Liu Y, Liu N, et al. Water splitting. Metal-free efficient photocatalyst for stable visible water splitting via a two-electron pathway. Science, 2015, 347: 970.
[107] Shi W, Guo F, Zhu C, et al. Carbon dots anchored on octahedral CoO as a stable visible-light-responsive composite photocatalyst for overall water splitting. J. Mate. Chem. A, 2017, 5: 19800.
[108] Gao J, Zhu M, Huang H, et al. Advances, challenges and promises of carbon dots. Inorg. Chem. Front., 2017, 4: 1963.
[109] Zhu C, Liu C, Zhou Y, et al. Carbon dots enhance the stability of CdS for visible-light-driven overall water splitting. Appl. Catal. B, 2017, 216: 114.
[110] Yang K D, Ha Y, Sim U, et al. Graphene quantum sheet catalyzed silicon photocathode for selective CO_2 conversion to CO. Adv. Funct. Mater., 2016, 26: 233.
[111] Sahu S, Cao L, Meziani M J, et al. Carbon dioxide photoconversion driven by visible-light excitation of small carbon nanoparticles in various configurations. Chem. Phys. Lett., 2015, 634: 122.
[112] Cao L, Sahu S, Anilkumar P, et al. Carbon nanoparticles as visible-light photocatalysts for efficient CO_2 conversion and beyond. J. Am. Chem. Soc., 2011, 133: 4754.
[113] Sahu S, Liu Y, Wang P, et al. Visible-light photoconversion of carbon dioxide into organic acids in an aqueous solution of carbon dots. Langmuir, 2014, 30: 8631.
[114] Wang J, Sahu S, Sonkar S K, et al. Versatility with carbon dots-from overcooked BBQ to brightly fluorescent agents and photocatalysts. RSC Adv., 2013, 3: 15604.
[115] Li H, Zhang X, Macfarlane D R. Quantum dots: Carbon quantum dots/Cu_2O heterostructures for solar-light-driven conversion of CO_2 to methanol. Adv. Energy Mater., 2015, 5.
[116] Li H, Liu R, Lian S, et al. Near-infrared light controlled photocatalytic activity of carbon quantum dots for highly selective oxidation reaction. Nanoscale, 2013, 5: 3289.
[117] Li H, Liu R, Kong W, et al. Carbon quantum dots with photo-generated proton property as efficient visible light controlled acid catalyst. Nanoscale, 2014, 6: 867.
[118] Gao J, Zhu M, Huang H, et al. Advances, challenges and promises of carbon dots. Inorg. Chem. Front., 2017, 4: 1963.
[119] Liu R, Huang H, Li H, et al. Metal nanoparticle/carbon quantum dot composite as a photocatalyst for high-efficiency cyclohexane oxidation. ACS Cataly., 2014, 4: 328.
[120] Yang Y, Liu N, Qiao S, et al. Silver modified carbon quantum dots for solvent-free selective oxidation of cyclohexane. New J. Chem., 2015, 39: 2815.
[121] Qiao S, Fan B, Yang Y, et al. Copper nanoparticle/carbon quantum dots hybrid as green photocatalyst for high-efficiency oxidation of cyclohexane. RSC Adv., 2015, 5: 43058.
[122] Li H, Sun C, Ali M, et al. Sulfated carbon quantum dots as efficient visible-light switchable acid catalysts for room-temperature ring-opening reactions. Angew. Chem., 2015, 54: 8420.
[123] Li H, Guo S, Li C, et al. Tuning laccase catalytic activity with phosphate functionalized carbon dots by visible light. ACS Appl. Mater. Interfaces, 2015, 7: 10004.
[124] Wu W, Zhan L, Fan W, et al. Cu-N dopants boost electron transfer and photooxidation reactions of carbon dots. Angew. Chem., 2015, 127: 6640.

[125] Liu J, Zhao S, Li C, et al. Carbon nanodot surface modifications initiate highly efficient, stable catalysts for both oxygen evolution and reduction reactions. Adv. Energy Mater., 2016, 6.
[126] Tang D, Liu J, Wu X Y, et al. Carbon quantum dot/NiFe layered double-hydroxide composite as a highly efficient electrocatalyst for water oxidation. ACS Appl. Mater. Interfaces, 2014, 6: 7918.
[127] Guo S, Zhao S, Gao J, et al. Cu-CDots nanocorals as electrocatalyst for highly efficient CO_2 reduction to formate. Nanoscale, 2017, 9: 298.
[128] Sun Y, Zhou Y, Zhu C, et al. A Pt-Co_3O_4-CD electrocatalyst with enhanced electrocatalytic performance and resistance to CO poisoning achieved by carbon dots and Co_3O_4 for direct methanol fuel cells. Nanoscale, 2017, 9: 5467.
[129] Zhu C, Fu Y, Liu C, et al. Carbon dots as fillers inducing healing/self-healing and anticorrosion properties in polymers. Adv. Mater., 2017, 29.
[130] Favaro M, Ferrighi L, Fazio G, et al. Single and multiple doping in graphene quantum dots: Unraveling the origin of selectivity in the oxygen reduction reaction. ACS Cataly., 2015, 5: 129.
[131] Guo D, Shibuya R, Akiba C, et al. Active sites of nitrogen-doped carbon materials for oxygen reduction reaction clarified using model catalysts. Science, 2016, 351: 361.

第9章 量子点的生物成像应用

20 世纪 80 年代初，人们提出半导体材料的尺寸和带隙具有一定关系的概念时，其多功能化应用还鲜有涉及。直到 1998 年，*Science* 上发表的文章明确指出这种新型量子点可应用于生物传感并作为新一类的荧光团，才被广泛接受[1-5]。量子点已成为一种研究体外[6-10]和体内生物成像[11-18]的重要荧光探针。这里我们主要以最为广泛使用的 Cd 基量子点作为模型来讨论[19-23]。应该注意到，量子点荧光标记探针在组织成像、活体成像、活细胞和动物体内的靶向示踪等研究领域取得了一系列瞩目的成果[24-28]。这些成果预示了量子点将会在生物化学、细胞生物学、分子生物学、蛋白质组学、临床医学和药物筛选释放等研究领域发挥重要作用[29]。图 9.1 简要总结了量子点在生物成像中的应用。本章主要围绕量子点在生

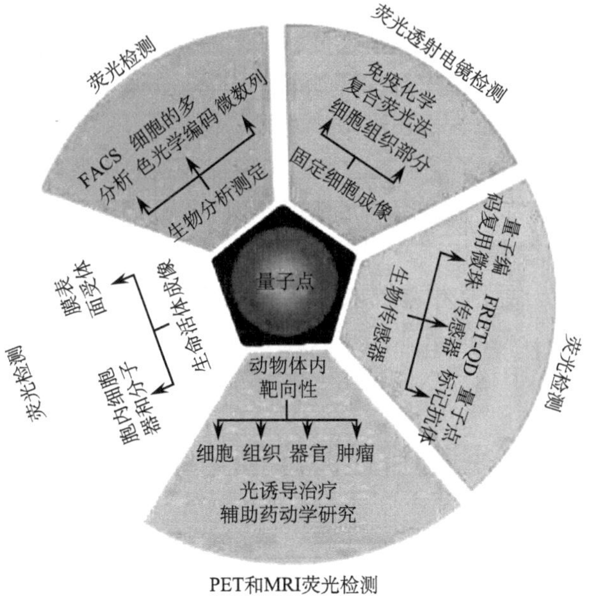

图 9.1　量子点在生物成像中的应用示意图[4]

物成像方面的应用展开介绍。生物活性物质和生物分子检测的介绍见其他章节，这里不再重复讨论。其他的纳米生物医学方面的专业讨论，请见本套丛书的其他分册。

对于生物成像而言，荧光染料和荧光蛋白存在一些缺点，如激发光谱狭窄、有效斯托克斯位移较小、荧光峰较宽及对光漂白极其敏感[30]。而且，与生物自身荧光相比，其荧光寿命几乎相同。此外，窄的吸收光谱使得几乎不可能同时有效地激发多种染料[12,31]。相比之下，量子点具备多重优势：①单一激发，多元发射[16,32]；②荧光强、稳定性高且抗光漂白[33]；③大两个数量级的双光子界面，更利于近红外的体内应用[34]；④可检测单量子点水平上的荧光信号；⑤可调控不同波长的荧光。尽管量子点表现出优异的光学性质，但它们也有一些缺点，如荧光闪烁、胶体行为和有争议的毒性问题等[35]。我们应该注意到量子点还没有并且不会完全取代有机染料或荧光蛋白在生物成像方面的应用。与量子点相比，有机染料分子体积小，在不改变其生物功能的条件下，易于与不同的生物分子结合[36,37]。此外，多个染料可以同时连接到较大的生物分子(如抗体等)，以增加生物共轭体荧光的整体亮度。大量染料-生物共轭体的商业可用性是有机染料的另一个重要优点。荧光蛋白在生物系统内直接表达荧光，不需要化学偶联，这也减少了对生物功能的扰乱[6,38]。

量子点的高表面积为其与生物分子(如抗体、酶等)的结合提供了很大的可能性，也可以增强其生物应用的灵活性[39,40]。量子点生物分子的偶联，最主要的方法是苯胺基团催化形成肼键与氨基连接，马来酰亚胺基团与抗体铰链区中的巯基结合[41]，以及叠氮化物与环辛烯的环加成[3,41]。Farlow 等利用寡核苷酸实现单向包裹量子点[42]。近年来，人们还进一步发展了很多量子点和生物偶联的方法。我们在图 9.2 中概述并总结了量子点的修饰与生物偶联的典型方法和途径[30,36,43,44]。主要包括两种表面修饰方法：用两亲性聚合物(i、ii)包覆和利用量子点 ZnS 壳上的巯基亲和力与亲水型配体交换(iii～v)的亲和力[45]。值得注意的是，与小的有机染料分子相比，量子点尺寸相对较大，这也导致量子点-生物分子复合体的生物学功能的改变。此外，量子点的大尺寸及易于带电的表面为非特异性相互作用提供了较大的发展空间，但这一点也可能干扰特异性的识别。

9.1 超分辨显微成像与单粒子追踪

超分辨率显微镜可以观察蛋白质等在膜和细胞质中的位置，也可以用来考察细胞内的分子吸收、传递和转运[46]。在单分子水平上测量的主要挑战是在稠密培养基中检测单分子的能力及区分近距离(如小于或接近探测光 1/2 波长)两个荧光颗粒的能力。在这方面，量子点主要应用于单分子的空间和时间定位的超分辨技

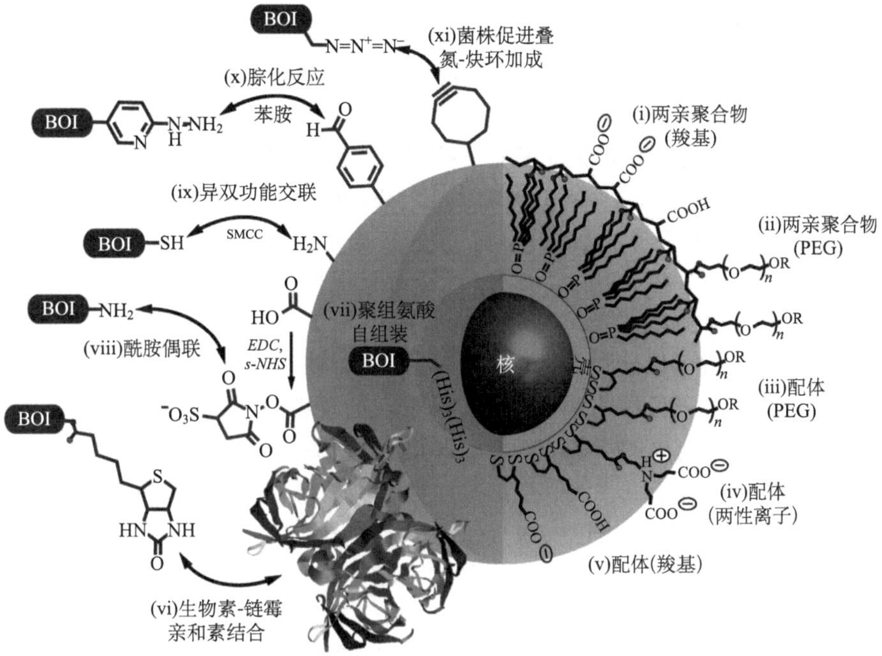

图 9.2 量子点生物偶联(左侧，BOI =生物分子)和表面修饰(右侧)方法的概述图[3]

术。下面我们将简要介绍这方面的一些研究进展[3]。

超分辨率成像可以充分利用量子点荧光闪烁功能，由于单个量子点的完全开–关间歇性可以被检测到(不同的量子点同时发生闪烁的可能性很低)，它可以用于分辨紧密分布的量子点[47]。Dertinger 等提出超分辨率光学波动成像的方法(SOFI)，并在 x-y 平面获得 55 nm 的空间分辨率[48]。利用快速闪烁的量子点，SOFI 的时间分辨率可以提高到 80 ms。Chien 等通过全内反射显微镜(TIRF)，利用量子点的闪烁现象，绘制出单个量子点的位置；重建后的图像与原子力显微镜(AFM)测量的形貌图具有良好的相关性[49]。Hoyer 等也利用显微镜获得了具有单量子点分辨率的荧光图像[50]。上述的大多数超分辨率技术都使用单色量子点。Shi 等提出了一种用于多色量子点的局部光谱成像方法，实现了多色量子点的识别[51]。Deng 等利用量子点成像，在图像采集的几秒内，可以获得优于 90 nm 的分辨率[52]。此外，近场扫描光学显微镜(NSOM)允许同时获取形貌和荧光图像，并用于识别细胞表面分子的有序纳米结构，该成像技术的分辨率可达到 50 nm[53,54]。

除了获得高分辨率的细胞图像，研究具有亚细胞分辨率的分子动力学行为也很有意义。单分子追踪(SMT)通常是针对单分子的研究，而在单粒子追踪(SPT)中，记录的是与分子整体结合的介观粒子的轨迹[55]。量子点独特的光物理性质使其可以在 SPT 中频繁使用。因为在单分子成像中，单个斑点的定位不是受衍射限制，而是受信噪比的限制，遗传编码的荧光蛋白不可控的表达及荧光蛋白和染料的低光稳定性是其主要的障碍[56]。在单分子体外试验中，量子点相对于染料和荧光蛋白还体现出一些优势，如荧光光谱窄、具有约 15 nm 的空间分辨率、信噪比高等。较好的光稳定性使得量子点在 SPT 和 SMT 测试过程中能够稳定工作达几十分钟，而有机染料仅仅工作 5～10 s[57]。Walter 对不同的 SPT 显微技术进行了总结，并对不同目标分子择优选取测试技术提出了假设[58]。一般来说，广视场显微镜可以用于 SPT，但使用自动对焦功能对于保持样品在 z 位置的恒定距离具备更多的优势。识别和选择单个荧光颗粒的第一步是通过改变强度阈值来减少背景噪声；接下来可以通过二维高斯函数的拟合获得粒子分布的 x 轴和 y 轴坐标[59-61]。然而，对于目标的连续跟踪，量子点的发光闪烁是有问题的，并且需要使用一种考虑目标消失的特殊算法(可以从互联网免费下载获得)[62,63]。考虑到生物过程中动力学的复杂性，获取三维的运行轨迹是很有必要的。Holtzer 等通过将柱面透镜引入成像体系，用以实现分子迁移率的三维分析[64]。Ram 等在开发多焦平面显微镜观察到抗体结合的量子点到达细胞内的完整内吞过程[65]。Chung 等利用量子点的 SPT 的高空间分辨率研究了 EGFR 信号传导过程，并观察到 EGFR 在单体和二聚体状态之间的连续转变[66]。最近研究都能够跟踪细胞内的单一量子点。例如，Chen 等使用 SPT 和轨迹分析研究了基于靶向膜蛋白(核仁素和朊病毒蛋白)的量子点探针的内吞途径，观察到在不同阶段的三种类型的运动：膜扩散、囊泡运输和限制扩散[67]。

SMT 和 SPT 的具体应用实例是关于分子马达的研究。分子马达在细胞内具有一系列功能，如细胞运动、肌肉收缩、细胞迁移和细胞内运输。SPT 能够跟踪由分子马达运输的细胞器，而 SMT 可以监测单个马达。测量的参数(如平均速度、速度波动、运行长度和电动机分子的单个步骤)可以让我们对生物过程及其动力学有更好的理解[55]。量子点可以作为探针来研究分子马达，因为整个体系以 1 μm/s 的速度移动，并且轨迹由 30～80 nm 的离散步长组成[68]。肌球蛋白 V 是首先研究的分子马达之一，已经证实了利用两个不同发射波长的量子点可以标记主要区域来产生功能性的马达，并且在肌球蛋白步进期间，两个主要区域能够以 6 nm 的精度对其进行定位[69]。Courty 等利用量子点标记的驱动蛋白分子进行 SMT 测量，可以实现在数分钟内连续追踪 Hela 细胞的细胞间蛋白[70]。

9.2 体外成像

量子点用于细胞内成像已经取得了较大的进展，其中包括很多活细胞和固定细胞内的组分及基于量子点标记和成像的蛋白质，如细胞核、线粒体、微管、微丝蛋白、细胞角质蛋白等[3,5]。同时，量子点也用来研究细胞膜蛋白和受体，包括前列腺特异性膜抗原(PSMA)、HER 激酶、甘氨酸受体、血清素运输蛋白、p-糖蛋白、BandIII蛋白和钠-钾 ATPase 等。在量子点的免疫荧光应用中，其中微量检测信号是最具有优势的。量子点的“闪烁”特性可以把免疫荧光检测灵敏度提高到单分子水平。

量子点在细胞外标记是相对简单的，但是对细胞内蛋白进行标记是十分困难的。科学家们尝试了多种方法将量子点输送到细胞质中用于胞内蛋白的染色，然而仅有几种方法取得了成功。2002 年，Dubertret 等报道用显微注射技术对爪蟾胚胎进行量子点标记；2005 年，Rieger 等也采用这种方法标记了斑马鱼的胚胎细胞。但是这一技术操作难度大，不利于大规模的推广。细胞通过内吞和非内吞的途径来摄入量子点的方法被更多的研究者采用，但这些方法仅仅是对内吞体进行荧光定位。Mansson 等用量子点标记了 F-肌动蛋白丝，他们用酶联亲合素化的量子点标记了单个生物素化的 F-肌动蛋白丝，这种方法标记的肌动蛋白丝是具有活性的。量子点也用于标记肿瘤细胞的死亡蛋白(mortalin)和 p-糖蛋白。量子点还可用于细胞内不同组织结构的多色成像。例如，Hanaki 等利用不同发射波长的量子点同时标记了细胞核结构和微丝纤维；Nisman 等用红色量子点标记了细胞核仁，而用绿色量子点标记了线粒体，非常清晰地区别了这两种结构。量子点和电子显微镜技术的结合可以标记细胞核的早幼粒细胞性白血病蛋白和 cAMP 应答相关结合蛋白，还可以通过量子点和金纳米粒子结合标记来实现双靶向定位。量子点具有良好的光稳定性和高信噪比的特点，可以成为细胞内单分子示踪研究的理想探针。例如，量子点成功并广泛地应用到成像和示踪神经 PC12 细胞内部的甘氨酸受体、erb/HER 受体、AMPA 受体、GABAc 受体和 TrKA 受体等活动。由于一些蛋白可以被多肽特异性识别，因此制备多肽结合的功能化量子点引起了人们的广泛兴趣。Hoshino 发现，分别连接了识别细胞核和线粒体的特异性短肽的量子点，进入细胞后分别定位在细胞的细胞核和线粒体上。Santra 等研究发现，连接了细胞核靶向肽的量子点可以透过大鼠的血脑屏障，进入脑软组织的细胞核中。应该注意的是，量子点能有效地在细胞内长时间追踪，从而监测细胞内的动态，包括胞内运动、分化和凋亡等。研究者用多种方法将量子点输送到活细胞内，包括显微注射、肽诱导转运、电穿孔和吞噬等。一旦量子点进入细胞，在细胞分化过程中，量子点会从母细胞转移到子代细胞。

9.3　组织成像

荧光免疫组化(IHC)的经典方法是以酶或有机染料抗体偶联物为基础的，该方法通常能提供优异的生物学和成像性质并且容易在大光谱范围内获得。然而它的缺点是易于光漂白、光谱串扰及由强自身荧光引起的低信噪比[71]。尽管如此，这类方法还是比量子点的使用更为普遍，因为量子点仍然面临着复杂的生物偶联及不确定成键的问题。尽管如此，量子点在光物理方面的优势，特别是多路复用，已经推动了一些基于量子点的 IHC 研究。与常规检测方法相比，基于量子点的免疫荧光测定法(QD-IHF)是很有优势的[72,73]。Xiao 等证明鸡源性抗体 IgY 可用于 QD-IHF，并且对于相对定量癌症蛋白质的检测提供了很高的灵敏度与选择性。与常规抗体直接比较，通过蛋白质免疫印迹及 IHC 在正常和癌细胞的测试显示 IgY 对抗原有一个增强的亲和力。利用 IgY 和量子点在 TMA 中对人体生长因子受体 HER2 进行定量分析的对比实验中发现，IgY 和量子点与发色团的原位杂交相一致。几种不同 PL 颜色的量子点可以用相同的激发波长来激发并实现不同标志物的检测[74]。Yezhelyev 等在单链石蜡包埋的临床组织切片中用多色的 QD-IHF 检测荷尔蒙受体和 HER2。他们的结果与已经确立的临床应用非常一致，这表明量子点用于临床组织诊断有着巨大的潜能[75]。Xu 等针对利用四维光谱成像在 IHC 组织中表现一致的不同批次量子点进行了比较，并进一步优化了 QD-IHF 探针。结果表明，利用 QD-IHF 可以进行多重检测和定量不同的生物标志物(其通过蛋白质印迹和常规 IHC 验证)。在针对乳腺导管中的核标记物雌激素受体和孕酮受体的半定量原位分析中，对传统的 IHC、单标记和双标记的 QD-IHF 进行了直接的比较[图 9.3(a)]。结果显示在传统的 IHC 和使用多光谱成像(MSI)的两类量子点基 IHF 之间检测两种受体的一致率为 100%[76]。Liu 等使用四种蛋白质生物标志物来鉴定复杂组织内的单个恶性肿瘤细胞。这种方法提供了传统的苏木精和曙红(H&E)染色及 IHC 无法获得的新的分子和形态学信息[77,78]。Chen 等使用基于量子点的激素受体和 HER2 的定量光谱分析建立一个新的乳腺癌分子分类系统。这种分类可以更好地揭示乳腺癌的异质性和识别五个分子子类，这可能有助于制定更个性化和全面的治疗策略及诊断[79]。QD-IHF 也被证明是一个研究表皮生长因子对乳腺癌预后潜能的有用工具[80]。Andrade 等采用凝集素评价细胞表面糖络合物，其在分化-去分化过程中起重要作用。他们评估和比较了正常人乳腺组织和良性(纤维腺瘤)及恶性转化乳腺组织中糖缀合物的表达和分布。荧光图像显示乳腺组织的不同区域表达特定类型的碳水化合物，这有助于说明生物过程中的糖络合物的分布，并为细胞和细胞外基质结构、分子内容和肿瘤环境提供了新的见解，以更好地了解其生物过程，包括癌症的发展和转移等[81]。Fang 等利用 QD-IHF 研究了癌症侵袭和转移。该研究表明基底膜[BM，是细胞外基质(ECM)的特殊形式，具有重要的细胞功能]具有抵抗癌症侵入的物理屏障作用，特别是胶原 IV 是非常有意义的。Fang 等使用基于量子点的成像获得在癌症侵袭期间胶原 IV 的动态变化，并进一步提出了新见解[图 9.3(b)][82]。

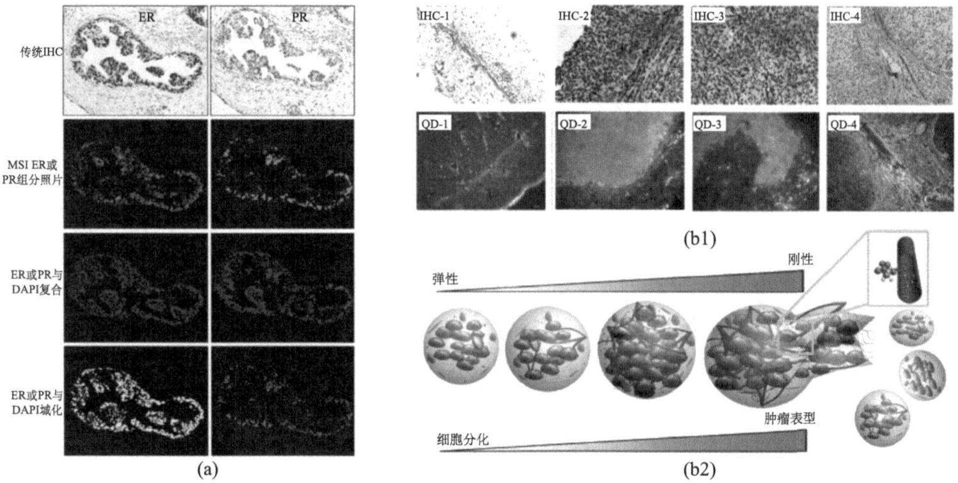

图 9.3　(a) 用于核标记物雌激素受体(ER-红色 PL 信号)和孕酮受体(PR-绿色 PL 信号)的双标记 QD-IHF 的多光谱成像(MSI)显示与常规 IHC(顶图像)的良好相关性，用 DAPI(蓝色)共染色允许共定位研究以定位细胞核中的 ER(黄色)和 PR(品红色)[85]；(b) 常规的 IHC(b1 上)和量子点荧光(b1 下)成像以监测由胶原 IV 变化代表的基质重塑，周围肿瘤组织(1)显示与基底膜(BM)良好排列的平滑、完整和线性的胶原 IV，光滑胶原线在宫颈癌(CC)中原位消失，然后胶原 IV 沉积形成致密层(2)；胶原沉积在微侵入性宫颈癌(3)中变得松散和模糊，同时在细胞外基质(ECM)中增加的沉积，导致胶原 IV(4)的刚性和刚性形态，这项研究的结果提出了肿瘤侵袭和转移的脉冲模式进展，以及肿瘤大规模生长、突出的中枢缺氧、胶原 IV 交联和沉积、细胞外基质重塑、细胞外基质应力积聚和肿瘤巢突发导致加速癌症的过程(b2)[82]

此外，Jennings 等利用与抗体偶联的五个不同发光颜色的碳量子点来定位存在于小鼠脾脏免疫系统中的不同成分，并且在多色条件下保持每种抗体的特异性[41]。Ferrara 等展示了基于量子点的多色技术在用于冠状动脉研究的独特可能性。结果显示了多色性能分析的可行性及血管内皮三维分析可视化极好的分辨率。除了向 IHC 提供互补信息之外，多色 QD-IHF 也用于测定法检测 mRNA[83]。在关于小鼠脑干切片特异性 mRNA 表达的比较研究中，Chan 等使用量子点代替有机染料在 FISH 测量中灵敏度显著增加。他们的方法提供了在组织和组织切片中多种 mRNA 和蛋白质标记的超灵敏同时检测[84]。

9.4　体内成像

一旦量子点成像剂在体外成功应用，随后的目标是转移到体内系统[86-88]。量子点具有许多体内成像的优势。发射谱在近红外范围(650～900 nm)的量子点对于体内成像来说是非常重要的，因为在该光谱范围内，水和血红蛋白的吸收系数相对较低，允许在较深的组织切片(0.5～10 mm)中实现成像[89]。例如，近红外发光的量子点对深层组织和器官成像的灵敏度，比可见发光量子点增加 10 倍[90]。

高亮度和可忽略的光漂白特性也使量子点优于其他有机染料或荧光蛋白。可以使用生物发光共振能量转移来促进处于激发态的量子点，同样该过程也适用于不同颜色量子点的激发。量子点探针同样可以采用双光子技术来激发，并因此允许更深的组织穿透深度。适当的表面修饰对于量子点的体内成像应用至关重要。例如，PEG 等分子的修饰可以用来改变量子点的组织和器官的分布、循环时间[91-93]。通过改进合成方法，可以改进量子点的生物相容性及引入新的性质(如磁性等)。量子点具有大的表面积，它们也可以作为治疗剂(药物治疗+荧光诊断剂)用于药物递送系统或者辅助基因的转染。目前，量子点的所有体内应用都限于动物。这里我们简要概述量子点体内成像的特点、量子点在研究淋巴系统和肿瘤定位的应用及量子点的多模态成像[94]。

淋巴系统由毛细血管、血管和淋巴结组成，横跨全身。目前的研究证实了使用近红外量子点实现对前哨淋巴结成像及成像手术导航切除的可能性。Hama 等展示了两种不同的淋巴流在体内的同时成像及它们向淋巴结的转移[95]。同时，Kobayashi 等使用五种不同的量子点进行淋巴管荧光成像(图 9.4)。他们

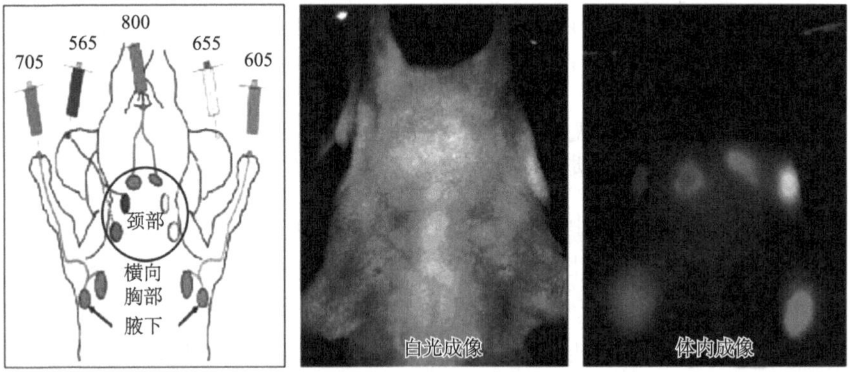

(a)

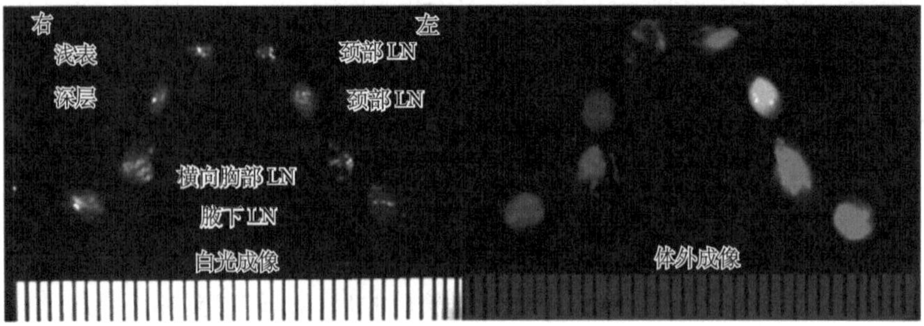

(b)

图 9.4 (a)将两种不同的羧基化量子点(数字为中心发射波长：565 nm，605 nm，655 nm，705 nm，800 nm)皮下注射入双侧上臂的不同淋巴结、四肢、双侧耳朵和小鼠的中位下巴，量子点通过皮肤的同时可以表现出不同颜色的荧光；(b)外科手术切除后八个引流淋巴结的离体光谱荧光成像证实了体内成像结果[96]

将量子点注射到五个不同的位置并监测颈部和上躯干中的淋巴流，进一步的离体荧光成像也证实了他们体内成像的结果。他们的研究证明了五个单独的淋巴流在体内和转移到不同的淋巴结是同时可见的，这是使用其他技术所不能实现的[96]。Pic 等研究了特定区域淋巴结中量子点累积的动力学，并通过元素分析(ICP-MS)进一步确认了体内荧光图像的结果[97]。Kosaka 等提出了通过间质注射量子点，实现双色实时跟踪淋巴液流入淋巴结[98]。Mathieu 等使用量子点跟踪脑脊液流到淋巴管的过程，成功检测到下颌下淋巴结中量子点的荧光信号[99]。

癌症与生命科学紧密关联，使得研究肿瘤和肿瘤细胞的位置和分布成为体内成像的热门研究领域[100]。为了观察癌细胞的输运，可以用量子点标记这些细胞，并在啮齿类动物身上进行皮下注射或全身施用[101,102]。Tada 等应用背部皮肤视窗模型在活体小鼠内对量子点进行了单粒子跟踪[103]。Diagaradjane 等研究了小鼠异种移植肿瘤中量子点标记的 EGF 与 EGFR 的相互作用[104]。Gonda 等用抗转移促进因子的抗体标记量子点，研究了转移性肿瘤细胞的细胞膜动力学，能够在 7～9 nm 的空间精度内对膜动力学进行成像[105]。一系列的研究也讨论了量子点体内成像的灵敏度、靶向性、实时监测及肿瘤的治疗成像。例如，Li 等设计了在 U87 MG 肿瘤异种移植小鼠身上，进行基于量子点的成像引导手术(IGS)(图 9.5)[106]。近红外量子点

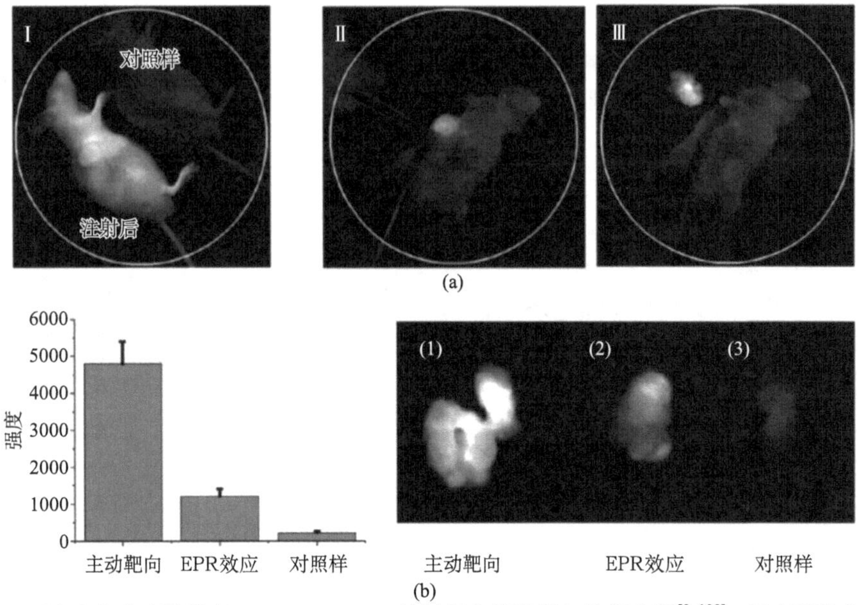

图 9.5　(a) I 为在直接注射 NIR-QD-cRGD 材料后小鼠的近红外荧光图[3, 108]，II 和III为在注射 QD 材料 48 h 后通过导向手术处理小鼠肿瘤组织的近红外荧光图像。没有注射量子点材料的对照组小鼠(Ⅰ)没有显示任何显著的近红外荧光；(b)用 NIR-QD-cRGD 材料主动靶向肿瘤组织与通过提高渗透性和滞留性(EPR)的被动靶向肿瘤组织(无 cRGD 的 NIR-QD))和空白对照(无量子点注射)相比，NIR-QD-cRGD 材料可以显著提高肿瘤组织的荧光强度

(最大发光波长 728 nm)与肿瘤特异性肽(cRGD)结合并注射到尾静脉的麻醉小鼠体内。注射后 48 h，近红外量子点在肿瘤中累积，可用于将其与其他组织区分开并切除。与没有结合 cRGD 的量子点被动靶向相比，使用 cRGD-QD 缀合物的活性靶向导致肿瘤荧光强度强大约 5 倍。除了肿瘤本身，另一个重要的靶标是肿瘤的血管，近期的一系列研究也关注到癌症血管的成像[107]。

为了更全面地观察疾病(或其他感兴趣的生物系统)，人们希望获得一种可同时用于多种成像技术的造影剂。Cai 等开发了一种基于近红外量子点肿瘤靶向的多模态 PET 和 NIR 成像探针。他们使用环状 RGD 肽来功能化近红外量子点以用于靶向血管肿瘤系统及在量子点表面固定 ^{64}Cu-DOTA 复合物，以用于 PET 成像。他们得到体内 PET 成像和体外荧光成像结果之间极好的线性相关性。一些学者也相继报道了一系列基于量子点的 PET 和荧光的多模态成像探针[109]。Oostendorp 等使用商用聚乙二醇化量子点可以检测体内肿瘤新生血管的形成，荧光成像结果与 MRI 结果可以相互认证[104]。Gerion 等将量子点嵌入掺杂有顺磁性 Gd-DOTA 复合物的薄二氧化硅壳中，体内实验表明这些颗粒能增强 MRI 成像的对比度[110]。Ding 等把 CT 的高空

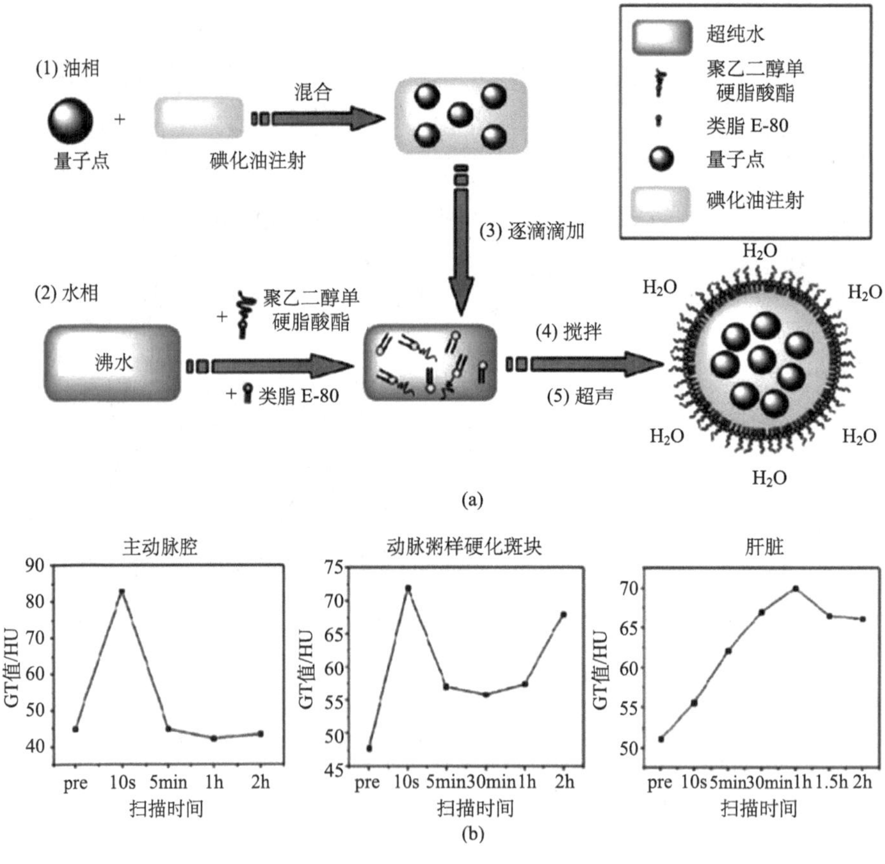

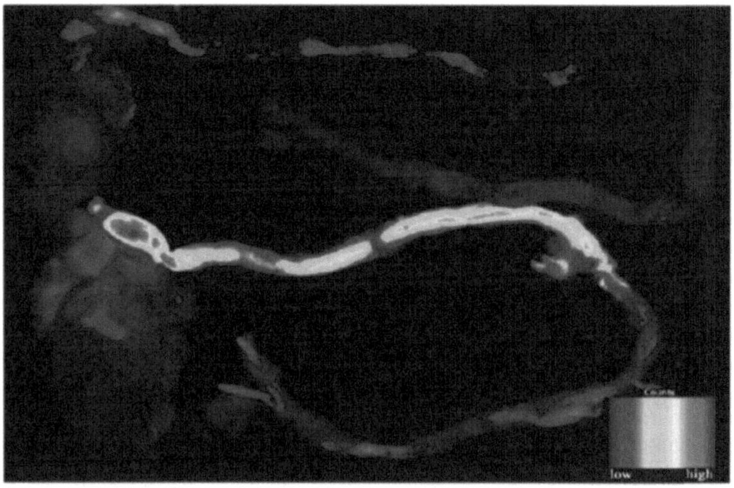

(c)

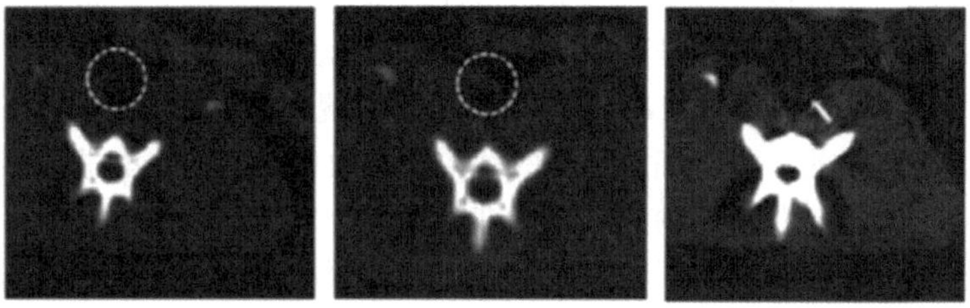

(d)

图 9.6　(a)用于 CT/荧光成像的量子点基纳米乳剂的制备示意图；(b)在将纳米乳液注射进兔子后 2 h 内不同器官的 CT 值动力学图谱；(c)没有量子点纳米乳剂(顶部)和注射量子点纳米乳剂 2 h 后(底部)切除的主动脉荧光图像，随着长时间量子点纳米乳剂的积累，导致动脉粥样硬化斑块中具有更高的荧光强度；(d)在注射纳米乳剂之前和之后 10 s 及 2 h 的腹腔主动脉(圆形)CT 图像，注射后 2 h 动脉粥样硬化斑块(箭头)可以与周围组织区分[3,111]

间分辨率与荧光成像的高灵敏度和特异性结合。他们开发了一种碘化的量子点油纳米乳液探针用于靶向标记巨噬细胞(动脉粥状硬化成像的靶标)。微-CT 和体外细胞共聚焦显微镜成像证实染色的为小鼠巨噬细胞。然后将造影剂用于动脉粥状硬化兔子中，并在巨噬细胞中显示体内积累，其可以用临床 CT 和荧光成像测量(图 9.6)。这些实验结果表明基于量子点的双重造影剂在大型动物成像方面具有很好的潜力[111]。

9.5　生物与环境安全性

尽管量子点与其他荧光材料相比具有优越的光物理性质，但也存在不足。其中一个主要原因是它们的毒性效应，所以量子点还没有实现在人类的临床成像和药物传递应用[3,112-116]。文献中已经有许多关于纳米颗粒毒性影响的评述[117-119]。由于相关的文章很多，这里我们只给出量子点在体内和体外具有毒性作用的主要原因及相关结果。

9.5.1 体外研究

第一次将量子点应用于生物学后不久，人们便开始关注量子点化学成分（重金属离子）、尺寸（纳米材料）及这些性质对生物体系的干扰。2004 年，Derfus 等研究了 CdSe 核材料对原代肝细胞的影响。通过用 MTT[3-(4,5-二甲基噻唑-2-基)-2,5-二苯基-四唑溴化物]比色法测量线粒体活性来评价 CdSe 的毒性。在空气中，量子点与细胞孵育，暴露于紫外光下，导致细胞活性的急剧下降(97%)。Derfus 等怀疑量子点释放出的 Cd 离子导致细胞损伤。他们还建议将 CdSe 核进行适当包覆可以减少对细胞活性的负面影响。这些早期观察到的毒性结果在接下来的研究中得到证实，表面改性对量子点的细胞毒性具有巨大的影响。应该说，量子点的细胞毒性主要归因于量子点导致的游离 Cd 离子和活性氧中间体(ROI)的产生，如超氧负离子、羟基自由基和过氧化氢等。Cd 离子浸出和 ROI 会诱导细胞的凋亡，造成线粒体膜电位的损失、细胞色素的线粒体释放、胱天蛋白酶的激活，并最终导致细胞死亡，也需要考虑到量子点在细胞内的分布[120,121]。此外，Domingos 等研究了量子点对莱茵衣藻的影响，实验结果显示，游离 Cd 离子和 Cd 基量子点对莱茵衣藻具有明显不同的生物效应[122]。在这方面，Chen 等研究了量子点对神经元细胞的影响。他们发现自噬的形成主要是量子点促进了 ROI 的产生，导致突触功能障碍；通过使用自噬抑制剂，自噬体的活性可以被抑制并修复突触损伤[123]。Luo 等试图解释量子点诱导的自噬机制，实验发现，使用抗氧化剂可以减少 ROI 的产生，导致自噬活性的降低和细胞死亡的增加；类似地，直接使用自噬抑制剂也会导致细胞死亡率增加[124]。

应该注意到，细胞中的不同区室具有不同的生理特性，也会对量子点产生不同的影响。例如，胞质溶胶的 pH 显中性，而溶酶体的 pH 显酸性，并且在胞吞作用过程中会增加。 量子点包覆层的稳定性对于成像应用是非常重要的性质，因为在细胞内，壳层的降解最有可能导致毒性作用。Corazzari 等研究了量子点在模拟胞质和溶酶体细胞区室人工介质中的离子释放，实验证明，量子点在酸性 pH 下可以明显释放 Cd 离子和 Zn 离子。不能忽略的是，内吞途径是量子点最常见的摄取机制之一，pH 诱导的不稳定性是一个显著的缺点；因此，需要对量子点的毒性效应进行深入的定量和定性分析[125]。

活生物体可能与量子点之间有许多相互作用（如与蛋白质和离子），因此在体内应用中需要仔细考虑这些协同效应。Zhao 等研究表明在人类肝细胞中，在铜离子的存在下，量子点对肝细胞的影响显著。这种强烈的协同效应导致细胞活性的明显降低和细胞内 ROI 水平的显著增加[126]。Nagy 等研究了带不同电荷量子点的细胞毒性和遗传毒性。MPA（甲氧基丙基乙酸）修饰的带负电量子点与带正电荷的胱胺修饰的量子点相比，MPA-量子点会诱导大量的 DNA 链断裂。此外，量子点产生的 ROI，还会诱导 DNA 的损伤，这主要是核酸碱基和核糖基中的氢原子被取代的结果。值得我们注意的是，量子点的细胞毒性研究必须结合基因毒性分析，以获得细胞损伤的全貌[127]。

干细胞研究在临床应用方面是广受关注的。Hsieh 等研究了脂质体转染的量子点对间充质干细胞（MSC）对软骨形成和成骨谱系的细胞增殖的影响。在这两种情况下，量子点对细胞增殖没有影响，并且在几次细胞传代后，量子点在细胞中仍清晰可见。然而，内化的量子点却对 MSC 的分化产生了影响[128,129]。Muller-Borer 等也通过实验证明量子点的细胞毒性是剂量依赖性的，调节的量子点浓度可以使毒性作用大幅降低，并且量子点仍可以用作荧光标记[130]。

这里我们希望进一步指出，在多数情况下，不同类型的量子点显示类似的毒性效应。例如，针对 CdTe 量子点、金纳米颗粒和碳量子点的研究揭示出传统半导体量子点对各种细胞系和植物生长有最强的毒性作用[131]。该类量子点的摄取导致细胞代谢活动的降低、细胞收缩、染色质的破坏、细胞膜完整性的损伤、线粒体的破碎，最后导致细胞死亡。相比之下，Au 纳米粒子导致代谢活性的降低，但细胞/亚细胞结构没有进一步影响，而碳量子点没有表现出任何明显的毒性影响[132]。应当指出，在上述不同研究中所使用的量子点来自不同的原料，所以不能得出量子点具有细胞毒性的一般结论。

9.5.2　体内研究

在大多数情况下，体外细胞培养研究不能完全代表体内组织系统的相应研究[3-5,118]。Lee 等开发了三维球体相互作用模型的纳米粒子毒理学测试系统。通过比较 CdTe 量子点在细胞培养和该三维模型中的毒性，人们发现后者的毒性较低；这与动物实验数据吻合。虽然这样的模型系统可以用作体外和体内测量之间的中间桥梁，但是利用体外研究结果对体内的相关结果进行预测是极其困难的。

量子点如何与身体相互作用，尤其是它们的分布、代谢和排泄的机制还不清楚。在体内环境中，纳米颗粒不直接暴露于靶细胞，而是在身体内不同运输系统中经过相当长而复杂的历程。其中，高剂量的量子点可经由接触激活触发凝血级联，而引起肺血栓的形成。了解量子点与血细胞的相互作用，有助于改善量子点设计，提高药物输送的准确度[133]。Fischer 等表征了在啮齿动物中两种不同表面修饰的量子点体内动力学、清除和代谢过程。用 BSA 包被的量子点在肝脏中累积达 99%，并且在静脉注射后两天内没有在尿或粪便中检测到它们[134]。Fitzpatrick

等证明量子点在体内的代谢降解是缓慢的[135]。Tang 等检测了量子点表面电荷等对小鼠生物分布的影响[136]。聚乙二醇包覆的带负电荷的量子点主要在肝脏中累积，而带正电荷的量子点在肺中累积。无论其表面化学和电荷如何，所有量子点在急性和长期暴露后都会引起特定组织如肝、肺和肾的损伤。然而通常来说，聚乙二醇包覆降低了量子点的细胞毒性，但是聚乙二醇化的量子点在体内表现出不同的行为，并且可能导致肺组织炎症等[137]。

量子点的尺寸对它们在整个生物体中的分布起着重要的作用。Choi 等研究表明水合半径为 5.5 nm 的量子点及用两性离子或中性涂层包覆的量子点可以通过肾脏快速被清除[138]。小尺寸颗粒的缺点是它们有能力穿过人体内的重要屏障，如血脑屏障。因此，研究量子点对中枢神经系统的影响是非常重要的[139]。Gao 等研究了量子点对于大鼠的突触可塑性和空间记忆的慢性影响，表明长期暴露于量子点中可能诱导海马突触可塑性和空间记忆的损伤[140]。King-Heiden 等研究了量子点对斑马鱼胚胎的毒性，将胚胎暴露于量子点中，并观察到类似于啮齿动物模型中的效应[141]。

与体外研究类似，体内研究结果也是有争议的，主要取决于量子点种类、表面修饰和量子点浓度的差异。Hauck 等研究了在大鼠中注射量子点之后的生物分布、动物存活、动物重量、血液学、临床生物化学和器官组织学。在施用量子点后四周，没有观察到对大鼠显著的毒性作用[142]。Hsieh 等研究了小鼠吸入量子点的毒性作用，吸入的量子点出现在与肺组织中的淋巴细胞相同的位置，超过 17 天没有检测到量子点的降解，且它们引发了炎症(由传统 H&E 染色法证实)[143]。Zhang 等研究了量子点的皮肤渗透性，在以猪皮肤为模型的渗透效应评估中，发现量子点可以穿透表皮的角质层，并且可以定位在接近囊泡的细胞内双层膜中。当皮肤暴露于紫外辐射时，量子点的渗透效应也会进一步增强[144]。

值得注意的是，量子点的毒性作用取决于许多因素，如材料组成、浓度、表面修饰、尺寸、与之相互作用的生物系统、相互作用时间等。目前人们已经研究了量子点和多种生物系统，包括体外细胞培养和几种不同的体内动物模型。在毒性对应用起重要作用的情况下，需要进行仔细、系统的长期研究来证明量子点作为成像剂的优势。这里，不包含任何可能有毒元素的量子点会是更好的选择，如硅、碳等。最近的一些研究已经开始注意到硅、碳量子点的低毒性和生物可降解性。但无论如何，仍然需要仔细的、系统化的长期研究来讨论和证明这些新型量子点材料的潜在威胁和安全性。

参 考 文 献

[1] Bruchez M, Moronne M, Gin P, et al. Semiconductor nanocrystals as fluorescent biological labels. Science, 1998, 281: 2013.

[2] Chan W C W, Nie S M. Quantum dot bioconjugates for ultrasensitive nonisotopic detection. Science, 1998, 281: 2016.

[3] Wegner K D, Hildebrandt N. Quantum dots: Bright and versatile *in vitro* and *in vivo* fluorescence imaging biosensors. Chem. Soc. Rev., 2015, 44: 4792.

[4] Michalet X, Pinaud F F, Bentolila L A, et al. Quantum dots for live cells, *in vivo* imaging, and diagnostics. Science, 2005, 307: 538.

[5] Howes P D, Chandrawati R, Stevens M M. Colloidal nanoparticles as advanced biological sensors. Science, 2014, 346: 1247390.

[6] Hötzer B, Medintz I L, Hildebrandt N. Fluorescence in nanobiotechnology: Sophisticated fluorophores for novel applications. Small, 2012, 8: 2297.

[7] Jin Z, Hildebrandt N. Semiconductor quantum dots for *in vitro* diagnostics and cellular imaging. Trends Biotechnol., 2012, 30: 394.

[8] Medintz I L, Mattoussi H. Quantum dot-based resonance energy transfer and its growing application in biology. Phys. Chem. Chem. Phys., 2009, 11: 17.

[9] Algar W R, Tavares A J, Krull U J. Beyond labels: A review of the application of quantum dots as integrated components of assays, bioprobes, and biosensors utilizing optical transduction. Anal. Chim. Acta, 2010, 673: 1.

[10] Frasco M F, Chaniotakis N. Bioconjugated quantum dots as fluorescent probes for bioanalytical applications. Anal. Bioanal. Chem., 2010, 396: 229.

[11] Chen F, Gerion D. Fluorescent CdSe/ZnS nanocrystal-peptide conjugates for long-term, nontoxic imaging and nuclear targeting in living cells. Office of Scientific and Technical Information Technical Reports, 2004, 4: 1827.

[12] Dahan M, Laurence T, Pinaud F, et al. Time-gated biological imaging by use of colloidal quantum dots. Opt. Lett., 2001, 26: 825.

[13] Pinaud F, King D, Moore H P, et al. Bioactivation and cell targeting of semiconductor CdSe/ZnS nanocrystals with phytochelatin-related peptides. J. Am. Chem. Soc., 2004, 126: 6115.

[14] Sukhanova A, Devy M, Venteo L, et al. Biocompatible fluorescent nanocrystals for immunolabeling of membrane proteins and cells. Anal. Biochem., 2004, 324: 60.

[15] Winter J O, Liu T Y, Korgel B A, et al. Recognition molecule directed interfacing between semiconductor quantum dots and nerve cells. Adv. Mater., 2001, 13: 1673.

[16] Jaiswal J K, Mattoussi H, Mauro J M, et al. Long-term multiple color imaging of live cells using quantum dot bioconjugates. Nat. Biotechnol., 2003, 21: 47.

[17] Jaiswal J K, Goldman E R, Mattoussi H, et al. Use of quantum dots for live cell imaging. Nat. Meth., 2004, 1: 73.

[18] Hanaki K, Momo A, Oku T, et al. Semiconductor quantum dot/albumin complex is a long-life and highly photostable endosome marker. Biochem. Biophys. Res. Commun., 2003, 302: 496.

[19] Wang E C, Wang A Z. Nanoparticles and their applications in cell and molecular biology. Integr. Biol., 2014, 6: 9.

[20] Li J, Zhu J J. Quantum dots for fluorescent biosensing and bio-imaging applications. Analyst, 2013, 138: 2506.

[21] Xu H, Li Q, Wang L, et al. Nanoscale optical probes for cellular imaging. Chem. Soc. Rev., 2014, 43: 2650.

[22] Li Q, Liu L, Liu J W, et al. Nanomaterial-based fluorescent probes for live-cell imaging. Trac-Trends in Analytical Chemistry, 2014, 58: 130.

[23] Li G Y, Guan R L, Ji L N, et al. DNA condensation induced by metal complexes. Coord. Chem. Rev., 2014, 281: 100.

[24] Chalmers N I, Palmer R J, Du-Thumm L, et al. Use of quantum dot luminescent probes to achieve single-cell resolution of human oral bacteria in biofilms. Appl. Environ. Microbiol., 2007, 73: 630.

[25] Dwarakanath S, Bruno J G, Shastry A, et al. Quantum dot-antibody and aptamer conjugates shift fluorescence upon binding bacteria. Biochem. Biophys. Res. Commun., 2004, 325: 739.

[26] Kloepfer J A, Mielke R E, Wong M S, et al. Quantum dots as strain- and metabolism-specific microbiological labels. Appl. Environ. Microbiol., 2003, 69: 4205.

[27] Xue X, Pan J, Xie H, et al. Fluorescence detection of total count of *Escherichia coli* and *Staphylococcus aureus* on water-soluble CdSe quantum dots coupled with bacteria. Talanta, 2009, 77: 1808.
[28] Wu S M, Zha X, Zhang Z L, et al. Quantum-dot-labeled DNA probes for fluorescence *in situ* hybridization (FISH) in the microorganism *Escherichia coli*. ChemPhysChem, 2006, 7: 1062.
[29] Xia J, Yu Y, Liao Q, et al. Synthesis and application of intercellular Ca^{2+}-sensitive fluorescent probe based on quantum dots. J. Inorg. Biochem., 2013, 118: 39.
[30] Biju V, Itoh T, Ishikawa M. Delivering quantum dots to cells: bioconjugated quantum dots for targeted and nonspecific extracellular and intracellular imaging. Chem. Soc. Rev., 2010, 39: 3031.
[31] Grecco H E, Lidke K A, Heintzmann R, et al. Ensemble and single particle photophysical proper-ties (two-photon excitation, anisotropy, FRET, lifetime, spectral conversion) of commercial quantum dots in solution and in live cells. Microsc. Res. Tech., 2004, 65: 169.
[32] Wu X Y, Liu H J, Liu J Q, et al. Immunofluorescent labeling of cancer marker HER2 and other cellular targets with semiconductor quantum dots. Nat. Biotechnol., 2003, 21: 41.
[33] Pietraβ T, Bifone A, Roth R D, et al. ^{29}Si high resolution solid state nuclear magnetic resonance spectroscopy of porous silicon. J. Non-Cryst. Solids, 1996, 202: 68.
[34] Larson D R, Zipfel W R, Williams R M, et al. Water-soluble quantum dots for multiphoton fluorescence imaging *in vivo*. Science, 2003, 300: 1434.
[35] Reschgenger U, Grabolle M, Cavalierejaricot S, et al. Quantum dots versus organic dyes as fluorescent labels. Nat. Meth., 2008, 5: 763.
[36] Algar W R, Susumu K, Delehanty J B, et al. Semiconductor quantum dots in bioanalysis: Crossing the valley of death. Anal. Chem., 2011, 83: 8826.
[37] Biju V, Itoh T, Anas A, et al. Semiconductor quantum dots and metal nanoparticles: Syntheses, optical properties, and biological applications. Anal. Bioanal. Chem., 2008, 391: 2469.
[38] Sapsford K E, Berti L, Medintz I L. Materials for fluorescence resonance energy transfer analysis: Beyond traditional donor-acceptor combinations. Angew. Chem., 2006, 45: 4562.
[39] Claussen J C, Malanoski A, Breger J C, et al. Probing the enzymatic activity of alkaline phosphatase within quantum dot bioconjugates. J. Phys. Chem. C, 2015, 119: 2208.
[40] Johnson B J, Algar W R, Malanoski A P, et al. Understanding enzymatic acceleration at nanoparticle interfaces: Approaches and challenges. Nano Today, 2014, 9: 102.
[41] Jennings T L, Becker-Catania S G, Triulzi R C, et al. Reactive semiconductor nanocrystals for chemoselective biolabeling and multiplexed analysis. ACS Nano, 2011, 5: 5579.
[42] Farlow J, Seo D, Broaders K E, et al. Formation of targeted monovalent quantum dots by steric exclusion. Nat. Meth., 2013, 10: 1203.
[43] Zrazhevskiy P, Sena M, Gao X. Designing multifunctional quantum dots for bioimaging, detection, and drug delivery. Chem. Soc. Rev., 2010, 39: 4326.
[44] Mattoussi H, Palui G, Na H B. Luminescent quantum dots as platforms for probing *in vitro* and *in vivo* biological processes. Adv. Drug Delivery Rev., 2012, 64: 138.
[45] Petryayeva E, Algar W R, Medintz I L. Quantum dots in bioanalysis: A review of applications across various platforms for fluorescence spectroscopy and imaging. Appl. Spectrosc., 2013, 67: 215.
[46] Barroso M M. Quantum dots in cell biology. J. Histochem. Cytochem., 2011, 59: 237.
[47] Lidke K A, Rieger B, Jovin T M, et al. Superresolution by localization of quantum dots using blinking statistics. Opt. Express, 2005, 13: 7052.
[48] Dertinger T, Colyer R, Iyer G, et al. Fast, background-free, 3D super-resolution optical fluctuation imaging (SOFI). Proc. Natl. Acad. Sci. U. S. A., 2009, 106: 22287.
[49] Chien F C, Kuo C W, Chen P. Localization imaging using blinking quantum dots. Analyst, 2011, 136: 1608.
[50] Hoyer P, Staudt T, Engelhardt J, et al. Quantum dot blueing and blinking enables fluorescence nanoscopy. Nano

Lett., 2011, 11: 245.
[51] Shi X, Xie Z, Song Y, et al. Superlocalization spectral imaging microscopy of a multicolor quantum dot complex. Anal. Chem., 2012, 84: 1504.
[52] Deng Y, Sun M, Lin P H, et al. Spatial covariance reconstructive (SCORE) super-resolution fluorescence microscopy. PLoS ONE, 2014, 9.
[53] Schwartz O, Levitt J M, Tenne R, et al. Superresolution microscopy with quantum emitters. Nano Lett., 2013, 13: 5832.
[54] Murcia M J, Minner D E, Mustata G M, et al. Design of quantum dot-conjugated lipids for long-term, high-speed tracking experiments on cell surfaces. J. Am. Chem. Soc., 2008, 130: 15054.
[55] Pierobon P, Cappello G. Quantum dots to tail single bio-molecules inside living cells. Adv. Drug Delivery Rev., 2012, 64: 167.
[56] Wells N P, Lessard G A, Werner J H. Confocal, three-dimensional tracking of individual quantum dots in high-background environments. Anal. Chem., 2008, 80: 9830.
[57] Pons T, Mattoussi H. Investigating biological processes at the single molecule level using luminescent quantum dots. Ann. Biomed. Eng., 2009, 37: 1934.
[58] Walter N G, Huang C Y, Manzo A J, et al. Do-it-yourself guide: How to use the modern single-molecule toolkit. Nat. Meth., 2008, 5: 475.
[59] Howarth M, Chinnapen D J F, Gerrow K, et al. A monovalent streptavidin with a single femtomolar biotin binding site. Nat. Meth., 2006, 3: 267.
[60] Ruthardt N, Lamb D C, Braeuchle C. Single-particle tracking as a quantitative microscopy-based approach to unravel cell entry mechanisms of viruses and pharmaceutical nanoparticles. Mol. Ther., 2011, 19: 1199.
[61] Clausen M P, Lagerholm B C. Visualization of plasma membrane compartmentalization by high-speed quantum dot tracking. Nano Lett., 2013, 13: 2332.
[62] Serge A, Bertaux N, Rigneault H, et al. Dynamic multiple-target tracing to probe spatiotemporal cartography of cell membranes. Nat. Meth., 2008, 5: 687.
[63] Jaqaman K, Loerke D, Mettlen M, et al. Robust single-particle tracking in live-cell time-lapse sequences. Nat. Meth., 2008, 5: 695.
[64] Holtzer L, Meckel T, Schmidt T. Nanometric three-dimensional tracking of individual quantum dots in cells. Appl. Phys. Lett., 2007, 90.
[65] Ram S, Prabhat P, Chao J, et al. High accuracy 3D quantum dot tracking with multifocal plane microscopy for the study of fast intracellular dynamics in live cells. Biophys. J., 2008, 95: 6025.
[66] Chung I, Akita R, Vandlen R, et al. Spatial control of EGF receptor activation by reversible dimerization on living cells. Nature, 2010, 464: 783.
[67] Chen L Q, Xiao S J, Hu P P, et al. Aptamer-mediated nanoparticle-based protein labeling platform for intracellular imaging and tracking endocytosis dynamics. Anal. Chem., 2012, 84: 3099.
[68] Bruchez M P. Quantum dots find their stride in single molecule tracking. Curr. Opin. Chem. Biol., 2011, 15: 775.
[69] Warshaw D M, Kennedy G G, Work S S, et al. Differential Labeling of myosin V heads with quantum dots allows direct visualization of hand-over-hand processivity. Biophys. J., 2005, 88: L30.
[70] Courty S, Luccardini C, Bellaiche Y, et al. Tracking individual kinesin motors in living cells using single quantum-dot imaging. Nano Lett., 2006, 6: 1491.
[71] Ness J M, Akhtar R S, Latham C B, et al. Combined tyramide signal amplification and quantum dots for sensitive and photostable immunofluorescence detection. J. Histochem. Cytochem., 2003, 51: 981.
[72] Chen H, Xue J, Zhang Y, et al. Comparison of quantum dots immunofluorescence histochemistry and conventional immunohistochemistry for the detection of caveolin-1 and PCNA in the lung cancer tissue microarray. J. Mol. Hist., 2009, 40: 261.
[73] Ruan Y, Yu W, Cheng F, et al. Detection of prostate stem cell antigen expression in human prostate cancer using

quantum-dot-based technology. Sensors, 2012, 12: 5461.
[74] Xiao Y, Gao X, Gannot G, et al. Quantitation of HER2 and telomerase biomarkers in solid tumors with IgY antibodies and nanocrystal detection. Int. J. Cancer, 2008, 122: 2178.
[75] Yezhelyev M V, Al-Hajj A, Morris C, et al. In situ molecular profiling of breast cancer biomarkers with multicolor quantum dots. Adv. Mater., 2007, 19: 3146.
[76] Xu H, Chen C, Peng J, et al. Evaluation of the bioconjugation efficiency of different quantum dots as probes for immunostaining tumor-marker proteins. Appl. Spectrosc., 2010, 64: 847.
[77] Liu J, Lau S K, Varma V A, et al. Molecular mapping of tumor heterogeneity on clinical tissue specimens with multiplexed quantum dots. ACS Nano, 2010, 4: 2755.
[78] Liu J, Lau S K, Varma V A, et al. Multiplexed detection and characterization of rare tumor cells in hodgkin's lymphoma with multicolor quantum dots. Anal. Chem., 2010, 82: 6237.
[79] Chan P M, Yuen T, Ruf F, et al. Method for multiplex cellular detection of mRNAs using quantum dot fluorescent *in situ* hybridization. Nucleic Acids Res., 2005, 33.
[80] Yang X Q, Chen C, Peng C W, et al. Quantum dot-based quantitative immunofluorescence detection and spectrum analysis of epidermal growth factor receptor in breast cancer tissue arrays. Int. J. Nanomedicine, 2011, 6: 2265.
[81] Andrade C G, Filho P E, Tenorio D P L, et al. Evaluation of glycophenotype in breast cancer by quantum dot-lectin histochemistry. Int. J. Nanomedicine, 2013, 8: 4623.
[82] Fang M, Yuan J P, Peng C W, et al. Quantum dots-based in situ molecular imaging of dynamic changes of collagen Ⅳ during cancer invasion. Biomaterials, 2013, 34: 8708.
[83] Xing Y, Chaudry Q, Shen C, et al. Bioconjugated quantum dots for multiplexed and quantitative immunohistochemistry. Nat. Protoc., 2007, 2: 1152.
[84] Chen C, Sun S R, Gong Y P, et al. Quantum dots-based molecular classification of breast cancer by quantitative spectroanalysis of hormone receptors and HER2. Biomaterials, 2011, 32: 7592.
[85] Yu J, Monaco S E, Onisko A, et al. A validation study of quantum dot multispectral imaging to evaluate hormone receptor status in ductal carcinoma *in situ* of the breast. Hum. Pathol., 2013, 44: 394.
[86] Hong G, Robinson J T, Zhang Y, et al. *In vivo* fluorescence imaging with Ag_2S quantum dots in the second near-infrared region. Angew. Chem., 2012, 124: 9956.
[87] Akerman M E, Chan W C W, Laakkonen P, et al. Nanocrystal targeting *in vivo*. Proc. Natl. Acad. Sci. U. S. A., 2002, 99: 12617.
[88] Dubertret B, Skourides P, Norris D J, et al. *In vivo* imaging of quantum dots encapsulated in phospholipid micelles. Science, 2002, 298: 1759.
[89] Rieger S, Kulkarni R P, Darcy D, et al. Quantum dots are powerful multipurpose vital labeling agents in zebrafish embryos. Dev. Dyn., 2005, 234: 670.
[90] Jiang W, Singhal A, Kim B Y S, et al. Assessing near-infrared quantum dots for deep tissue, organ, and animal imaging applications. JALA-J. Lab. Autom. 2008, 13: 6.
[91] Rosen A B, Kelly D J, Schuldt A J T, et al. Finding fluorescent needles in the cardiac haystack: Tracking human mesenchymal stem cells labeled with quantum dots for quantitative *in vivo* three-dimensional fluorescence analysis. Stem Cells, 2007, 25: 2128.
[92] Kikushima K, Kita S, Higuchi H. A non-invasive imaging for the *in vivo* tracking of high-speed vesicle transport in mouse neutrophils. Sci. Rep., 2013, 3: 1913.
[93] Zhao Y, Lo S L, Zheng Y, et al. Quantum dot coating of baculoviral vectors enables visualization of transduced cells and tissues. Biochem. Biophys. Res. Commun., 2013, 434: 110.
[94] Thong P S P, Olivo M, Chin W W L, et al. Clinical application of fluorescence endoscopic imaging using hypericin for the diagnosis of human oral cavity lesions. Br. J. Cancer, 2009, 101: 1580.
[95] Hama Y, Koyama Y, Urano Y, et al. Simultaneous two-color spectral fluorescence lymphangiography with near infrared quantum dots to map two lymphatic flows from the breast and the upper extremity. Breast Cancer Res.

Treat., 2007, 103: 23.
[96] Kobayashi H, Hama Y, Koyama Y, et al. Simultaneous multicolor imaging of five different lymphatic basins using quantum dots. Nano Lett., 2007, 7: 1711.
[97] Pic E, Pons T, Bezdetnaya L, et al. Fluorescence imaging and whole-body biodistribution of near-infrared-emitting quantum dots after subcutaneous injection for regional lymph node mapping in mice. Mol. Imaging Biol., 2010, 12: 394.
[98] Kosaka N, Mitsunaga M, Choyke P L, et al. *In vivo* real-time lymphatic draining using quantum-dot optical imaging in mice. Contrast Media Mol. Imaging, 2013, 8: 96.
[99] Mathieu E, Gupta N, Macdonald R L, et al. *In vivo* imaging of lymphatic drainage of cerebrospinal fluid in mouse. Fluids and Barriers of the CNS, 2013, 10: 35.
[100] Doane T L, Burda C. The unique role of nanoparticles in nanomedicine: Imaging, drug delivery and therapy. Chem. Soc. Rev., 2012, 43: 2885.
[101] Gao X H, Cui Y Y, Levenson R M, et al. *In vivo* cancer targeting and imaging with semiconductor quantum dots. Nat. Biotechnol., 2004, 22: 969.
[102] Voura E B, Jaiswal J K, Mattoussi H, et al. Tracking metastatic tumor cell extravasation with quantum dot nanocrystals and fluorescence emission-scanning microscopy. Nat. Med., 2004, 10: 993.
[103] Tada H, Higuchi H, Wanatabe T M, et al. *In vivo* real-time tracking of single quantum dots conjugated with monoclonal anti-HER2 antibody in tumors of mice. Cancer Res., 2007, 67: 1138.
[104] Diagaradjane P, Orenstein-Cardona J M, Colã³N-Casasnovas N E, et al. Imaging epidermal growth factor receptor expression *in vivo*: pharmacokinetic and biodistribution characterization of a bioconjugated quantum dot nanoprobe. Clin. Cancer Res., 2008, 14(3): 731.
[105] Gonda K, Watanabe T M, Ohuchi N, et al. *In vivo* nano-imaging of membrane dynamics in metastatic tumor cells using quantum dots. J. Biol. Chem., 2010, 285: 2750.
[106] Li Y, Li Z, Wang X, et al. *In vivo* cancer targeting and imaging-guided surgery with near infrared-emitting quantum dot bioconjugates. Theranostics, 2012, 2: 769.
[107] Walling M A, Novak J A, Shepard J R E. Quantum dots for live cell and *in vivo* imaging. Int. J. Mol. Sci., 2009, 10: 441.
[108] Yan L, Zhe L, Wang X, et al. *In vivo* cancer targeting and imaging-guided surgery with near infrared-emitting quantum dot bioconjugates. Theranostics, 2012, 2: 769.
[109] Cai W, Chen K, Li Z B, et al. Dual-function probe for PET and near-infrared fluorescence imaging of tumor vasculature. J. Nucl. Med., 2007, 48: 1862.
[110] Gerion D, Herberg J, Bok R, et al. Paramagnetic silica-coated nanocrystals as an advanced MRI contrast agent. J. Phys. Chem. C, 2007, 111: 12542.
[111] Ding J, Wang Y, Ma M, et al. CT/fluorescence dual-modal nanoemulsion platform for investigating atherosclerotic plaques. Biomaterials, 2013, 34: 209.
[112] Reiss P, Carrière M, Lincheneau C, et al. Synthesis of semiconductor nanocrystals, focusing on nontoxic and earth-abundant materials. Chem. Rev., 2016, 116: 10731.
[113] Bottrill M, Green M. Some aspects of quantum dot toxicity. Chem. Commun., 2011, 47: 7039.
[114] Barrett J R. Endocrine disruptors: Bisphenol A and the brain. Environ. Health Perspect., 2006, 114: 217.
[115] Pelley J L, Daar A S, Saner M A. State of academic knowledge on toxicity and biological fate of quantum dots. Toxicol. Sci., 2009, 112: 276.
[116] Rzigalinski B A, Strobl J S. Cadmium-containing nanoparticles: Perspectives on pharmacology and toxicology of quantum dots. Toxicol. Appl. Pharmacol., 2009, 238: 280.
[117] Lewinski N, Colvin V, Drezek R. Cytotoxicity of nanoparticles. Small, 2008, 4: 26.
[118] Li J, Chang X, Chen X, et al. Toxicity of inorganic nanomaterials in biomedical imaging. Biotechnol. Adv., 2014, 32: 727.

[119] Nel A, Xia T, Madler L, et al. Toxic potential of materials at the nanolevel. Science, 2006, 311: 622.
[120] Derfus A M, Chan W C W, Bhatia S N. Probing the cytotoxicity of semiconductor quantum dots. Nano Lett., 2004, 4: 11.
[121] Biju V, Muraleedharan D, Nakayama K I, et al. Quantum dot-insect neuropeptide conjugates for fluorescence imaging, transfection, and nucleus targeting of living cells. Langmuir, 2007, 23: 10254.
[122] Domingos R F, Simon D F, Hauser C, et al. Bioaccumulation and effects of CdTe/CdS quantum dots on chlamydomonas reinhardtii - nanoparticles or the free ions? Environ. Sci. Technol., 2011, 45: 7664.
[123] Chen L, Miao Y, Chen L, et al. The role of elevated autophagy on the synaptic plasticity impairment caused by CdSe/ZnS quantum dots. Biomaterials, 2013, 34: 10172.
[124] Luo Y H, Wu S B, Wei Y H, et al. Cadmium-based quantum dot induced autophagy formation for cell survival via oxidative stress. Chem. Res. Toxicol., 2013, 26: 662.
[125] Corazzari I, Gilardino A, Dalmazzo S, et al. Localization of CdSe/ZnS quantum dots in the lysosomal acidic compartment of cultured neurons and its impact on viability: Potential role of ion release. Toxicol. In Vitro, 2013, 27: 752.
[126] Zhao Y, Lin K, Zhang W, et al. Quantum dots enhance Cu^{2+}-induced hepatic L02 cells toxicity. J. Environ. Sci., 2010, 22: 1987.
[127] Nagy A, Hollingsworth J A, Hu B, et al. Functionalization-dependent induction of cellular survival pathways by CdSe quantum dots in primary normal human bronchial epithelial cells. ACS Nano, 2013, 7: 8397.
[128] Hsieh S C, Wang F F, Hung S C, et al. The internalized CdSe/ZnS quantum dots impair the chondrogenesis of bone marrow mesenchymal stem cells. J. Biomed. Mater. Res. B, 2006, 79B: 95.
[129] Hsieh S C, Wang F F, Lin C S, et al. The inhibition of osteogenesis with human bone marrow mesenchymal stem cells by CdSe/ZnS quantum dot labels. Biomaterials, 2006, 27: 1656.
[130] Muller-Borer B J, Collins M C, Gunst P R, et al. Quantum dot labeling of mesenchymal stem cells. J. Nanobiotechnol., 2007, 5: 9.
[131] Bradburne C E, Delehanty J B, Gemmill K B, et al. Cytotoxicity of quantum dots used for *in vitro* cellular labeling: Role of QD surface ligand, delivery modality, cell type, and direct comparison to organic fluorophores. Bioconjug. Chem., 2013, 24: 1570.
[132] Song Y, Feng D, Shi W, et al. Parallel comparative studies on the toxic effects of unmodified CdTe quantum dots, gold nanoparticles, and carbon nanodots on live cells as well as green gram sprouts. Talanta, 2013, 116: 237.
[133] Lee J, Lilly G D, Doty R C, et al. *In vitro* toxicity testing of nanoparticles in 3D cell culture. Small, 2009, 5: 1213.
[134] Fischer H C, Liu L, Pang K S, et al. Pharmacokinetics of nanoscale quantum dots: *In vivo* distribution, sequestration, and clearance in the rat. Adv. Funct. Mater., 2006, 16: 1299.
[135] Fitzpatrick J A J, Andreko S K, Ernst L A, et al. Long-term persistence and spectral blue shifting of quantum dots *in vivo*. Nano Lett., 2009, 9: 2736.
[136] Tang Y, Han S, Liu H, et al. The role of surface chemistry in determining *in vivo* biodistribution and toxicity of CdSe/ZnS core-shell quantum dots. Biomaterials, 2013, 34: 8741.
[137] Ho C C, Chang H, Tsai H T, et al. Quantum dot 705, a cadmium-based nanoparticle, induces persistent inflammation and granuloma formation in the mouse lung. Nanotoxicology, 2013, 7: 105.
[138] Choi H S, Liu W, Misra P, et al. Renal clearance of quantum dots. Nat. Biotechnol., 2007, 25: 1165.
[139] Choi H S, Liu W, Liu F, et al. Design considerations for tumour-targeted nanoparticles. Nat. Nanotechnol., 2010, 5: 42.
[140] Gao X, Tang M, Li Z, et al. Streptavidin-conjugated CdSe/ZnS quantum dots impaired synaptic plasticity and spatial memory process. J. Nanopart. Res., 2013, 15.
[141] King-Heiden T C, Wiecinski P N, Mangham A N, et al. Quantum dot nanotoxicity assessment using the zebrafish embryo. Environ. Sci. Technol., 2009, 43: 1605.
[142] Hauck T S, Anderson R E, Fischer H C, et al. *In vivo* quantum-dot toxicity assessment. Small, 2010, 6: 138.

[143] Hsieh Y K, Hsieh H A, Hsieh H F, et al. Using laser ablation inductively coupled plasma mass spectrometry to characterize the biointeractions of inhaled CdSe quantum dots in the mouse lungs. J. Anal. At. Spectrom., 2013, 28: 1396.
[144] Zhang L W, Yu W W, Colvin V L, et al. Biological interactions of quantum dot nanoparticles in skin and in human epidermal keratinocytes. Toxicol. Appl. Pharmacol., 2008, 228: 200.

第10章 量子点的传感检测应用

传感检测是量子点非常重要的应用方向之一。量子点检测探针主要包括荧光探针和电化学探针两种。在荧光探针方面，量子点的能带结构、多类型电子转移机制，以及丰富的光学性质使其得到了分析领域研究人员的广泛青睐[1-12]。此外，量子点还具有荧光发射峰窄且对称、干扰小、便于检测等特点。与常用的酶联免疫吸附测定方法相比，基于量子点的荧光传感器具有更低的检测限。电化学模式下工作的量子点传感器还相对比较少见，大部分基于量子点的电化学传感器仅依赖于小尺寸粒子导致的电化学信号增强，而不是利用量子点本身的电化学响应。此外，还有基于量子点电化学发光信号的传感器。下面简要介绍基于量子点的荧光和电化学的传感与检测研究进展。

10.1 量子点荧光传感器

量子点具有非常优异的荧光性质，荧光量子点探针的研究也因此相对比较成熟[1-3,5,6]。直接通过量子点的荧光猝灭或者恢复现象实现检测也是最早的一种探针类型。另外的比较常见的是荧光共振能量转移型探针。在这种类型的探针中大多是基于荧光“猝灭-恢复”的原理。比率荧光探针由两种发光物质组成，其中一种发光物质为荧光响应分析物，另外一种发光物质作为参考标准，通过观察两个波长下发射光强的变化来检测分析物。因此这种探针比单一荧光信号更直观。目前，量子点比率荧光探针主要有两种类型，一种是染料与量子点的结合，另一种是两种量子点相结合。

10.1.1 量子点表面偶联

有效地将生物分子偶联在量子点表面并保持其生物学活性，是量子点传感检测及生物学应用中至关重要的一步。生物分子与量子点偶联的最大挑战在于偶联后的水溶性、量子产率、偶联产物稳定性，以及生物分子亲和力的降低。人们通过对量子点进行改性、修饰等方法，使这些问题得到了一定程度上的改善。到目前为止，已经有一些类型的偶联技术在量子点抗体偶联中得到应用。下面将从非共价偶联方法和共价偶联方法两个方面进行简单介绍[8]。

对于非共价偶联方法，一个典型的体系是生物素-亲和素系统。以生物素与亲和素具有的独特结合特性为基础，二者联用即可偶联抗原抗体等大分子生物活性物质。亲和素与生物素之间的亲和力极强，它们的结合迅速、专一、稳定，并具有多级放大效应。生物素标记抗体和酶的标记率高，又不影响蛋白的活性[13]。基于生物素-亲和素的非共价结合反应也被应用于量子点抗体偶联中。该系统中进行的偶联没有位点特异性，是亲和素化的量子点与整个抗体分子之间进行的非共价结合。另外一个典型的非共价结合的例子是双功能衔接器/蛋白 A 系统，该系统的特点是抗体和量子点通过双功能衔接器或者蛋白 A 为媒介偶联[14,15]。基于静电吸引作用，Mattoussi 等首次将衔接器蛋白应用于 IgG 抗体偶联[14,16,17]。衔接器蛋白同时具有亮氨酸拉链结构域和 G 蛋白结构域，其中亮氨酸拉链结构域带有正电荷，可以与量子点(CdSe/ZnS)静电结合，G 蛋白结构域则可结合抗体的 Fc 区域。应用该种“双功能”衔接器进行偶联时，抗体的 Fc 末端和量子点表面结合，其抗原结合靶点的 $F(ab')_2$ 结构域则朝外。组氨酸标记的肽和抗体可以使用镍-氨三乙酸结构作为双功能衔接器用于量子点偶联。在该反应中，氨三乙酸基团通过共价作用和量子点表面结合，镍离子与组氨酸标记的抗体则通过螯合作用结合。与生物素-亲和素结合相比较，这种组氨酸标记的方法有如下优点：可以控制配体结合的方向(组氨酸标记可以很方便地结合于蛋白或肽的特定位点)、探针尺寸紧凑、生产成本较低。蛋白 A 是在葡萄球菌细胞壁上发现的一种表面蛋白，该蛋白可以通过与 Fc 片段的相互作用结合于免疫球蛋白表面[15,18-20]。蛋白 A 可作为衔接蛋白用于抗体和量子点的偶联。蛋白 A 与谷胱甘肽包覆的量子点表面的羧基进行反应，抗体再与蛋白 A 结合。各种不同类型的抗体通过该种非共价偶联的方式能够很容易地结合在量子点表面。到目前为止，已经有较多的使用包含有蛋白 A、蛋白 G 等 IgG 结合结构域的衔接蛋白用于抗体和量子点之间的偶联[17,21,22]。

最常用的共价结合方法是使用零长度交联剂 1-[3-二甲氨基丙基]-3-乙基碳二亚胺盐酸盐(EDC)将抗体和量子点直接偶联在一起[23-26]。在该反应中，首先用 *N*-羟基琥珀酰亚胺(NHS)将量子点表面的羧基活化，在 EDC 的作用下，活化的羧基和抗体表面的原始氨基形成酰胺键。氨基和羧基共价结合反应最大的优点在于大部分蛋白都包含有原始的氨基和羧基，因此在进行量子点偶联之前不需要进行化学修饰；但是在该偶联反应中存在一种可能，即抗原的抗体结合位点被结合在抗体 Fab 片段附近的氨基酸非特异性封闭。因此，EDC 介导的抗体与量子点的偶联反应可能会导致较低的量子产率和偶联产物的聚集。琥珀酰亚胺基 4-[*N*-马来酰亚胺甲基]环己烷-1-羧化物(SMCC)偶联反应也被用于抗体和量子点的偶联[27]。在 SMCC 的偶联反应中，二硫苏糖醇活化抗体产生巯基(Fc 片段)，巯基和量子点-SMCC 表面的顺丁烯二酰亚胺基结合。在该方法中，二硫键结合在两个重链组成的铰链区，能够选择性地黏附以构建两个抗体片段，每个片段都包含自由的巯基和一个抗原结合位点。在氨基和巯基的共价反应中，通过将氨基或巯基功能化的 PEG 偶联于量子点表面可以改善其稳定性和水溶性[28-32]。氨基酸结尾的 PEG-500 通过 EDC 和量子点(CdSe/ZnS)偶联，接着两个长链的双功能交联剂 sulfo-LC-SPDP 和 sulfo-SMCC 分别活化抗体和量子点，进行氨基和巯基的共价反应来偶联抗体和量子点。相对来说，可利用的自由巯基基团在天然生物大分子中很少存在，而且由于氧化作用通常不是很稳定。因此在氨基和巯基的共价反应中，巯基多是由二巯基乙醇或二硫苏糖醇还原抗体片段生成的。醛基和酰肼共价结合量子点与抗体共价结合所进行的交联反应通常基于氨基和羧基(马来酰亚胺催化)、氨基和巯基或者醛基和酰肼功能基团。通过氧化作用将抗体 Fc 片段的碳水基团活化为醛基，醛基可以与量子点共价结合。很多免疫球蛋白分子是糖蛋白，可以通过高碘酸盐氧化构建醛基[33]。多克隆 IgG 分子 Fc 片段有糖基，该基团可以完全从抗原结合位点移出，以保证通过糖链进行偶联反应。这时高碘酸盐氧化的抗体可以与酰肼基团反应。羧基化的量子点可以通过 ADH 修饰以在表面产生酰肼，酰肼进而和氧化的抗体通过醛基-酰肼的共价化学反应偶联。由于抗体表面碳水化合物位点是已知的，该方法可以控制量子点-抗体结合的比例。表 10.1 对不同的量子点-抗体偶联方法的特点进行了比较。

表 10.1 对不同的量子点-抗体偶联方法的特点进行了比较

偶联方式	偶联配体	位点特异性	配体方向性	抗体：量子点
生物素-亲和素(非共价)	整个抗体	否	固定或随机	<3
组氨酸标记(非共价)	Sc Fv 或肽	是	固定	3～25
蛋白 A(非共价)	抗体片段	是	固定	约 10
巯基(共价)	抗体片段	是	固定	约 4
氨基(共价)	整个抗体	否	随机	约 15
Fc-糖基(共价)	整个抗体	是	固定	约 15

10.1.2 荧光探针检测机理

1. 电荷转移机理

量子点与分析物的电荷转移是量子点荧光探针的基础[3,5,6]。从量子点的发光原理来看，只有电子与空穴复合后，才会发射荧光。电荷与空穴都存在于它们相关的最低能量激发态，即导带底和价带顶能级。光诱导的电荷转移过程与这两种能态有关，当分析物能级处于这两者中间时，电荷转移过程就成为可能，量子点荧光发生猝灭。量子点可以与互补的受体或者供体在光的激发下交换电子[34]，这些过程有效地猝灭了纳米颗粒的荧光。因此，可以通过设计光诱导电子转移过程来激发或者抑制光诱导电子转移过程来分别使荧光猝灭或者恢复来检测分析物。在这些条件下，目标分析物与量子点表面配体的结合被转换为荧光强度的变化。不过，由于电荷转移过程可以发生在价带及量子点表面态上，表面态给理解量子点电荷转移机理上增加了难度。一般来讲，配体的电荷、表面态的密度、量子点的尺寸都会影响猝灭的效率。尽管电荷转移机理非常复杂，这一机理在量子点荧光探针的应用中使用十分广泛。

2. 能量转移机理

常见的能量转移机理包括荧光共振能量转移、化学发光能量转移、生物荧光光能量转移[3,5,6]。荧光共振能量转移是一种基于给体与受体之间的非辐射能量转移的方式。半导体量子点在光的激发下，可以产生激子，激子的能量能够转移到一个或者多个受体上。纳米颗粒与受体的距离需要足够近，并且给体的发射峰与受体的吸收峰必须部分重叠。量子点的发光峰窄且对称，因此能量转移过程可以通过观测光谱变化很容易地分辨出来。化学共振荧光能量转移（或者生物共振能量转移）是通过化学或者生物化学反应产生一个激发状态的给体。这两个过程也需要给体与受体距离十分近。与荧光共振能量转移的区别是，化学发光能量转移与生物荧光光能量转移这两者都必须以生物或化学反应为基础。这两种能量转移过程与荧光共振能量转移相比，量子点成为了能量受体，不需要外在的激发光，可以避免样品的自荧光、光源的强散射及受体假发射光等。但是这两个过程也有自身的限制。例如，在测试过程中经常使用氧化剂，会猝灭量子点的荧光，因此会对检测过程产生一定的干扰。

10.1.3　荧光传感器研究进展

如前所述，目标分析物与量子点表面配体的结合通常会导致荧光强度的变化。基于这一点，人们建立了多种量子点荧光探针。量子点荧光探针除了用来检测离子，还可以用来检测一些小分子和生物活性分子[1-3,5,6]。需要指出的是，近二十几年来，量子点荧光探针除了应用在检测领域外，也在成像、靶向示踪等研究领域取得了一系列瞩目的成果。这些成果预示了量子点将会在生物化学、细胞生物学、分子生物学、蛋白质组学、临床医学和药物筛选释放等研究领域发挥重要作用。量子点荧光探针检测与传感方面的工作比较庞杂，但就其原理也无外乎我们在上面的介绍。考虑到与第 9 章量子点生物成像工作的呼应，下面仅从生物与环境检测的角度简要介绍该领域的研究进展。

1. 病菌和毒素检测

量子点可用于检测病原体和毒素[10]。目前，几种病原体已经作为靶向检测目标，包括担孢子、隐孢子虫、蓝氏贾第鞭毛虫[35,36]、埃希氏菌属大肠杆菌和伤寒沙门氏杆菌[37]等。利用量子点通过免疫荧光方法来同时多色标记小隐孢子虫和贾第虫可产生高的信噪比，比常用的商业化染色方法具有更好的光稳定性和光强度[36]。然而，也有研究发现，基于量子点分析技术的灵敏度不如酶联免疫吸附测定技术[38]。量子点连接麦胚凝集素和铁传递蛋白已用于标记细菌和真菌[39]。铁传递蛋白结合量子点可以测试致病毒素，因为人类的铁传递蛋白和毒素密切相关[40]。在这个研究中，只是葡萄球菌的致病家族会被铁传递蛋白-量子点结合体标记，因此可以用于快速检测侵害性的葡萄球菌。量子点也已被用于病毒检查[41,42]，利用免疫荧光技术来检测呼吸道合胞病毒 F 蛋白，能够定量地分析出家族之间 F 蛋白表达的区别[42]。利用原位杂交和量子点技术检测乙型和丙型肝炎病毒也已经取得成功，利用与乙肝和丙肝病毒互补的 DNA 微阵列与量子点结合，检测信噪比高达 150，并且不需要长的孵育时间[41]。此外，量子点还可以用于毒素的检测[17,43,44]，如量子点免疫荧光探针可用于标记葡萄球菌的肠毒素 B、霍乱毒素、志贺样毒素和蓖麻毒素等。其中对于葡萄球菌肠毒素 B 的检测限可以低达 3×10^{-9} g/mL。利用毒素的混合物多色检测表明，多种毒素均可以被检测到，但仍存在交叉反应和非特异性结合的问题，还有待进一步改进[45]。

2. 环境污染物检测

量子点为环境监测提供了一种新技术，并丰富了检测手段[5,46]。目前建立的基于量子点的不同荧光探针，已应用于环境中离子[47-66]、气体、酚类[67, 68]、表面活性剂[69]、农药残留[70]等的检测。早期报道的量子点荧光探针检测环境污染物绝大多数基于单一量子点的荧光猝灭或增强，容易受检测底物浓度、外部环境和仪器条件变化等干扰，选择性与灵敏度差。此外，采用纯液相分析，无法实现量子点的再生重复利用和器件化，量子点中 Cd^{2+}等重金属离子的流失会污染环境。近年来，研究人员开始将目光投向量子点与其他技术的结合，发展了量子点分子印迹、量子点自组装膜和双色量子点比率荧光传感等新技术，并取得了一系列研究成果。这里我们简要介绍一些该领域的研究进展。

1) 分子印迹技术

量子点作为荧光探针的最大缺点是选择性较差，若将其应用于实际复杂样品的检测，其选择性则成为量子点传感器亟待解决的关键问题。而分子印迹聚合物最大的特点就是其高选择性。因此，将量子点的优异光学性质与分子印迹技术的高选择性相结合，制备复合材料，在复杂样品的分离检测中具有明显优势。这种新型材料兼具量子点出色的灵敏度和分子印迹高度的形态选择性等优点，既能增加量子点的选择识别性能，又能拓展量子点的应用范围，适用于复杂体系和恶劣分析环境。基于量子点分子印迹技术，发展了一系列高灵敏度高选择性的检测体系，可以实现对五氯酚[71]、硝基酚[71]、高三氟氯氰菊酯[72]、氨基甲酸乙酯、2,4,6-三硝基甲苯(TNT)[73]及一些农药残留[74]的检测。

2) 自组装膜

自组装膜是在平衡条件下，分子间通过非共价键(氢键、范德瓦耳斯力、静电力、疏水作用力、π-π 堆积作用和阳离子-π 吸附作用)相互作用自发组合形成的一类结构明确、稳定、具有某种特定功能的分子聚集体或超分子结构，作为传感膜具有独特优势。在自组装膜表面分子上嵌入不同的功能基团，根据不同功能基团对特定待分析物的特异响应，可以构造出各种化学及生物传感器。与溶液相中的荧光传感相比，量子点自组装荧光传感膜具有灵敏度高、可同步在线检测、不污染待测物、可重复使用、易于器件化等优点，相关研究已经引起了广泛关注[75,76]。其中一个典型的例子是将巯基丙酸稳定的 CdSe 量子点、聚电解质(聚二烯丙基二甲基氯化铵)和乙酰胆碱酯酶通过自组装膜技术层层组装到石英片表面，构建了荧光性自组装多层膜。一些类似的传感探针也相继被报道，分别实现了对农药、氧磷[77]、H_2S[78]、甲醛[79]等的高灵敏度检测。

3) 比率荧光探针

基于单一量子点荧光信号的分析容易受检测底物浓度、外部环境和仪器条件变化等的干扰。为了克服这些缺陷，提高检测准确度，可以引入另外一个荧光信号作为参比，建立比率荧光传感技术[80-82]。比率荧光法是通过测量两个不同波长处的荧光强度，以其比值为信号参量来测定目标物。除了以探针的双荧光强度比值为传感信号外，比率荧光法还可以根据测定体系在加入待测物前后发生的肉眼可见的荧光颜色变化，达到裸眼识别的目的，即比色传感，可实现污染物的简单、便捷、快速、现场检测。量子点的波长可调性为双色量子点比率荧光传感探针的构建提供了可能。一系列报道指出比率探针可以实现不同金属离子的简便、快速、灵敏、高选择性测定。另外，将量子点自组装膜技术与比率荧光传感结合起来，构筑双色量子点自组装比率荧光传感膜，根据与待测物作用前后膜上荧光颜色的变化，有望制成小巧、便携的类似 pH 试纸的比色传感器(试剂盒或试纸)，建立方便、快速、灵敏的可视化界面比率荧光传感新方法。

10.2　量子点电化学传感器

10.2.1　电化学发光传感器

自从 2004 年 Ju 等构建出第一个量子点电化学发光(ECL)传感器并成功地用

于 H_2O_2 的检测以来[11, 83]，基于量子点的 ECL 分析以其灵敏度高、线性范围宽、仪器设备简单、操作方便、分析快速和容易实现自动化等优点，已成为电分析化学中一个十分活跃的研究热点，并与众多学科相交叉，研究和应用领域越来越广泛[7,84-86]。ECL 之所以能够用于分析物的测定，是因为 ECL 强度与 ECL 速率相关联，因此能影响发光强度和反应速率的因素都能够作为建立测定方法的依据。因此可以粗略地将基于量子点电致化学发光的生物传感器分为：ECL 增强的电化学传感器、ECL 猝灭的电化学传感器、增强反应速率的 ECL 电化学传感器。量子点电致化学发光分析结合了化学发光和电化学分析的优点，一方面可以从光学和电化学两个方面对一些体系进行更全面的研究，更有利于揭示许多单一方法难以深入了解的问题。另一方面，量子点电致化学发光分析方法的灵敏度常取决于电极表面附近分析物的浓度，极大地方便了分离与富集，使其迅速发展成为最具竞争力的分析方法之一。

这里我们举几个例子来介绍电化学发光传感器。例如，Han 等利用巯基包裹的量子点能增强 ECL 的效应实现了 H_2O_2 的 ECL 检测，当电势循环介于 0.0～2.5 V 时，ECL 从–1.1 V 开始产生，其最大值为–2.4 V[87]。同时，也观察到 ECL 的红移现象，揭示了表面态在该 ECL 过程中具有重要作用。与 ECL 增强相比，ECL 猝灭由于具有更大的响应范围，所以其应用也更为广泛。基于使用硫醇类化合物作为羟基自由基的清除剂时，会出现 ECL 猝灭效应，可构建检测羟基自由基清除剂的 ECL 猝灭传感器[88]。基于 ECL 的能量从激发态的 CdTe 转移到邻苯二酚衍生物中，导致 ECL 猝灭，发展了一种检测多巴胺和 L-肾上腺素的 ECL 猝灭传感器，该方法所检测物质的浓度范围较宽，分别为 5～50 μmol/L 和 30～80 μmol/L，而常见的干扰物质如抗坏血酸和尿酸都不会对检测造成干扰[89]。CdSe 量子点在较低电位下也可通过 ECL 能量转移用于多巴胺检测[90]。基于亚硝酸盐对量子点阳极 ECL 的猝灭效应，Liu 等构建了一种 ECL 猝灭电化学传感器来检测溶液中的亚硝酸盐，这种猝灭机制源于“电化学氧化抑制”过程；亚硝酸盐的检测浓度范围为 0.5～1 mmol/L，具有良好的线性响应特性[91]。2010 年，Cheng 等使用二巯基丁二酸作为 CdTe 量子点的修饰剂，基于目标金属离子和 Cd^{2+}之间对 DMSA（2,3-二巯基丁二酸）的竞争结合所引起的 ECL 猝灭可以用于 Cu^{2+}的高灵敏检测，其检测限达到 3.0 nmol/L[92]。将 ECL 猝灭技术与免疫反应结合进一步发展了 ECL 猝灭免疫分析法，该方法结合了电化学分析的灵敏度与抗原-抗体的特异选择性。另外，结合先通过一定方法将量子点荧光强度提高至一定程度再进行猝灭分析有望将检测限进一步提高。Jie 等在这方面做了大量的研究工作，他们使用 CdSe 量子点构建了一种非标记 ECL 猝灭免疫传感器，用来检测人体前白蛋白[93]。ECL 强度减弱的原因是免疫复合物增加了空间位阻和抑制了量子点修饰电极与 $K_2S_2O_8$之间的电子转移。人体前白蛋白的检测范围为 5.0×10^{-10}～1.0×10^{-6} g/mL，

检测限为 1.0×10^{-11} g/mL。在随后的研究中，他们使用 CdSe 量子点、碳纳米管-壳聚糖和 3-氨丙基三乙氧基硅烷（APS）在金电极上构建的 ECL 免疫传感器可以用于检测人类 IgG，CdSe/碳纳米管-壳聚糖复合物在金电极表面具有高 ECL 和良好的生物相容性[94]。当 3-氨丙基三乙氧基硅烷作为一种交联剂共价结合在 CdSe/碳纳米管-壳聚糖复合膜上时，ECL 得到再次增强，强度约有 20 倍的提高。通过 IgG 与抗原之间的特异性反应导致 ECL 强度的减小可检测浓度在 0.02～200 ng/mL 范围内的 IgG，检测限为 0.001 ng/mL。此免疫传感器也可对其他蛋白质进行检测，是一种很有前景的生物传感器。在进一步研究中，他们在 CdSe 量子点薄膜中结合了碳纳米管和聚甲基二烯丙基氯化铵，能极大地增强量子点的 ECL，据此研发出另一种能够检测人类 IgG 的高灵敏度 ECL 猝灭免疫传感器。在电极上把聚甲基二烯丙基氯化铵连接到 CdSe-碳纳米管复合膜后，ECL 信号显著增强。此后，在该电极上再掺入金纳米粒子进一步增强 ECL 信号。ECL 检测靶抗原是基于免疫反应后，其复合物空间位阻的增加能导致 ECL 强度的降低。抗原的线性响应浓度为 0.002～500 ng/L，检测限为 0.6 pg/mL。该传感器的检测结果与临床血清测试基本一致。另外，Guo 等还发现氮掺杂碳纳米管可比碳纳米管更好地增强量子点的 ECL[95]。增强反应速率的 ECL 传感器主要指在 ECL 的过程中，引入催化剂来加快反应速率，达到更快、更灵敏的检测效果。Liu 等提出了一种在+0.90 V（*vs.* Ag/AgCl）下基于激发态的量子点被酪氨酸的电致氧化产物猝灭的 ECL 猝灭检测方法[96]。该传感器能在较低的阳极电势下极灵敏地检测较宽浓度范围内的酪氨酸，通过结合微量酪氨酸酶催化循环反应来加速氧化产物产生和能量转移过程，将检测限提高到了亚皮摩尔水平。

10.2.2 电化学免疫传感器

免疫分析法是一种利用抗原与抗体特异性结合而建立的具有高度选择性的生物化学分析方法。它通过抗原与抗体特异相互作用形成免疫复合物，进而对待分析物进行定量检测。通过将电化学免疫分析的高选择性与纳米材料的高灵敏度结合在一起，为发展新型免疫分析传感器提供了一种新的途径[7,11,85,97]。量子点具有优秀的氧化还原性质、电催化活性和易制备的特性使得量子点可作为检测疾病相关蛋白质的标记物。标记有量子点的生物分子通过抗原-抗体或生物素-亲和素等特异相互作用组装到传感器界面后，通过量子点组成元素的溶出伏安响应，可定量检测相应物质的浓度。通常可将量子点电化学免疫分析分为直接免疫分析、竞争位点分析和夹心免疫分析。直接免疫分析主要用于检测抗体，该方法先将抗原固定在磁性微球上，再加入经量子点标记的抗体，经磁分离后，用溶出伏安分析法分析其中的金属离子浓度，从而达到检测目的。竞争免疫分析是指在基质中的未标记抗原与结合了量子点的抗原之间竞争抗体上的结合位点，最后通过测定与抗原相连接的量子点的信号来计算目标抗原被抗体俘获的数量。夹心免疫法使用第一抗体去捕获基质中的目标分析物，然后利用连接有量子点的第二抗体将目标分析物夹在两个抗体之间，然后通过量子点释放的 Cd^{2+}浓度去量化被捕获的分析物浓度，量子点也可作为载体大量用于电化学催化标记，达到增强分析灵敏度的效果[83]。基于量子点的电化学免疫分析具有灵敏度高、特异性强、分析方法多样和适用面广等优点，因此广泛用于抗原、抗体及半抗原的免疫定量测定，其线性范围较宽，符合临床检验的需要，为临床诊断提供了一种超微量的非同位素免疫检测手段，在医学、食品和环境分析等方面显示出广阔的应用潜力。一些典型的例子读者可以参阅最近的一些文献，该领域发展非常迅速，已经应用于 DNA、核酸适配体、蛋白质、糖类、环境有害物等的高灵敏度、高选择性检测。

10.3 碳、硅量子点检测简介

传统量子点因含有镉、铅等重金属而对细胞和生物体有不良影响，很大程度上限制了量子点的应用，特别是在生物医药领域。因此寻求新型低毒并具有优异发光性质的量子点材料迫在眉睫。碳、硅材料具有环境友好、生物相容性高等优势，有利于生物和环境的分析和检测应用[4, 98-103]。考虑到碳硅材料处于同一主族，它们有很多相似之处，这里我们主要以碳量子点为例来介绍新型量子点分析检测中的研究进展。碳量子点表面含有大量官能团，经有机、无机、高分子聚合物及生物活性物质修饰后，更能满足生化传感、活体成像、荧光标记等领域的要求。此外，碳量子点因具有光电转换能力、生物相容性和低毒性、响应性的荧光猝灭/增强性质、双光子吸收和上转换荧光能力及易于化学修饰和功能集成性等优良特性而得到了极大的重视，并广泛用于生化分析等领域。随着碳量子点制备方法及表面功能化修饰技术的不断改进，其荧光强度、发射波长调控、水溶性及生物兼容性等性能也不断改进。目前已有许多碳量子点表面修饰的文献报道，并已成功用于金属离子、阴离子、有机小分子及生物分子等的传感。然而很多碳量子点的荧光量子产率较低，是其应用受限的一个主要原因所在。碳量子点的发光机理及其结构的研究仍处于初步的研究阶段，因此应加大发光机理方面的研究力度，从而为有效提高荧光量子产率提供理论指导。此外，在未来的工作中应致力于开发具有红外光发射或具有上转换荧光特性的碳量子点材料，从而使发射光更易穿透活体组织，且不受细胞自发荧光的影响。应该说，碳、硅量子点在荧光检测方面的应用还处于起步阶段，识别响应的灵敏度和抗干扰能力仍需进一步提高。鉴于此，在这里我们不做详细的介绍。

参 考 文 献

[1] Howes P D, Chandrawati R, Stevens M M. Colloidal nanoparticles as advanced biological sensors. Science, 2014, 346: 1247390.

[2] Wegner K D, Hildebrandt N. Quantum dots: Bright and versatile *in vitro* and *in vivo* fluorescence imaging biosensors. Chem. Soc. Rev., 2015, 44: 4792.

[3] Silvi S, Credi A. Luminescent sensors based on quantum dot-molecule conjugates. Chem. Soc. Rev., 2015, 44: 4275.

[4] Montalti M, Cantelli A, Battistelli G. Nanodiamonds and silicon quantum dots: Ultrastable and biocompatible luminescent nanoprobes for long-term bioimaging. Chem. Soc. Rev., 2015, 44: 4853.

[5] Freeman R, Willner I. Optical molecular sensing with semiconductor quantum dots (QDs). Chem. Soc. Rev., 2012, 41: 4067.

[6] Hildebrandt N, Spillmann C M, Algar W R, et al. Energy transfer with semiconductor quantum dot bioconjugates: A versatile platform for biosensing, energy harvesting, and other developing applications. Chem. Rev., 2017, 117: 536.

[7] Wu P, Hou X, Xu J J, et al. Electrochemically generated versus photoexcited luminescence from semiconductor nanomaterials: Bridging the valley between two worlds. Chem. Rev., 2014, 114: 11027.

[8] 邢仕歌，熊齐荣，钟强，等. 量子点抗体偶联技术研究进展. 分析化学, 2013, 41: 949.

[9] 席强，王捷，陈钰，等. 量子点电化学发光及其在生物分析中的应用. 化学研究, 2014, 25: 209.

[10] 初丛波，单玉萍，王宏达. 量子点在生物检测中的应用. 应用化学, 2014, 31: 377.

[11] 刘建云，黄乾明，王显祥，等. 量子点在电化学生物传感研究中的应用. 化学进展, 2010, 22: 2179.

[12] 唐志姣，李攻科，胡玉玲. 荧光碳点在分析检测中的研究进展. 分析测试学报, 2015, 34: 970.

[13] Yang J, Liu N, Liu Q, et al. One-step competitive fluoroimmunoassay using quantum-dot labels for detection of ofloxacin. Shanghai: Journal of Shanghai Jiaotong University, 2010.

[14] Clapp A R, Goldman E R, Mattoussi H. Capping of CdSe-ZnS quantum dots with DHLA and subsequent conjugation with proteins. Nat. Protoc., 2006, 1: 1258.

[15] Jin T, Tiwari D K, Tanaka S, et al. Antibody-protein A conjugated quantum dots for multiplexed imaging of surface receptors in living cells. Mol. Biosyst., 2010, 6: 2325.

[16] Goldman E R, Medintz I L, Mattoussi H. Luminescent quantum dots in immunoassays. Anal. Bioanal. Chem., 2006, 384: 560.

[17] Goldman E R, Anderson G P, Tran P T, et al. Conjugation of luminescent quantum dots with antibodies using an engineered adaptor protein to provide new reagents for fluoroimmunoassays. Anal. Chem., 2002, 74: 841.

[18] Gouda H, Torigoe H, Saito A, et al. Three-dimensional solution structure of the B domain of staphylococcal protein A: Comparisons of the solution and crystal structures. Biochem., 1992, 31: 9665.

[19] Starovasnik M A, Skelton N J, O'Connell M P, et al. Solution structure of the E-domain of staphylococcal protein A. Biochem., 1996, 35: 15558.

[20] Wright C, Willan K J, Sjödahl J, et al. The interaction of protein A and Fc fragment of rabbit immunoglobulin G as probed by complement-fixation and nuclear-magnetic-resonance studies. Biochem. J., 1977, 167: 661.

[21] Makrides S C, Gasbarro C, Bello J M. Bioconjugation of quantum dot luminescent probes for western blot analysis. Biotechniques, 2005, 39: 501.

[22] Ahn Y H, Ji E S, Shin P M, et al. A multiplex lectin-channel monitoring method for human serum glycoproteins by quantitative mass spectrometry. Analyst, 2012, 137: 691.

[23] Huai-Ming L, Wei-Hua L, Heng-Yi X, et al. A fluorescent silica nanobead-based lateral flow immunochromatographic strip for rapid and quantitative detection of clenbuterol. Chinese Journal of Analytical Chemistry, 2011, 39: 1647.

[24] Hong-Jiang W, Ting L, Ji X, et al. Cadimium sulfate quantum dots synthesized and coupled with listeria

monocytogenes antibody IgG. Chinese Journal of Analytical Chemistry, 2010, 38: 632.
[25] Yang H, Li D, He R, et al. A novel quantum dots-based point of care test for syphilis. Nanoscale Res. Lett., 2010, 5: 875.
[26] Zhao B, Zhao S Q, Zhou L H, et al. Study of rabies protein antibodies marked with water-soluble quantum dots. Chinese Journal of Analytical Chemistry, 2012, 40: 857.
[27] Li Z, Wang Y, Wang J, et al. Rapid and sensitive detection of protein biomarker using a portable fluorescence biosensor based on quantum dots and a lateral flow test strip. Anal. Chem., 2010, 82: 7008.
[28] Choi Y, Kim K, Hong S, et al. Intracellular protein target detection by quantum dots optimized for live cell imaging. Bioconjug. Chem., 2011, 22: 1576.
[29] Devadhasan J P, Kim S. Toward CMOS image sensor based glucose monitoring. Analyst, 2012, 137: 3917.
[30] Tiwari D K, Jin T, Behari J. Bio-distribution and toxicity assessment of intravenously injected anti-HER2 antibody conjugated CdSe/ZnS quantum dots in Wistar rats. Int. J. Nanomedicine, 2011, 6: 463.
[31] Kim M J, Lee J Y, Nehrbass U, et al. Detection of melanoma using antibody-conjugated quantum dots in a coculture model for high-throughput screening system. Analyst, 2012, 137: 1440.
[32] Lee J, Im J H, Huh K M, et al. Preparation and characterization of CdSe/ZnS quantum dots encapsulated in poly (ethylene glycol) -b-poly (D,L-lactide) micelle nanoparticles. J. Nanosci. Nanotechnol., 2010, 10: 487.
[33] Xing Y, Chaudry Q, Shen C, et al. Bioconjugated quantum dots for multiplexed and quantitative immunohistochemistry. Nat. Protoc., 2007, 2: 1152.
[34] Dicorato R, Quarta A, Piacenza P, et al. Water solubilization of hydrophobic nanocrystals by means of poly (maleic anhydride-alt-1-octadecene) . J. Mater. Chem., 2008, 18: 1991.
[35] Lee L Y, Ong S L, Hu J Y, et al. Use of semiconductor quantum dots for photostable immunofluorescence labeling of cryptosporidium parvum. Appl. Environ. Microbiol., 2004, 70: 5732.
[36] Zhu L, Ang S, Liu W T. Quantum dots as a novel immunofluorescent detection system for cryptosporidium parvum and giardia lamblia. Appl. Environ. Microbiol., 2004, 70: 597.
[37] Yang L, Li Y. Simultaneous detection of escherichia coli O157:H7 and salmonella typhimurium using quantum dots as fluorescence labels. Analyst, 2006, 131: 394.
[38] Tully E, Hearty S, Leonard P, et al. The development of rapid fluorescence-based immunoassays, using quantum dot-labelled antibodies for the detection of *Listeria* monocytogenes cell surface proteins. Int. J. Biol. Macromol., 2006, 39: 127.
[39] Kloepfer J A, Mielke R E, Wong M S, et al. Quantum dots as strain- and metabolism-specific microbiological labels. Appl. Environ. Microbiol., 2003, 69: 4205.
[40] Modun B, Morrissey J, Williams P. The staphylococcal transferrin receptor: A glycolytic enzyme with novel functions. Trends Microbiol., 2000, 8: 231.
[41] Gerion D, Chen F, Kannan B, et al. Room-temperature single-nucleotide polymorphism and multiallele DNA detection using fluorescent nanocrystals and microarrays. Anal. Chem., 2003, 75: 4766.
[42] Agrawal A, Tripp R A, Anderson L J, et al. Real-time detection of virus particles and viral protein expression with two-color nanoparticle probes. J. Virol., 2005, 79: 8625.
[43] Goldman E R, Balighian E D, Mattoussi H, et al. Avidin: A natural bridge for quantum dot-antibody conjugates. J. Am. Chem. Soc., 2002, 124: 6378.
[44] Goldman E R, Clapp A R, Anderson G P, et al. Multiplexed toxin analysis using four colors of quantum dot fluororeagents. Anal. Chem., 2004, 76: 684.
[45] Park H Y, Kim K, Hong S, et al. Compact and versatile nickel-nitrilotriacetate-modified quantum dots for protein imaging and förster resonance energy transfer based assay. Langmuir, 2010, 26: 7327.
[46] 徐义邦，樊孝俊，刘忠马，等. 量子点在环境污染物检测中的应用进展. 环境监测管理与技术, 2012, 24: 11.
[47] Xia Y S, Zhu C Q. Use of surface-modified CdTe quantum dots as fluorescent probes in sensing mercury (Ⅱ). Talanta, 2008, 75: 215.

[48] Freeman R, Finder T, Willner I. Multiplexed analysis of Hg^{2+} and Ag^{+} ions by nucleic acid functionalized CdSe/ZnS quantum dots and their use for logic gate operations. Angew. Chem., 2009, 48: 7818.
[49] Wang J H, Wang H Q, Zhang H L, et al. Purification of denatured bovine serum albumin coated CdTe quantum dots for sensitive detection of silver(Ⅰ)ions. Anal. Bioanal. Chem., 2007, 388: 969.
[50] Gattás-Asfura K M, Leblanc R M. Peptide-coated CdS quantum dots for the optical detection of copper(Ⅱ)and silver(Ⅰ). Chem. Commun., 2003, 21: 2684.
[51] Liang G X, Liu H Y, Zhang J R, et al. Ultrasensitive Cu^{2+} sensing by near-infrared-emitting CdSeTe alloyed quantum dots. Talanta, 2010, 80: 2172.
[52] Wu C S, Oo M K K, Fan X. Highly sensitive multiplexed heavy metal detection using quantum-dot-labeled DNAzymes. ACS Nano, 2010, 4: 5897.
[53] Ali E M, Zheng Y, Yu H H, et al. Ultrasensitive Pb^{2+} detection by glutathione-capped quantum dots. Anal. Chem., 2007, 79: 9452.
[54] Wu H, Liang J, Han H. A novel method for the determination of Pb^{2+} based on the quenching of the fluorescence of CdTe quantum dots. Microchim. Acta, 2008, 161: 81.
[55] Chen Y, Rosenzweig Z. Luminescent CdS quantum dots as selective ion probes. Anal. Chem., 2002, 74: 5132.
[56] Baranov A V, Orlova A O, Maslov V G, et al. Dissociative CdSe/ZnS quantum dot-molecule complex for luminescent sensing of metal ions in aqueous solutions. J. Appl. Phys., 2010, 108: 37.
[57] Zhang L, Xu C, Li B. Simple and sensitive detection method for chromium(Ⅵ)in water using glutathione-capped CdTe quantum dots as fluorescent probes. Microchim. Acta, 2009, 166: 61.
[58] Li H, Zhang Y, Wang X. l-Carnitine capped quantum dots as luminescent probes for cadmium ions. Sensor. Actuat. B: Chem, 2007, 127: 593.
[59] Wu P, Li Y, Yan X P. CdTe quantum dots(QDs)based kinetic discrimination of Fe^{2+} and Fe^{3+}, and CdTe QDs-fenton hybrid system for sensitive photoluminescent detection of Fe^{2+}. Anal. Chem., 2009, 81: 6252.
[60] Hou M, Na J. Determination of vanadium(Ⅴ)with CdTe quantum dots as fluorescent probes. Anal. Bioanal. Chem., 2010, 397: 3589.
[61] Wang X, Lv Y, Hou X. A potential visual fluorescence probe for ultratrace arsenic(Ⅲ)detection by using glutathione-capped CdTe quantum dots. Talanta, 2011, 84: 382.
[62] Prasuhn D E, Feltz A, Blancocanosa J B, et al. Quantum dot peptide biosensors for monitoring caspase 3 proteolysis and calcium ions. ACS Nano, 2010, 4: 5487.
[63] Chen C Y, Cheng C T, Lai C W, et al. Potassium ion recognition by 15-crown-5 functionalized CdSe/ZnS quantum dots in H_2O. Chem. Commun., 2006, 3: 263.
[64] Callan J F, Mulrooney R C, Kamila S, et al. Anion sensing with luminescent quantum dots-a modular approach based on the photoinduced electron transfer(PET)mechanism. J. Fluoresc., 2008, 18: 527.
[65] Jin W J, Fernandezarguelles M T, Costafernandez J M, et al. Photoactivated luminescent CdSe quantum dots as sensitive cyanide probes in aqueous solutions. Chem. Commun., 2005, 7: 883.
[66] Zhang B H, Wu F Y, Wu Y M, et al. Fluorescent method for the determination of sulfide anion with ZnS:Mn quantum dots. J. Fluoresc., 2010, 20: 243.
[67] Li H, Han C. Sonochemical synthesis of cyclodextrin-coated quantum dots for optical detection of pollutant phenols in water. Chem. Mater., 2008, 20: 6053.
[68] Yuan J, Guo W, Wang E. Utilizing a CdTe quantum dots-enzyme hybrid system for the determination of both phenolic compounds and hydrogen peroxide. Anal. Chem., 2008, 80: 1141.
[69] Diao X L, Xia Y S, Zhang T L, et al. Fluorescence-detecting cationic surfactants using luminescent CdTe quantum dots as probes. Anal. Bioanal. Chem., 2007, 388: 1191.
[70] Qu F, Zhou X, Xu J, et al. Luminescence switching of CdTe quantum dots in presence of p-sulfonatocalix[4]arene to detect pesticides in aqueous solution. Talanta, 2009, 78: 1359.
[71] Wang H F, Yu H, Ji T R, et al. Surface molecular imprinting on Mn-doped ZnS quantum dots for room-temperature

phosphorescence optosensing of pentachlorophenol in water. Anal. Chem., 2009, 81: 1615.
[72] Li H, Li Y, Cheng J. Molecularly imprinted silica nanospheres embedded CdSe quantum dots for highly selective and sensitive optosensing of pyrethroids. Chem. Mater., 2010, 22: 2451.
[73] Stringer R C, Gangopadhyay S, Grant S A. Detection of nitroaromatic explosives using a fluorescent-labeled imprinted polymer. Anal. Chem., 2010, 82: 4015.
[74] Ge S, Zhang C, Yu F, et al. Layer-by-layer self-assembly CdTe quantum dots and molecularly imprinted polymers modified chemiluminescence sensor for deltamethrin detection. Sensors and Actuators B Chemical, 2011, 156: 222.
[75] Sun X, Xia K, Liu B. Design of fluorescent self-assembled multilayers and interfacial sensing for organophosphorus pesticides. Talanta, 2008, 76: 747.
[76] Sun X Y, Liu B, Jiang Y B. An extremely sensitive monoboronic acid based fluorescent sensor for glucose. Anal. Chim. Acta, 2004, 515: 285.
[77] Constantine C A, GattásAsfura K M, Mello S V, et al. Layer-by-layer biosensor assembly incorporating functionalized quantum dots. Langmuir, 2003, 19: 9863.
[78] Xu H, Wu J E, Chen C H, et al. Detecting hydrogen sulfide by using transparent polymer with embedded CdSe/CdS quantum dots. Sensors and Actuators B Chemical, 2010, 143: 535.
[79] Ma Q, Cui H, Su X. Highly sensitive gaseous formaldehyde sensor with CdTe quantum dots multilayer films. Biosens. Bioelectron., 2009, 25: 839.
[80] Wu C, Zheng J, Huang C, et al. Hybrid silica-nanocrystal-organic dye superstructures as post-encoding fluorescent probes. Angew. Chem., 2007, 46: 5393.
[81] Song Y, Cao X, Guo Y, et al. Fabrication of mesoporous CdTe/ZnO@SiO_2 core/shell nanostructures with tunable dual emission and ultrasensitive fluorescence response to metal ions. Cheminform, 2009, 40.
[82] Sun X, Liu B, Xu Y. Dual-emission quantum dots nanocomposites bearing an internal standard and visual detection for Hg^{2+}. Analyst, 2012, 137: 1125.
[83] Zou G, Ju H. Electrogenerated chemiluminescence from a CdSe nanocrystal film and its sensing application in aqueous solution. Anal. Chem., 2004, 76: 6871.
[84] Deng S, Ju H. Electrogenerated chemiluminescence of nanomaterials for bioanalysis. Analyst, 2013, 138: 43.
[85] Amelia M, Lincheneau C, Silvi S, et al. Electrochemical properties of CdSe and CdTe quantum dots. Chem. Soc. Rev., 2012, 41: 5728.
[86] Huang H, Zhu J J. The electrochemical applications of quantum dots. Analyst, 2013, 138: 5855.
[87] Han H, Sheng Z, Liang J. Electrogenerated chemiluminescence from thiol-capped CdTe quantum dots and its sensing application in aqueous solution. Anal. Chim. Acta, 2007, 596: 73.
[88] Jiang H, Ju H. Electrochemiluminescence sensors for scavengers of hydroxyl radical based on its annihilation in CdSe quantum dots film/peroxide system. Anal. Chem., 2007, 79: 6690.
[89] Liu X, Jiang H, Lei J, et al. Anodic electrochemiluminescence of CdTe quantum dots and its energy transfer for detection of catechol derivatives. Anal. Chem., 2007, 79: 8055.
[90] Liu X, Cheng L, Lei J, et al. Dopamine detection based on its quenching effect on the anodic electrochemiluminescence of CdSe quantum dots. Analyst, 2008, 133: 1161.
[91] Liu X, Guo L, Cheng L, et al. Determination of nitrite based on its quenching effect on anodic electrochemiluminescence of CdSe quantum dots. Talanta, 2009, 78: 691.
[92] Cheng L, Liu X, Lei J, et al. Low-potential electrochemiluminescent sensing based on surface unpassivation of CdTe quantum dots and competition of analyte cation to stabilizer. Anal. Chem., 2010, 82: 3359.
[93] Jie G, Huang H, Sun X, et al. Electrochemiluminescence of CdSe quantum dots for immunosensing of human prealbumin. Biosens. Bioelectron., 2008, 23: 1896.
[94] Jie G, Zhang J, Wang D, et al. Electrochemiluminescence immunosensor based on CdSe nanocomposites. Anal. Chem., 2008, 80: 4033.
[95] Guo L, Liu X, Hu Z, et al. Electrochemiluminescence of CdSe quantum dots composited with nitrogen-doped

carbon nanotubes. Electroanalysis, 2009, 21: 2495.
[96] Liu X, Ju H. Coreactant enhanced anodic electrochemiluminescence of CdTe quantum dots at low potential for sensitive biosensing amplified by enzymatic cycle. Anal. Chem., 2008, 80: 5377.
[97] Wu H, Liu G, Wang J, et al. Quantum-dots based electrochemical immunoassay of interleukin-1α. Electrochem. Commun., 2007, 9: 1573.
[98] Cao L, Wang X, Meziani M J, et al. Carbon dots for multiphoton bioimaging. J. Am. Chem. Soc., 2007, 129: 11318.
[99] Li H T, Kang Z H, Liu Y, et al. Carbon nanodots: Synthesis, properties and applications. J. Mater. Chem., 2012, 22: 24230.
[100] Lim S Y, Shen W, Gao Z. Carbon quantum dots and their applications. Chem. Soc. Rev., 2015, 44: 362.
[101] Ding Z, Quinn B M, Haram S K, et al. Electrochemistry and electrogenerated chemiluminescence from silicon nanocrystal quantum dots. Science, 2002, 296: 1293.
[102] Kang Z H, Liu Y, Lee S T. Small-sized silicon nanoparticles: New nanolights and nanocatalysts. Nanoscale, 2011, 3: 777.
[103] Cheng X, Lowe S B, Reece P J, et al. Colloidal silicon quantum dots: From preparation to the modification of self-assembled monolayers (SAMs) for bio-applications. Chem. Soc. Rev., 2014, 43: 2680.

第11章 挑战和展望

我们应该注意到，量子点及热力学稳定的无机胶体溶液在物理化学和胶体化学书籍中经常被描述为“溶胶”，如金溶胶。现代量子点的研究则是从20世纪80年代初开始的。前期的研究主要关注于合成及基本的光学和结构表征。现在的研究范围与领域逐步扩大，也引入了原位表征和直接成像等技术，并逐渐获得了丰富的关于量子点的生长、化学转化和自组装等方面的信息。近几十年来，在量子点的光物理学和电子性质中不断发现新的现象，基于量子点的光伏和发光器件等也正在蓬勃发展，并逐渐与其他现有技术可以竞争。量子点的研究已经辐射到电子学、生物医学、催化、新能源等多个领域，并有望引发一系列新技术的产生。然而，在量子点的研究中还有一系列的挑战存在，简要列举如下，仅供读者参考。

1. 量子点的精准大量合成

在量子点的合成方面，人们希望设计出合理的制备方法来精确控制量子点的尺寸、形状和组成。尽管量子点的合成比较成熟，也有大量文献报道，但是，量子点的大量精准合成，目前仍然是一个巨大的挑战。在过去几年中，人们对前驱体转化为单体的理解逐渐清晰，也发展了一些 “软化学”制备方法。目前正在努力加深对量子点的成核和生长机制的理解，并且试图把它们与前驱体-单体转化反应相关联。量子点的成核阶段和早期的生长阶段对于量子点的生长控制至关重要，因此，针对这一过程的原位观察也非常重要。原位X射线衍射技术具有很大的潜力。此外，在线的原位光吸收和发射光谱监测及量子点生长的原位电镜观察也可以促进我们了解量子点的成核阶段和早期的生长。在合成方法上，与在反应烧瓶中进行的常规合成相比，微流控技术可以实现反应条件的快速筛选、精准的合成条件控制，以及大量可重复的量子点合成。同样，对于新型量子点合成，我们还应该考虑到其设计的独特性，以及绿色合成方法的发展，如电化学合成方法等。

2. 毒性与环境问题

正如我们前面所讨论的，量子点的应用前景可以涉及生物成像、癌症治疗、印刷油墨、光电子器件和光催化等领域。目前报道的绝大多数关于上述应用概念验证性的研究中，主要使用了镉和铅基的量子点。由于它们的生态毒性，这些量子点在现实生活中的长期应用存在较大的潜在危险，商业化前景也不被广泛认可。近年来的研究也报道了一些环境友好的替代材料，如Ⅳ族元素量子点及Ⅲ-Ⅴ族化合物量子点等。此外，除了毒性问题和环境问题，所涉及的一些元素在地球上相对低的丰度也是这个领域所必须考虑的问题，如铟和碲的丰度就是一个明显的问题。我们还应注意到，当量子点材料从二元到三元或多元化合物半导体时，虽然多金属离子反应活性的平衡引起了合成难度增加，但是材料的可选择性和光学性质的可调节性被大大拓宽。当然，无毒和高丰度元素基量子点的高效化学合成仍然是具有挑战性的任务。另一个面临的挑战是使这些新型量子点的发光强度达到与镉和铅基量子点相同的水平。特别是，Ⅳ族元素硅和碳量子点越来越受到关注，但是对其光学、光电化学、电化学性质的深入理解还很缺乏。

3. 组装与建筑单元

1989 年，Bentzon 及其同事报道了利用氧化铁纳米颗粒构筑纳米晶超晶格的第一个例子。此后，该领域蓬勃发展，涌现出一批多样化的组装结构。我们应该看到，多组分量子点自组装提供了一种非常方便的材料和技术平台，为深入理解电子器件异质结和非均相催化剂提供了难得的机遇。此外，量子点自组装还为纳米尺度复合材料的构筑提供了新的有效研究途径，而这一点是自下而上和自上而下的制造方法所无法比拟的。量子点的可控自组装是将量子点材料作为“人造原子”建筑单元，来构筑高质量超晶格材料和薄膜的必由之路，对于器件应用至关重要。量子点自组装的深入理解和策略开发来形成量子点规则排列的完美“晶相材料”，可能带来其光学和电子性能的飞跃，并将量子点器件推向实用化。非传统表面化学的持续发展、超晶格制备技术、相行为的合理化和组装环境的控制将有助于桥接基础研究和实际应用，打开新一代功能材料的大门。进一步的研究应该更多地考虑到与量子点核的化学、电学、光学等性质互补的有机或无机配体的复杂组装体系与界面工程。

4. 器件应用

量子点的大比表面积和固体中量子点之间的多点互连对于器件应用来讲是机遇，也是挑战。在器件中，量子点表面必须与其他材料结合，引入可以控制器件特性和性能的界面。然而，量子点层与其他器件组件之间的界面工程还处于起步阶段，对于利用新材料和新方法来设计量子点表面并优化器件性能具有重要意义。还需进一步指出的是，针对光电器件研究，该领域的持续进展将取决于三个关键方面的进展。首先是努力制备高品质的量子点材料，并从中产生完美的量子点薄膜；其次在于构建最有效的器件结构；最后，随着单结量子点器件的进步和改进，将重新关注多结集成，创建高效率器件。当涉及实际应用时，量子点面临诸如光伏、照明和显示等商业竞争领域的重大挑战。例如，基于量子点的太阳能电池受到功率与化学稳定性的限制，量子点背光液晶显示屏受制于镉、铅等有毒元素的使用。另一个有希望的光电子应用是将红外有源量子点用到电子器件上，以获得高度集成的红外成像，并期望弥补硅器件的不足。

5. 催化领域应用

在过去20年中，催化科学发生了革命性的变化。目前涉及量子点催化的工作，包括颗粒合成、在反应条件下的原位表征，以及使用这些纳米颗粒确定反应动力学、选择性、失活等方面的研究。量子点催化行为与氧化态、金属位点的配位数、晶面取向及表面吸附物的键合和取向等密切相关。量子点的催化性能还可以通过仔细设计量子点的结构和表面来调节。目前科学家们正在努力支持的假设是催化的三个领域(非均相、均相和酶)在分子水平上表现类似的规律。更重要的是，我们应该看到量子点的发展为催化领域的研究提供了潜在的理想结构模型。

6. 生物医学应用

量子点的出现给生命科学众多领域的研究带来了新的契机，已经在细胞荧光标记、组织光学成像、细胞内微粒示踪、动植物活体定位成像、基因组学研究、生物芯片的制备等生命科学研究中发挥着越来越重要的作用。量子点标记过程中的毒性和潜在的干预作用是活细胞和动物试验中必须考虑的问题。量子点的生物医学研究仍处于起步阶段，还有很多问题有待进一步的论证解决。量子点在人体中作为显影剂仍是一个长期的目标，而且未来量子点在体外和体内的检测研究是有巨大的潜力和发展前景的。关键是如何从源头降低量子点的生物毒性，又能保证其荧光性能。随着纳米、生物、材料和检测技术的不断发展，以及对量子点合成与应用研究的不断深入，有望在未来合成出生物相容性好、性能稳定、毒性低、特异性强的多功能量子点，对于疾病诊断、病理组织检测、药物筛选等生物和医学研究有重要的现实意义。

在本书的最后，我们相信量子点及相关研究的深入发展将带来革命性的技术突破，照亮我们的未来。

敬请广大读者批评指正！

关键词索引

E

F

G

H

J

K

L

M

N

O

P

Q

其他